论证型式的类型化研究

杨宁芳　著

人民出版社

目　　录

导　　论

一、问题的缘起与选题的意义

（一）问题的缘起

1. 非形式逻辑之日新月异的带动

非形式逻辑限于自然语言之内的论证重建,通过考虑命题或论证的逻辑形式,对可疑的推论使用反例,辨识犯了所谓论辩谬误的论证,等等。总之,它以自然语言作为研究逻辑形式的手段。非形式逻辑也是一种"形式"的事业,只不过它集中于论证的模式或论辩型式,并把它们当作分析和评估论证的工具。因此,为了把非形式逻辑研究的"形式"区别于以人工语言为主要研究手段的形式逻辑研究的"形式",我们把它称为"型式"或"论证型式";虽然论证型式研究促成了非形式逻辑从抵抗形式逻辑到拥抱它的转变过程,但在非形式逻辑运动兴起的初期,作为分析和评估论证之工具的——非形式逻辑拒斥形式逻辑;而现在已走到成功发展论证型式的型式化——这样一个关键时刻。新的"综合论"正确地把自然语言论说置于优先地位。在当代非形式逻辑学家布莱尔看来,论证型式理论是图尔敏作为推论许可的担保、佩雷尔曼和提泰卡注重的论证型式以及黑斯廷斯理念(批判性问题可以与论证型式相联系,其作用是作为评估例示型式之论证的基础)的组合,这一切在沃尔顿手上得

1

到最为充分的发展。论证型式的分析和批评显然是非形式的。但是,对某些计算机科学家来说,它是可以用于开发使用计算机来分析、评估甚至构建自然语言论证之程序的最佳方法。为此,形式的和非形式的工具最近已被结合起来。非形式逻辑研究走向型式兼容形式,推进了论证型式与逻辑形式的统一,非形式逻辑的迅猛发展与日新月异,推动并深化了论证型式研究。

2. 论证逻辑研究精微化趋势之使然

论证型式(argument schemes 或 argumentation schemes)是日常论说中频繁使用的固化了的推理模式,主要包括演绎和归纳之外的第三类推理(如根据证人证言或引证专家意见进行论证)。它是 20 世纪中期首先在北美兴起,后来蔓延至全球的"新逻辑"——非形式逻辑(informal logic)的核心议题。非形式逻辑的界定、起源、研究主题、突出特性,甚至整个论辩的合理性问题,无一不与论证型式有着千丝万缕的联系。毫无疑问,论证型式成了非形式逻辑研究的核心、主题和中心。问题是,论证型式是逻辑学家的主观杜撰还是玄想以及虚构,取决于以自然语言为媒介的"生活世界",或人际交往之中的"语言游戏",不同的交往主体、不同的语言、不同的文化、不同的语境中的"语言游戏"所代表的"生活形式"千差万别,如何从"生活世界""语言游戏""商谈论辩"中抽绎、提炼出各式各样的"论证型式",进行分门别类? 其分类的标准如何设定? 其划分根据是什么? 这些类型如何定位? 有什么特征? 其具体逻辑构成如何? 如何在其特定具体的语境中,对其型式进行精准的表征和"型式"刻画? 这些获得定位或逻辑表达的"论证型式",又何以获得"描述"和"评估"的型式标准? 并进而能够实现"普遍的"适用? 回应这些研究主题,论证型式研究就势必会进入类型化研究,向纵深化和精微化推进!

3. 现代社会需要更多类型的自然论证型式

现代社会的政治民主化、民主协商化、社会商谈化、法律论辩化、大众对话化、经济互动化、教育说理化都催促着自然语言论证型式的研究。仅就教育领域而言,日新月异的教育改革,让教育思维转变为批判性思维,因此教育对论证的兴趣和代表自然论证的模式及其应用正在增长。论证型式已应用于科学教育,成为评估和提高学生的论证质量,以及检索论证的隐含前提,并以系统的方式评估和反驳他们的推理。然而,在教育中使用型式产生的一个关键问题是①,学生经常无法理解各种类型论证之间的差异,最近的教育发展倾向于将型式混为一谈,而不是提供分类或区分的标准。从教育对批判性思维尤其对论证型式及其类型化——这些理论工具的诉求依赖和实施运用来看,显而易见,它们未来实际发展所依赖的关键问题之一是它们的分类。对于型式的所有可能的未来使用,从教育到计算,从文本解释到法律分析,需要明确有效的标准来区分一个型式与另一个型式或一类型式。

4. 人工智能时代之日常思维智能化驱动

人工智能就是通过机器对人的思维、决策的模拟,人的形式思维是形式逻辑学家理想化的塑造,其实占据人的主导思维更多的是非形式思维,是使用自然语言的日常思维、常识推理、说理论证或语用论辩,因此当代人工智能的突破,就是通过人工智能对非形式逻辑理论与应用的突破。无论是静态的自然语言理解、文本语篇逻辑,还是动态的话语互动、语用论辩,人工智能必须通过论证型式来实现对自然语言的语义理解、语义提取和语境识别,才能实现人机互动和人机对话。

自20世纪80年代以来,推论以不同的力量起作用取决于手头任务的观念已被广泛接受。在这里,变化的一个发动机是自然语言的语义学,日常言说和推理的微妙性以它们的方式进入逻辑理论。但是,一个更为有力的影响是AI中的常识推理的研究,恰恰发动了上述大多数实践任务的缺省特性。实践推理的系统常常称作单调逻辑,这已经导致大量文献的涌现,遂至一种逻辑多元论的哲学学说在一种庞大的推理模式的"军械库"中寻找逻辑的本质。另一个体现这个多样化的是焦点转移:我们的行动基于信念而非知识,我们能校

① Nussbaum,E.M.Argumentation,dialogue theory,and probability modeling:Alternative frameworks for argumentation research in education.Educational Psychologist,2011,84–106.

3

正自己,撤回结论并修正信念。推论和修正信念在现代逻辑理论中密切关联,多样化的认知经验已经丰富了逻辑学科,并给予了它更广阔的范围。近几十年,当代逻辑已经吸收了图尔敏的类似理念,主要通过与计算机科学和人工智能的接触,将逻辑学与认知科学相融合,见证了缺省逻辑在认知心理学和大脑研究中的角色。

(二) 选题的意义

1. 理论意义

第一,推进和实现非形式逻辑的理论创新。论证型式理论作为一种非形式的逻辑理论(当然并不排斥形式逻辑),可能成为解决长期以来哲学界、逻辑学界、实务界所存在的关于逻辑在解决日常推理、日常论证、实践推理、实质推理过程中的疑难问题——提供可用的新领域、新方向、新理论、新思维和新方法。

第二,推进论证理论、论证逻辑研究的新开展。论证逻辑在新的哲学背景、逻辑学科脉络和社会需求的基础上,需要不断推进研究的深度和拓展运用的空间。论证型式类型化研究,通过其理论创新带来论证方式的转变,可以成为论证逻辑研究的新走向和新领域。构建论证型式的"理想类型",可以加深对论证型式的研究,推进论证型式类型化系统化的研究。类型化的研究是通过开放式的思维模式,对论证型式的具体表现进行归类,是一个动态的过程,因此它有助于深入理解论证型式——这一非形式逻辑的核心概念的本质特征,进而构建出理想的类型,这对于整个论证型式理论体系的梳理和分析都具有重要作用。

2. 应用价值

第一,论证型式类型化研究,为提升论证论辩者的具体论证能力提供理论基础。首先,对论证型式的分类研究,可以使我们清晰认识每种论证型式及其结构,可以简化我们在论证过程中使用推论评估策略的问题;同时,对论证型式的分类之后的论证型式的种类研究——既有一种宏观的种类指导,又有一种匹配式的类型对应,进而可以使得我们在论证过程中辨识每种论证型式,合理使用这些论证型式以增强运用论证论辩的有效性,这就是我们对论证型式进行分类研究的最大的实践意义。其次,有助于为实践活动提供适当的概念工具、分析架构和论证模式对具体的推论、论证进行评估。论证型式理论或明或暗渗透在大多数非形式逻辑的论证评价方法中,一个充分发展成熟的论证型式理论是几乎所有论证评价方法的基础。就实践层次来说,纷繁的论证型式可能对记忆储存构成某种挑战,庞大的数量会导致混淆模式和原则。针对某一目标,通过论证型式的内容与结构的某种结合,可以开发论证型式的适宜分类系统,表明只存在一些为数不多的、带有相对一般的评估原则的模式类型,这就降低了对记忆的要求,因而有利于对推论进行更准确的评估。显然,论证能力的自主性、自如性和应因性,具体取决于论证参与者在论证的不同场景、不同语境下论证的类型化能力,区分不同的、准确的分类、归类以及定型化,因此形成不同的论证类型,把握不同类型的型式类型、型式结构、结构构成,有助于提升论证的型式的正确性和实质的合理可接受性。

第二,论证型式类型化研究,有助于推进人工智能的创新实践与技术变革。这在于:首先,论证型式越来越多地被用于人工智能和多智能体系统等计算领域的识别、应用和研究,从而促进人工智能的推理论证能力。论证型式正被纳入用于论证映射的软件工具中,如从欧洲人权法院的文本中借鉴法律论据的法律文本的论证挖掘技术为人工智能应用提供了机会。其次,论证型式类型化研究以可用于别和收集已知类型的论证的方式进行文本挖掘,如来自专家意见的论证。① 再次,论证型式类型化研究可以作为搜索论证数据库,并

---

① Mochales Palau, Raquel, Marie-Francine Moens. "Argumentation Mining: The Detection, Classification, and Structuring of Arguments in Text." In Proceedings of the Twelfth International Conference on Artificial Intelligence and Law(ICAIL), June 2009, pp. 8–12, Universitat Autonoma de Barcelona, Barcelona, pp98–107. New York: ACM. "Argumentation Mining." Artificial Intelligence and Law 19 (1):2011, pp. 1–22.

挑选某种类型的所有论证的自动化工具。最后,论证型式类型化研究可以通过论证可视化工具得到增强,这些工具可以应用于论证文本,从而产生可以在结构中显示型式的论证分析,推进论证的可视化。

二、论证型式类型化研究的学术综述

(一) 国外学术综述

1. 古代的分类系统

古希腊就有相当于论证型式的分类系统——topoi 系统。但严格意义上的 topoi 分类系统是从西塞罗开始的。古代最有影响的分类是波伊提乌的三分法系统。论证型式的最早分类是公元前 350 年亚里士多德在《亚历山大修辞学》中提出的,这些论证型式或论据类型近似于基于因果可能性的论证、根据范例、基于承诺的反驳性论证、根据征兆的论证、反驳、权威论证等,构成了以法律事实证明为中心的修辞学系统。《论题篇》则提出了首个有理论深度和实践价值的论证型式系统,亚里士多德提到了不少于 337 个 topoi 规则:偶性 103 个,属 81 个,特性 69 个,定义 84 个。在《修辞术》中,亚里士多德结合修辞式论证列举了 29 个论式。

西塞罗认为,系统处理论证包括两部分——发现(发明,构想)论证和对其有效性进行判定。西塞罗讨论的 topoi 被划分为两大类:内在于所讨论主题的本质和从外部产生的 topoi。西塞罗对 topoi 的处理并没有联系谓词的本质,因而与亚里士多德的处理方式不同,表达 topoi 的方式较为接近《修辞术》(强调 topoi 的名称和应用实例),对于很可能并不理解《论题篇》的形式框架和抽象语言的修辞学家来说,这样的表述也许更好理解。

人们一直试图将 topoi 的类型减至方便管理的数量,按历史影响来判断,这方面最成功的是波伊提乌分类。波伊提乌《论论题种差》也不以谓词作为归类论式的基础,而是追随弥修斯把论式划分为内在的、外在的和中间的三大类。波伊提乌所采用的弥修斯的论式分类如下：

内在的(14种)：根据实体、定义、描述、名称的意义(解释)、实体的后果、整体或属、部分或种、动力因、质料、形式(natural form)、目的、效果、毁灭(使用)、关联偶性。

外在的(7种)：根据判断、相似、更大、更小、对立(相反、相对、丧失和拥有、以肯定和否定为手段)、比例(关系类比)、转代比喻。

中间的(3种)：根据实例、词形变化、划分。以这个分类系统为核心的论式理论成为中世纪标准论式学说。

2. 现代分类和类型化的兴起

中世纪之后，loci 的研究偏重于主题或程式的意义，基本上脱离了逻辑轨道。随着辩证推理被遗忘或归约为形式三段论，论证型式的逻辑研究出现了历史断裂。在修辞学中偶尔有阐述论式的火花闪现。直到佩雷尔曼和提泰卡的《新修辞学》(1958)问世，论证型式研究才开始真正复兴。当代论证型式分类是从佩雷尔曼(1958)开始的。之后出现十几种论证型式分类系统。重要的有：

(1)佩雷尔曼(1958法文版，1969英文版)首先采用二分法，将论证型式分为"联合的"和"分离的"。分离的论证型式较为单纯，是把原来的一个概念分离成两个概念，以解决原来概念所遇到的矛盾。"联合的"论证型式是一个庞大的类。该类再分为三个子类。

(2)黑斯廷斯(1962)将论证型式分为语词推理、因果推理和自由飘逸的推理(语词或因果推理)三类，每类之下各有三个子类，最终得到9个一般论证型式。

(3)艾宁格和布罗克瑞德(1963)基于图尔敏"担保"的9种类型，在组合结论的4种可能形式(指称性主张、定义性主张、评估性主张和建议性主张)，得到20个可接受的论证型式。循此思路的分类还有格瑞安(1997)涵盖论证型式庞大数量的分类。

（4）谢棱斯根据论证型式是否限于被应用于某些类型的结论,把论证型式分为受限的和不受限的,前者再分为基于规律性的(含辩护预见的和辩护说明的)和基于规则的(含根据评估规则和基于行为规则),后者再分为实效的、根据权威的、根据例证的和类比论证。最终得到 12 种一般论证型式。

（5）基彭波特纳(1992,1996)也以担保的类型为依据,将论证型式分为使用担保的、确立担保的和"既非单纯使用也非单纯确立担保的"三大类。最终得到 60 个左右一般论证型式。

（6）加森(1997)认为,语用—辩证法的论证型式三分法:征兆、比较和因果及其子类整合了佩雷尔曼、黑斯廷斯、艾宁格和布罗克瑞德、谢棱斯、基彭波特纳等人的论证型式,因而看似单薄,实际涵盖广泛。该分类只用两级就达到了一般论证型式,如从因到果、从果到因、从手段到目标等。

（7）沃尔顿(1995,1996,2006,2008)的论证型式分类实际上是针对应用的论证型式归组。早先是 9 类 25 种,后来有三大类(2005)共 30 余种。《论证型式》(2008)则将论证型式分为 4 组。在其论证型式"概略"中含 96 个论证型式。考虑到帮助非形式逻辑课程学生,沃尔顿最近(2011)给出了一个采用前述三大类框架(2005),但子目不同的论证型式归类系统,旨在便于应用。在这个分类系统中,有 37 个论证型式。

3. 当代研究及其多元化与精微化

在过去的五十年中,欧美的许多研究者提出了不同的型式集和分类,试图提供详尽的列表,并从中可以抽象出不同类型的论证模式的更多通用类别。爱默伦和荷罗顿道斯特提出了一种自上而下的方法,区分三种通用类型的型式,这些型式可以进行不同的分类。所有这些关于论证型式的理论都提出了关于用于区分和抽象的标准的关键问题,这些问题最终反映在论证型式的结构和性质的基本问题上。这些纯粹的哲学问题对于实际目的变得越来越重要。

黑斯廷斯通过区分来改进图尔敏的论证模型。首先根据前提和结论之间的联系方式,将不同类型的论证分为三类。第一类包括基于语言和语义关系的推理(为论证),第二类包括基于因果关系的型式,第三类包括支持口头或因果结论的论证。黑斯廷斯的型式分类,见表 0-1。

表 0-1　黑斯廷斯的型式分类

言辞推理	因果推理	言辞或因果推理
1. 举例论证	1. 关于标志的论证	1. 比较论证
2. 言辞分类标准论证	2. 原因引起的论证	2. 类推论证
3. 定义论证	3. 来自旁证的论证	3. 证据论证

基彭波特纳提供了一种不同的方法来分类他的 60 个与上下文无关的论证型式。他根据它们与规则或概括的关系(内生素)将它们分成三个主要群体。论证型式可以基于理所当然的规则,它们可以通过归纳方式建立新规则,或者通过示例、类比或权威来说明或使用新规则。然后,基彭波特纳根据其实质关系(分类、比较、反对或因果关系)区分基于规则的论证,并区分描述性和规范性变体以及所有型式的不同逻辑形式(模式推理、模式收费、析取三段论等)。基彭波特纳的分类,见表 0-2。

表 0-2　基彭波特纳的型式分类

使用规则的论证型式				论证型式 建立规则	使用或建立 规则的论证型式
分类型式	比较型式	对立型式	因果型式		
a)定义 b)种属 c)整体— 　部分	a)类似 b)相似 c)差异 d)更大 e)更小	a)矛盾 b)相反 c)相对 d)不兼容	a)原因 b)效果 c)原因 d)结果 e)手段 f)结束	从例子归纳论证	1. 举例说明性论证 2. 类比论证 3. 权威论证

基于上述三种主要类型的第一种,可称为"迹象论证",表示说话者试图说服他的论证类型。对话者"通过指出某些东西是其他东西的迹象",意味着

论证中陈述的内容与观点中陈述的内容相伴随,因为前者是后者的标志或症状。第二种型式基于相似之处,在论证中陈述的内容与观点中陈述的内容之间进行类比。第三种论证型式是工具性的,其中论证和结论是由因果关系联系起来的。没有提供关于因果关系概念的正式模型或必要条件来支持对该型式结构的说明。出于这个原因,其适用于案件的范围似乎相当广泛,这取决于因果关系的概念。这三种型式是通用类别,其他论证被分类。例如,基于内在品质或实体或权威的特征部分的论据被视为属于伴随关系(迹象),而论证指出行动的后果或基于手段—终点关系被认为是因果论证的子类。这些不同的分类系统基于不同的标准列出不同类别的型式。这些分类模型识别的论证型式的一个关键特征是实体关系(分类、因果关系)和推理类型(归纳、诱导)之间的区别。

非形式逻辑的理论先驱都看到了,用形式逻辑来应付日常或自然语言讨论中的论证,多少有些心有余而力不足或者勉为其难。这种困局正是由论证型式(日常推理的绝大部分)的特性与形式逻辑工具的不匹配造成的。因此,不难理解,图尔敏放弃论证分析的几何学模型,而代之以法学模型——图尔敏模型。图尔敏模型被普遍认为是论证型式的一般结构的更近真实的摹写。至于佩雷尔曼,耗费10年时间汇集法语世界使用的大量论证型式实例,作为《新修辞学》(1958)的主要内容。汉布林则从另一路径重振古典辩证法,他的理论精神也对论证型式研究有着重要意义。

(二) 国内学术研究综述

1. 国内学术研究总结

我国学者对论证型式的研究是伴随非形式逻辑这一新学术分支引入国内而启动的。近年来,我国的逻辑学者系统梳理了论证型式理论发展史,描绘了论证型式的基础理论。主要有武宏志、张斌峰、熊明辉、晋荣东、王建芳、金立、杨宁芳、谢耘和魏斌等学者对非形式逻辑形式化问题,论证型式及其分类问题,类比论证型式及其类型化思维等方面做出了研究。

在 2009 年武宏志、周建武和唐坚合著的《非形式逻辑导论》(上下册)中,有专章介绍西方的论证型式理论①;武宏志和周建武主编的《批判性思维——论证逻辑视角》(修订版)(2010)②第八章"合情论证"系统引入了 20 余种论证型式,包括对论证型式的概念、特征、结构和评估等较为详细的介绍,更是对论证型式做了详细列举。

2013 年武宏志出版了国内论证型式研究的前沿性著作——《论证型式》③。该书将论证型式这个主题置于全球学术史中进行全方位的系统考察,讨论了论证型式在非形式逻辑中的地位,它的逻辑本质、功能、分类和评估,以及多学科研究的最新动态。该书第四章论证型式的分类,系统描述了论证型式分类的古代渊源——古希腊的 topoi 和中世纪的 loci,分析了它们在中世纪的标准化和近代的衰落,论证了它们在当代复兴的必然性。在第十三章,作者对论证型式进行了汇集,武宏志对论证型式做了分类:第一,依据信息源的论证型式;第二,实践的论证型式;第三,因果论证型式;第四,规则—案例的论证型式;第五,其他论证型式,总共列出了 60 个论证型式,该章的论证型式汇集以沃尔顿等新著《论证型式》(2008)为基础,参考佩雷尔曼(1969)、基彭波特纳(1992)、波洛克(1995)、格瑞安(1997)以及英国敦提大学计算学院的论证型式研究组(2006)等的论著,并将沃尔顿等(2008)和廷德尔(2007)的批判性问题综合起来考虑。

2017 年张斌峰和陈西茜在《试论类型化思维及其法律适用价值》中指出"类型"是单个具有相同或类似属性的个体(或元素)的集合。将类型作为重要的(但不是唯一的)思维形式,遵循类型的逻辑特征,在类型的基础上进行判断、推理、建构理论体系,将这样的思维活动称为类型化思维。类型化思维

---

① 武宏志,周建武,唐坚:《非形式逻辑导论》,人民出版社 2015 年版。
② 武宏志,周建武:《批判性思维——论证逻辑视角》中国人民大学出版社,2010 年版。
③ 武宏志:《论证型式》,中国社会科学出版社,2013 年版。

具有描述性而非定义性、相似性而非涵摄性、模糊性而非"非此即彼"、开放性而非封闭性等特征。类推是类型化思维的实现方式,描述和把握类型是为了类推。在立法上,类型化思维作为一种价值导向的思考方式,能够保持法律规范的开放性和确定性的良性平衡。在司法过程中,利用类型而非概念来描绘案件事实的特征,在努力塑造事件类型时,能够为司法裁判寻找到适宜的评价标准。类型化思维是对传统抽象思维的突破和革新。①

2013 年谢耘和熊明辉的《图尔敏的逻辑观述略》针对英国哲学家史蒂芬·图尔敏(Stephen Toulmin, 1922—2009)在 1958 年出版的《论证的运用》(The Uses of Argument)一书作出分析评述。该书试图通过对当时逻辑学研究方式和学科性质的理论反思,来揭示哲学与认识论研究中所潜藏的理论问题。由于书中对数学化、形式化研究方法提出了质疑与挑战,该书一出版即遭到了形式逻辑学家的激烈批评,并最终被评定为一本包含理论偏见与错误的"反逻辑著作"。然而,半个世纪以来,图尔敏的逻辑思想尽管被放逐于哲学领域之外,但它在当代论证理论、修辞学、言语交际研究等领域备受推崇。同样,现代逻辑的发展依然一直持守着其数学化、形式化的更多还原②。

2013 年熊明辉在《基于论证评价的谬误分类》中提出,谬误通常被分为形式谬误与非形式谬误。前者属于形式逻辑考察的范围,后者主要是非形式逻辑研究的对象。虽然"谬误"并不是一个专门的逻辑术语,但它通常又主要是在逻辑意义上使用的。在逻辑上,谬误被定义为看起来令人相信但实际上并不是逻辑上可靠的论证。因此,谬误分类与论证评价密切相关,换句话说,谬误是在一定程度上违背好论证规则的结果。一个好论证必须满足三个条件或三条标准,评价论证也有六条基本规则。谬误可区分为前提谬误、不相干谬误和推不出谬误三大类,它们各有自己的子类型。③

---

① 张斌峰,陈西茜:《试论类型化思维及其法律适用价值》,《政法论丛》,2017 年第 3 期。
② 谢耘,熊明辉,《图尔敏的逻辑观述略》,《哲学研究》,2013 年第 8 期。
③ 熊明辉:《基于论证评价的谬误分类》,《河南社会科学》,2013 年第 5 期。

2015 年周 π 和熊明辉在《如何进行法律论证逻辑建模》中提出,人工智能与法是 20 世纪 70 年代兴起的一门交叉学科,主要涉及人工智能和法律逻辑等领域,其研究对象是法律论证的人工智能建模。本文从法律论证建模的角度出发,探讨人工智能与法的发展。在此基础上对各种已有法律论证建模及相关理论进行分析,并指出面对传统演绎推理模式所带来的问题,应适当修缮现有模型框架,以期更好展现法律论证的可废止性、开放性,并刻画审判方角色所起的作用。①

2017 年弗朗斯·H. 范爱默伦和熊明辉的《语用论辩学:一种论证理论》为分析评价论证提供了一种跨学科融合方法。为了评价论证,语用论辩学家以功能化、社会化、外在化和论辩化作为元理论起点,把批判性讨论作为理想模型,给出了一组论证合理性评价的批判性讨论规则。从 20 世纪 90 年代开始,为了公正处理论证者试图在论辩合理性与修辞实效性之间保持一种微妙平衡,语用论辩学从功能上整合了修辞视角,提出了"策略操控"理论框架。从语用论辩学观点来看,每个论证话语都是策略操控的结果,而谬误则是策略操控脱轨②。

早在 2001 年,晋荣东就发表了《辩论过程中论证的建构与评估》,提出论证是辩论的核心,成功的辩论总是以论证的建构和评估为前提。建构一个正确而有效的论证首先需要确定彼此的争议所在,明确陈述己方主张并作为结论,进而提出理由以支持结论,然后考察相反的观点与论证,最后以可理解的方式对论证全过程加以组织和表达。论证的评估不仅包括对论证前提(理由)真实性的评估,而且包括对理由对推断的支持关系的评估。由于辩论是展开于主体间的、以消除争议谋求共识为目的的言语行为,其中的证明、反驳与辩护往往是以提问和回答的相互交替为表现形式,因此辩论过程中经常使

---

① 周兀,熊明辉:《如何进行法律论证逻辑建模》,《哲学动态》,2015 年第 4 期。
② 弗朗斯·H. 范爱默伦,熊明辉:《语用论辩学:一种论证理论》,《湖北大学学报(哲学社会科学版)》,2017 年第 44 期。

用的是"批判性提问策略"的论证评估方法。①

2006 年,晋荣东在《论非形式逻辑的现代性特征》中提出作为新的逻辑分支,非形式逻辑是一种具有现代性特征的逻辑:从其兴起的动力来说,它是一种旨在应对现代性问题的逻辑;从其发展的方式来看,它是一种体现着逻辑自身现代性的逻辑;从其在中国的引入历程来讲,它是一种对传统逻辑的现代化具有示范意义的逻辑。②

2016 年晋荣东在《权衡论证的结构与图解》中提出一种新的论证方式:权衡论证(pro and con argument),权衡论证是一种同时包含正面的、支持结论的理由(pros)与反面的、反对结论的理由(cons)的论证,其结论的证成(至少在论证者看来)源于正面理由的逻辑力量经过权衡胜过了反面理由。1971 年,美国伦理学家韦尔曼(Carl Wellman)在《挑战与回应:伦理学中的证成》(*Challenge and Response:Justification in Ethics*)一书中首次明确论及了这一独特论证的存在,他称其为"联导论证"(conductive argument)的第三种模式。自 1980 年以来,非形式逻辑学家戈维尔(Trudy Govier)、希契柯克(David Hitchcock)、汉森(Hans V.Hansen)、弗里曼(James B.Freeman)等先后针对权衡论证的结构与图解提出了各自的观点和方法。③

王建芳的译著《论证结构:表达和理论》中,基于对标准方案和图尔敏模型的综合,提出一种刻画论证宏观结构的方案。为在理论上证成这一方案,《论证结构:表达和理论》对论证的辩证理解、图尔敏的保证概念以及组合与收敛的区分等问题进行了深入的探讨。《论证结构:表达和理论》将自身提出的方案与论证结构刻画的其他方案,包括威格摩尔图表法、波洛克的推论图、

---

① 晋荣东:《辩论过程中论证的建构与评估》,《南通师范学院学报(哲学社会科学版)》,2001 年第 4 期。

② 晋荣东:《论非形式逻辑的现代性特征》,《延安大学学报(社会科学版)》,2006 年第 3 期。

③ 晋荣东:《权衡论证的结构与图解》,《逻辑学研究》,2016 年第 9 期。

论辩的语用辩证方案等进行了比较研究。最后,《论证结构:表达和理论》还探讨了省略论证的合理重建问题和位于论证结构分析与论证评估边界的一些问题。①

2016年王建芳在《基于论辩的论证结构研究——弗里曼模型与图尔敏模型的比较》中提出,作为论证结构研究的现代经典与最新发展,图尔敏模型与弗里曼模型之间存在一定的差异:图尔敏模型展现了一个由主张、数据、保证、支援、模态限定词、例外六要素构成的论证模式,而弗里曼模型展现了由前提、结论、模态词、反驳和反—反驳五要素构成的论证模式。从论证核心层来看,图尔敏模型的重点在于数据、保证、支援三重区分,而弗里曼模型回归到前提与结论刻画模式。从论证的论辩层来看,二者对 rebuttal、对模态限定词以及是否包含反—反驳要素方面的认识均有所不同。尽管都立足主张者和挑战者之间的对话来建构论证结构的基本要素,但其间的差异使得弗里曼模型在一般论证刻画方面功能更为强大。②

2017年王建芳的《当代西方“组合与收敛结构之分”的三大疑难》提出组合结构与收敛结构的区分是当代论证分析理论和实践研究的重点和难点。其中,组合与收敛结构的支持方式问题、否定测试法的适用性问题以及组合—收敛论证与多重—并列复合论辩的关系问题可谓影响相关研究的三大疑难。通过梳理、分析学界在这三个问题认识方面存在的争议不难看出,前提合起来支持结论并非组合结构的独有特征,在收敛论证中任一前提薄弱、假或不可信同样会弱化全部前提作为一个整体对结论的支持;否定测试法遭遇的一系列质疑,表明它没有抓住组合与收敛结构之分的关节点;组合—收敛论证与多重—并列复合论辩并不相互对应,其间的差异正如弗里曼所说源于不同的学科

---

① 王建芳:《论证结构:表达和理论》,中国政法大学出版社,2014年版。
② 王建芳:《基于论辩的论证结构研究——弗里曼模型与图尔敏模型的比较》,《逻辑学研究》,2016年第9期。

视角。①

2012 年,金立的《逻辑视域中的论辩》提出论辩(Argumentation)是一种展开于主体之间,通过单个命题或命题组合来证明自身观点、反驳对方观点,以消除争议、谋求共识的理性行为。长久以来,无论是作为一种现象还是一个问题,论辩始终为逻辑学、修辞学、语用学等多学科共同关注。这不仅因为论辩是存在于生活世界中的一种普遍现象和言语行为,更重要的是因为它反映了基于主体间个性差异的思想的多样性和丰富性,以及不同思想在各自的论证和相互争辩中不断发展前行的客观事实。正如迈克尔所言:人类心智被装上了两种相互对立的技能,一是将事物分门别类置入范畴,二是将事物视同特殊分别对待。②

对论证型式进行详细分类的还有 2016 年李杨的博士论文《法律论证型式研究》,在研究法律论证型式之前,他在第二章详细讨论了论证型式的分类,特别是当代论证型式的分类。在分类之后,他提出了论证型式的清单。他指出,沃尔顿等《论证型式》(2008)的论证型式清单包括 60 个论证型式及其 44 个子型式。③ 描述迄今已发现的全部论证型式是一项冗长的工作,一般研究只是筛选主要的论证型式进行详细分析。自黑斯廷斯(1962)以来,有许多关于论证型式使用频率的经验研究。我们可以从研究得到教益。研究使用的论证型式清单是沃尔顿《批判性论辩基础》(2006)的(14 个)论证型式清单,但加上了"不能归类"一项。研究发现 256 个论证,其中诉诸后果、根据迹象、直接的针对人身和诉诸公众意见是最频繁的。不能按照归类的有 95 个。其中有根据公平的论证(Arguments from Fairness)、错置优先权的论证(arguments

---

① 王建芳:《当代西方"组合与收敛结构之分"的三大疑难》,《哲学动态》,2017 年第 9 期。

② 金立:《逻辑视域中的论辩》,《哲学研究》,2012 年第 8 期。

③ 关于论证型式的详细列举可参:武宏志、周建武、唐坚:《非形式逻辑导论》(下册),人民出版社 2009 年版。武宏志、周建武主编:《批判性思维——论证逻辑视角》,中国人民大学出版社 2010 年版。武宏志:《论证型式》,中国社会科学出版社 2013 年版。

from Misplaced Priorities)等①。李杨挑选了与法律论证型式联系紧密的、最常用的论证型式,分为若干组,描述其结构、辨识条件和评价手段(匹配的批判性问题)。他还把法律论证型式分为简单型式、线性论证型式、组合式论证型式、收敛式论证型式和发散式论证型式以及论证型式的组合。他把法律论证型式的一般模型归纳为图尔敏模型和司法裁决模型,并分析了法律论证型式的分类系统。除了对一般的论证型式做了研究,李杨还对法律论证型式进行了分类。

2018 年魏斌的《非形式逻辑形式化研究的三个问题》提出,非形式逻辑的形式化研究秉持一种局部的形式化观,即非形式逻辑能够部分地被形式化,但不是全部。形式化研究急需回应三个问题:第一个问题是如何确定形式化域,也就是明确形式化的研究对象。第二个问题是如何找到适格的形式化工具,使之能够适用于处理形式化域中的研究对象。第三个问题是如何应用适格的形式化工具来展开具体的形式化研究。回答这三个问题是建构非形式逻辑形式化理论的基础。②

2. 简要的评述

第一,对论证型式的基础研究薄弱。对论证型式的界定多样,内涵模糊,既有从逻辑形式尤其推理的视角,也有从语义关系的视角,缺少明确的非形式逻辑、论证逻辑的视角,更缺少明确的语用视角和动态的视角;没有明确的概念界定,不能明确论证型式的内在标准或"本质属性"特征,就很难对论证型式进行清晰、准确的分门别类和类型化的思考。

第二,缺少论证型式类型化的专门研究、系统化和体系化的专题研究。沃尔顿提供了 25 个论证,这些论证在分析非正式逻辑教科书中处理的那种论证

---

① Hans V.Hansen and Douglas N.Walton.Argument kinds and argument roles in the Ontario provincial election,2011. Journal of Argumentation in Context. Vol. 2,No. 2(2013).pp. 226-258.

② 魏斌:《非形式逻辑形式化研究的三个问题》,《湖南科技大学学报(社会科学版)》,2018年第 4 期.

和谬误时非常有用和熟悉①:(1)从立场到认识的论证;(2)证人证词的论证;(3)专家意见的论证;(4)类比论证;(5)言语分类的论证;(6)从定义到口头分类的论证;(7)规则论证;(8)特殊情况的论证;(9)来自先例的论证;(10)实践推理;(11)基于价值的实践推理;(12)外观论证(感知);(13)缺乏知识的论证;(14)来自后果的论证(正面或负面);(15)普遍接受的论证;(16)承诺的声明;(17)种族争论;(18)偏见的论证;(19)从关联到原因的论证;(20)因果论证;(21)从证据到假设的论证;(22)归纳推理;(23)沉没成本的论证;(24)滑坡论证;(25)可废止的假言推理。

　　沃尔顿给出的论证型式清单并不完整,但它指出了许多最常见的可废止的论证型式,这些是研究的重点。佩雷尔曼(Perelman)和奥尔布莱希茨-泰特卡(Olbrechts-Tyteca)确定了许多独特的论证型式,用于临时说服受访者②。黑斯廷斯的博士论文通过列出其中一些论证型式以及它们的有用例子,制定了更加系统的分类法。之后,卡本特(Kienpointner)对许多论证型式进行了更为全面的概述,强调了演绎和归纳形式③。在沃尔顿提出和分析的推定论证型式中,常见的论证型式包括专家意见的论证、类比论证、先例论证以及滑坡论证等,并讨论了每种论证型式的相关示例。在关于论证型式的其他著作中,如爱默伦和荷罗顿道斯特在评价日常推理中的常见论证是正确的还是错误的、可接受的还是可疑的过程中,论证型式的重要性受到了很大的重视④。综上所述,关于论证型式的现有表述并不是非常精确或系统的,原因可能在于它们是出于处理实际案例的实际问题而产生的。因此,需要对这些论证型式进

① Walton,D,C.Reed and F.Macagno. 2008. Argumentation schemes.Cambridge:Cambridge University Press.

② Perelman,C.and Olbrechts－Tyteca,L.The New Rhetoric,Notre Dame,University of Notre Dame Press,1969.

③ Kienpointner,M.All tags logik:Struktur und Funktion von Argumentations mustern,Stuttgart,Fromman Holzboog,1992.

④ Eemeren,F.H.and Grootendorst,R.Argumentation,Communication and Fallacies,Hillsdale,N.J.Erlbaum,1992.

行完善、分类和形式化的新工作。

总之,现代西方论证型式的分类还不够完全或完备,都更须加以谱系化、图像化和清晰化。因而,从纵向上看还欠缺对其生成背景、演变脉络的梳理和清晰地呈现;从横向上看,更缺少完备性、系统化和体系化(以论证型式之清单的方式)的专题研究。

第三,如何最佳地分类论证型式尚无一致意见。难题的部分原因在于一些相互独立的相似性维度,我们可能希望一种分类应该对此予以尊重。但是,论证型式也许可以按照它们所建立的结论的本质予以大致归类,包括要被接受或拒斥的特殊的和一般的命题、要被执行的行动、其他论证的评价、要被遵循或忽略的因果主张或规则以及要归于主体的承诺。

第四,对日新月异的现实生活的反应与回应不足。对传统经典的论证类型关注的较多,对贴近、反映现代社会生活(政治社会、经济法律、人际交往)的日常论证型式的新类型的提炼、定位和定型研究薄弱。

第五,对人工智能时代的诉求与回应满足还远远不够。论证型式在解决人工智能(AI)中的各种问题方面拥有着巨大的潜力。相关的研究成果表明,论证提供了一种解决这些问题的有力手段,即从演绎的、单调的推理方法,转向假定的、非单调的技术手段。在近几年的学术研究中,论证与 AI 之间的研究早已存在重叠,在计算语言学、法律推理和修辞等不同领域的合作努力都独立地确定了论证型式,这些论证型式有可能在未来的计算工作中发挥核心作用。因此,急需探讨论证型式在人工智能领域的逻辑构建和技术应用,以便理解论证型式在 AI 中的作用,并为人工智能的未来发展发挥积极的推动作用。

三、基本思路、主要方法与内容概述

(一) 本书研究的基本思路

基本思路分为以下四个基本环节与步骤:第一,以论证型式的基础研究为逻辑起点。重点研究论证型式的基本概念、基本内涵、基本构成、基本特征和基本功能。第二,在有了论证型式基础理论作为奠基的基础上,对论证型式的基本类型进行逻辑分析和逻辑定位研究,旨在描述、呈现、清理、整理、分析各种类型的外在特征和内在特质与构成,试图通过分析各类论证型式的界定、构成要素和结构,并从思维层面、程序层面乃至实践层面解构论证型式中基于诉诸对象、理由、证据,以及前提和结论之间说明关系的类型化。第三,进行整合性的、系统化和体系化研究:一是从静态层面上整合论证型式的层次性、复合型以及多元性和整合性;二是从动态层面,运用多主体的、互动性关联性的语用逻辑,彰显(在日常会话、日常论辩、公共参与、民主商谈、法庭话语以及法律商谈等不同场景、不同语境下的不同类型)论证型式在论辩言说中的商谈性、衡平性和开放性——在论辩结构中的论证型式、语用规范、语用原则和语用规则中的明晰性、系统性和协调性,最终通过论证型式的语用逻辑的分析与构建,实现论证型式的理论创新。第四,论证型式类型化理论付诸实践应用研究,这些应用领域包括网络沟通、人机互动、政治协商、民主对话、法律商谈、教育改革、人机互动(人工智能)等新兴领域。

(二) 本书的具体研究方法

本项研究运用类型化思维法、传统形式逻辑的逻辑分类法、非形式逻辑的型式分析法(图尔敏论证图式分析法)、语料分析法、语用分析法、人工智能的模型构建法,实现对中外古今论证型式的多维、多元的定型、定位。

主要运用以下几种研究方法:

(1)非形式逻辑的研究范式。非形式逻辑,是逻辑学的一个分支,它关心的是对日常会话中的论辩进行分析、解释、评价、批判和构造的非形式的标准、准则和程序。其任务是发展自然语言交谈中的论辩的分析、解释、评估、批评和构建的非形式的标准、规范和程序。非形式逻辑的核心概念是型式。非形式逻辑借用的是人类的自然语言,相比形式逻辑,它更贴近人类的常态生活。

论证型式既是非形式逻辑的核心理论，又是非形式逻辑的主要方法之一。非形式逻辑把强调推论的逻辑传统与那些和非形式推理相关的广泛论题结合起来，比如论证的竞争定义、论证辨识、证明责任、论证的经验研究、论证图解、认知偏见、论证分析史、论辩研究方法、情感在论证中的角色、在不同社会语境中具有论辩交互特征的隐含规则等。本书运用逻辑分析法是非形式逻辑的，而非演绎逻辑、现代形式逻辑的纯人工符号、纯逻辑形式的形式分析法，而是以生活世界、自然语言为基础，提炼、分析和证成——论证型式的概念内涵、型式构成、类型划分、类型定位、类型模式和类型功能或类型适用。

（2）不同于形式逻辑的型式化的方法。论证型式都由两部分组成，一部分是该论证的型式，另一部分是与之相匹配的一组批判性问题或者说制约性条件。在非形式逻辑中，评价一个论证型式所用的标准也并非形式逻辑中的那种所谓"形式"上的标准，而是使用与论证型式相匹配的批判性问题。只有论证的提出者对相应的批判性问题给予恰当的回答，我们才说该论证是合理的。

（3）类型化思维研究法。"类型"是指单个具有相同或类似属性的个体（或元素）的集合。将类型作为重要的（但不是唯一的）思维形式，遵循类型的逻辑特征，在类型的基础上进行判断、推理和建构理论体系，这样的思维活动我们称为类型化思维。类型化思维是对传统抽象形式思维的突破和革新。类型化思维具有描述性而非定义性、相似性而非涵摄性、模糊性而非"非此即彼"、开放性而非封闭性等特征。类推是类型化思维的实现方式，描述和把握类型是为了类推。在论证型式类型化上，类型化思维作为一种价值导向的思考方式，能够保持论证型式的开放性和确定性的良性平衡。在论证型式过程中，利用类型而非概念来描绘论证型式的特征，在努力塑造论证型式类型化的学理逻辑时，能够为论证型式找到适宜的评价标准。

首先，本书运用逻辑学的分类法作为类型化思维的逻辑起点，这在于，分类作为一种特殊的划分，乃以被划分对象的显著特征或本质属性为划分标准，类型化的逻辑起点正依据逻辑分类法而开启类型化思维;其次,类型是类型化的研究对象,类型化的研究是通过分析和呈现类型的描述性、相似性、流动性、开放式、直观性、整体性,并对类型的本质进行思考的思维模式,它运用以类属关系为基础的类比(类推)、演绎和归纳,构建类型化思维的逻辑型式。它可以用于论证型式的分析,对其进行归类、分析、比较和类型确定,类型化思考法是一个动态的推理论证的建构过程,因此,运用类型化思维不仅有助于深入理解被研究对象的类型及其特征,进而构建出理想的类型,这对于把握整个被研究对象的理论逻辑具有重要作用;而且它还有助于深入理解概念的本质特征,进而构建出理想的类型,这对于整个理论体系的梳理和分析都具有重要作用。

(4)语用分析法。语用分析法主要分析、评估论证型式、论辩结构及其言说意义理解和效力的理性标准和学理系统,语用分析法既可以对论证型式及其类型化做出微观分析,又可以对其进行全方位、多角度、多层面的宏观建构,对它的有效运用能够真正深入各类论证型式的具体情景和微观细节中,从而实现对实践经验与理论分析的整合与协调,促进论证型式类型化理论的语用逻辑之重构。语料库的方法是语用分析法的基本方法。混合方法有自下而上和自上而下两种生成方式,预示着混合方法的必要性和可能性。黑斯廷斯、谢棱斯和基彭波特纳采用的就是混合方法,即在主张分类和推论规则分类的基础上,参考论证语料库。实证研究法也是语用分析法的基本形式。在本书之实证研究中将主要采取语料库的方法——这种研究方法把陈述类型和合理推论规则类型的框架与真实论证的经验基础结合起来,更有成效。其中,论证语料库或经验基础起着筛选作用。

(三) 本书研究的内容概述

导论 本书研究的问题意识之缘起与来源,研究的理论意义与实践机制,研究综述、总体思路与基本方法,研究内容概述以及研究的创新之处。

第一章 论证型式的型式化方法——面向人工智能时代的论证型式。本章对论证型式做了界定,阐述了论证型式的特征和论证型式的主要功能,文章提出了沃尔顿的 25 个论证型式,在界定型式时,有一系列的关键问题,对关键问题的探讨可以对基于论证型式的非演绎论证进行评估。本章还用"智能家居"中的行动描述法来描述高科技家庭环境,并研究了走向实践的模块法。

第二章　论证型式的类型化。在第一章的基础上,本章对论证型式进行分类,型式越来越多地被用于人工智能和多智能体系统等计算领域的识别、应用和研究,并被用于提高人工智能的推理能力。本章还从计算论证的视角对论证型式进行辨识和分类,并阐述了对论证模型进行分类的重要性。

第三章　非形式逻辑的论证型式研究。本章从三个不同的角度对形式逻辑和非形式逻辑做了比较,提出一种"非形式逻辑"的新定义。本章的目的是分析合情推理,具体通过现代的论证识别和分析工具的运用,对一些具有历史意义的范例进行检审。这包括论证绘图工具和可废止的论证型式,从而表明它具有独特性。

第四章　论证型式的建模。本章主要讨论了论题的论证模型(AMT)之建构,在概述了我们的方法,论题的论证模式(AMT)之后,我们将其与其他现代方法进行比较,最终说明它的一些优势。本章还讨论了基于 COGUI 编辑器的本体表达性与建模论证下的论证型式的智能建模,我们使用 COGUI 编辑器在不一致的知识库中引出和表示论证型式。

第五章　可废止论证型式研究。本章主要研究可废止论证型式的逻辑建模,可废止逻辑,它是承认可以通过反驳和规则例外来打败可废除推论的一种逻辑。面向事实认定的法律论证可以使用可废止性推理的论证型式及其建模,因为可废止逻辑常与法律规范的结构、法律的效力和法律的道德性等问题联系在一起。

第六章　证据的论证型式研究。本章对证据的论证型式及其类型化进行研究,除了方法的变化,论证理论的特点是对强论证的规范标准感兴趣,它们关心论据质量的问题。说服学者对不同论点的实际效果感兴趣。本章研究了证据推理的型式化及其建模,主要目的是阐释逻辑方法是根植于概率论的方法,并且是一种有价值的方法。

第七章 解释性论证的类型化与型式化。本章对解释性论证型式进行研究,提出了一种基于论证的法律解释程序,就论证型式对传统的文本规范进行重新解释,然后将其分类,型式化并通过论证可视化和评估工具进行表示。并对基于非正式推理的结构研究论证与解释互补性,论证和解释是不同的推理形式,具有未被充分认识的互补关系。在本章,我们精确地定义了这些术语,找出了将它们混为一谈的误区,阐明了它们的互补关系,并利用这种关系为分析共同社论的逻辑结构提供了富有成效的方法。最后,本章提出了解释性论证在法律适用中的应用,法律解释是确定公民的法律义务、权力和权利的通常方法。

第八章 语用论辩的型式及应用。在本章中,我们研究语用论证型式在司法判决中的运用,语用论辩的型式化——演绎主义的进路,我们将为演绎主义辩护。因为它经常被误解,我们的讨论围绕演绎有效性概念的普遍误解问题。我们还对作为语用论辩策略的论证风格进行了研究,揭示了论证风格的复杂概念。最后是语用论证型式在司法判决中的运用,我们讨论了论辩模型,其中在复杂案例中,在法律辩护的背景下使用实用论证。

第九章 论证型式在人工智能中的运用研究。本章研究日常推理论证型式与人工智能的实现,主要研究论证形式在人工智能中的应用,本章的目的是建立一种基于论证型式的基础方法;该方法可用于帮助非形式逻辑的学生通过自然语言的话语文本,识别出其中一些常见类型的论证。

第十章 论证型式在政经与教育领域的应用。在本章中,首先是语用论证型式在司法判决正当性中的作用,其次是基于论证型式的论证评估——面向政治论辩的分析与评估;再次是论证型式在金融领域的应用研究——通过论证重新获取信任:面对金融经济危机及其应对;最后是论证型式在教学领域的运用,通过举例并详细研究了论证型式在各个领域的运用。

四、本书题研究的创新之处

（一）基础理论的创新：对论证型式的界定、特征与概念进行了新的阐释

（1）首次给出了论证型式的概念界定，为论证型式的类型化研究奠定了逻辑基础。分类、类型化的研究，是明确概念外延的逻辑方法，明确概念所反映的思维对象的范围（量），那当然离不开质（内涵），内涵是指反映思维对象的本质属性，外延是指具有某种内涵属性的事物有哪些。质是量的前提，明确内涵是明确外延的前提。首先，从形式逻辑（语形关系、形式结构）的视角看：本项研究认为，论证型式提供了一种描述定型推理模式的方法；论证型式代表了最常用的论证推理原则的形式化，将实质联系（概念之间的关系）与不同类型的推理相结合；论证型式中使用的完整链接前提的集合是作为前提给出的那些前提和作为关键问题列出的那些命题内容的结合。其次，从语义学的视角界定了论证型式：本项研究认为，型式已被发展为推理之陈规的定型模式，抽象结构表示材料（语义）关系和前提之间的逻辑关系和论证中的结论。它们基于比逻辑中使用的正式表示更丰富的语义系统，因此它们可以反映概念之间的必要和可废止的关系；本项研究更加侧重于语用学的视角，本项研究认为，论证型式是一种语用结构，它是那些代表着在自然语言交谈或论辩（如像政治论辩、法律论辩，特别是人工智能等特殊情境）中所使用的语用结构。论证型式是一种典型的推理模式，带有一组相应的关键问题，即可排除性条件。它们代表了日常会话讨论中使用的模式，也代表了法律和科学讨论等其他环境中使用的模式。论证型式的语用结构实际上是一种语用推理，它表征着自然语言论证中所常见的假设性、似真性推理；既不同于演绎又不同于归纳的第三类推理，是一种语用结构，往往表达为可废止的肯定前件式；论证型式在某个特定的语境中是可被削弱甚至是可被颠覆的。每个论证型式都具有不同的

与之相匹配的批判性问题集,而每个论证型式又可以分为若干子类,这就需要更为精确、专业性更强的批判性问题集与之相匹配。

(2)本项研究指出了论证型式的基本特征和基本功能。非形式逻辑作为逻辑实践转向的成果之一,弥补了形式逻辑在自然语言论证中的缺陷。关于论证型式的基本特征,本项研究认为,它具有以下若干基本特征:①天然性和自然性:论证型式的特征来自自然语言,取自现实生活,而非人工造作,逻辑的传统本来是天然的,逻辑必须被天然化。非形式逻辑借用的是人类的自然语言,相比形式逻辑,它更贴近人类的常态生活;②实践性与应用性:来自社会实践又回归社会实践;③假定性和似真性;④关键性和评估性;⑤语境性与敏感性:论证型式有着非常强的语境敏感性,任何一个论证都要考虑具体的论证语境,任何一种论证型式也就应当对具体语境具有适应性、灵活性的特性。关于论证型式的基本功能:它具有获得强有力的论证工具增强论证的对抗性;获得完整的论证结构;为论证选择恰当的理由,以及减少谬误乃至消除谬误、提高论证的成功率的功能和推动人工智能的"可挖掘性"。

(二) 研究视角与研究方法的创新:对论证型式的型式化进行了新的探索

(1)本书超越了形式逻辑的形式化方法,区分了形式与型式,自然语言论证与形式语言论证。形式逻辑的形式化方法是形式化;非形式逻辑也可以形式化,但它不追求完全的形式化,而是致力于型式化,其基本的型式化是经典的图解、图式方法。本书拓展了型式化方法与路径,认为非形式逻辑型式化方法,除经典的型式化方法外,面对回归现实生活,面向日常语言交际的——突显非形式逻辑型式化的天然性与自然性。

(2)提出了论证型式的型式化的模块化的新方法。本项研究对论证型式的型式化的方法进行了探索,提出了模块化的新方法。模块化方法区别于传统的 BDR 实践推理方法的模块化方法,这种研究,使用了两个示例,将这些方案结合起来,以展示如何以参数图的形式构建图形结构,该图形结构可视地显示实例化方案的参数如何组合在一起,从连接的论证序列中得出最终结论。我们将这样的序列称为模块化结构,因为它将这些方案组合为构建模块以形成模块并表示真实参数的不同和隐式维度。传统的 BDI 模型将不同的论证推理模式合并为一个大而混乱的程序包,将价值和意图混合到实践推理中,无法区分并清楚地表示证明实践结论所需的所有不同的推理步骤,阻碍了开发有用的论证工具的进展,模块化方法则可以有用的方式展示用于支持行动过程的不同类型的推论,模块化方法揭示了如何考虑用于证明评估合理性的元层次推论。这种方法将被证明可以克服 BDI 和承诺理论框架中现有实践推理模型的局限性,为话语分析和其他学科提供有用的工具。

（3）提出论证型式分类的新方法——计算论证研究法。计算论证作为一种面向人工智能时代实现日常论证自动化、智能化的研究新任务,我们依然尝试运用计算论证的方法对使用的论证型式进行分析与分类。首先,我们选取非形式的辩论型式作为(可能是可废止的)论证的框架或结构;其次,需要确定用自然语言编写的论证所通常使用的一种未说明(或隐含陈述)的前提,这种前提被称为省略推理法;最后,我们使用计算论证方法对论证型式的功能进行分类,可以分为一般功能和特定型式的功能。计算论证为论证型式的分类提供了一种自动化、智能化的工具。

（4）论题的论证模型 AMT 建模法。本项研究以论题模型为主题,提出 AMT 建模法。与其他方法相比较,AMT 更侧重于论证的推理配置,论证模型(AMT)的建模目的是提出一种连贯和有根据的方法来研究论证型式,这种方法可以克服论证含糊不清和开放性等这些困难。详细介绍了(AMT)以程序为出发点的三个层次结构,运用比较分析的方法通过与图尔敏模型、基彭波特纳的方法、沃尔顿、里德和马卡尼奥方法的比较说明了论证模型(AMT)构建的四个理由:①实践论证的推理配置更加明确。②论证的前提是以这样一种方式识别出来的,即允许将程序性前提与实质(内容性)前提区分开来,并着重于程序性和实质成分之间的交叉点。③通过在论证型式的实质成分中引出内含子和基点,可以明确论证的上下文限制。④AMT 可以支持引发与 Y 结构的每个节点相关的可能的关键问题,准确地指定论证的有效性问题与哪个节点相关联。

(5)人工智能的论证型式建模法——创建了基于 COGUI 编辑器的本体表达性与建模论证的智能模型。COGUI(概念图用户界面)是一种知识库编辑器①,其中知识被编码为图形并且支持声音和完整的基于图形的推理操作。首先,本项研究提出了一个用于建模论证型式(AS)的论证交换格式(AIF)兼容本体,它将现有工作的表现力扩展到默认规则库推理。本体可使用 COGUI 构建。该模型通过支持论证可接受性和启用非单调推理,扩展了其中支持的各种类型的推理。其次,该项目提出了对论证型式(AS)建模的新方法主要包括三个步骤:第一步,丰富本体论;第二步,规则定义,正式描述;第三步,默认规则定义。最后,落脚于 COGUI 型式智能模型的具体实施情况,根据 COGUI 的方法步骤分别对专家意见的论证、类比论证、受欢迎意见的论证进行型式模拟。

(三) 对论证型式类型化理论与知识系统的创新

1. 创新性地提出了论证型式的类型化

类型化思考就是用类型化的思维方式对论证型式进行分析、思考、研究。类型化思维被广泛运用于诸多领域,本书指出对论证型式类型化的过程对我们研究论证型式具有十分重要的意义,或者是出于形形色色的论证型式进行集体描述的必要性,或者是出于在集体分析这些论证型式的基础上去研究某些规律的必要性。在对论证型式进行分类的过程中——类型化思维方式的运

---

① Baader,F,Calvanese,D,Mc Guinness,D.L.,Nardi,D.Patel-Schneider,P.F.(eds.):The Description Logic Handbook:Theory,Implementation,and Applications.Cambridge University Press,Cambridge(2003).

用,为正确理解研究对象即论证型式的历史发展过程和它们从一种类型向另一种类型连续转化提供了钥匙;类型化思考能为研究者理解论证型式在发展过程中的内部逻辑规律提供武器,能为它们科学的发现及预见未来的论证型式的发展提供依据;在论证型式类型化过程中,可以将一切(无一例外的)论证型式类型所固有特征进行集中研究,将共性和特性有机地结合起来,对整个论证型式的集体进行全方面,分层次的研究;类型化过程为科学深入地研究论证形式提供了客观基础,也为构建科学完整的论证型式理论体系提供了一种可能性。

2. 本书依据不同的标准,采用新的视角对论证型式的分类系统做出了新的思考

例如,基于自然语言论证型式创新了语用论辩分类系统,这种分类系统基于双重标准将论证型式分为三大类:征兆论辩、基于比较的论辩和因果论辩。第一类论证型式包括根据权威、根据范例、基于意义或定义的论证的子类;第二类包括类比、基于公平原则;实效论证属于因果论辩的子类。第三类包括实效论证的子类。

3. 论证型式之新类型的研究:对论证型式类型的新定位与发现论证型式新类型

(1)关于可废止论证型式的创新研究:其一,对可废止论证型式逻辑建模。首先,阐明可废止逻辑的含义,提出可废止逻辑是一个逻辑系统,最初意在模拟推理,用于从部分和有时相互冲突的信息中得出合理的结论。其次,对卡内德可废止推理模型进行分析并提出了可废止的系统化,解释了卡内德系统如何通过将前提划分为三种类型(普通前提、假设和例外)来对与该型式相匹配的关键问题进行建模,将关键问题建模,管理论证型式和关键问题的方式使卡内德系统与可废止的逻辑兼容。最后,在卡内德系统的基础上发现可废止逻辑中的逻辑结构型式,在论证研究中采取进一步的步骤。其二,可废止型式与法律论证的结合,试图构建一种面向事实认定的法律论证可废止模型,可废止逻辑的发展正推动着人工智能与法律的深度融合,法律推理的过程同样具有可废止性的属性。首先,我们将以可废止推理作为逻辑工具,并在已有基础上对事实认定推理模型提出进一步的优化型式,以期为法律人工智能视角下的事实认定提供理性的、逻辑的建模型式。另外,我们提出了可废止推理在事实认定中存在的不足并提出了具体的完善建议。其次,对事实认定推理之建模型式的优化,包括对初级证据评估的建模优化,对增加证据强度选择路径的模型的优化。最后,法律人工智能视野下的事实认定推理模型的构建,运用IPO 编程方法构建事实认定推理模型,促进法律人工智能与事实认定推理模型的融合。

(2)关于证据的论证型式的新定位:其一,阐明了证据在论证中的说服作用,并通过技术手段进行了具体实验,研究了专业人士与非专业人士对证据说服力的认识。为了深入探究非专业人士是否可以准确地选择出具有高度说服力的证据材料,本项研究尤其考察了传闻、统计、因果和专家证据的预期说服力,并与霍尼克斯和霍肯①研究中对应的证据类型的实际说服力进行了比较。研究的主要贡献在于:首先,本项研究第一次采用排序技术进行实验;其次,将本实验与霍尼克斯和霍肯研究进行比较,有助于我们理解非专业人士在选择具有说服力的证据时的准确性问题;最后,得出非专业人士对证据说服力的认识似乎与专业人士不分上下的结论。其二,将证据推理型式化为证据推理的论证型式,并尝试运用计算机技术对其进行系统建模。因为几乎所有的证据推理都是不确定性的推理,所以证据推理急需一个型式化的理论基础,对证据论证型式的建模旨在提一种有价值且能够代替基于概率论的方法,即基于逻辑的方法,并设计了能够支持或执行证据推理的计算机程序,作为逻辑系统,它可以通过使用某些逻辑技术合理地处理辅助证据。我们还结合案例进行实例分析,对证据推理系统进行了检验。

---

① Hornikx,J,and H.Hoeken, Cultural differences in the persuasiveness of evidence types and evidence quality.Communication Monographs. 2007 74:pp.443−463.

（3）开创性地研究了解释性论证型式。本项研究提出了一种基于论证的法律解释程序，就论证型式对传统的文本规范进行重新解释，然后将其分类，型式化并通过论证可视化和评估工具进行表示。法定解释问题被视为权衡有争议的解释之一。本书的研究通过制定一套论证型式来构建解释程序，该方案可用于比较性地评估在法律上有争议的，需要法定解释案件中使用的论点类型。案例分析中使用了 Carneades 论证系统的简化版本，以显示该过程的运行方式。最终提出了法定解释的逻辑模型，涵盖了亲权和所有考虑因素的解释结论。解释原本就不是为寻求正确答案而来的，解释只是为另一方法——论证提供了命题，命题本身正确与否不是靠命题来完成的，它需要通过论证的方法来加以解决，而某些类型的论证是可以对解释予以支持的。在这种情况下，一个旨在建立最好的解释，更复杂的推理过程便得以介入，当一个法条出现了不同的解释，这些解释需要得到论证的支持才能被证明比其他解释更好（更充分，更合适）。可以说，支持对意义的各种解释或拒绝其他可能的解释的论证，便是所谓的解释性论证。

（4）首创性地提出协商论证型式，基于社会实践、民主政治建设的实践诉求，提出了协商论证的型式，以民主协商中的实践推理为对象，开显其论证型式，又进一步提出了八种论证型式，它们代表了不同种类的，或者与实践推理密切相关的其他论证，每种论证本身也可以作为一个单独的论证。协商论证的型式具体包括：工具性实践推理的论证型式、基于价值的实践推理之论证型式、基于事态的分类论证型式等。本项研究认为，对协商论证型式的结构分析及其推广，在政治科学、批评话语分析、论辩和教育领域变得尤为重要。在政治科学中，商谈性论辩被认为是民主的核心，因为民主决策取决于论辩，只有通过商谈民主决策才具有合理性。

4. 论证型式类型化之应用研究：论证型式的类型化理论应用领域的拓展

（1）论证型式在人工智能视域下的应用创新，将论证型式与人工智能结合，拓宽了研究视角，创新了论证型式的研究理论。具体介绍了论证型式在人工智能视域下的应用优势,主要包括:智能化方式提高法律数据采集效率;提升法律人的智能化思维;降低论证中的谬误,增强主张的可接受性,提高论证效率等。人工智能视域下的论证型式的智能化试图构建智能化的论证模型,提出了作为智能论证新方法的论证挖掘,为论证型式在人工智能中的应用提供了全新的工具,为了促进论证型式在人工智能领域更好的应用,本研究还提到了论证型式智能化过程所面临的问题,如论证型式在 AI 中的应用紧迫性问题,论证结果是否能够自动生成等问题。以问题为导向致力于解决论证型式在人工智能视域下实现应用所面临的问题,并试图运用人工智能技术方法构建一个可以应用于不同论证中的智能化的论证模型。

(2)论证型式在政治领域的应用创新,通过对全新案例的研究,探讨政治话语中常用的人身攻击的论证型式。我们利用政治辩证的规范框架,来识别和评估针对人身的论证型式,对当前在政治话语中使用的众多针对人身论证的典型的研究,不仅展示辩证框架如何应用于案例,而且推进我们的知识拓展和增量。本项研究进一步对针对人身的论证型式进行分类,提出了针对人身论证的子类型,主要包括:滥用(直接)人身攻击论、间接人身攻击论、偏见人身攻击论、井底投毒论。每个子类型都有一个明确定义的形式,作为可识别的论证类型。

(3)论证型式在金融领域的应用创新,通过论证重新获取信任,针对金融危机提出新的应对策略。我们谈论了论证在当前经济金融危机背景下重建信任的作用,特别是银行业。以瑞银发布的一条消息为实例,首先讨论了信任的概念及其与论证和金融的关系。其次回顾了当前危机和瑞银陷入困境的主要事件。最后描述了瑞银的信息,即尝试恢复信任,并分析证明选择新主席的论证。通过实例的分析重构具体论证和类似实用论证的可靠性的标准,可以利用这些标准来评估向决策者提出的行动(如救助,资本增加)、新投资和维护业务关系等。

(4)论证型式在科学教育中的应用创新,提出了论证型式被视为检测、检索和评估学生先前信念的工具和指南的观点。介绍和说明了在论证理论中发展起来的一种工具,即论证型式如何用于科学教育领域,以揭示学生论点背后的背景信念结构。由于教育可以被认为是一对争议性的对话,因此论证技巧和论证结构的分析就变得至关重要。特别是在科学教育中,论证型式可以是发现影响学生学习过程的隐含信念的资源。为了说明这种工具如何成为一种解释工具,以及一种调查和揭示背景信念的工具,我们展示如何使用抽象和推理的固定模式(论证型式),用作揭示这种双重类型隐藏信息的工具,结合实际案例的应用,提出了重建不同组成部分的不同步骤以及学生推理的基本概念,特别是论证型式可以分为三个阶段使用。首先,使用论证型式重建论证。其次,检索学生推理背后的背景概念。最后,将列出每种情况下可以使用的关键问题,显示重建过程如何与对话和辩证活动联系起来。论证型式在教育论证的角色见图 0-1。

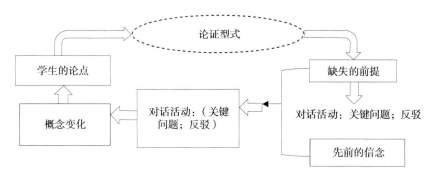

图 0-1　论证型式在教育论证的角色

第一章　论证型式的型式化方法——面向人工智能时代的论证型式

引　言

百余年以前,肇起于莱布尼茨,中兴于弗雷格和罗素等现代形式逻辑的代表性人物,对逻辑学科的关注焦点发生了巨大的变化。由以往对自然语言中的推理和论证的关注,转向到对以人工语言为主的数学逻辑的关注。这种转变使得基于数学的演绎逻辑方法论受到格外的重视。但是,与先前的逻辑学科相比,"数学逻辑不仅远离了日常交际的语言世界,窄化了兴趣范围,而且它所宣称的——与传统逻辑学科的决裂,也并不真实。"[1]尤其是近五十年来,人们对数学逻辑的质疑和批判,主要来自两个方面:一方面是计算机科学,包括人工智能的研究,其认为从命题演算和谓词演算所代表的数学逻辑中,很难获得似真的人工智能模型;另一方面是以图尔敏、布莱尔、伍兹、爱默伦和沃尔顿等为代表的非形式逻辑和语用论辩理论,其认为数学逻辑并没有为分析和评估自然语言论证提供足够的工具。正是这种对数学逻辑的质疑与批判,在

---

[1] 晋荣东:《当代逻辑科学实践转向的理性观维度——以沃尔顿的非形式逻辑为例》,《思想与文化》,2008年第1期。

建构推理和论证理论方面,出现了与数学逻辑不同的一种新的理论,这种新理论对人类在自然语言论证中所呈现出来的那些现象,给予了高度的关注,并将兴趣聚焦在实践推理这一主题上,共同致力于揭示那些在自然语言中的推理与论证的结构。这种逻辑理论的新发展就是所谓逻辑的实践转向。

作为逻辑实践转向的成果之一,非形式逻辑于 20 世纪 60 年代应运而生,它研究的核心问题就是人类日常生活情景中的论证。非形式逻辑致力于发现、分析和改善这些自然语言论证的标准、程序和模式,指出人们在论证中容易出现的各种逻辑谬误,分析这些谬误令人产生迷惑的本质,并对谬误进行类型化分析。按照非形式逻辑创始人之一布莱尔(J. Anthony Blair)的最新解释,"非形式逻辑是两个相关事物的组合。它要发展和证明那些识别、确认和展示用论证(arguments)特别是出现于非交互式语篇或其他非交互式交流模式中的论证所表达和引起的推理(reasoning)的实践指南。它也要发展和证明适用于理由,适用于表达或引起推理的论证所使用的非演绎、非归纳的推论链接(inferential links)的检验标准。"①在这里,表达非演绎、非归纳推理的论证所使用的推论链接就是"论证型式"。既然这个逻辑新学科与仅研究推理形式(form)的形式逻辑有所区别,那么就不难想象,它作为逻辑,肯定要研究不同于真值形式的结构或形式,它不能依靠演绎的形式方法和标准做出分析和判定,其研究起点必定与某类特殊论证结构有关,这便是论证型式,一种论证的语用型式,用人工智能学者的口吻说,"半形式的"论证结构。在大多数非形式逻辑的论证评价方法中不难发现论证型式理论,事实上,论证型式理论的成熟与发展,为所有的论证评价方法奠定了坚实的理论基础。毫不夸张地说,论证型式理论是非形式逻辑的核心。在此背景下,本文基于逻辑学的实践转向,将着重探讨论证型式的概念界定、特征与功能。

---

① J. Anthony Blair. What Is Informal Logic? In Bart Garssen, David Godden, Gordon Mitchell and Francisca Snoeck Henkemans(eds.), The Proceedings of The Eighth Conference of the International Society for the Study of Argumentation. CD ROM, Amsterdam: Rozenberg Publishers, 2014, pp. 27-42.

第一节 论证型式及其功能

一、论证型式的界定

（一）论证型式与其相近概念之辨析

什么是论证型式？怎样界定论证型式？解决这个问题的首要前提是辨析与其邻近而又相似的概念。论证型式中的型式，为什么叫作型式而不称为形式？它与形式有什么区别？在笔者看来，非形式逻辑借用的是人类的自然语言；相比形式逻辑，它更贴近人类的生活常态，也更具实用价值。在形式逻辑中，其所面对的逻辑形式中的形式（form），实际上代表和表征的是——各种演绎的、必然的推理形式及其有效性的规则；它反映了推理的结构或"形式"有效性的规律。非形式逻辑中的论证型式表征各种非演绎的、或然的推理论证规则，反映推理论证的"半形式"的规律。非形式逻辑虽然不像形式逻辑那样使用精确的人工语言建构严格的形式系统，但它并不完全排斥形式，只是这种形式是对生活世界或现实交往中的自然语言使用，它是对会话、商谈、论辩语用结构的摹写，所以它是与语用因素紧密结合在一起的型式（scheme），所以它不同于"逻辑形式"（logical form）或"真值形式"（truth-value form）。非形式逻辑与形式逻辑最大的不同，就在于其研究的对象是论证而不是蕴涵，理解论证概念主要是语用的而不是语形的，关注的焦点是"论证型式"（argument scheme）和宏观结构。

形式逻辑的核心概念是形式（form），即真值形式。逻辑词项外延之间的关系和语法的形式结构直接决定了形式的有效性；与之不同的是，"非形式逻辑的核心概念是型式（scheme），其是一种语用结构，"[1]并且其使用型式的语

---

[1] 武宏志，张海燕：《论非形式逻辑的特性》，《法律方法》2009年第1期。

境和一般结构决定其型式的合理性。由此看来,形式与型式的不同在于,形式的逻辑性通过其自身的形式结构就能得到完美的展示,是自足的;而型式则需要考虑到其自身结构之外的其他制约性因素才足以显示其逻辑性。再者,在论证形式中,一个论证只要满足了形式的有效性,我们就认为该论证是有效的;但是在论证型式中,仅凭其结构并不能保证结论的合理性,我们还需考虑与型式相对应的批判性问题是否得到了解决。非形式逻辑注意到自然语言论证中频繁使用的种种论证型式,这些论证型式在形式逻辑中往往是被忽视的。形式逻辑的形式有效性都对应正确的推理规则,不过这些规则都是语形的;而非形式逻辑和人工智能都把合理论证看成语用的推理规则。

如果将狭义非形式逻辑的论证概念,即脱离对话框架的非交互的论证扩展到对话、交流语境下的论证概念,那么,论证型式就变成"论辩型式"(argumentation schemes)。在这种意义上,论辩型式和论证型式在概念上是一致的,它们代表着自然语言论证中像法庭论辩、政治论辩等特殊语境所使用的论证的推理结构。论辩型式概念的提出,"应对的是那些用形式逻辑难以解决的自然语言推理结构,论辩型式能够对这些论证结构进行模式化处理。"①论辩型式确立了前提和结论之间的语用关系,具有典型的非形式逻辑之特征。

在论辩中,将论据和论点联系起来的方式,是使用了令人信服的论辩型式。有许多论辩型式,它们都可以有各种内容的填充,就像填充诸如肯定前件的论证形式(form)那样。一个论辩型式有无数的代入实例。实践中出现的所有论辩,都可以看作某一论辩型式的具体内容。在论辩过程中,论证者依靠一种现成的论辩型式:一种或多或少表达论据和论点之间关系的惯例化(式样化)的方式。论辩型式是抽象的框架,某一论辩型式的所有代入实例都能被逻辑地分析为包括一个从前提到结论的(类似于肯定前件)推论。论辩型式

---

① Henry Prakken, Chris Reed, Douglas Walton. Argumentation Scheme and Generalizations in Reasoning about Evedence. Proceedings of the 9th International Conference on Artificial Intelligence and Law, 2003, pp. 32–41.

或论证型式是人类推理的固化模式,它是论辩研究的核心内容。事实证明,由于用演绎的眼界来解释人类推理遇到了一些困难,因此,论辩型式作为刻画人类推理结构之特性的有用方法就被提了出来。

(二) 论证型式的概念界定

基于以上分析,笔者认为,论证型式是一种语用结构,它是那些代表着在自然语言交谈或论辩(如像政治论辩、法律论辩,特别是人工智能等特殊情境)中所使用的语用结构。从形式逻辑的视角来看,论证型式的语用结构实际上是一种语用推理,它表征着自然语言论证中所常见的——假设性、似真性推理模,被沃尔顿称为既不同于演绎又不同于归纳的第三类推理,"是一种语用结构,往往表达为可废止的肯定前件式。"①值得注意的是,论证型式并不是要去形式化,而恰恰是认为,"每一个论证型式都有一个独特的可识别的形式。"②一般情况下,论证型式是由该论证的形式和与之相对应的制约性条件两个部分组成。在非形式逻辑中,最独具特色的标识就在于,对论证型式的评价所采取的标准并非是形式有效性的标准,而是与论证型式相对应的制约性条件或者说与之相匹配的批判性问题。当论证的提出者对相应的批判性问题给予了恰当的回答,我们才说该论证是合理的。例如,诉诸专家意见的论证型式,该型式表明:

大前提:E 是包括命题 A 的学科领域 S 中的一个专家

小前提:E 断言 A

可以推出结论:大概,A

与该型式相关的有六个基本的批判性问题:

1. 作为一个专家源,E 是否可信?

2. E 是 A 所在领域的专家吗?

---

① 夏卫国:《非单调司法论证模式导论》,山东人民出版社 2013 年版。
② 余继田:《实质法律推理研究》,中国政法大学出版社,2013 年版。

3. E 断言什么蕴涵 A？

4. 作为一个专家源，E 个人是否可靠？

5. E 断言的 A，与其他专家的断言一致吗？

6. E 的断言有证据吗？

由该诉诸专家意见的论证型式可以明显地看出：论证型式由"论证的形式"和"批判性问题集"组成，专家 E 断言了 A，A 是否就有合理可接受性，就需要相应的评价标准，就是与之相关的六个基本的批判性问题，每一批判性问题还可以包含若干子问题，这些问题对专家 E 以及命题 A 做了全面细致的评估，只有当论证者对这些批判性问题做出恰当的回答，该论证才是合理的。

论证型式是抽象的框架，一个论证型式可以有无数的代入实例。当然，"所有实例可被分析为包括肯定前件型的论证形式，但这个论证形式并未揭示出不同论证型式的不同特性。"①例如，"迹象论证"在补上省略前提后，可具有类似肯定前件型的论证型式。例如：

该酒店的消费可能昂贵，

因为它是四星级，

[四星级酒店是昂贵的象征]。

该论证合理性的分析并不能从演绎有效的肯定前件式得到说明，"因为前提（省略前提）是允许例外的，它只概括了正规的、典范的情形。"它的合理性基于以下迹象关系的论证型式：

x 具有 y，

因为：x 有 z，

而且：z 是 y 的象征

这种型式在某个特定的语境中是可被削弱甚至是可被颠覆的。每个论证

---

① 武宏志，刘春杰：《批判性思维：以论证逻辑为工具》，陕西人民出版社，2005 年版。

型式都具有不同的与之相匹配的批判性问题集,而每个论证型式又可以分为若干子类,这就需要更为精确、专业性更强的批判性问题集与之相匹配。对论证型式合理性的评价,就是看论证者是否对这些批判性问题做出了相应的回答,而且应结合回答的质量而定。总之,"不同的论证型式匹配不同的批判性问题集,"①批判性问题是揭示具有某个特殊型式的论证有没有满足论证分层评估模式的一般型式,既可以给论证者提供反驳的主要切入点,又可以为回应者提出合理怀疑的切入点。

二、论证型式的特征

(一)自然性或天然性:论证型式取自自然语言、来源于现实生活而非人工造作

非形式逻辑创始人约翰逊认为,逻辑的传统最早是天然的,但随着形式逻辑的发展与强势,这种天然性逐渐消失了。想要恢复逻辑的传统,"逻辑必须被天然化。"②纵观近来的论辩研究,逻辑领域正在从仅仅使用演绎的和归纳的推理模型扩展到更为广泛的、使用半形式的论辩型式的方法。这类通常被认为是无效的型式可以被用来辨识、分析和评估那种在日常会话交换以及在如法律推理和医学诊断推理这些实践领域经常使用的论证。

论证型式的非形式性(inform)特征,是相对于形式逻辑的演绎推理而言的。论证型式的这种非形式性,并不意味着论证型式没有自身的规律性,其任务是发展自然语言交谈中的论辩的分析、解释、评估、批评和构建的非形式(non-formal)的标准、规范和程序。论证型式是一种典型的非形式逻辑,该领域的讨论可能涉及科学的、法律的和其他技术性的推理形式(以及像区别科

---

① 夏卫国:《非单调司法论证模式导论》,山东人民出版社,2013年版。
② 李杨,武宏志:《论构建法律逻辑新体系的观念前提——对"天然逻辑"理念的一个发挥》,《法学论坛》,2015年第4期。

学与伪科学的概念)的实例,但是,最重要的目标是提出一种广泛的论证说明,能解释和评估讨论、辩论和日常生活中——社会和政治评论的争论中、新闻报道和大众媒体(报纸、杂志、电视、万维网、微博等)的社评中以及个人交流——所发现的论证。在发展其论证说明时,非形式逻辑把强调推论的逻辑传统与那些和非形式推理相关的广泛论题结合起来,比如论证的竞争定义、论证辨识、证明责任、论证的经验研究、论证图解、认知偏见、论证分析史、论辩研究方法、情感在论证中的角色、在不同社会语境中具有论辩交换特征的隐含规则等。可见,论证型式的"自然性"特征,它排斥过多的人工语言和符号,而是表征为"日常语言哲学(维特根斯坦)""日常论证的逻辑""活的论证"(用伍兹的话说——"未经屠宰的"论证)等,对自然语言论证极为关注。

(二) 实践性和应用性:论证型式形成于社会交往又回归于社会实践

　　形式演绎逻辑看到的只是推理形式的有效性和无效性,而无效推理中还有哪些值得进一步研究的推理类型,它并不关注。形式演绎逻辑唯一关心的是演绎推理。用形式逻辑来应付日常或自然语言讨论中的论证,多少有些心有余而力不足。这种困局,正是由论证型式(日常推理的绝大部分)的特性与形式逻辑工具的不匹配导致的。因此,"我们不难理解,为什么图尔敏放弃论证分析的几何学模型,而代之以法学模型——图尔敏模型。图尔敏模型被普遍认为是论证型式的一般结构的更接近真实的摹写。至于佩雷尔曼,竟耗费10年时间汇集法语世界使用的大量论证型式实例,作为《新修辞学》(1958)的主要内容。"①显然,非形式逻辑的标志性特征便是其实践性和应用性。这种性质决定了其论证理论所涉及的例子或素材都来源于现实生活环境而不是抽象的或人为构造的场域。论证型式是普遍而抽象的模式,存在于各种类型

---

　　① 武宏志:《论证型式》,中国社会科学出版社,2013年版。

的自然语言论证中(如表1-1),并且有无穷可能的代入实例。

表1-1 论证型式在自然语言论证中的运作语境——各种类型的对话

对话类型	初始状态	参与者的目标	对话的目标
说服	意见冲突	说服另一方	解决或澄清问题
探究	需要证明	发现和核实证据	证明或证伪假说
发现	需要找到事实的说明	找到和辩护一个合适假说	选择最佳假说来检验
谈判	利益冲突	得到你最想要的	合理解决双方利益分配
信息寻求	需要信息	获取或给予信息	交换信息
商议	实践选择的两难	协调目标和行动	决定最佳可用行动路线
争吵	个人冲突	言辞上猛烈抨击对手	揭露冲突的深层基础

人类对论证型式的研究已有数千年的历史,论证型式在逻辑、修辞学、法学、人工智能、语言学、心理学、决策乃至科学和技术领域,都有广泛的研究。论证型式理论已经成为非形式逻辑分析和评价论证的主流方法。使用论证型式方法评估自然语言论证基于两个假设:第一,存在某类基于认识论或语用基础可被证明的论证,这类论证的辨识条件可以表达为一种抽象结构,即所谓的论证型式。第二,每一可辨识的论证都有一组好论证必须满足的相关标准。因此,使用论证型式方法评估自然语言论证,就要先弄清给定的自然语言论证属于哪类,再通过确定它是哪个型式的实例来完成,具有典型的实践性与应用性;而对该论证的评估就要运用它所属的那类论证型式相关的标准进行检验。

(三) 假定性和似真性:论证型式允许和预设着——随时会出现削弱甚至颠覆该论证型式的制约性因素

从性质上,大多数论证型式都具有假定性的特征,亦即它代表推理的典型的假设性形式(form)。在形式上,论证型式和演绎推理都用到条件句,但演绎推理的条件句是所谓的"实质蕴涵",而论证型式中的条件句却是"假设性条件句",这种假设性条件句实质上是一个允许例外的普遍概况。论证型式都有与之相对应的批判性问题集,论证者会用一个或多个论证型式来支持自己的主张,而这自然会引发对方一系列的批判性问题或回应,然后论证者再次做出回应。因此,伴随于每个论证型式的有待回答的批判性问题,可被用来判断其在具体情形中的适用是否恰当。也正是这些批判性问题的存在,使得论证型式成为假设性的,因为随时会出现削弱甚至颠覆该论证形式的制约性因素。

论证型式还具有似真性。论证型式作为第三种论证形式曾被一些学者称为似真推理(合情推理,Plausible reasoning)。论证一般具有合情性或似真性。因而论证往往也被称为合情推理(论证)或似真推理(论证)。合情推理(论证)是从不完善的前提得出有用结论的推理。形式逻辑一直怀疑合情推理,常常将它视为失败的、有缺陷的,甚至是谬误的。合情推理(论证)在现实生活中普遍存在,并且往往成为人们决策和行动的向导。合情推理(论证)的特点是:前提为真时,结论并不必然为真;从前提到结论的思维活动往往表现为运用正常、正规或典范情形以说明一般、特殊或个别的合理性。论证结论的似真性或合情理性,不仅取决于前提的似真性或合情理性,而且也取决于前提对结论的支持强度。不同论证的可接受性需要不同程度的支持强度。一般情况下,如果说一个论证能使得结论的似真性达到很高,那么,人们就认为该论证是似真的或合情理的,就认为这是一个好论证。

(四) 语境敏感性:任何一个论证型式都要考虑具体的论证语境

在考虑论证时,由于形式逻辑讨论的问题,与人类在日常生活中所做的事情普遍不相干。形式逻辑往往脱离论证的语境,忽视了论证是人所表达的论证这一事实。由于焦点在于论证的形式方面,所以形式逻辑并不评估前提的真实性问题,也不考虑前提以不同程度的力量支持结论。用非形式逻辑的术语来说,充分性和相干性超出了形式的视界。

对论证型式来说,前提的可接受性向结论的传递不可能仅仅凭借所使用型式的形式特性来完成。具有相同样式的论证型式的论证实例,并不全都会得到相同的评估结果。例如,同样使用了证人证言的论证型式的两个论证,一个可能得到正面评价(如法官予以采信),另一个可能得到否定评价(如法官不予采信)。对于论证的逻辑形式,比如所有具有肯定前件结构的论证,形式逻辑只能做出相同的判定:均为有效。因此,逻辑形式是纯形式,论证型式就没有那么纯粹,论证型式有着非常强的语境敏感性,任何一个论证都要考虑具体的论证语境,任何一种论证型式也就应当对具体语境具有适应性。

三、论证型式的主要功能

论证型式作为非形式逻辑研究的基本对象以及核心理论与方法,论证型式及其构建不仅具有独到的学理价值,而且更具适用价值。这种适用价值,伴随着现代社会交往空间的日新月异以及交往空间的变换与拓展,将会得到越来越多的开发和利用。论证型式的功能及其适用价值主要表现在以下五个方面。

(一) 增加证明力

在论证中,合理使用不同的论证型式能够提高论证的成功率,从而使自己的主张具有合理可接受性。论证型式有增加证明力的功能,即支持一个主张之成立的功能。在论证或论辩的过程中,通过论证型式的提出从而支持某一个主张,"在没有反驳性环境或条件出现的情况下,"[1]前提的可接受性能够合理地传递到结论中,因此,暂且认为该主张是合理的。当然,在这个过程中,"论证者需要正确或恰当回应对方提出的一系列批判性问题,从而对该假设进行辩护。"[2]例如根据专家意见的论证,没有人是万事通,很少有不诉诸专家

---

[1] 武宏志:《论证型式》,中国社会科学出版社,2013年版。

[2] Trevor Bench-Capon and Henry Prakken,"Introducing the Logic and Law Corner",Journal of Logic and Computation,Vol. 18,No. 1,2008,p. 899.

的论证。因为,我们要获取直接证据往往并没有那么容易,而专家具有我们所不拥有的专业知识和丰富经验。承认专家的权威,我们就得假定他们尊重了科学规律且遵循了行业标准和程序。诉诸专家意见的论证有力地增强了我们在论证中的证明力,例如,在法庭论辩场域,申请有专门知识的人出庭可以提高聘请方的质证能力,从而有效保障自己的合法权益。再如,根据无知的论证,它是基于反对某一结论之证据的缺乏而得出该结论的论辩策略。这种论证的一个有趣特性是,它具有颠倒或反转证明责任的效果。在法律领域,存在使用这类论证的合理方式,比如证明有罪的证据缺乏被当作无罪的证据。由此可见,论证型式的合理使用能够增强自己的论证能力,增加在论证中的筹码,进而使自己的论证成为一个有说服力的论证。

此外,论证型式的组合使用可以增加证明力,在论证过程中,仅仅使用一个论证型式可能难以对主张形成强有力的支撑,这时就需要多个论证型式的证明力予以支持。通常情况下,创造有说服力的论证需要使用一种以上的论证型式,如此得出的结论更具合理可接受性。

(二) 转移证明责任

在对话语境下,"提出一个合理论证型式的对话一方,将证明责任转移到对方。"①除非对方提出针对该论证型式的反驳,否则他就有义务暂且接受该论证型式所支持的结论。如果对方不接受该论证型式所支持的结论并且提出了针对该论证型式的反驳,那么证明责任就又转移到了论证的初始方。这就是所谓的论证型式转移证明责任的功能。对话是作为言语伙伴而行动的两个团体按照惯例的、有目的的共同活动。论证是不同对话语境中推理的使用,在对话中,两个团体用一种有序的、连续的、指向目标的架构一起推理。在论证过程中,论证者首先基于自己搜集到的数据或证据提出一个适用于该情景下

---

① 武宏志:《论证型式》,中国社会科学出版社,2013年版。

的合情理的论证。只要对方没有对该论证进行质疑和反驳,或者说对方没有提出该论证的反例,那么证明责任就仍然在对方,对方就有义务暂且接受该合情理的论证,该论证也就可以被用来证明论证者的主张。但是,如果对方提出了一个针对该论证的反驳,那论证者就必须提出一个不同的论证来维护自己的主张,这既是不同论证型式交互使用和针锋相对的过程,也是证明责任在双方之间来回转移的过程。值得注意的是,论证型式能否产生转移证明责任的效果,取决于该型式是否正确或恰当地适用于某个情景,取决于与之相对应的批判性问题是否得到了合理的回答,只有满足了这些制约性条件,论证型式才能发挥其转移证明责任的功能。

(三) 重建论证结构

论证型式可用于分析极其复杂的论证结构,是复杂论证结构分析中的一个强有力的工具。在日常语言论证中,一个论证往往包含多个子论证,其结构异常复杂且相互嵌套。在复杂论证中,每个子论证都是由相应的论证型式支持的,并且也是通过适当的论证型式来发挥其对主论证的支持作用。然而,我们在分析复杂论证的时候常常会发现,论证中那些惯例性的连接关系经常处于隐藏状态。因此,为了把握每个论证的精确结构,得到一个完整的论证图式,必须要对这些省略的因素加以补充并明晰,以便于进一步的评估。在实际论证时,论证型式中的推论规则反映的是"常规关系"或惯例,论证双方对这些"常规关系"或惯例都心知肚明且默认该推论规则,因此,在论证中常常把它们有所隐藏。当分析家确认了从前提到结论的跳跃所依靠的这种"规则"后,通过填补,就会找到论证型式中推论规则所反映的隐藏内容,从而能够把握完整且精确的论证结构。通过论证型式,就能够补充和明晰每个子论证中隐藏的推论规则,从而使整个的论证结构得到重建。因此,论证型式的合理使用能够帮助论证者发现推理规则中的隐藏内容,从而使整个论证结构得到重建,这就是论证型式所谓的重建功能。

（四）为论证选择恰当的理由

论证型式有生成和写作论证的功能。例如,在建造水电站时,包括选址问题,建成后对河流上游和下游分别造成什么影响,如何使建造水电站的论证站得住脚,我们可以通过诉诸权威(如地质专家、环境专家等)使该论证得到人们的认可。论证型式可以灵活运用于不同的论证语境。再如,"论证型式的发现系统可以用于日常对话式论证或庭审中的法律论辩,也可能用于科学探究的发现阶段发现新假说。"①论证的构建就是要为某一主张选择恰当的理由,不管何种理由,都必须为打消对主张的怀疑有所贡献。理由的提出则必须运用适当的论证型式,论证型式的合理使用可以维护论证理由的正当性,从而增强论证的证明力,使自己的主张合理可接受。当论证所依据的理由是多个时,它们可以嵌套在一起构成复杂论证,这时,需要不同的论证型式及其组合对该复杂论证的结论给予支持。当论证的一个理由有可能遭到质疑时,论证的构建者则需预判这种质疑并运用适当的论证型式提出一个新的理由来支持之前的理由,给出理由的必要性在于别人可能对我们提出的某一主张的可接受性抱有质疑。论证表明这种理由的可接受性在某种程度上保证那个主张的可接受性,因而打消或削弱这种怀疑。通过论证型式的灵活运用,我们可以生成不同的论证,为某一主张选择恰当的理由,以便应对不同的对话情景。

（五）减少和避免论证中的谬误

自然语言论证中的谬误,其实都和论证型式的误用有关,因为它们都是不符合论证型式的适用规则或未满足批判性问题的论证型式。论证型式本身并非是谬误的,它作为一种结构是中立的,在满足某些制约或保障条件的情况下,它可以成为好论证的模式;但在不满足这些保障条件的情况下,它们就易

---

① 武宏志:《论证型式》,中国社会科学出版社,2013 年版。

于蜕变为谬误。这种中立的型式具有谬误论证与合理论证在基本模式上相似性的外观,而二者的区别在于是否满足保证论证合理性的各种约束性条件,这些约束性条件可用批判性问题来表征。因此,论证型式的一个重要功能就是能够通过其制约和保障条件辨识论证过程中的各种谬误。除具有辨别论证过程中谬误的功能外,论证型式还具有减少谬误的功能,这个过程是通过合理适用论证型式来完成的。合理的适用论证型式要满足其适用的规则和批判性问题,也就是要满足其适用的制约和保障性条件。例如在法庭论辩中,言辞证据对案件有着重要的影响,尤其在刑事诉讼中甚至会决定一个人犯罪与否,而诉诸言辞证据的论证型式如诉诸证人证言的论证和诉诸专家意见的论证,不仅可以辨别出那些对权利人不利的错误的论证,还可以减少法庭论辩中的错误论证,从而保障权利人的合法权益。一个好的论证离不开论证型式的正确适用,这也正是识别谬误和减少谬误的一个过程。

小　　结

论证分析和评价工具,有别于演绎和归纳,这种新工具非常适合分析和评价自然语言论证。对论证型式及其功能的研究,有利于我们对逻辑中形式的进一步认识,也就是说,形式逻辑重在形式,但非形式逻辑并不意味着就没有"形式"。它有自己的"形式",我们把这种"形式"称为"型式",这种型式是抽象的一般的模式,同样有无数的替换实例可以代入。当然,仅仅从形式上来看待这种形式,我们发现这并不能解决对该类推理或论证的分析和评价,还必须根据与具体的推理形式(或型式)相匹配的批判性问题,才能对该类推理作出适当的分析和评价。论证型式是个语用的概念,而推理形式是个语形的概念。作为一个语用的概念,论证型式代表了人们在日常语言论证中的典型的人类推理模式。论证型式具有规范拘束力,通过论证型式,论证及其所辩护的立场就以某种特殊的方式联系在一起。但是,这种联系方式可以是正确的,也可以是不正确的。因此,论证型式可被当作评价自然语言论证最适当的工具。

第二节　论证型式的智能化——面向
人工智能时代的型式化

引　　言

论证型式提供了一种描述定型推理模式的方法。由于种种原因,论证型式引起了越来越多的关注。首先,论证型式对谬误理论的发展做出了贡献。正如沃尔顿在一系列专著中指出的那样,适合传统谬论类别的论证似乎是适当的、可接受的和有说服力的。沃尔顿认为,论证型式提供了一种解决这种矛盾的方法。其次,从教学的角度而言,论证型式也发挥了一定的作用。论证型式可以为学生提供额外的结构和分析工具,用以分析论证,继而能够批判性地评估它们。最后,论证型式在解决人工智能(AI)的各种问题方面拥有着巨大的潜力。相关的研究成果表明,论证提供了一种解决这些问题的有力手段,即从演绎的、单调的推理方法,转向假定的、非单调的技术手段。

在近几年的讨论会中,论证与 AI 之间的研究早已存在重叠,在计算语言学,法律推理和修辞等不同领域的合作努力都独立地确定了论证型式,这些论证型式有可能在未来的计算工作中发挥核心作用。本节将探讨论证型式的几种计算应用,以便理解论证型式在 AI 中的作用,并为未来的发展奠定基础。

一、论证型式的类型

论证型式是辩论的形式(推理的结构),使人们能够在日常话语中识别和评估常见的论证类型。论证型式和相匹配的关键问题可以用于评估特定情况下的给定论证,并与论证发生对话的背景有关。

在演绎逻辑中,我们习惯于使用论证形式。演绎有效形式的论证,如形式推理和三段论,被用作分析和评价论证的形式结构。同样地,我们可以使用各种归纳形式的论证对概率论证进行建模。现在,我们需要的新工具是一套论证型式,用于模拟多种可论证(诱导,推定,可废止)形式的论证。就新的论证型式的论证而言,建模是可用的。该论证可以使证明权重从前提转移到结论,从而使对话中的考虑因素的平衡更倾向于一方或另一方,根据对话中适当的关键问题,在给定的案例中评估论证型式。对于那些在演绎逻辑方面受过训练的传统主义者来说,这种方法听起来既新奇又不寻常。但是,从计算的角度来看,它的效用是显而易见的,尤其是对 AI 中可废止推理的最新研究而言。

在下面,沃尔顿提供了 25 个论证,这些论证在分析非正式逻辑教科书中处理的那种论证和谬误时非常有用和熟悉。①

1. 从立场到认识的论证

2. 证人证词的论证

3. 专家意见的论证

4. 类比论证

5. 言语分类的论证

6. 从定义到口头分类的论证

7. 规则论证

8. 特殊情况的论证

9. 来自先例的论证

10. 实践推理

11. 基于价值的实践推理

12. 外观论证(感知)

13. 缺乏知识的论证

14. 来自后果的论证(正面或负面)

15. 普遍接受的论证

---

① Walton, D., C. Reed and F. Macagno, Argumentation schemes, Cambridge University Press, 2008, pp. 41-43.

16. 承诺的声明

17. 种族争论

18. 偏见的论证

19. 从关联到原因的论证

20. 因果论证

21. 从证据到假设的论证

22. 归纳推理

23. 沉没成本的论证

24. 滑坡论证

25. 可废止的假言推理

沃尔顿给出的论证型式清单并不完整,但它指出了许多最常见的可废止的论证型式,这些是研究的重点。佩雷尔曼(Perelman)和奥尔布莱希茨-泰特卡(Olbrechts-Tyteca)确定了许多独特的论证型式,用于临时说服受访者①。黑斯廷斯的博士论文通过列出其中一些论证型式以及它们的有用例子,制定了更加系统的分类法。之后,卡本特(Kienpointner)对许多论证型式进行了更为全面的概述,强调了演绎和归纳形式②。在关于论证型式的其他著作中,如爱默伦和荷罗顿道斯特③在评价日常推理中的常见论证是正确的还是错误的、可接受的还是可疑的过程中,论证型式的重要性受到了很大的重视。综上所述,关于论证型式的现有表述并不是非常精确或系统的,原因可能在于它们是出于处理实际案例的实际问题而产生的。因此,需要对这些论证型式进行完善、分类和形式化的新工作。为了更详细地介绍论证型式是什么以及它们

---

① Perelman,C. and Olbrechts-Tyteca, L. *The New Rhetoric*, Notre Dame, University of Notre Dame Press,1969,pp. 14-21.

② Kienpointner, M. Alltagslogik: Struktur und Funktion von Argumentation smustern, Stuttgart, Fromman Holzboog,1992,pp. 71-72.

③ van Eemeren, F. H. and Grootendorst, R. Argumentation, Communication and Fallacies, Hillsdale, N.J.Erlbaum,1992,pp. 17-18.

如何工作,下面提供了两个示例。一种是从立场到认识的论证,另一个被称为来自专家意见的论证。

从立场到认识的论证是一种基于支持者推定的一种论证,即被访者是一个知识来源,可以通过提问从他(她或它)中提取某些信息或知识。典型的例子是在对话中,一个在外国城市迷路的人向陌生人询问中央车站在哪里(或其他位置或建筑物)。提问者可能错误地认为,被询问的人对这个城镇很熟悉。从立场到知识的论证型式如下:

主要前提:来源 a 能够了解包含命题 A 的特定主题域 S 中的事物。

次要前提:a 声明 A(在域 S 中)为真(假)。

结论:A 是真的(假)。

沃尔顿提出了以下三个与该论证相匹配的关键问题。

CQ1:a 是否能够知道 A 为真(假)?

CQ2:a 是一个诚实(值得信赖,可靠)的来源吗?

CQ3:a 是否断言了 A 是真(假)的?

如上所述,从立场到认识的论证是从前提到结论的证明权重的转移,从而使对话中的考虑因素的平衡更倾向于一方。这个结果只是暂时的,取决于对话中接下来会发生什么。如果被访者提出了适当的关键问题,则证明权重将考虑因素的平衡转移到另一方。只有当问题得到满意答复时,证明权重才会再次转移。

人们可以使用论证型式和匹配的关键问题对于论证进行分析或批判。该论证型式确定了论证的形式及其前提。关键问题指出了论据价值所依赖的关键假设,从而提出了质疑或批评论据的其他方式。一个关键问题的提出使人们对前提与结论之间的结构联系产生了怀疑。

二、关键问题的界定

论证型式的特征之一是其相关的关键问题列表可以提出的问题(或持有

的假设),通过这些问题可以对基于论证型式的非演绎论证进行评估。关键问题构成了论证型式的重要部分,也是采用论证型式方法的好处之一。此外,在开发论证型式的应用程序(计算或其他方面)时,将以适当的方式捕获这些关键问题。

大多数论证的模式类似于演绎推理,通常以可否决的东西作为主要前提①。在标准图表方法中,演绎推理论证将被分析为具有由两个相关前提支持的单个结论。可以使用弗里曼的方法来考虑重建的对话,即前提是虚构的对话者在提出次要前提之后问一个特定的问题②,这可以证明前提是联系的而不是收敛的。因此,在例 1 中:

例 1:这台电脑有一个蓄电池。它建立在冯·诺依曼的架构之上。

对话者可能会问,"为什么第二句是相关的?",引出了一个主要的前提,即冯·诺伊曼架构意味着有一个蓄电池。在这种情况下,它将论证从一个前提转移到另一个前提,表明它们是相互联系的。

将演绎推理看作关联论证结构的一个例子,可以相同的方式查看论证型式:由两个或更多相互关联的前提支持的结论。至关重要的是,许多前提往往是隐含的。在论证型式中,在许多情况下,存在一系列假设,每个假设都可视为隐含的联系前提。

例如,回想一下上面介绍的"从立场到认识"的论证型式:

(P1)a 能够知道 A 是否为真(假)。

(P2)a 断言 A 为真(假)。

(C)因此,A 是真的(假)。

(CQ1)a 是否能够知道 A 是否为真(假)?

① Walton,D.N.The New Dialectic:Conversational Contexts of Argument,Toronto,University of Toronto Press,1998,pp. 38-41.

② Freeman,J. B. Dialectics and the Macro structure of Argument,Foris,Dordrecht,1991,pp. 26-29.

（CQ2）a 是一个诚实（值得信赖，可靠）的来源吗？

（CQ3）a 是否断言 A 是真的（假）？

在该型式的规范使用中，第二个前提 P2 被明确证实，结论也是如此。前提 P1 是隐含的。因此，论证得出结论 C，由两个相连的前提 P1 和 P2 支持。此外，如果论证型式要成功承担举证责任，则关键问题的命题内容也需要必要的假设。因此，为了使该论证取得成功，除前提 P1 和 P2 外，听众还必须接受 a 是诚实的。这个附加前提也被关联起来：如果认为 a 是不诚实的，那么整个论证就会失败。

因此，论证型式中使用的完整链接前提的集合是作为前提给出的那些前提和作为关键问题列出的那些命题内容的结合。在目前关于论证型式的研究工作中，前提和关键问题之间的区别和重叠尚不清楚。例如，在以上例子中，CQ1 和 P1 密切相关并且可以被表征为单个前提；CQ2 明显不同，形成第二个前提；虽然 P2 和 CQ3 是相似的，但可以认为这个关键问题是微妙的不同，其目的是针对说话的语言，而不是释义或解释。

三、自然语言生成中的论证型式

之前的工作①已经展示了如何在 AI 论证中实现演绎和非演绎推理模式。然后，可以使用该结果来生成单一论证的文本结构。因此，围绕波南（Ponens）模式（a,ab,b）构建的论证被描述为单个计划操作符，其具有听者认为 b 的后置条件，并且前提条件是听者相信次要（a）和主要（（a）b）前提。类似的操作者将建造一系列的演绎和非演绎形式。这种表征的效果是，论证可以通过手段结束分析的过程来建立：论证通过使听众相信前提来使听众相信结论，这反过来可以通过运算符的应用来实现，这也有先决条件。

每个论证型式都有一个目标。也就是说，论证的作者正在使用特定的型

① Reed, C. A. *Generating Arguments in Natural Language*, PhD Thesis, University College London, 1998, pp. 87-92.

式来达到某种特定的效果。在许多情况下,其结果是支持一项主张,希望多些观众会接受这项主张。为了通过上述机制自动生成自然语言的论证,可以粗略地获得支持主张(或者可能是支持立场)类型的目标,即作为 BEL(h,p),其中 BEL 是获得信念的谓词,h 指的是观众(或该观众的个人刻板印象),p 是论证型式支持的声明。这种形式的目标构成了论证型式运算符的后置条件。首先,操作者的先决条件包括类似地解释了特定型式的前提。

例如,在"来自后果的论证"中,该型式是根据前提和结论构建的:

(P1)如果产生 A,那么(可能合理地)发生好(坏)后果

(C)因此,应该(不)带来 A

此外,还有一些关键问题:

(CQ1)这些引用的后果(可能,必须等)发生的可能性有多大?

(CQ2)如果 A 被带来,将会(或可能)发生这些后果,以及有什么证据支持这种说法吗?

(CQ3)是否应考虑相反价值的其他后果?

该型式的实现将以后置条件为基础,遵循修辞学系统[1]提供的结构 BEL(h,do(A))和前置条件

BEL(h,导致(做(A),好结果))

BEL(h,不做(A)(导致,坏结果))

与沃尔顿描述的许多其他型式一样,这种来自后果的论证表征涉及探索证据的关键问题,而不是需要额外机制,并在型式操作者中明确提及,这个证据功能是作为系统处理的一部分自然处理的。为了收集论证中任何陈述的证据(包括在论证型式中扮演前提角色的陈述),所需要的只是另一轮处理。因此,第一个前提条件目标 BEL(h,导致(做(A),好结果))可以被视为通过应用其他运算符来实现的目标。因此,考虑这一主张的证据(及其关联的相关

---

① Reed,C.A."The Role of Saliency in Generating Natural Language Arguments",in *Proceedings of the 16th International Joint Conference on Artificial Intelligence(IJCAI'99)*,1999,pp.9-10.

前提)也是该系统运作的自然部分。

四、教育学中的应用

与每个型式相关的关键问题可以发挥多种作用:首先在初始识别中,如果在特定情况下关键问题不合适,则论证型式的可能性也是不合适的。当然,关键问题对于指导分析专家评估论证也是至关重要的,并且在某种程度上支持所提出论证的关键方法。在更正式的方法中,学生可用的唯一工具是健全性和有效性;关键问题提供了丰富的上下文提示来支持分析过程。论证型式的使用及其与谬误的密切关系也引入了另一个关键优势,即灵活性。通过接受可能存在从好的论据到坏的论证的事实,可以使学习者具备处理实际事物的能力。

教学法背景下的论证型式的另外两个特征是它们可以容易地集成到传统的图表技术中,以及用软件工具支持这种图表的可能性。邓迪大学目前正在进行合作研究以构建一个软件工具,将传统的论证重建和图表与论证型式的规范相结合。该软件的一个关键特征是选择型式允许学生查看关键问题并提供适当的遗漏前提。实际上,该软件也是为便携性而设计的;它可以在 Windows,Mac 和 UNIX 上运行,并使用 XML 保存论证。XML 是一种常见的中间语言,可以轻松转换为网页。该软件的原型可用于 OSSA'2001 的演示目的。

五、代理间通信的应用

对多智能体系统(MAS)的研究是人工智能和计算机科学的一个快速发展领域,尚未有普遍接受的定义或界限。这里使用的代理的概念遵循伍德里奇(Wooldridge)和詹宁斯(Jennings)[①]的工作所代表的趋势,其中代理具有若干定义属性。首先,代理是自治且持久的。当代理启动时,它通常会持续很长

---

① Wooldridge,M.& Jennings,N.R."Intelligent Agents:Theory and Practice" *The Knowledge Engineering Review* ,1995,pp.115-152.

一段时间,并且至关重要的是,不会对用户或其他计算机进程进行进一步的直接操作。它可能与人或其他软件代理交互,但其内部状态不受任何一个的直接影响。其次,代理人是主动的。代理人通常将通过心理定义来表征,使用信仰和目标的逻辑。具有或多或少复杂的推理能力,代理人将确定一个促进其自身目标的行动型式。自主性和主动性的要求通常产生最终"自私"的代理人。最后,代理人是交际的。多代理系统的强大之处不在于各个代理的能力,而在于异构代理形成团队的能力以及利用个人能力的联合计划。设计有效运作的代理系统的关键在于建立代理商达成协议的机制。这种机制的示例包括拍卖、信息交换规则和合同规范。

通过应用传统的演绎逻辑来支持达成协议所需的分布式推理,许多设计代理间通信协议的方法已经取得了相当大的成功。科恩(Cohen)和莱韦斯克(Levesque)[1]的工作为这种方法提供了一个很好的例子。那么例1中的示例情况可能会在两个代理人之间呈现为例2:

例1:鲍勃和伊莱恩正在从事计算机科学任务,并遇到一个问题,询问某台机器是否拥有蓄电池。他们讨论了一下,事实证明伊莱恩认为答案是"不"。"但是等等,"鲍勃回忆起他的专家朋友说,"玛丽说这台电脑确实有一个蓄电池。"

例2:代理1向代理2发送消息

(C)有蓄电池(计算机1)/\\\\

(P1)说(玛丽,有蓄电池(计算机1))/\\\\\(P2)巧妙的暗示(P1,C)

通过显式地处理论证型式,要么在消息本身中,要么作为代理推理的一个组成部分,代理可以立即扩大相关信息的范围,同时根据检测到的论证型式缩小选择。因此,论证型式可以提供针对棘手的相关性问题的攻击的至少一部分,该问题随着代理的知识库的规模增长而变得至关重要。

---

① Cohen,P.R.and Levesque,H.J."Intention is Choice with Commitment", *Artificial Intelligence* 42,1990,pp. 213—261.

小　　结

人工智能及相关领域的论证型式的重要性和潜在用途已被简要论述。即使在黑斯廷斯、沃尔顿和其他人的工作之后,论证型式仍然不明白,还有许多问题需要解决。人工智能的研究人员也渴望在论证理论的基础上开展工作。

第三节　走向认知转向的行动描述法

引　　言

术语"智能家居"用于描述高科技家庭环境,其中包括人工智能在内的各种技术用于改善家居的生活质量。智能家居可以成为向老年人和残疾人提供日常生活(ADL)援助的可行解决方案。例如行为推理①、计划识别②、计划③和代表协助④。该领域的另一个方向是开发能够帮助人类进行日常生活决策和推理的代理人。此类决策的示例可以是"如何弄干湿的衣服?"或"通过什么方式去市场?",并带有代理商的建议,如"使用布料烘干机,因为外面的湿度高"和"走去市场,因为天气很好,市场不远,成本低于出租车"。这些代理的开发在许多方面都是有用的。首先,这种推理方面的帮助可以使老年人和

---

① L.Chen,C.Nugent,M.Mulvenna,D.Finlay,X.Hong,and M.Poland,"Using event calculus for behaviour reasoning and assistance in a smart home," in S.Helal et al.(Eds.):ICOST 2008,LNCS 5120,2008,pp.81-89.

② B.Bouchard,A.Bouzouane,and S.Giroux,"A smart home agent for plan recognitionin Proceedings ofAAMAS'06. New York,NY USA:ACM,2006,pp.320-322.

③ R.Simpson, D.Schreckenghost, E.LoPresti, and N.Kirsch, "Plans and planning in smart homes,"in J.C.Augusto and C.D.Nugent(Eds.):Designing Smart Homes,LNAI 4008,2006,pp.71-84.

④ K.L.Myers and N.Yorke-Smith,"A cognitive framework for delegation to an assistive user agent,"in Proceedings of AAAI 2005 Fall Symposium on Mixed-Initiative Problem Solving Assistants,Arlington,10,2005,pp.87-91.

残疾人在 ADL 中更加自立,从而对他们有很大的帮助。其次,如果以尽可能最合适的方式完成各种任务,它可以带来一些经济效益。最后,通过人工代理处理的日常事务,智能家居居民可以享受更轻松舒适的生活。人工智能研究界已经确定,这种非形式或日常推理①并不是微不足道的,而是涉及许多复杂常识问题的推理。我们相信,由于复杂的日常生活推理情况,智能家居可以证明是非形式推理研究的有用试验平台。

在本节中,我们将重点放在智能家居环境中关于日常生活决策制定的推理。动作的执行将系统从一个状态转移到另一个状态。每个状态代表推理代理在特定时间点的视图中的特定环境设置,并且通过更改环境或更改代理的信念对此视图进行更改。状态转换系统的这种想法也用于自动规划,其中动作被称为操作员。这些运算符提供了在特定序列中执行时实现目标状态的步骤,其中此序列由计划算法确定。基于 BDI 的系统②中的规划方法也大致相似。这种导致过渡的动作的想法也可以在认知架构(CA)领域找到(其中动作被称为技能③),特别是在符号 CA(如 SOAR)中,这些 CA 通常基于生产系统④。

虽然所有这些系统都有很大的不同,并且它们各自的设置非常丰富,但它们对于动作有着非常相似的基本表示。通常,动作(自动计划术语中的操作员,BDI 术语中的计划或 CA 术语中的技能)由标识符(名称)描述,由于动作带来了对系统状态的改变,并且在新状态下可以应用不同的动作(其前置条

---

① S.J.Payne,"Problem solving(everyday),"international Encyclopedia of Social and Behavioral Sciences. 2001,pp. 13-17.

② M.Brat man,Intention,plans,and practical reason.Cambridge,Massachusetts:Harvard University Press,1987,pp. 211-227.

③ P Langley,K.Cummings,and D.Shapiro,"Hierarchical skills and cognitive architectures^in Proceedings of the Twenty-Sixth Annual Conference of the Cognitive Science Society,2004,pp. 779-784.

④ A.Newell,"Production systems:Models of control structures^ in sual Information Processing,W.Chase,Ed.New York:Academic Press,1973,pp. 87-101.

件与该新状态匹配的动作），这导致形成众所周知的"状态空间"。找到可以使系统从初始状态 S0 到最终目标状态 SG 的计划（有序的动作集），然后成为在状态空间图中找到从 S0 到 SG 的路径的任务。该解决型式适用于可自然地由"非常复杂"的状态空间表示的域（如自动规划竞赛中使用的问题类型）。对于像智能家居这样的非形式推理域，这种在状态空间中搜索的方法，以及用于表示状态的逻辑公式比较复杂。

我们的方法是确定潜在的模式在智能家居环境中推理情境，然后开发支持这些模式推理的动作描述型式。这些模式涉及使用现有的动作描述机制无法轻松处理的某些方面。我们观察到某些因素不属于行动的先决条件，但如果存在，这些因素可以使行动的执行更容易或更可取。例如，如果代理人必须决定如何烘干湿布，那么阳光的存在使得任务更容易，尽管不是必需的。此外，可以确定行动的因素，其缺席不是先决条件，但如果存在，这些因素可能会阻碍行动的执行。例如，如果代理商要决定如何去市场（步行，乘公共汽车，开车），如果代理商选择行走，则不需要像雨和烈日这样的因素，这些可以减少行走希望并因此影响代理人可能做出的最终选择。我们分别将这些因素称为支持因子（SF）和阻碍因子（HF）。应该注意的是，一个因素是否支持或阻碍行动可能取决于代理人所处的特定情况。例如，如果雨伞可以带入市场，非常小的雨并不是一个阻碍因素。对于干燥布料，阳光可能是支撑性的，只要它不那么明亮，不然它可能使布料晒黑。

如果一个动作有 n 个这样的因素，每个因素有 m 个不同的可能值，那么理论上 $m \times n$ 种不同的情况都是可能的。单独使用前置条件和后效应会导致长期和复杂的前提条件规范或不充分的描述，从而限制了代理人在决策时的灵活性。在本节中，我们为智能家居的这种非形式推理设置提出了一个动作描述型式。这样的动作描述型式允许在不增加复杂性的情况下影响决策的因素。我们展示了使用此型式的示例，人工代理可以处理影响操作的各种因素的复杂性，并可以根据给定的情况做出适当的决策。

这种方法的基本思想由瑞弗克提出①。在本节中,我们详细阐述了框架的细节。在第一部分中,我们确定了在推理日常生活中的行为时通常考虑的信息/概念。在第二部分中,我们简要概述了我们的框架。在第三部分中,我们提供了我们提出的知识结构的详细描述。在第四部分中,我们通过使用我们提出的型式提出推理算法,并使用一些示例场景来说明如何针对不同情况做出适当的决策。最后,我们提供了一些我们继续工作的未来方向。

一、非形式推理的行动描述

在我们的框架中,动作以活动的形式表示。活动本质上是传统意义上的行动与其应用的实体相结合(英语语法中的对象),例如"打扫—房间","洗涤—衣服","去—办公室"。对于现实生活实体(一般现实生活对象或英语中的名词)的表示,我们还使用特定结构并将其称为对象。我们首先确定在日常生活中的行为推理中通常考虑的信息或概念。

基本要求:活动可能要求某些事物可用于执行。例如,"打—网球"需要球拍、球、预定球场等。如果没有这些,则活动无法执行。我们将此类事物称为活动的基本要求或 BR。BR 可以是其他对象,如在这种情况下为球拍和球,或者在可以开始执行此活动之前需要完成的其他活动,如"预定—球场"。如果任何对象 BR 不可用,则可以启动其他活动以使其可用。例如,可以启动活动"购买—球拍"以使球拍可用,以防它不可用。以这种方式存储 BR 会自动处理这些事物的可用顺序。在这种情况下,如果活动要求某些对象可用,或者在开始执行之前要执行其他活动,则可以将这些对象作为其 BR。对于其 BR 中的任何活动法案,如果在开始行动之前需要其他一些对象或活动,可以将这些作为 Actjs BR,等等。

---

① U. Rafique and S. Y. Huang, " SMART: Structured memory for abstract reasoning and thinking," in M.A.Or gun and J.Thornton(Eds.):AI 2007,LNAI 4830,2007,pp. 781-785.

基本障碍:活动中存在一些因素,如果发生了,将使活动的执行变得不可能。我们将此称为基本障碍或 BO 活动。例如,如果正在下雨,则无法"打网球"。活动的 BO 仅为其他对象。

替代方法:活动可以通过多种方式完成。例如,"去办公室"可以通过"乘坐公交车""乘坐汽车"或"走路"来完成。我们将这些不同的方式称为"活动的替代方式"或"AW"。为活动存储 AW 会导致技能的层次结构,其中活动可以通过多种方式完成,这些方式中的每种都可以通过其他方式完成,等等。对于某些活动,没有这样的 AW,在这种情况下,这些将被声明为原始活动。

因素:对于活动,可能存在一些因素,如果存在,则会阻碍活动的执行。例如,"烘干湿衣服"可能受到"潮湿"的阻碍,"读书"可能受到"噪声"的阻碍。存在阻碍活动的这些因素就是我们所说的阻碍因子或 HF 的活动。还有一些这样的因素,如果存在则会支持活动的执行。这些因素是活动执行不必然需要的因素,但如果存在,这些因素将使其执行变得容易。例如,"烘干湿衣服"可以通过"风"或"阳光"的存在来支持,尽管这些因素不是必需的。我们将此活动称为支持因素或 SF 的因素。由于 SF 在某些条件下会变成 HF(如强风不再支持"烘干湿衣服"),反之亦然,我们仅将这些称为"因素"。它们作为 HF 或 SF 的角色将根据每种特定情况而确定。

后效应:执行某项活动可能会给环境(或代理人自己的信念)带来一些变化。我们将这些更改称为活动的后效应或 PE。例如,执行活动"买球拍"将导致"金钱"的减少以及"代理人"占有的"球拍"的增加。

成本:活动附加了成本,这是执行此活动的成本。它是提供执行此活动所需的所有对象的成本之和。随着时间的推移,它并不是静态的,在不同的情况下它会有所不同。例如,如果为"打网球"执行"购买球拍",则成本会更高,而对于后续实例,由于球拍已经可用,因此会更低。

我们还确定与决策中考虑的对象相关的信息如下:

属性:对象可以通过其特征来描述,我们称为对象的属性。例如,水可以具有属性"温度",风可以具有属性"强度"。属性可以是英语名词(在水的情况下为温度)或在"大房间"的情况下的形容词为大。对象的属性可以区分为两种类型,"空间属性"描述其空间属性,"属性"描述其其他特征。对象的整个属性集"描述"该对象。对象出现在具有其属性的特定值的时间实例完全确定该时间实例的系统状态。

阻碍因素:对象可能受到其他对象的阻碍。也就是说,某种情况下某些对象的存在会使某些其他对象的存在变得困难。例如,云可以阻碍阳光。我们将这些因素称为对象的阻碍因素或 HF。

保存因素:在给定情况下,可以使用其他对象消除对象的有害影响。也就是说,如果对象 O 阻碍某些其他活动或者是另一个对象的 HF,则这些保存对象的存在可以消除其影响。例如,如果下雨阻碍"走路",雨伞可以从中拯救。从另一个对象的效果中保存的这些对象就是我们所说的对象的保存因素。

成本:对象可以附加一定的成本。这是获取此对象的成本。这仅适用于(假设地)在人工代理的控制下的对象。例如,下雨的成本是没有意义的,因为代理无法使其可控。

我们在一个名为 SMART(用于抽象推理和思考的符号记忆)的框架中将这些概念用于活动和对象的新表示。在下一部分中,我们将简要介绍我们的框架。

二、SMART 认知架构

SMART 是一种认知架构(CA),具有两种不同类型的存储器,用于存储知识——长期记忆(LTM)和短期记忆(STM),以及一个推理模块——中央执行(CE),它在这些记忆上运行。尽管具有 STM 和 LTM 的概念看起来类似于其他 CA 中的存储器的使用,如 SOAR①, Icarus② 和 ACT - R③,这些记忆在 SMART 中使用的方式完全不同。不同的是,技能和事实在不同的记忆中明确分开④,在使用程序和陈述性知识进行这种区分的情况下,SMART 没有单独的技术和事实 LTM。关于世界的事实与关于使用对象和活动的 SMART 的 LTM 技能的知识相结合。通过对象和活动的互联,形成了一个我们称为 SMART Net 的网络。

STM 分为感知记忆(PM)和工作记忆(WM)两部分。PM 包含来自环境的不同对象的已知状态。它的目的与感知缓冲区相似。WM 为特定情况(在 PM 中感知)存储 LTM 概念的特定实例。尽管 LTM 和 WM 都根据 SMART Net 的结构存储知识,但不同之处在于 LTM 存储一般概念,而 WM 包含其特定实例。例如,LTM 可以存储如"雨是外出的阻碍因素"之类的概念,但是在特定情况下它是否会阻碍在运行时针对该情况。这将包括基于来自 PM 的关于雨的强度,其位置等的信息的推理。一旦确定雨的角色,该实例将被保存在 WM 中以进一步推理。CE 是主要推理模块,可与 STM 和 LTM 配合使用。

三、SMART Net 基块的构建

以活动和现实生活实体表示的动作表示为对象的是 SMART Net 的主要构建块。每个对象和活动都表示为一个节点,其中包含标识实体的节点的名称。节点与其他节点连接,每个连接表示特殊关系,因此形成网络 SMART Net。这些节点之间的关系是基于第二部分中介绍的概念。

---

① J.E.Laird, A.Newell, and P.S.Rosenbloom, "Soar: an architecture for general intelligence," Artificial Intelligence, vol. 33, no. 1, 1987, pp. 1-64.

② D.Choi, M.Kaufman, P.Langley, N.Nejati, and D.Shapiro, "An architecture for persistent reactive behavior," in Proceedings of AAMAS'04, 2004, pp. 998-995.

③ J.R.Anderson, M.D.Byrne, S.Douglass, C.Lebiere, and Y.Qin, "An integrated theory of the mind," Psychological Review, vol.III, no. 4, 2004, pp. 1036-1050.

④ J.R.Anderson, M.D.Byrne, S.Douglass, C.Lebiere, and Y.Qin, "An integrated theory of the mind," Psychological Review, vol.III, no. 4. 2004, pp. 1036-1050.

有关行动的推理在智能媒介的发展中占有重要地位。在进行推理行动时,行动表征起着重要作用。一般做法是使用前提条件和后效应来定义行为。我们认为,对于协助人类在智能家居环境中做出日常生活决策的媒介而言,由于影响决策的各种因素产生大量的不同情况,前提条件不足以代表其复杂性。我们通过引入阻碍和支持行为因素的概念来提出对这一基本概念的扩展,并认为这是比传统的行动描述方法更简洁地描述许多非正式推理的情境。我们基于这个新的行为描述提出了推理算法,并通过实例展示了这个新方法如何帮助在智能家居环境中做出更合适的决策,从而提高居民的生活质量。

1. 对象

对象代表现实生活实体(或者换句话说,它具有与英语中的名词相同的含义),如伞、雨、市场等。对象节点将使用它所代表的名词来标识。SMART Net 上下文中对象的含义是通过与其他对象(和活动)的连接实现的。

每个对象都使用属性进行描述。属性是一对 <Attribute ID, Value>,其中 Attribute ID 是名词的名称,如果它是名词属性,而它是某个唯一标识符,如果它是形容词,使用形容词属性的 ID 的原因是区分不同的属性,尽管只有形容词的值可以将对象描述为"干净的地板"。形容词属性中的值是形容词本身(如在"清洁地板"的情况下为清洁),而在名词属性中,其值是一些数值测量。例如,<温度,30>表示室温为 30 度。对象的成本是提供此对象的成本。因此,对象的模板是,<Noun ID, {Attributes}, {Sav F}, {HF}, 费用>。

算法 1. LTM 中的对象"阳光"可以表示为,<阳光,{(强度,NA,(位置,NA)},{Shelter},{Clouds},NA>。虽然在某些特定情况下它在 WM 中的实例可以表示为,<阳光,{(强度,7),(位置,室外)},{Shelter},{Clouds},NA>。

2. 活动

活动是一种动作(或英语传递动词)与名词(英语语法术语中的"行动"的"对象")相结合。因此,活动被识别为动作—名词对。"打—网球","移动—桌子","读—书","去—办公室"是活动的几个例子。

我们将活动的 PE 视为对活动的执行导致其他对象的属性(空间或属性)的更改。例如,"洗—衣服"的 PE 可以更改为布料的两个属性,因为在此活动之后它们是"湿"和"清洁"。"买—球拍"的 PE 可以是"球拍"的"位置"属性被改变(从商店到家)和"金钱"属性"钱"具有新的较低值。PE 是一个元组<Object,Attr ID,new Val>,其中 Object 是 Attribute 的值已经更改的 Object 的标识符,Attr ID 是 Attribute 的 ID,new Val 是它执行的结果所获得的新值活动。

正如我们所看到的,活动可以将其他对象或活动作为其 BR,BO,SF,AW 和 HF。因此,执行活动"X"或 Cost X 的成本将是:

Cost X = Cost BR + Cost SavF(BO) + Cost SF + Cost AW + Cost SavF(HF)

其中,Cost BR 是提供活动 X 的 BR 的成本,Cost SavF(BO) 是为其 BO 提供 SavF 的成本,Cost SF 是提供其所选 SF 的成本,Cost AW 是执行此活动和 Cost SavF 所选方式的成本,(HF) 是为其 HF 提供 SavF 的成本。如果这些子实体中的任何一个是活动,则必须首先计算该主要活动的成本,计算其成本。这意味着从原始活动开始计算活动的成本。因此,活动的模板是 <Action-Noun,{BR},{BO},{F},{AW},{PE},Cost>。

算法 2. LTM 中的活动"晾晒衣服"可以表示为 < Hang Dry-Cloths, {Hanging String, Cloth Clips}, {Rain}, {Wind, Sunlight, Humidity}, {NA}, {<Cloths,Attr1,Dry>},Cost>。它在 WM 中具有相同的表示,只是所涉及的对象将根据给定的情况获得其属性的特定值。

3. 行为描述信息链接

对于活动而言,对象的阻碍或支持行为可能不会始终保持不变,并且随着环境的变化,它可能变得更具支持性,阻碍性或中性性。例如,我们可能知道"阳光"支持"晾干衣服",但如果它太亮,它可能使布晒黑(阻碍),如果它太轻,它可能没有任何支持效果(因此是中性的)。行为的这种变化取决于所涉及的对象属性的值的变化。例如,在上面的晾干衣服实例中,"阳光"的"强度"属性决定了它对干燥布的作用;阻碍高值,中性低,中间值支持。要在

SMART Net 中捕获此信息,我们使用特殊链接将因子与活动相关联。我们将此类链接称为"行为确定信息链接"或 BDIL。为了将因子连接到活动,使用的 BDIL 将表示为 BDILA。

BDILA 是一个元组<Act,Obj,Attr,f(AttrVal)>,其中 Obj 是行为的因素。Attr 告诉该链接描述了哪个 Obj 属性。f(Attr Val)是 Attr 值的函数,它定义了各种 Attr 值的 Obj(阻碍,支持或中立)的作用。Attr 的值沿 x 轴变化,而函数的值告诉 Obj 对 Act 的作用。行为转变发生的地方就是我们所说的"转折点"。对于沿 y 轴的支撑和阻挡的值,我们使用从−10 到 10 的固定比例,其中−10 表示最大阻碍,+10 表示最大支撑。f(Attr Val)可以采取任何形状,具体取决于由于 Attr 的值而 Obj 的行为如何变化。

由于所涉及的对象属性值的更改而导致的行为更改也会影响对象—对象关系,并且保存(或阻碍)另一个对象的对象可能不会始终这样做。例如,我们可能知道雨伞可以从雨中拯救,但如果雨很大,使用雨伞不是很有效。对于对象 O 从另一个对象 Oj 保存(或阻碍)的对象—对象关系,确定 O 的行为的属性可以属于 O 或 Oj。在某些情况下,两个属性,一个属于 O,另一个属于 Oj,可以一起确定这种关系。作为由 Oj 属性引起的行为变化的一个例子,考虑"伞可以从雨中拯救"的事实。伞(固定尺寸)只能在雨的"强度"低于某个特定点时使用。因此,雨的属性"强度"的变化决定了伞的作用。另外,对于固定强度的雨,雨伞的"尺寸"可以确定它是否可以用作保存对象。一起考虑,伞的大小和雨的强度都决定了伞从雨中拯救的有效性。此信息也存储在连接这些对象的链接中。连接对象的 SavF 的 BDIL 将被称为 BDILS,连接对象的 HF 的 BDIL 将被称为 BDILH。

对于属于 O 或 Oj 的单个属性确定行为变化的情况,BDILS 和 BDILH 都可以由元组<Obj1,Obj2,Attr,O,f(Attr Val)>表示。对于 BDILS,Obj2 是 Obj1 的保存对象,而对于 BDILH,它是一个阻碍对象。Attr 告诉哪个属性(可以属于 Obj1 或 Obj2)导致行为发生这种变化。O 表示 Object Attr 属于哪个,因为两个对象都可以具有一些相同名称的属性。f(Attr Val)模拟 Obj2 对 Obj1 的作用。对于 BDILS,此函数的值在 Attr 的特定值处告知 Obj2 是否为 Obj1 保存,而对于 BDILH,其值告知在给定的 Attr 值下 Obj2 是否阻碍 Obj1。对于两个属性(一个属于 O 而另一个属于 Oj)确定此更改的情况。

四、SMART 中的推理

在 SMART 的推理中,空间推理是必不可少的,因为只有那些同时在一个地方的物体才有意义。例如,对于通过悬挂来烘干布料,如果悬挂的绳子是露天的,则雨水可能成为障碍,而如果布料被悬挂在有遮掩的地方则不会起作用。在现实生活中,这种推理并不简单。不同的智能家居可以拥有不同的地图,因此,代理人必须拥有针对特定房屋量身定制的"心理模型"。在这里,就不进行详细讨论了。为简单起见,我们假设所有相关实体都在同一个地方。作为算法 1 的延续,算法 2 总结了如何做出决策。

小　　结

本节我们通过引入 HF 和 SF 的概念,提出了对行动的前提条件和后效应的概念扩展。我们表明,这可以比传统的表示型式更简洁地代表某些非形式推理情况,并允许更灵活地做出决策。我们正在朝两个方向深化我们的工作。首先是开发我们提出的框架的实现原型,并在大量情况下全面测试其有用性。其次是开发算法,以便在 BDIL 中学习 f(Attr Val) 函数。

第四节　走向实践转向的模块法

引　　言

长期以来,以理由支持或反对拟议行动的论证在一些领域如政治和伦理领域作为一个复杂的问题被广泛关注。重建和评估协商性辩论中的实践论证对于揭示深层分歧的根源至关重要。研究和解决教育环境中的意见冲突,并为人工智能中拟议行动的人机交互制定协议。以目标和价值到行动选择组合的论证型式是进行此类分析的基本工具。在人工智能和论证理论中,论证的抽象模型已经使论证型式形式化(实践推理论证),它具有以抽象格式表示的以下前提和结论集。①

论证型式 1:基础工具性实践推理。

前提 1:行为人 A 有一个目标 G。

前提 2:实施行动 B 是实现 G 的一种方法。

结论:A 应该实施行动 B。

该论证型式的评估要通过批判性问题进行辨识检验,这些批判性问题可以应用于特定的决策实例。这种论证型式具有三个局限性:首先,该型式不包括价值因素的考量,忽略了可以基于不同理由达成目标或提议的事实。其次,提案基于可用情况的评估或分类,因为它是针对特定事务状态而进行的改进。这方面没有在论证型式中得到考虑,因此,该型式无法研究由对一个事务状态的不同评估或评估所导致的可能分歧。最后分析层面的问题,在于抽象型式和实践论证之间缺乏对应关系。现实的论证是复杂的,因为它们的特征是隐含的前提,并且常常涉及一种以上的推理模式。一个单一的型式无法捕获现实论证的复杂性,无法揭示可能引起分歧的隐含假设。

为了克服这些局限性并且解决这些问题,在本节中,我们分析和比较理性思考的哲学、论证模型提供的见解及人工智能开发的实践推理的形式化②。基于这些不同模型中提出的思想,我们将研究协商论证的结构,展示如何用不同方式和不同层面证明或论证行动型式。目的是为实践推理提出一种新的模

---

① Presuppositions and Pronouns. Walton, Douglas. Oxford: Elsevier, 2015, pp. 163–165.

② March, James.. How decisions happen in organizations. Human-computer interaction 6: 1991, p. 115.

块化方法,展示该方法如何把基础工具论证与论证型式的分类和评估结合起来。更具体地说,我们将展示如何将八种型式组合起来以更详细地模拟实践论证,允许在隐式推理步骤的评估中预先假定使用隐式前提。这种模块化方法揭示了分类在实践论证中的关键作用。

一、协商论证中的实践推理

对协商论证的结构分析及其推广,特别是在政治科学、批评话语分析、论辩和教育领域变得尤为重要。在政治科学中,商谈性论辩被认为是民主的核心,因为民主决策取决于论辩,只有通过商谈民主决策才具有合理性。论辩被认为是针对的"偏好的转变"。正如埃尔斯特所说的那样①:

论辩旨在改变偏好。我还说过,关于事实的论辩有很多,这些陈述并不相互矛盾。个人对最终目的有最基本的偏好,并且对实现这些目的的最佳方式有所偏爱,而两者之间的差距由关于目的的事实信念所填补即关系。影响这些信念的论证也会影响派生的偏好。

因此,协商论证被视为解决和修改"基本"偏好和派生偏好的极其重要的工具。上述埃尔斯特的话揭示了商谈中分歧的来源,这可以被解释为价值冲突(对最终目的的偏好)和与(事实)手段—目的关系的意见冲突。这种分歧的两个方面是相互关联的,因为关于做什么的行动"在因果关系上映射价值"。②

手段是根据价值等级评估的行为,并产生直接的副作用,其评估取决于个人偏好。价值观和事实信仰不是协商论证的唯一组成部分。关于如何在特定情况下采取行动的提议是根据如何描述这种情况来评估的,或者更确切地说

① Elster,Jon.Introduction.In Deliberative democracy,ed.Jon Elster,7. Cambridge:Cambridge University Press.1998,pp.41-57.

② Dryzek,John. Foundations and frontiers of deliberative governance,94. Oxford:Oxford University Press.2012,pp.176-179

是"框架化"。框架可以被定义为目标导向的状态描述,旨在使其特定功能更易于获取。正如恩特曼所说:

框架本质上使选择更明晰。框架是选择感知现实的某些方面并使它们在通信文本中更突出,以促进所描述项目的特定问题定义、因果解释、道德评价和(或)处理建议①。

对实体或事态的价值判断取决于观察或界定它的视角框架可以改变某些值或考虑因素的可访问性,使得一个特定值或一组或多个值在一个人的意见中具有优先权。因此,协商性论证在民主审议中起着至关重要的作用,因为它提供了对相同事态的替代和相互冲突的描述,促进了替代价值观,或者对所提供的描述和所推广的价值提出质疑和挑战。

协商论证的分析,已成为批判性话语分析和论证理论的一些基础著作研究的重点。费尔克拉夫等指出,只有考虑到他们所参与的实践论证,才能对协商论证(叙述、解释、框架等)的不同方面进行研究②。在他们对实践推理论证(我们也将其称为"实践论证")的分析中,他们强调了价值多元化的关键作用,以及不同的价值(通常由同一主体共享)和不同的价值等级如何影响价值取向涉及对当前状况以及判断或提议的评估。因此,在他们看来,实践推理是一种有说服力的论证,即涉及正反的"权衡",被认为与权利诉求有关的各种考虑,并得出"平衡"结论③。各种前提(基于不同价值观的不同状况评估)被认为是不可通约的,因此与主体主张相关。在这种类型的论证中,结论是通过比较基于主体的价值位阶的不同而得出,"原因"和反对来得出的。因此,所描述的实践推理模型是间接前提(涉及事实的选择和描述)和规范性前提(价

---

① Entman, Robert M. Framing: Toward Clarification of a Fractured Paradigm. Journal of Communication 43:52. doi:10. 1111j. 1460-2466. 1993. tb01304. x.

② Fairclough, Isabella, Norman Fairclough. Political Discourse Analysis: A Method for Advanced Students, 3. London: Routledge. 2012, pp. 37-41.

③ Fairclough, Isabella, and Norman Fairclough. Political Discourse Analysis: A Method for Advanced Students, 38. London: Routledge. 2012, pp. 89-91.

值或义务）的组合,从而导致提出了与主体关注的问题相对应的诉求①。实践推理的抽象模型如图 1-1 所示②:

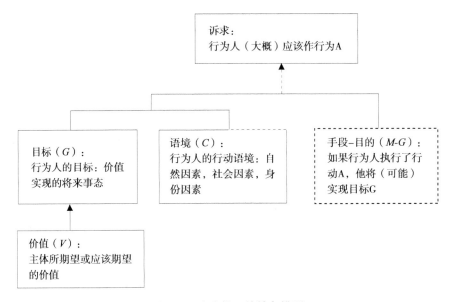

图 1-1   实践推理的抽象模型

这种对实践论证的分析揭示了价值的关键作用。如上所述,价值涉及对期望的未来事态或提议的评估,以及实现它的手段。然而,价值观在"选择和描述相关情况"中也起着至关重要的作用。它描述了一种状态,并根据要维护的值选择了其特性。

关键问题是如何考虑、描述和评估基于不同且通常不兼容的值(或评估维度)的论据。从这个意义上说,协商论证的特征不仅在于价值多元化和价值观的不相容性,而且在于价值不可通约性,即不可能"按照价值的共同标准排名"论证所依据的相互冲突的价值观。但是,当应用于特定现象并进行排

---

① Fairclough, Isabella, and Norman Fairclough. Political Discourse Analysis: A Method for Advanced Students, 42. London: Routledge. 2012, pp. 211-213.

② Fairclough, Isabella, and Norman Fairclough. Political Discourse Analysis: A Method for Advanced Students, 45. London: Routledge. 2012, pp. 15-19.

名时,可以比较值,从而导致可以讨论的个人偏好。从这个意义上讲,协商论证应该集中在相反方面的论证的承认和比较上。这一目标不仅可以通过考虑目标和手段来实现,还可以通过分析和论证对事态的解释和描述来实现①。

审议论证的批判性方面,也得到了教育界领域的接受与认可。教育心理学最近专注于研究学习者之间的论辩性互动,这两者都是为了学习论辩和辩论中学习。"虽然辩论性对话可以改善社会科学问题上的内容学习和论证质量,但这些好处是由个人的任务目标调整的"②。协商论证被认为是一种目标驱动,协作和实践的论辩交流已被发现能够对学生的理解和学习,以及论证的质量产生最佳效果,这些论证更为完整,更注重论据,并包括不同类型的反驳,以及更深层次的元逻辑反驳。

审议论证的框架考虑了导致代表实践论证的高级模型的一些重要方面。首先,实践论证不能简单地归结为由一个目标前提("代理人打算追求目标G")以及其充分或必要的条件("如果行为人执行了行为 A,他将实现目标G")所担保的实践结论(如"应执行行为 A"的理由)。为了说明价值多元化以及关于为什么要追求目标和选择具体行动的根本价值的元讨论,有必要考虑如何评估手段—目的以及如何描述事态。正如费尔克拉夫(Fairclough)所强调的那样,对事态的具体描述可以证明追求特定目标和选择具体手段是合理的③。然而,为了比较在冲突的实践推理中相关的价值与事实描述,并引出后面的讨论,有必要研究事实与价值、手段和目的之间的关系。此外,为了在协商论证中促进批判性的元讨论,明确实践论证中不同组成部分的可废止性

① Fairclough, Isabella, and Norman Fairclough. Political Discourse Analysis: A Method for Advanced Students, 32. London: Routledge. 2012, pp. 88−91.

② Felton, Mark, Merce Garcia-Mila, and Sandra Gilabert. Deliberation versus dispute: The impact of argumentative discourse goals on learning and reasoning in the science classroom. Informal Logic 29: 2009, p. 433.

③ Walton, Douglas, Alice Toniolo, and Timothy J Norman. Towards a richer model of deliberation dialogue: Closure problem and change of circumstances. Argument & Computation 7. IOS Press: 2016, pp. 155−173.

条件是有用的。

　　这些问题带来了特殊的挑战,亦即与行动内部理由相关的挑战①。实践论证的特点是隐含的分类(对事态的描述)、评估(对事态的评估)以及对实现预期目标的可用手段的判断。为了探究可能产生分歧区域,有必要重建论证中未表达的内容,以便听众可以区分是否可能出现关于价值判断与事实陈述或手段和目标选择的分歧。为了重建论证的隐含前提,有必要提出一种论证型式,以担保隐含前提对结论的支持。② 基于这些原因,出现了以下两个研究问题:

　　(1)如何表示实践论证中涉及的各种类型的推论和论证型式?

　　(2)我们如何找到和把握辩证地评估实践论证的显性和隐性维度?

　　为了解决这些问题,我们首先介绍一个"模型"理论。该理论可用于研究和分析审议论证和实践论证。因此,在第二部分中,我们首先介绍了两种最重要的实践推理哲学方法,即信念—欲望—意图(BDI)模型和承诺模型,强调了基于承诺的结构优势。在下述的第三部分中,我们将尝试研讨手段—目标和价值相结合的扩展论证型式。其次,将展示如何使用不同的论证型式来表示实践推理的不同维度,揭示不同的隐含和外显的推论和前提。最后,展示:如何使用不同的论证型式来构建实践论证的复杂结构,揭示其隐含的分类和评价尺度。

二、理论模型：BDI 模型和承诺模型

　　与实践推理的分析和评估有关的最广泛的理论问题是一种可以确定为具有精确结构的论证,它在主要前提下是否应使用"意图"一词而不是"目标"一

---

① Fairclough, Isabella, and Norman Fairclough. Political Discourse Analysis: A Method for Advanced Students, 14. London: Routledge. 2012, pp. 279–286.

② Van Eemeren, Frans, and Rob Grootendorst. Argumentation, communication and fallacies. Hillsdale, NJ: Erlbaum. 1992, pp. 38–51.

词。广泛接受的 BDI 模型在主要前提下使用"意图"（或如"想要"或"欲望"之类的变量）代替"目标"，在次要前提下使用"信念"。在此模型上，理性主体会修改其信念，添加新的信念并删除旧的信念，并随着新信息的出现而更新其知识，并使用其对外部环境的信念来寻找实现其目标的手段。

传统的分析哲学家继续使用 BDI 框架来模拟实践推理。一些在人工智能方面有影响力的研究人员也通过倡导和采用 BDI 模型来推理，在这种模式中，为实现其集体意图而进行推理的智能体基于外部感应器传入的信息更新其信念来采取行动。[①]

根据论证的承诺模型，行为人在对话结构中通过言语交互，并且在言语交互中产生言语行为[②]。每一方都有一个包含他已接受的命题的承诺集，根据他在前一次对话中的言论行为来判断。每次作出行为时，根据承诺规则和行为类型，将承诺插入每个集合或从每个集合中撤回。最简单和最基本的承诺是一个已被代理人接受的命题。在基于承诺的方法中，使用与论证型式相匹配的批判性问题论证，实践推理以对话格式建模。

承诺模型和 BDI 模型之间的关键区别在于，欲望和信念是行为人内在的心理概念，而承诺是行为人在对话中从外部接受的陈述。BDI 模型更适合心理学，其中意图、信念、动机和其他内部行动动力是主要关注点。承诺模型的优势在于它是一种更纯粹的逻辑方法，该方法不需要直接确定行为人的心理动机和信念。在本节的其余部分，将采取承诺方法；但是，在大多数情况下，如果是读者的偏好，也可以使用实践推理的 BDI 模型。迄今为止，这两种方法之间的关系尚未解决。事实证明，很难在接受和信念之间进行精确区分，这主要是因为分析哲学中关于"信念"的定义还没有达成基本的共识[③]。

---

① Bratman, Michael. Intention, plans, and practical reason. Cambridge, Mass.: Harvard University Press. 1987, pp. 164–181.

② Walton and Krabbe, van Eemeren and Grootendorst, 2004. 1995, pp. 81–87.

③ Engel, Pascal, ed. Believing and accepting. Amsterdam: Springer Science & Business Media. 2000, pp. 77–91.

　　另一个困难是一些作者将两种模型结合起来。据说,实践推理的结论是"做某事是没必要的,却让自己去做"①。遵循这种混合型方法,实践推理被认为是对承诺行动的承诺的推论②:

　　1)动机(目的)前提,表示对追求某一目标意图的承诺(我想要 φ);

　　2)工具性(认知)(理论的)前提,将目的与其手段联系起来(我的行动 A 将有助于实现 φ);

　　3)一个实际的结论,表达对行动的承诺(我应该实施行动 A)。

　　根据工具性(认知)前提的内容,该基本结构被认为是变化的。冯·赖特(Von Wright)区分了两种达到目的的手段,即充分性手段和必要手段③:

　　一个是行为与其后果之间的关系。如果做 p 会产生不同于 p 的事态 q,并且 q 是人类行动的终点,那么 p 就是达到此目的的一种手段。另一种类型是行为与其因果要求之间的关系。如果产生状态 q 要求做 p,并且 q 是人类行为的终点,那么 p 就是达到此目的的一种手段。我将称第一种类型为充分性手段,第二种类型为必要手段。达到目的的手段可能既充分又必要,在这种情况下,我们说这是达到有关目的的唯一手段。

　　这两种类型的手段描述了三种不同的论证结构,我们将其称为"必要","充分"和"充要"型式④。在所有这些型式中,结论都代表了一种承诺,正如其他前提代表对愿望或因果(手段—目的)关系的承诺一样。

　　冯·赖特(Von Wright)⑤也假设 BDI 形式的实践推理即从一种意图到另一个意图:

　　前提 1:X 打算使 E 成为真(如使这个小屋适合居住);

　　前提 2:他认为,除非 X 做 A(如加热小屋),否则他(X)不会达到 E。

---

①　Wright,Georg.The varieties of goodness. 169. London:Routledge. 1963,pp. 101－113.

②　Audi,Robert.Reasons,practical reason,and practical reasoning.Ratio 17:2004,pp. 126－128.

③　Von Wright,George.The varieties of goodness,166. London:Routledge. 1963,pp. 79－92.

④　Von Wright,George.The varieties of goodness,165. London:Routledge. 1963,pp. 31－45.

⑤　Von Wright,George.The varieties of goodness,165. London:Routledge. 1963,pp. 17－19.

结论:因此 X 打算做 A(如加热小屋)。

该型式可以与其他因素集成,例如考虑时间(不迟于时间 t1 做 X)或可能的外部变体(除非 A 被阻止,否则 X 打算/让自己做 A 行动)。这种模式的特征在于它是不可行的,因为它:旨在采取行动的承诺仅与所陈述的前提相一致,而不与扩充的前提相一致(包括如其他目的)。

使用 BDI 模型作为论证工具进行实践推理的分析和评估的主要困难在于,清楚甚至猜测与之交谈的另一个人的信念或愿望是什么。相反,承诺模型仅考虑对话者根据其在先前行为中所说或被认为是理所当然的责任。因此,可以从文本论证的解释中直接获得承诺①,而无须调查行为人可能的心理状态。承诺仅与信仰存在间接关系,因为说话者可以在不相信内容 p 的情况下致力于内容 p,或承诺其他人(通常以一种方式提出主张),尽管他不知道 p 是否真的被人相信②。

三、工具性实践推理的论证型式

上一部分中讨论的实践推理方法,强调了代表实践论证需要考虑的不同方面。此任务的复杂性是双重的。一方面,正如 BDI 模型所强调的那样,可以通过依靠不同类型的推理来证明提议是合理的。因此,我们需要区分型式和实践推理(必要的,充分的,充要型式)和其他证明行动合理的型式,即充分的理由型式和规则型式。另一方面,行动的正当性除手段—目的关系外还牵涉其他因素。正如协商辩论模型所指出的那样,需要考虑事态的价值和分类(所必需的评估目标,手段和可能的替代型式)。

为了考虑这些特征和要素,我们将使用不同的论证模式称为论证型式。

① Macagno,Fabrizio.Defaults and inferences in interpretation.Journal of Pragmatics 117:2017, pp. 280-290.

② Beyssade, Claire, and Jean-Marie Marandin. Commitment: une attitude dialogique. Langue française. 2009,pp. 98-103.

其中,型式1用于实践推理(在引言中)就是一个例子。论证型式是抽象的推理模式,其中的结论基于特定的推理(逻辑和推理内容有关的)关系是合理的,并通过一系列关键问题进行辨识评估。论证型式可以捕获型式的不同类型和方面,为命题辩护,从而揭示其不同维度。

第一个方面是关于做什么(行动过程)的提案的合理论证①。在第二部分中提到的 BDI 实践推理方法的基础上,我们可以区分三个不同的论证型式,即实践推理论证、后果论证和规则论证。实践推理论证代表了决策的审议阶段②,即在不确定性(实现目标的手段令人怀疑时)下采取行动的选择。当用明确的手段来达到特定的目的时(如构成写作或驱动的那些目的),或者当这些方法不影响或不影响太多结果时,就无须考虑。但是,在某些情况下,这种方法是不确定的,或者不清楚哪种方法是达到目标的最佳方法。

必要的(或构成的)充分手段之间的区别可以用引言中提到的实践推理中的——两个截然不同的子论证来表示。在第一种情况下,论证具有以下结构:③

论证型式 1a:具有必要条件的工具性实践推理

目标前提	行为人 A 的目标是采取 G
替代型式	A 合理地考虑了给定的信息,即至少需要[B0,B1,…,Bn]中的一个才能实现 G。
选定的前提	A 选择了一个 Bi 作为 G 的可接受的必要条件或最可接受的必要条件。
实用性前提	就 A 而言,没有任何因素会阻止 A 实施 Bi。
结论	因此,A 应该采取行动 Bi。

① Kock,Christian..Is practical reasoning presumptive? Informal Logic 27:2007,pp. 94.

② Westberg, Daniel. Right practical reason: Aristotle, action, and prudence in Aquinas, 165. Oxford:Clarendon Press. 2002,pp. 77-81.

③ Walton, Douglas, Christopher Reed, and Fabrizio Macagno. Argumentation Schemes, New York:Cambridge University Press. 2008,pp. 94-95.

在该型式中,如果行为人想要发生事态,则需要以特定方式(根据可能的替代型式)采取行动。除非他按照可替代型式行事,否则不会产生理想的事态。在这一点上,他需要选择是否执行这种方法,并进行评估。另一种不同类型的推理是充分型式①:

论证型式 1b:工具实践论证的更复杂形式

目标前提	行为人 A 的目标是实现 G
替代型式	A 合理地考虑了给定的信息,即[B0,B1,…,Bn]中的任何一个都足以实现 G。
选定的前提	A 选择了一个成员 Bi 作为 G 的可接受或最可接受的充分条件。
实用性前提	据 A 所知,没有任何不可改变的因素会阻止 A 采取行动 Bi。
结论	因此,A 应该采取行动 Bi。

在这种模式下,预期事态合理有效理由的范式仍然是开放的。因此,这两种模式具有不同的评估标准。在必要条件的论证型式中,主体需要评估采取行动是否比不采取行动更可取,即采取行动的质量是否优于未采取行动产生的事态的质量。在充分型式中,主体需要评估自身的行为,而不能仅根据其目的来证明其合理性(可以用另一种方式来获得)。可以使用以下批判性问题来评估一般的论证型式:

CQ_1	除[B0,B1,…,Bn]外,还有其他实现 G 的方法吗?[替代手段问题]
CQ_2	Bi 是可以接受的(或最好的)替代型式吗?[可接受/最佳选择问题]
CQ_3	行为人 A 可以做 Bi 吗?[可能性问题]
CQ_4	A 采取行动 Bi 带来的负面副作用是否值得考虑?[负面副作用问题]
CQ_5	除了 G,A 是否可能存在与 A 实现 G 目标相冲突的其他目标?[目标冲突问题]

---

① Walton,Douglas.The three bases for the enthymeme:A dialogical theory.Journal of Applied Logic 6. Elsevier:96)2008,pp. 275-281.

可以用来决定如何采取行动的第二个论证是从行动的后果到其原因的论证。该型式可以表示如下:①

论证型式 2:后果论证

前提 1	如果行为人 A 采取(或不采取)B,那么 C 就会发生。
负后果前提	C 是不好的结果(从 A 的目标视角来看),应该通过阻止引起它们的原因来避免。
正后果前提	C 是好的结果(从 A 的目标视角来看),而好的结果应该通过引起它们的原因来实现。
结论	因此,不应该(应该)采取 B。

同样在这种情况下,可以通过以下批判性问题来评估该论证型式:

CQ1	所列出的后果(可能,一定)发生的可能性有多大?
CQ2	有什么证据(理由)支持所列出的后果(可能,一定)发生的主张?
CQ3	是否还应考虑其他相反的后果(如坏与好)?

证明行为合理性的最后一种论证型式是基于规则的论证。规则论证似乎是基于事态或行为人(a)在更普遍的类别 X 下的分类而论证的,针对该行动论证的过程已经确定,该论证可以表示如下②:

论证型式 3:基于规则的论证

大前提	如果实施包括 B 在内的那类行动对 X 是已确立的规则,那么(除非该情况是一个例外),X 必须实施 B。
小前提	实施包括 B 在内的那类行动是已确立的规则。
结论	因此,必须执行 B。

---

① Walton,Douglas..The three bases for the enthymeme:A dialogical theory.Journal of Applied Logic 6. Elsevier:2008,p. 332.

② Walton,Douglas.The three bases for the enthymeme:A dialogical theory.Journal of Applied Logic 6. Elsevier:2008,p. 343.

以下是与该论证型式相关的批判性问题：

CQ1	该规则要求实施包括 A 作为其实例的那类行动吗？
CQ2	是否被归入 X 之下？
CQ3	存在或许与该规则相冲突或者优先于该规则的其他已确立的规则吗？
CQ4	当下的情况是一个例外，即可能存在情有可原的环境或者有不遵守该规则的辩解吗？

通过分析这些型式，我们注意到后果论证和规则论证与实践推理之间的关键区别。规则论证在于将规则应用于具有某些特征的事态，即以特定方式分类的事态。前两个论证以对行动论证的评估为前提。在实践推理中，需要评估两个因素，即 1 所选行动对实现同一目标的替代行动而言，更具可取性（实践推理即 2），考虑行动的预期目标及其效果。在后果论证中，只有 2 被考虑在内。在这两种型式中，可废止条件和可能的攻击可以集中在对替代型式或前提的评估上。只有通过使用过去的规则系统，基于规制的论证才能被削弱或击败。通过表明可以其他方式描述事态，或者可能属于情有可原的情况或相互冲突的规则（在情有可原的情况下属于 E／冲突的规则 X′，因此不应执行 B），可以削弱或击败结论。

实践推理论证和后果论证都以事态评估为前提，这只能通过以价值位阶为前提来进行。可以通过采用两种不同的策略表征评估维度。第一种可能性是将评估（或偏好）作为论证型式的变量，从而考虑评估的结果。第二种选择是代表评估过程，揭示评估所依据的原因（其价值观和等级）。我们将在下面讨论第一个选项的限制。然后，再说明第二个策略的优点及其后果，特别是在决策论证中用于论证分析结构的修改。

四、基于价值的实践推理

上文所述的推理形式将承诺与愿望、手段与目标联结在一起。但是，在必要和充分型式中,保证承诺传递的推理可能会出现问题。在第一种情况下,从前提出发,如果一个行为的行动是实现目标所必需的,那么代理人应该执行它(必要逻辑)。在第二种情况下,前提足以支持实现目标的行动①。如果不考虑手段——目的关系的评估标准,那么这两种推理都会导致不合理的后果。必要和充分逻辑都会导致犯下不道德或不合理手段的问题②,仅因为它们对于实现预定目标是必要或充分的。拉兹以一个清晰的例子指出了这个问题③:

据称,令人满意的逻辑的违反直觉的结果是,这会导致过大的杀伤力:炸毁房屋是杀死苍蝇的一种方式,因此,当杀死苍蝇是合理的时候,我们应该炸毁房屋。但是就杀死苍蝇而言,炸毁房屋确实没有错。我们认为这是荒谬的,只是因为该行动还有其他不良后果。它们使我们更喜欢使用其他方法来摆脱苍蝇,实际上,它们是为了证明不能忍受苍蝇,而不是在没有其他方法摆脱苍蝇的情况下炸毁房屋。

仅根据上述型式传递承诺所产生的问题是评估和比较考虑(确定行动的可接受性与行动的效用无关)。在 BDI 模型中,通过增加关于支持意图承诺的原因的可废止性的前提④以及考虑原因的意图的可废止性,解决了承诺转移中可能的原因冲突。这个中间前提预先假定基于所有相关情况的评估,并且由"最佳型式,所有考虑事项"的概念表达。这个附加前提也包括在下面的BDI 模型中,它改变了充分型式,包括偏好的概念和不采取行动的充分理由⑤:

---

① Raz,Joseph,Practical Reasoning.Oxford:Oxford University Press.ed.. 1978:p. 9.

② Searle, JohnDesire, deliberation and action. In Logic, Thought and Action, ed. Daniel Vanderveken, .Amsterdam:Springer.2005, p. 54.

③ Raz,Joseph,ed.Practical Reasoning, 11. Oxford:Oxford University Press. 1978, p. 67.

④ Raz,Joseph.From Normativity to Responsibility, 139. Oxford:Oxford University Press. 2011, pp. 31-37.

⑤ Audi, Robert. Practical reasoning and ethical decision, London and New York:Routledge. 2006, p. 66.

论证型式(变体)

前提1	X 打算使 E 成立。
前提2	在这种情况下,做 A 是 X 获得 E 的一种方式。
前提3	对我而言,没有比 A 更好的行动去获得 E 更好。
前提4	在这种情况下,我没有充分的理由不采取 A。
结论	因此,X 打算执行 A。

偏好的概念是在实践推理论证中形成的,是为处理说服对话中意见不一致的情形。在论辩环境中,实践推理被认为是一个旨在支持结论的论证。因此,结论是基于对话者可以共享或不共享的价值观,以某种方式行动的提议[1]。基于价值观(以下称 VBPR)的实践推理论证表示如下[2]:

使用价值观的实践推理

前提1	在目前的环境 R 下。
结论	我们应该采取行动 A。
前提2	这将导致新的环境 S。
前提3	这将实现目标 G。
前提4	这将促进一些价值 V。

该型式相关的批判性问题表示如下:

CQ1:相信的情况是真的吗?

CQ2:假设情况,行动是否具有规定的后果?

CQ3:假设情况和行动具有明确的后果,行动是否会带来预期的目标?

CQ4:目标是否实现了所述的价值?

① Bench-Capon, Trevor.. Persuasion in practical argument using value-based argumentation frameworks.Journal of Logic and Computation 13:2003,p. 447.

② Atkinson, Katie, and Trevor Bench-Capon.Practical reasoning as presumptive argumentation using action based alternating transition systems.Artificial Intelligence 171:2007,p. 858.

CQ5:是否有其他方法可以实现相同的后果?

CQ6:有没有其他方法可以实现同一目标?

CQ7:有没有其他方法来促进相同的价值?

CQ8:做这个动作是否会产生降低价值的副作用?

CQ9:做这个动作有副作用会降低其他一些价值吗?

CQ10:这项行动是否会促进其他一些价值?

CQ11:做这个动作是否排除了其他可以促进其他价值的行动?

CQ12:描述的情况是否可能?

CQ13:行动可能吗?

CQ14:描述的后果是否可能?

CQ15:能实现预期的目标吗?

CQ16:价值确实是合法价值吗?

该型式的积极方面涉及这样一个事实,即它代表了结论可废止的各种理由。更具体地说,由于 A 和 G 之间的因果关系(A 可能没有相信的效果),或者偏好的排序(A 可能导致后果不太可取),行动 A 不足以实现目标 G①。此外,批判性问题允许评估实践推理的各个方面(从评估副作用和替代行动型式到评估偏好排序和执行行动的可能性)。

该型式的最后一个问题是与批判性问题的理论和操作维度有关。这些问题并未解决推论关系,但同时对其进行了评估。尤其是,CQ5,CQ6 和 CQ7 假定后果是为了实现目标和提升价值,更重要的是,CQ7 暗示要与其他替代措施进行比较。CQ8,CQ9,CQ10 和 CQ11 涉及行动与价值之间的关系,前提是要对行动进行评估时要考虑其直接和间接后果以及有关行动所排除的行动过程。这些预先设定的关系没有在论证结构中说明,只能想象得到。与该型式的评估维度相关的第二个问题是,在没有明确的优先顺序的情

---

① Atkinson, Katie, Trevor Bench-Capon, and Peter McBurney. Computational representation of practical argument. Synthese 152:2006, p. 200.

况下,要考虑 16 个批判性问题的清单,解决该型式的不同且仅部分相关的方面。

这些有条理的问题为评估论证提供了详细甚至详尽的标准①,但它们不能用于评估论证,因为问题与推理没有直接的关系,因此不清楚它们如何影响前提和结论之间的关系。从实践的角度来看,使用者需要审查所有问题并评估所有可能的弱点,而不是选择最有效的策略来攻击论证。

VBPR 型式的局限凸显了该型式的重要性。将价值观与行动相结合的想法可以解释实践推理的一个关键方面,即它与价值排序的关系以及根据提升的价值对行动或事态进行分类。然而,该型式中指出的问题导致考虑用于表示所涉及的各种因素的替代模型。为此,我们将对事态的评估表示为一种独特的推理类型,将实践论证的表示形式视为独特的、隐含的和显式的论证型式的组合。

五、评估选择

对实现目标的各种可能手段的评估可以被描述为基于行动与其可预见后果之间的关系的一种评估。需要通过考虑其可预见的后果(想要的效果和副作用)来评估手段②。但是,需要将其预期效果与其所有可能的负面后果进行比较,即使后果是不可预见的,它们也会确定手段之间的偏好。根据这一标准,必要型式中的主体需要评估由于执行和不愿执行某项行为而可能产生的好处和损害,而在充分型式中,他只需要考虑该行为应当预见和可能预见的后果。

这种类型的评估对应于连接与实践推理不同的行动和目标的推理模式。我们可以将这种类型的推理表示为上述论证的变体,其后果是对有关行动的

---

① Atkinson, Katie, Trevor Bench-Capon, and Peter McBurney. Computational representation of practical argument. Synthese 152:2006, pp. 157-206.

② Von Wright, Georg. The varieties of goodness. London: Routledge: 1963, pp. 129-130.

可接受性进行判断,而不是直接指令①:

论证型式 4:从后果到评估的论证

前提 1	如果行为人 A 采取(不采取)B,那么 C 将会发生。
后果假定	从 A 的目标来看,C 是好的(坏的)结果。
评价前提	生产好的东西本身也是好的,反之亦然;摧毁坏东西的本身也是好的,反之亦然。
结论	因此,B 是好的(坏)。

该型式预先假定对结果的评估,这可以在解决价值与承诺之间关系的单独分析层面上加以考虑。从后果的论证型式,无论是在实践中还是在评估中,都基于行为人如何评估事态(结果),即致力于其可取性。评价所依据的最简单的推理类型是价值观的论证②,即根据价值对事态(或行为)进行分类,或者说是一种抽象的行动理由。此型式可表示如下:

论证型式 5:基于价值观的论证

前提 1	价值 V 被主体 B 判断为正值(负值)。
前提 2	价值 V 是正面(或负面)的这一事实影响主体 B 之目标 C 的解释和评估(如果价值 V 是好的,它就支持对目标 C 的承诺)。
结论	V 是保持对目标 C 的承诺的一个理由。

例如,与已婚女性(C)有染,可以在两个相互矛盾的价值观下进行评估,追求快乐(在这种情况下是性快感)和避免犯罪或恶习(在这种情况下是通奸)。根据所选择的值,对 C 的评估可以是正的(C 是好的和期望的)或负的(C 是坏的并且是不可取的)。显然,价值的"实例化",即根据一种行动的理

---

① Walton,Douglas,Christopher Reed,and Fabrizio Macagno.Argumentation Schemes.New York:Cambridge University Press. 2008. doi:10. 1017/CBO9780511802034.

② Bench-Capon,Trevor..Agreeing to Differ:Modelling Persuasive Dialogue between Parties without a Consensus about Values.Informal Logic 22:2003a.pp. 231-245.

由对事态的分类或优先于另一种行动），可能会因考虑因素而异并且权衡了各种事态和个人倾向（价值等级）。①

后果（和行动）评估基础的型式结构以分类过程为前提。只有在对事物进行分类后才能对其进行评估。根据替代选择对其进行分类的方式，评估将发生变化，因为它将实例化为不同的值。因此，以实践推理为前提的更深层次的推理是分类。

六、分类论证

对达到目的的手段的评估以及对要寻求或避免的后果的评估取决于行为人对其分类进行考虑的因素。根据亚里士多德的观点，决策过程基于被归类为理想的或不可取的②。将事态分类为理想或不可取的不是认知操作，或者说它不仅仅是纯粹的智力判断③。相反，代理选择复杂事态的某些方面，以便在特定类别或质量下对其进行分类，实例化特定值。我们可以将事态分类表示为论证型式④：

论证型式 6：分类论证

前提 1	如果某些特定事物 a 可以归类为属于言语类别 P，则 a 具有属性 Q（根据这种分类）。
前提 2	a 可以归类为语言类别 P。
结论	a 具有属性 Q。

---

① Westberg, Daniel. Right practical reason：Aristotle, action, and prudence in Aquinas. Oxford：Clarendon Press. 2002, pp. 35-41.

② Aristotle. Topics. In The complete works of Aristotle, vol. I, ed. Jonathan Barnes. Princeton：Princeton University Press. 1991, pp. 91-93.

③ Westberg, Daniel. Right practical reason：Aristotle, action, and prudence in Aquinas. Oxford：Clarendon Press. 2002, pp. 87-88.

④ Walton, Douglas, Christopher Reed, and Fabrizio Macagno. Argumentation Schemes. New York：Cambridge University Press. 2008, doi：10. 1017/CBO9780511802034.

通过考虑要评估的行动状况,可以辩证地评估该型式。

CQ1:有什么证据表明绝对具有类别 P,而不是有证据表明是否应该如此分类?

CQ2:可以将其分类吗?

第一个批判性问题指出了这样一种可能性,考虑到的情况只是相关问题的选择,而同时考虑到其他情况会导致做出不同的评价。第二个批判性问题涉及定义的选择,或者说是评价标准。根据情况的选择或事态的各个方面,评估可能会发生改变。例如,杀害一个人以挽救其他人的生命可能是可取的,因为它是"挽救生命"的一个实例。但是,如果忽略其他相关情况,这种分类将是错误的。

七、实践推理的模块化方法

实践推理中涉及的三个推理步骤,或者说是代表不同类型(最终或中间)结论可能受到挑战的不同原因的论证型式组,可用于分析或构建支持选择的论证或决定。使用本节提出的方法,将三种类型的型式相结合,可以对论证结构进行更深入的描述。特别是,我们可以将这三者联系起来组成三个相互关联的分析级别的型式结构组,从较简单但也不具体的级别到最深的水平。

级别 1:此级别是最简单的分析水平由行动的正当性构成,其中包括实践推理、后果和规则的型式。在此级别,仅考虑评估(或分类)与行动选择之间的关系。通过区分所使用的不同型式,可以概述可用的批判性类型,即是否有必要调查或质疑所依赖的评估或预先假定的分类。

级别 2:在此级别,表示对不同备选型式(在实践推理的情况下)或行动后果的评估。特别是,通过区分从后果到评价的论证和从价值观中论证,可以理解提出的批评的类型。除了产生的事态质量,还可以通过考虑副作用或其他因果关系来质疑从评估到结果的论证。反过来,可以通过来自价值观的论证来评估由此产生的事态的质量。价值观的论证代表了评估本身,其基础是行为人必须根据个人或文化价值等级来考虑事态的原因①。

级别 3:这个级别是最深层次的分析,代表了评估预设的分类推理。为了以规则、结果或价值观为论证的前提,必须以某种方式对状态进行分类。

这三个级别和相应的型式可用于显示赞成和反对某种行动的论证的一般结构,或揭示论据选择或意见冲突背后的更深层次的价值观或分类。从这个角度来看,论证型式可以被视为论证构建模块的建筑瓦块。它们可以独自呈现论证结构的全局;但是,也可以通过组合块来提供详细而深入的分析,以便更全面地了解隐性前提,对潜在论证(隐式或部分显式)进行更全面的描述。

八、应用模块化方法

在本节中,我们提供了两个真实的例子(摘自普京和奥巴马 2015 年关于叙利亚干预的会谈),以解释论证型式如何为分析实践论证提供构建模块。

在 2015 年美国和俄罗斯之间关于叙利亚的政治局势以及两国可能扮演的角色的讨论中,普京和奥巴马站在不同立场进行干预,由不同的论据支持,如下所示:

论证 1

普京说,拒绝与叙利亚政府及其武装部队合作是一个巨大的错误,他们正在面对面地打击恐怖主义。

论证如图 1-2 所示:

---

① Perelman,Chaim,and Lucie Olbrechts-Tyteca. Act and person in argument. Ethics 61:1951, pp. 251-269.

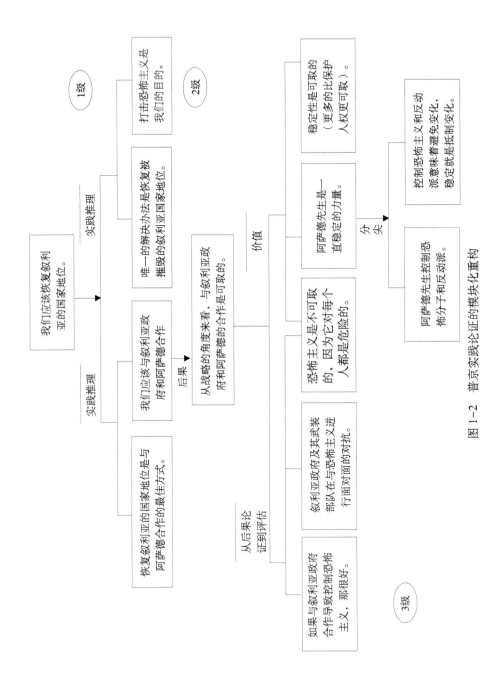

图 1-2　普京实践论证的模块化重构

这张图表代表了普京支持阿萨德政权作为论证型式组合的论证。在最肤浅的层面(第1级),可以将论证分析为来自实践推理的相关论证,其中一个基于后果的论证。2级代表了导致评估与阿萨德合作的复杂推理,其基础是价值观(稳定性是可取的)以及从结果到评估(如果某些事物导致稳定,则是可取的)。在此级别,可以检测评估基础值的隐含值论证层次结构2,因为"稳定性"不能与阿萨德政府违反的其他值分开评估。最深层次是3级,代表阿萨德的压抑结果的分类作为"稳定性"的一个例子。分类的论证型式允许揭示有问题的定义,即"稳定性"(对变化的抵制,没有变化的情况),更重要的是遗漏其他因素(内部反对,侵犯人权等)会削弱对这一概念的积极评价。

论证2

奥巴马确切地指出,2011年阿萨德"通过升级镇压和杀戮来对和平抗议作出反应,反过来又为当前的冲突创造了环境",伊斯兰国已经能够利用这种冲突。他说,阿萨德及其盟友"不能简单地安抚已经存在的绝大多数人口被化学武器和不分青红皂白地轰炸的残酷,"奥巴马重申了他提出的"管理转型"帮助阿萨德建立一个更具包容性的政府。

图1-3表示与论证分析相同的模块化方法。来自实践推理的论证(在图的顶部)是分析的第1级,这是对普京论证的反驳。在这个层面上,奥巴马通过指出支持阿萨德的解决型式在道德上是不合理的,推翻了普京的实践推理。

在图1-3中,级别2显示了值的链接论证,该论证基于两个值前提下的虚线框中表示的值的层次结构。这个联合论证为上述实践论证的前提提供了理由。分析的第3级揭示了基础的分类。奥巴马将阿萨德归类为"不稳定因素",这是评估第2级的起点,基于叙利亚领导人所采取的行动及其对恐怖主义增长的影响。

图1-2和图1-3中显示的示例1和示例2的分析说明了模块化方法如何工作以表达假设和基本结构,这些结构可能根本不是最初明显的。在图1-3的顶层,我们看到两个链接的论证,每个论证都是实践推理的基本工具论

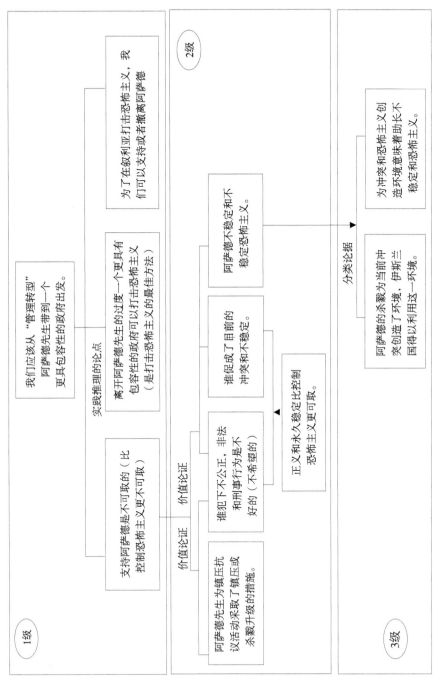

图 1-3 奥巴马对普京论证的答复的模块化重构

证的实例。在下一级,我们看到后果的论证如何与左边显示的实践推理的论证实例联系起来。在下一个较低的层次,我们看到从评估结果和价值论证的论证如何是整体论证的模块结构的附加部分。在底层,我们看到来自分类的论证如何用于从其上方显示的值支持论证的前提之一。

在图 1-3 的顶层,我们再次看到了来自实践推理的论证的工具型式的实例。然而,在下面的水平上,我们看到有两个论证的实例如何支持工具实践推理论证的一个前提。在这个收敛的论证结构中,显示了来自值的两个独立的论证实例,这些实例与从顶层显示的实践推理中的工具论证相关联。这种结构可以使用基于价值的实践推理的论证型式进行建模,但是通过应用模块化方法将两个论证与主要论证的值从实践推理中分离出来,揭示了每个型式如何成为其中的一部分。整体论证的整体结构。最后,在右下角,我们看到来自分类论证如何形成一个链接的论证结构,从价值中支持最右边的论证的前提之一。

通过将整个论证序列的结构分解为其要素成分,揭示了论证值如何支持基本实践示例中的推理,以及分类中的论证如何反过来支持值的论证。通过使用论证图表工具使这些隐含链接变得明确,并且此练习对于论证研究的初学者非常有启发性,以了解如何通过使用与每个论证相匹配的批判性问题来分别评估每个单独的论证型式。

小　　结

传统的 BDI 模型将不同的论证推理模式合并为一个大而混乱的程序包,将价值和意图混合到实践推理中,阻碍了开发有用的论证工具的进展。传统的 BDR 实践推理方法无法区分并清楚地表示证明实践结论所需的所有不同的推理步骤。模块化方法的优点是可以有用的方式展示用于支持行动过程的不同类型的推论。模块化方法揭示了如何考虑用于证明评估合理性的元层次推论。

第二章 论证型式的类型化

第一节 自然语言论证型式及其分类

引　言

论证型式已成为论证理论中的一个重要课题。型式已被发展为推理的固定模式,抽象结构用来表示材料(语义)关系和前提之间的逻辑关系和论证中的结论。它们有比逻辑中使用的正式表示更丰富的语义系统,可以反映概念之间的必要和可废止的关系。它们可以被视为古代论式的现代解释和重新考虑。由于其解释和分析的有效性,这些型式已被应用于不同领域,从教育到法律和人工智能。

在过去的五十年中,欧美的许多研究者提出了不同的型式集和分类,试图提供详尽的列表,并从中可以抽象出不同类型的论证模式的更多通用类别。爱默伦(Eemeren)和荷罗顿道斯特(Grootendorst)提出了一种自上而下的方法,区分三种通用类型的型式,这些型式可以进行不同的分类。所有这些关于论证型式的理论都提出了关于用于区分和抽象的标准的关键问题,这些问题最终反映在论证型式的结构和性质的基本问题上。显然,这些纯粹的哲学问题对于实际目的变得越来越重要。如果没有一套通常可接受的区分标准,我们如何教授、使用和实施这些型式呢？

本节的目的是从分析型式的性质和结构开始,解决型式分类问题。我们识别自然论证模式的不同组成部分,特别关注语义和语义层面。根据我们对自然论证的描述,找出现有分类的缺点,并提出一个新型式,旨在提供一个基于论证的实用目的的二元系统。

一、对论证型式进行分类

论证是支持一个可能引起争议或不太可接受或被接受的结论的理由。它们基于"众人之意",即普遍接受的命题(如"人是理性动物")和推理原则,这些命题绝对有效(如"所说的定义,定义也是如此")或可废止和普遍共享(如"专家在其专业领域内所说的应被视为真实的")。论证型式代表了最常用的论证推理原则的形式化,将实质联系(概念之间的关系)与不同类型的推理相结合,或者如亚里士多德所说,"辩证论证的种类",如归纳和演绎。这种自然论证的表示对于产生和分析论证非常有用,因为它提供了构建论证和反驳以及评估其力量的标准。由于这些原因,对论证型式的实际应用的兴趣在不同领域正在增长,包括教育、法律和计算。型式可以用作文本分析的工具,允许人们重建议论文本的结构(可以是法律文件、医学对话或政治言论),并评估论证的合理性。这些型式的使用至关重要地取决于区分它们的原则,而这些原则又构成了选择它们的标准。

二、型式及其实施

在教育中,论证的兴趣和代表自然论证的模式型式越来越多地被用于人工智能和多智能体系统等计算领域的识别、应用和研究,并被用于提高人工智能的推理能力。型式正被纳入用于论证映射的软件工具中,如从欧洲人权法院的文本中借鉴法律论据的法律文本的论证挖掘技术为人工智能应用提供了机会。以可用于识别和收集已知类型的论证的方式进行文本挖掘,如来自专家意见的论证。① 可以搜索法律数据库并挑选某种类型的所有论证的自动化工具的实际用途不是很难想象。这样的工具可以通过论证可视化工具得到增强,这些工具可以应用于论证文本,从而产生可以在结构中显示型式的论证分析。

推定推理的论证型式已应用于科学教育,以提高学生的论证质量,检索这些论证的隐含前提,并以系统的方式评估和反驳他们的推理。然而,在教育中使用型式产生的一个关键问题是②,学生经常无法理解各种类型论证之间的差异,最近的教育发展倾向于将型式混为一谈,而不是提供分类或区分的标准。

从这些理论工具的当前实施来看,它们未来实际发展所依赖的关键问题之一是它们的分类。对于型式的所有可能的未来使用,从教育到计算,从文本解释到法律分析,需要明确有效的标准来区分一个型式与另一个型式或一类型式。

三、型式和分类

在论证理论中,已经提出了不同的论证型式以及它们自己的特定分类标准。论证型式的理论面临双重挑战。一方面,这些型式需要表示普通会话中和不同上下文中常用的论证模式,以便为描述和评估它们提供标准。出于这个原因,研究型式需要足够具体,以突出可以从该处所得出结论的不同理由。这是在议论型式中提出的目标,其中分析了 60 多个型式。然而,使用大量型式导致开发难以使用的理论型式的风险,既用于识别和评估自然论证的结构,也用于发现和产生完整和强有力的论据。论证型式理论中的特异性和有效性

---

① Mochales Palau, Raquel, and Marie-Francine Moens. "Argumentation Mining: The Detection, 2009, pp. 98-107.

② Nussbaum, E. M. Argumentation, dialogue theory, and probability modeling: Alternative frameworks for argumentation research in education. Educational Psychologist, 46, (2011). pp. 84-106.

之间的平衡可以通过提供分类标准来实现,允许人们通过从几个通用类到最具体的类来确定最合适的型式,直到识别出模式。有三种理论与理解用于区分和分类论证的原则特别相关:亚瑟·黑斯廷斯的理论,曼弗雷德·基彭波特纳的方法,以及语用辩证法。

四、论证的类型和推理的类型

在辩证传统中,一般主题代表基于语言的语义—本体结构(如定义、反对等的论式)和现实结构(原因和结果)推理的抽象模式。然而,西塞罗在这一类别中区分了一些论式,他认为这些论证主要由辩证法人员使用。这些主题,从前因、结果和不兼容的角度命名为论式,表示仅基于假设前提的连接符的含义(如果……那么)的推理模式。例如,如果这样一个前提成立且前提得到肯定,那么必然会产生后果(来自前人的话题)。这些论式似乎旨在根据过去的承诺建立承诺。换句话说,这些主题不是基于在修辞情境中假定的前提内容的可接受性而增加观众对观点的可接受性,而是引发对手在辩证背景下接受结论。它们可被视为承诺规则。

五、黑斯廷斯通过区分来改进图尔敏的论证型式

首先我们根据前提和结论之间的联系方式,将不同类型的论证分为三类。第一类包括基于语言和语义关系的推理(为论证),第二类包括基于因果关系的型式,第三类包括支持口头或因果结论的论证。黑斯廷斯的型式分类,见表2-1。

表 2-1　黑斯廷斯的型式分类

言辞推理	因果推理	言辞或因果推理
1. 举例论证 2. 言辞分类标准论证 3. 定义论证	1. 关于标志的论证 2. 原因引起的论证 3. 来自旁证的论证	1. 比较论证 2. 类推论证 3. 证据论证

基彭波特纳(Kienpointner)提供了一种不同的方法来分类他的60个与上下文无关的论证型式。他根据它们与规则或概括的关系(内生素)将他们分成三个主要群体。论证型式可以基于理所当然的规则,它们可以通过归纳方式建立新规则,或者通过示例、类比或权威来说明或使用新规则。然后,基彭波特纳根据其实质关系(分类、比较、反对或因果关系)区分基于规则的论证,并区分描述性和规范性变体以及所有型式的不同逻辑形式(模式推理、模式收费、析取三段论等)。基彭波特纳的型式分类,见表2-2。

表2-2　基彭波特纳的型式分类

使用规则的论证型式				论证型式建立规则	使用或建立规则的论证型式
分类型式	比较型式	对立型式	因果型式		
d)定义 e)种属 f)整体—部分	f)类似 g)相似 h)差异 i)更大 j)更小	e)矛盾 f)相反 g)相对 h)不兼容	g)原因 h)效果 i)原因 j)结果 k)手段 l)结束	从例子归纳论证	1. 举例说明性论证 2. 类比论证 3. 权威论证

基于上述三种主要类型的第一种,可称为"迹象论证",表示说话者试图说服他的论证类型。对话者"通过指出某些东西是其他东西的迹象",意味着论证中陈述的内容与观点中陈述的内容相伴随,因为前者是后者的标志或症状。第二种型式基于相似之处,在论证中陈述的内容与观点中陈述的内容之间进行类比。第三种论证型式是工具性的,其中论证和结论是由因果关系联系起来的。没有提供关于因果关系概念的正式型式或必要条件来支持对该型式结构的说明。出于这个原因,其适用于案件的范围似乎相当广泛,这取决于因果关系的概念。这三种型式是通用类别,其他论证被分类。例如,基于内在品质或实体或权威的特征部分的论据被视为属于伴随关系(迹象),而论证指出行动的后果或基于手段—终点关系被认为是因果论证的子类。

这些不同的分类系统基于不同的标准和列出不同类别的型式。这些分类型式识别的论证型式的一个关键特征是实体关系(分类、因果关系)和推理类型(归纳、诱导)之间的区别。在接下来的部分中,我们将详细分析这两个型式的特征,这两个级别可以被考虑在内,以便详细说明划分型式的新标准。

六、古老的推理主题和所谓的后果

在十二世纪,推理形式的概念被发展为减少对三段论的所有主题推理。在十三世纪,分类的三段论被分析为从整体到部分的主题。这些主题不是基于命题的意义,而是基于量词:每个 A 都是 B;每个 B 都是 C;因此,每个 A 都是 C。

厘清概念和事件之间的联系,如因果关系或定义关系。这些分类和形式化可以被视为抽象的层次,在更通用的原则下收集不同但在某种程度上类似的论证,这些论证可能是必然的或是有效的。特别是,管理不同类型的三段论的规则(如模式推理)构成了最高层次的抽象。

更准确地说,模式推理的规则从它表达一种独立有效推理的无限数量的模式这一事实中获得了有效性。实际的论证并没有从任何外部来源获得有效性:如果它是有效的,它只能因为前提带来结论而有效。因为单词本身的含义足以保证推理的有效性,所以我们可以形式化描述无限数量这种推论的模式。推论并没有从模式中得出其有效性。所谓的模式推理规则只是对无数个这种独立有效推论的模式的陈述。

如果分析通常被认为是可接受和合理的许多论证结构,我们将看到不同于演绎的抽象规则。

例如,从示例或从符号推理,不能使用推理的推理规则来分析。在亚里士多德的著作中可以找到第一个暗示具有不同高级类型的论证模式的可能性。在修辞学中,他区分了论证与实例之间的区别,显示了前者与归纳之间以及后者与演绎之间的对应关系。此外,他强调了符号推理中的一个重要区别,区分适当的(或绝对可靠的)符号和不正确的(或不可行的)符号。亚里士多德提出这样的观点,即只有正确的符号才能以三段论的形式出现。

表 2-3 论证的类型和推理的类型

推理类型(抽象Ⅱ)	演绎公理	感应	扩展
论证类型(抽象Ⅰ)	来自定义的论证,属……	实例论证	来自(不当)标志的论证
	从原因到效果的论证	……	……
	来自专家意见的论证		
	……		

实例需要作为归纳的形式进行分析,不正确的符号不能追溯到任何一种推理。它代表了皮瑞斯称为"绑架"的一种推理形式,它表明了一种源于大前提的推理,我们可以将其表示为 p、q,以及一个小前提 q,它代表条件的后果。这是一种三段论,其中结论和小前提被切换,这也被称为重新引入或从最佳解释得出。① 在亚里士多德的叙述的基础上,我们可以区分论证的类型的水平,即一种常见的前提模式,支持基于特定语义(或主题或实质)关系(我们称为抽象 1)的结论,来自推理类型的层次,或者更确切地说是"逻辑"推理的种类及其公理(我们称为抽象 2)。这代表了表 2-3 中主题的两个抽象层次。

然而,这种分类可能导致几个问题。拉丁语和中世纪对论证的描述并不关注第一和第二抽象层次之间的关系,而只关注由一些通用共同特征区分的论证类别的特征。现代的论证型式理论在定义论证类型时继承了这种抽象层次的组合。虽然这个标准对于快速识别经常使用的论证中的共同特征非常有用,但在分类型式或评估型式时可能会导致问题。为了有助于分类过程,在下面的部分中,我们试图说明两个抽象层次之间的关系是多么复杂以及它们如

---

① Greenland, Sander. "Probability Logic and Probabilistic Induction." *Epidemiology* 9(3)1998, pp. 322-323. Josephson, John, and Susan Josephson. Abductive Inference: Computation, Philosophy, Technology. New York: Cambridge University Press. 1996, pp. 331-323.

何相互关联。

七、不完美的桥梁

两个抽象层次之间的区别有助于理解论证型式的结构。正如我们已经指出的那样,论证型式可以被认为是共同推论的表示,提供了一种抽象模式,显示了前提和结论中使用的概念与原型(最常见)推理规则之间的实质(或语义)联系,是推理的基础。例如,以下从因果关系论证的型式。

该型式从两个事件之间的一般关系(更具体地说是因果关系)开始。正如所呈现的那样,这种论证结构可以在第二抽象层次上被分类为可破坏的演绎,特别是基于可废弃的模式推理的型式。在此视图中,语义(主题),第一级关系与特定逻辑,第二级关系组合。然而,论证型式不仅提供了可以得出结论的通用主要前提(最大值建议或主题),而且它们指定了表示从前提到结论的通道的(第二级)规则。上述第一和第二抽象层次之间的组合只能反映出从主要前提得出结论的可能方式之一,实际的关系要复杂得多。

例如,可以找到基于亚里士多德经典的"发烧"和"呼吸快"之间的因果关系的不同论证:

(1)他发烧了(发烧导致呼吸急促),因此,他(必须)快速呼吸。

(2)他没有快速呼吸(发烧导致呼吸急促),因此,他没有发烧。

(3)他呼吸很快(只有发烧导致呼吸急促),因此,他发烧了。

(4)他呼吸急促(发烧导致呼吸急促),因此,他可能会发烧。

(5)他没有发烧(发烧导致呼吸急促),因此,他可能呼吸不畅。

这些案例说明了从因果原则得出结论的五种不同方式,或者说是一种型式中的因果主要前提。在(1)中,适用的模式推理规则适用,而在(2)中,逻辑模式是可废除的模式。在(3)中,因果原则是不同的,因为反映了充分和必要的条件;由于这个原因,对后果的肯定可以重建为一种模式。然而,在(4)中通过肯定结果来源于相同的因果原则得出结论。这种推理导致结论中所表达的事态可能是真实的,通常被称为诱导(或追溯)推理。最后一个论证(5)可以通过对立改写为"不能快速呼吸是由于没有发烧引起的",并且结论将会被诱导(这将是一种负面的诱导)。

有一些论证类型,其中语义(材料)关系是隐含的,并且不需要重构它以提供论证的完整逻辑结构。虽然在我们刚刚考虑的论证中,主要的前提是简单的默认,在归纳和类比推理中它是隐含的,因为它是后验的重构。在第一种情况下,格言命题(或在这种情况下的因果原则)可以通过例如本质上的归纳操作来绘制(亚里士多德的推理来自例子)。例如,可以推断如下:"你可能会发烧。当我发烧时,我会呼吸急促,你呼吸急促。"这里的因果原则是隐含的,从过去的具体情况中归纳抽象,然后应用于相关案例。同样的因果格言也可以隐含在类比推理中,这可以被视为一种推理形式,不同于归纳和演绎,包括从两个类似案例中抽象出一般类别或关系。

八、其他关键的论证型式

语义—本体论基础与推理类型之间的区别。例如,类似的分析也可以应用于基于源的质量(专业知识或权威)与其陈述的质量(可接受性)之间的物质关系(可以从原因考虑)的型式。需要对口头分类的论证进行不同的、更复杂的分析,其表示如下:

分类被广义地理解为使用特定词来表示现实的片段可以基于不同的定义或准定义的物质关系,其隐藏更深层次的推理。定义和定义的可转换性是一种语义(或更确切地说是元语义)关系,因此它取决于具体定义的性质。维克特瑞纽斯(Victorinus)列出了几种不同的定义,其中最重要的是基本定义、部分定义、描述、插图和隐喻。其中一些定义(通过属性差异、基本属性或词源)建立了双向关系,而其他定义(如部分定义)只是一个单一的关系。隐喻定义表达了两个不同实体之间的类比,而通过举例说明的定义提供了一个可以归类分类的例子。

对最常见的论证模式的分析表明,论证如何能够建立在不同类型的主题关系之上,并且可以用不同的逻辑模式来表征。论证型式是不完美的抽象,可能是第一和第二抽象层之间的桥梁。这两个级别不匹配,因为可以从同一语义链接中以演绎、诱导、归纳或类比的方式得出结论。论证型式提供原型因果或分类,归纳或类比论证的通用和抽象模式,而不考虑分类中的论证可以进行诱导,并且来自实例的推理可用于对实体进行分类或支持基于声明的可靠性关于其来源的专业知识。在语义关系,推理类型和推理规则(如模式推理、模式收费、积极和消极绑架)之间可以有各种组合,这些组合不是通过旨在根据型式对型式进行分类的方法来解释的,要么纯粹是语义标准,要么是逻辑标准。通过绘制两个抽象层次之间的区别,可以分别对它们进行分析,并对显示语义关系和逻辑规则之间可能的相互关系的型式进行分类。

九、论证型式的特征与确定

论证型式可以通过各种语义(或主题)关系来表征,并且结论可以通过不同类型的推理(诱导、演绎、归纳)和逻辑推理规则从前提出发。这些级别之间的组合导致各种可能的型式在内容或逻辑形式上相似。

一些论证型式不仅仅有一个推理步骤,而且涉及一系列论证,因此是复杂的。最具代表性的复杂型式类别是对于后果的论证(如果事态是好的/坏的,它应该/不应该被带来),这是基于一个实体的分类之间的关系,根据某些价值观(来自分类的论证)以及价值判断与行动之间的关系(从价值论证,基于如果价值 V 是好/坏,代理人致力于目标 G 的前提)的好坏。① 情绪论证是这种复杂模式的变体,其中一种情绪(恐惧或怜悯,或者说同情)支持从评价到承诺的论证性过程。

基于语义链接的分类可以提供用于理解为什么前提可以支持结论的工

---

① Walton,D,Reed,C,& Macagno,F.Argumentation schemes.Fundamentals of critical argumentation.New York:Cambridge University Press.(2008).pp.412–419.

具。然而,对于针对不同类型结论的论证,语义链接可以是相同的,或者可以通过不同的语义关系来支持相同类型的结论。

十、论证型式和论证目的

型式可以被视为解释对话移动及其背后的推理,以及建立论证和话语移动的工具。出于这个原因,从论证的交际目的开始的分类系统可以非常有效地揭示最基本的区别。从重建和解释一个举动的角度,分析一个推论预先假定先前对该型式的结构和该论证的目的(以及因此,"实用"意义)的理解及其组成部分的理解①。例如,一个论证可以旨在对事态进行分类,支持存在事态,提供有利于价值判断的理由,或影响决策过程。

这个通用原则可用于描述论证型式类型之间的第一个区别。论证移动的目的限制并定义了可用于实现它的可能的论证类型。事实上,并非所有基于这些型式的语义(实质)关系都能支持论证的所有可能的结论或目的。例如,定义型式旨在支持实体或事态的分类,因此它们不太可能导致对事件的预测或反驳。同样,从后果推理可以用来确定行动过程的可取性,但不能合理地引导命题的真实性或虚假性(或可接受性)。从这个角度来看,对论证的实用意义的分析提供了限制可能选择的标准。然而,论证目的的概念是模糊的,因为它可以指的是要分析的话语运动的目标(一个人的言语行为的"意义")或者说话者想要通过论证实现的目标。如果我们采用发言者的观点作为论证的产生者,我们需要找到发言者可以选择的可能的替代型式,以实现他或她的目标。出于这个原因,通用的交际目的可以在说话者之前放置不同的手段来实现它。因此,分类标准成为论证的实用目标与所使用的手段之间的相互关系。

---

① Rigotti, Eddo. "Congruity Theory and Argumentation." Studies in Communication Sciences (special issue):2005,pp. 75-96.

十一、第二个差异涉及直接相关的战略

以此为目的。如前所述,第一个区别是务实的区分,它取决于主题的最普遍性质,即行动过程或事态。

当目标是确定执行某项行动的可取性时,发言者可以通过评估其后果或实现某一目标的手段在内部支持他或她的结论。在第一种情况下,由于可能由此产生的积极或消极影响,可以将行动过程判断为理想的或不合需要的。在第二种情况下,推理从目标到可能的生产或必要手段来实现。外部论证模式可以通过两种方式支持行动型式。一方面,权威可以对应于推荐或强加选择所需的来源(社会)角色("你应该这样做,因为我告诉你!")。另一方面,可以根据大众实践采取行动("我们应该购买更大的汽车。每个人都在这里驾驶大型汽车!")。当目的是支持对事态的判断时,发言者也面临着同样的选择,即在外部和内部论证之间作出选择。在第一种情况下,与用于作出决定的论据不同,来源的相关质量不是发言人或一群人的权力(与不遵守命令/符合的后果有关)。这组论证包括来自专家意见、流行观点和要知道的立场的型式。源的质量也可以用于"破坏性"目的来削弱论证并且表明源对于信息是不可靠的,因此结论本身应该被认为是可疑的。用于为判断事态提供内部理由的论据可以根据要归因的谓词的性质进行划分。最基本的区分可以在所使用的论证之间追溯(1)支持对事实或事态的(事实或评价)判断,或(2)确定事态的存在(事件的发生)或者是否存在实体现在,过去或未来。

在(1)中,推理可以分为两种类型。一方面,从分类推理可以建立在描述性(定义)特征的基础上,这些特征支持分类的归属(鲍勃是一个人;汤姆是一个猫)。另一方面,可以评估实体或事态,即归因于价值判断。这种类型的分类基于价值观,或者更确切地说是价值观的层次结构,并且不依赖于概念的共同定义,而是取决于通常被认为是"好"或"坏"的内容。这也是归因的根本原因。评价谓词,如"成为罪犯",可以被视为这组论证的一部分。这些模式基

于角色内部处置的迹象,而这些迹象又被评估。因此,这组分类和评价论证包括从口头分类,从符号,从构图到分裂的型式。

在(2)中,支持预测或反驳的论证可以用于确定事实或事件是否已经发生,或者用于预测它是否会发生。当事件是未来事件时,发言者需要主要依靠可能的因果关系;在了解某些原因后,他或她可能会从中吸取最可能的影响。当发言者打算支持对一个实体的存在或过去发生事件(反复审查)的判断时,推理会有所不同。他或她将根据可能的迹象进行推理,即,他或她将考虑事件的可能影响或实体的存在,并重建其可能的有效或实质原因。我们概述的区别可以在图 2-1 中表示的树中进行总结。

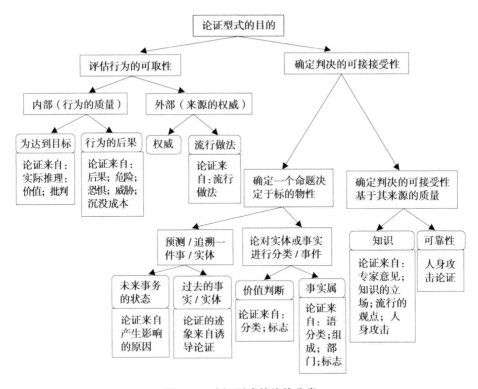

图 2-1　论证型式的均值分类

在这种分类中,型式根据两个标准之间的相互作用,一个论证的目的和实现它的方法进行分组。此型式既可用于分析论证,也可用于生成论证。在第一种情况下,树代表发言者的可能意图,即他或她的行动旨在实现的交流目标。对他或她的意图的解释始于最通用的目的,做出决定或推进对事态的判断。然后,可能的解释更具体,以便分析师可以通过推断替代型式并检索所使用的可能的论证型式来重建可能的交流目标。在第二种情况下,这种分类系统提供了替代策略,从更通用的策略到更具体的策略,以实现特定的交际目的。在这里,观点的本质开辟了支持它的具体论证手段,而这又可以通过结论的特征来决定。

论证性举动的实用目的严格地与权利要求主题的本体论结构相联系。换句话说,通过考虑观点的性质,可以部分地识别交流目的和用于(或用于)实现它的策略。演讲者或分析师可以根据交际行为的一般目标选择型式(以支持决策或对事态进行判断)。然后,可以通过详细说明选择的最通用策略来进一步明确说话者的交际意图,以便为结论的可接受性提供依据,无论是通过指出主题的某些属性还是通过吸引外部来源。在第一种情况下,用于实现目标的手段再次由主题的性质决定。关键的区别在于实体或事态的分类和预测(反对)。这种区别导致进一步说明发言者打算用他的论证支持的观点的性质(是一个未来或过去的事件,是一个价值判断的分类还是它包含在事实属性的归属中?),这反过来导致可用于实现其目的的特定手段。在决策的情况下,论证型式根据目标和实现它们的通用策略之间的相同相互关系进行分类。在内部论证中,可以通过考虑后果或实现它的手段来区分支持行动型式的决定。外部论证的特点是目的和实现它的手段之间的相互关系的复杂性较低。在这种情况下,通过区分来源(专家或大多数人)的种类和支持的性质(知识或可靠性),可以更加具体地通过吸引来源的意见来支持结论的选择。这些通用类别的型式可以用于对说话者可能用来支持结论的各种论证型式进行分组,或者分析师可以利用这些型式来重现说话者的意图。

正如我们已经指出的那样,论证型式并不完善且没有提供主题关系和逻辑推理规则之间的复杂桥梁。更全面地了解这些区别需要考虑论证型式如何置于语义和逻辑关系之间的矩阵中。为此,需要进一步指定和分析两个抽象级别。

表征型式的语义关系可以根据不同类型的推理(被理解为属于第二级抽象的类别)来"塑造"。例如,可以通过考虑实现目标的手段在内部评估行动型式的可取性。然而,这种推理模式可能更强或更弱,这取决于是否只有一个或几个替代型式。根据可能手段的范式,推理将是演绎或诱导,导致结论越来越不可取。同样的原则适用于其他语义关系,例如因果关系或分类,可以通过归纳、演绎、绑架或类比来进行。

例如,可以通过考虑目标的后果或手段来确定行动过程的可取性。在第一种情况下,推理将从预期的积极效果发展到其生产性原因(绑架)或从不希望的效果到其原因的否定(模式收费)。如果目的是评估实现目标的手段,那么发言者将从结果到手段的诱导力或者在演绎的情况下进行演绎。

原因也是必要的。在这种情况下,外部论证是从一个命令或一个普通的实践到行动的演绎。对未来行动的判断的可接受性可以通过推论、归纳(x 发生在过去,因此可能在未来发生)或类似(x 发生在类似情况之前)的因果关系来支持。关于过去事件发生的判断可以通过类似的演绎、分析和归纳(来自类似的过去事件)推理来支持。如我们所提到的,因果属性和价值判断的归属可以基于不同类型的定义或定义前提,这可以导致不同类型的推理。最后,基于知识渊博的来源的论证可以演绎地进行(如果专家说 x 是真的,x 是真的;专家 x 说 x 是真的;因此 x 是真的),归纳(x 过去说的是真的,所以他现在所说的也是正确的),诱惑性的(x 说 p 是真的,这是真的;因此,他是一位专家)或者类比(这位医学生在对我的骨折发表意见时是正确的;因此,当他说这座桥很快就会倒塌时,这位工科学生是对的)。旨在破坏来源论证(针对人身攻击的论证)或旨在支持基于来源质量的判断的不可接受性的论证结合了可疑的演绎模式(x 是不可靠的;因此他不会说实话)诱人的(x 表现得很糟糕,因此他不应该被信任)。在图 2-2 中,我们表示如何根据不同的推理类型对不同的语义关系进行不同的整形。

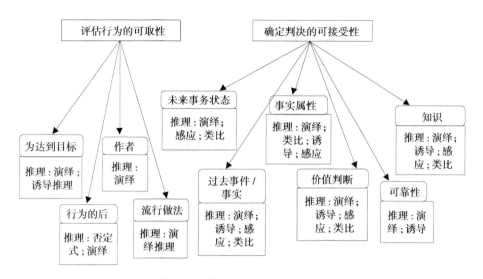

图 2-2 推理和语义关系的类型

十二、相互依存关系的型式分类显示

观点的本体论—语义结构,可以使用的可能论证以及推理的类型。对可能的定义命题类型的分析说明了根据定义的性质或使用的分类前提,推理的类型是如何不同的。这种关系对于因果论证至关重要,或者说是基于不同种类原因的论证。通过详细分析语义链接(如原因类型),可以更好地评估论证的合理性,或者更确切地说,给定前提如何支持结论。例如,通过确定行动与性格、性格和行为之间的因果关系的类型,可以评估价值判断的强度及其可废止性条件。在第一种情况下,有必要考虑具体好的或坏的行为的目标和发生,以确定代理人的最终原因(决定他或她的行为倾向,或者更确切地说是性格),而在第二种情况下,这种习惯有效地影响了代理人未来的行为。这种分析可以在事件的预测和反向所依据的语义关系上进行。一方面,可以通过考虑因果律或较弱和可废止的因果概括来做出预测。例如,可以预测未来事件,因为其有效原因已经发生,例如在地震的情况下。在其他情况下,例如天气预报,实质原因(云的存在)是根本性的。另一方面,也可以根据代理人的意图预测行动,例如外交决定。显然,因果法并不是我们用于绘制未来事件预测的唯一手段。发言者还借鉴了事件之间较弱的关系形式,即共现和"机制",我们将这些关系置于经常发生的"因果概括"的标签之下。

这种关系只是对经常发生的事情的可能解释,不能被视为因果律。例如,我们预计超市会在某个时间开放,因为它在过去的那个时间是开放的;我们期待受伤或害怕动物的攻击性行为,即使其他可能的反应可能由相同的情况触发。另外,相同的因果律和概括可以支持过去事件的重建。过去事件或实体的证据可以在其效果中找到,这些效应是有效的、实质的或目的性的,或者是机制和共现的结果。在图 2-3 中,我们表示图 2-1 和图 2-2 中所示的区别之一的可能结构。根据原因或关系的类型分析语义链接。

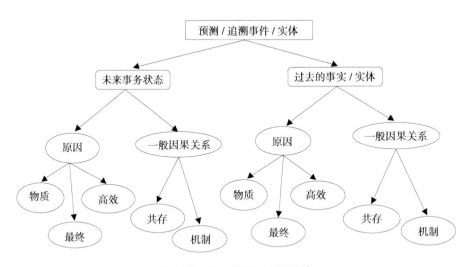

图 2-3　语义关系和论证目的

总结我们提出的分类系统,我们需要区分抽象层次和分类原则。用于二分组织论证模式的标准是基于论证的交际目标和实现它的可能策略。从分析的角度来看,这种末端意味着结构对应于说话者的交际意图的规范,因此可以将其视为对论证目的或其实用意义的详细分析。这种分类标准纯粹是交际性的(尽管它基本上与结论和前提的本体论结构有关),并且不与两个抽象层次重叠,后者集中在论证的形式结构和本体论性质上。因此,可以根据两个抽象层次进一步分析论证目的树,表示论证的强度,或者更确切地说是前提和结论之间的逻辑联系(抽象层次2),以及它的合理性,或者说是可接受性。前提与结论之间的实质关系(抽象层次1)。通用论证的目的是组织型式,而这些型式又可以根据不同的材料链接(定义、原因、共现等)和不同的推理规则进行检验。

十三、论证型式与论证重构

分类标准可用于产生和分析论证。特别是在分析的情况下,分类系统代表了论证的交际目的的规范,可以用作限制其可能解释的工具。从这个角度来看,话语运动可以从其最通用的目标开始解释,即它是针对做出决定还是支持对事态的判断。通过选择可用于实现总体目标的替代手段,缩小了对移动的可能解释,直到选择了特定型式。通过这种方式,分类系统允许重建移动的特定语用含义。

如果我们重建在论证中隐含前提的检索所依据的推理,那么移动的目的,用于实现它的方法和解释之间的关系就变得清晰了。为了找回论证中未提及的内容,有必要理解其交际目标,更准确地说,是发言者的具体交际意图,包括他或她想要在对话中实现的效果。情况(改变各方的特定承诺)和他或她用来实现这一目标的工具。请考虑以下论证:

(1)(A)我们的行动不涉及美国地面部队的存在。(B)我们的行动不是"敌对行动"。

(2)(A)鲍勃是暴力的。(B)他打了他的兄弟。

在这些情况下,两个例子中两个序列之间的连接符表示"动机"的关系

(序列 x 表示相信序列 y 的理由)。① 这种关系可以用语言连词来表示"因此'在(1)中,'"如在(2)中,取决于动机和激励状态之间的顺序。在(1)中,第一个序列(A)的目的是支持谓词"作为敌对行动"归属于"我们的行动",这与确定命题的可接受性的目标相对应。因此,可以假定目的是对事态的分类。此外,(A)通过描述预测主题的特征("我们的操作")来支持这种分类。因此,可以说第一个序列的目的是提供内部辩护,在这种情况下,它是基于一个定义(或更通用的分类)原则,旨在将谓词"成为敌对行动"归于第二个序列。基于结论的目的和前提(A 和 B),可以重建材料链接并检索论证模式。我们可以表示论证的结构,如图 2-4 所示。

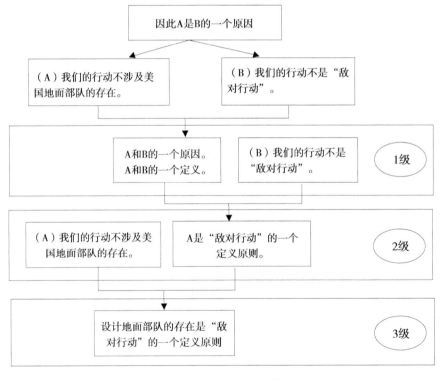

图 2-4　目的和论证结构

① Asher, Nicholas, and Alex Lascarides. Logics of Conversation. Cambridge: Cambridge University Press. Blair, 2003, pp. 74-83.

十四、结论的目的表明了作用

在两个序列之间,通过用第一个序列中提供的信息替换变量来进一步指定。类似地,在(2)中,结论(A)的目的是将质量归因于主题。然而,在这种情况下,激励第一序列的第二序列描述了由受试者执行的特定动作。因此,具体关系是一个标志:(B)提供了(A)中所示的稳定处置的可能效果。

这种对言语行为(或对话移动)的目的(或语用意义)的语言和实用说明允许人们将推理模式与其交际维度联系起来。从这个角度来看,移动的意义对应于论证的目的。反过来,论证的目标可以用作理解论证本身结构的工具,从而用于重构其隐含成分。因此,基于一种论证的函数的分类对于识别型式和识别它们的模式都是有用的。不同类别的结论(根据其通用目的建立)由不同的语义关系(因果、分类等)支持,这种联系需要由不同的逻辑模式构成(可废弃的模式、诱导过程、归纳等)。

小　　结

论证型式可以被视为古代思想的现代发展。它们是两种抽象层次相结合的结果,两种不同的方式来看待自然论证的复杂现实。语义或主题关系表示基于其主要前提的内容对论证进行分类的标准。推理的类型考虑了论证的形式,一个前提如何能够支持一个基于前因和结果之间关系的结论,或者前提和结论中谓词的量化。这两个级别不重叠,但它们之间可能的组合非常复杂。这个总体框架提出了一个重要的问题:是否有可能确定组织这种复杂的语义和逻辑连接矩阵的标准? 提供一种以连贯的方式组合两个层次的工具,可以使推理的共同结构的识别更容易,并允许人们根据两个抽象层次的规则来评估自然论证。

从论证型式的概念出发,可以找到一个可能的答案。在抽象层次的概念框架内,论证型式可以被认为是不同概念层次之间不完美的桥梁。它们是抽象的形式,但它们抽象的基础不是由可能的论据构成,而是由日常会话论证中最基本的论证构成。由于这个原因,它们反映了典型的推理方式,而这种对探究对象的简化使得它们同时成为不完整的抽象,却是非常有用和有效的工具。我们如何将原型的有效性与实质和逻辑关系之间的组合的特异性和复杂性相结合? 一种可能性是找到一种组织它们的方法,这种方式超越了抽象层次,并且不代表什么是论证,而是为什么使用它以及如何理解和解释它。以这种方式,分类系统可以反映使用和重构论证的实际实践。

我们提出的最通用的分类原则是对话移动的目的。论证的基本对话特征是它们是用于交际目标的行为,通过考虑可用于实现它的可能的论证策略,可以进一步使其更具体。因此,根据决定是否考虑主题,可以通过内部或外部论证来完成对话目的,即捍卫对事态的判断或对行动过程的可取性。可以使用的论证类,尤其是内部论证类与要支持的视点的本体结构严格相关。根据该观点是表示预测还是将属性归因于事态,论证性工具将是不同的。观点的本体论结构排除了某些类型的论证,缩小了可能的选择范围。这种方法产生了一个可能的目标和手段树,一个二元结构,引导说话者或分析师确定最合适的论证型式。这个目标和手段树可以与抽象的语义和逻辑层次的分析相结合,这可以揭示评估特定论证的合理性和强度的标准。

第二节　论证型式的辨识和分类——计算论证的视角

引　言

计算论证作为一种面向人工智能时代实现日常论证自动化、智能化的研究新任务,我们依然尝试——对使用的论证型式进行分析与分类。首先我们选取——非正式的辩论型式作为(可能是可废止的)论证的框架或结构。为此,我们将在下面给出一个更正式的定义和例证。我们工作的动机是需要确定用自然语言编写的论证所通常使用的——未说明(或隐含陈述)的前提。这种前提被称为省略推理法。

例如,示例1中的论证由一个明确的前提(第一个句子)和一个结论(第二个句子)组成:

示例1〔前提:〕整个世界的生存受到威胁。

〔结论:〕所有国家都应严格遵守旨在建立一个没有核武库和其他传统和生物武器进行大规模破坏的世界的条约和盟约。

另一个前提是隐含的——"坚持这些条约和契约是实现整个世界生存的一种手段"。这个命题是这个论证的一个含义。

我们的最终目标是在论证中重建意涵,因为确定这些未说明的假设是理解,支持或攻击整个论证的不可或缺的一部分。因此,重建意涵是论证理解中的一个重要问题。我们相信,首先确定论证所使用的特定论证型式将有助于弥合论证中陈述和未陈述的论证之间的差距,因为每个论证型式都是一个相对固定的论证"模板"。也就是说,对于一个论证,我们首先对其推理型式进行分类;然后我们将所述的命题拟合到相应的模板中,从中我们推断出了这些意涵。

在本节中,我们提出了论证型式分类系统作为后续论证检测和命题分类的阶段。首先介绍了我们工作的背景,包括该领域的相关工作,论证型式和型式集的两个核心概念,以及 Araucaria 数据集。然后介绍了我们的分类系统,包括总体框架,数据预处理,特征选择和实验设置。最后,我们提出了解决遗留问题的基本方法,我们将在今后的工作中研究这些问题,并讨论实验结果和未来工作的潜在方向。

一、相关工作

虽然多年来论证一直是一个令人感兴趣的话题,但其在计算语言学方面还没有得到很多关注。科恩提出了一种论证话语的计算型式①。迪克通过其法律论证的结构来发现司法裁决的代理②③，这是寻找独立于其领域的法律先例的必要条件。然而，当时没有任何语料库，所以迪克的系统纯粹是理论上的。最近，邓迪大学(Dundee)的 Araucaria 项目开发了一个用于手动论证分析的软件工具，通过点击式接口，用户可以重建和绘制一个论证④。该项目还维护了一个名为 Araucaria DB 的在线存储库，其中包含由全球注释者收集的标记自然发生的论证，可用作自动论证分析的实验语料库。

最近关于论证解释的工作包括乔治和尼曼的工作，他们将构造示例论证（不是自然发生的文本）解释为贝叶斯网络⑤。其他当代研究已经研究了文本中论证的自动检测以及前提和结论的分类。最接近我们工作的可能是莫查尔斯(Mochales)和莫恩(Moens)⑥。在他们早期的工作中，他们专注于自动检测法律文本中的论证。将每个句子表示为浅特征向量，他们在 Araucaria 语料库上训练了多项式的贝叶斯分类器和最大熵型式，并获得了 73.75% 的最佳平均准确度。在后续工作中，他们训练了一个支持向量机，以进一步将每个议论性条款分类为前提或结论，F1 分别为 68.12% 和 74.07%。此外，他们用于论

---

① Robin Cohen.Analyzing the structure of ar-gumentative discourse.Computational Linguistics, 13(1-2):1987,pp. 11-24.

② Judith Dick.Conceptual retrieval and case law.In Proceedings, First International Conference on Ar-tificial Intelligence and Law,1987,pp. 106-115,Boston,May.

③ Judith Dick.A Conceptual, Case-relation Repre-sentation of Text for Intelligent Retrieval.Ph. D.thesis,Faculty of Library and Information Science,University of Toronto,April. 1991,pp. 112-123.

④ Raquel Mochales and Marie-Francine Moens.Study on the structure of argumentation in case law.In Proceedings of the 2008 Conference on Legal Knowl-edge and Information Systems, pages 11-20,Amster-dam,The Netherlands.IOS Press. 2008,pp. 43-45.

⑤ Sarah George, Ingrid Zukerman, and Michael Niemann. Inferences, suppositions and explanatory exten-sions in Marie-Francine Moens, Erik Boiy, Raquel Mochales Palau, and Chris Reed. Automatic detection. 2007,pp. 89-91. argument interpretation.User Modeling and User-Adapted Interaction,17(5):2007,pp. 439-474.

⑥ Marie-Francine Moens,Erik Boiy,Raquel Mochales Palau,and Chris Reed..Automatic detec-tionof arguments in legal texts.In ICAIL' 07:Proceed-ings of the 11th International Conference on Artifi-cial Intelligence and Law,New York,NY,USA.ACM. 2007,pp. 225-230.

证结构解析的无上下文语法获得了约 60% 的准确度。

我们承接莫查尔斯和莫恩开展下述研究工作。由此,我们假设他们或其他人的研究型式,最终能够成功地检测和分析论证的组成部分,我们寻求确定这些部分如何组合在一起作为论证型式的一个实例。

二、调整型式、型式集和注释

(一) 定义和例子

论证型式是论证形式的结构或模板。论证不一定是演绎或归纳。相反,大多数论证型式都是针对推定或可废止的论证。例如,因果关系的论证是日常论证中常用的型式。这种论证型式的列表称为型式集。

已经证明,论证型式在评估常见论证时是有用的。为了判断论证的弱点,根据论证使用的特定型式提出一组关键问题,如果该论证符合该型式规定的所有要求,则认为该论证是有效的。

沃尔顿的 65 个论证型式是论证理论中最好的型式集之一。表 2-3 中定义的五种型式是最常用的型式,是我们将在本节中描述的型式分类系统的重点。

表 2-3　沃尔顿的论证型式中最常用的论证型式的定义

实例论证 前提:在这个特殊的例子中,个体有属性 F 和属性 G。 结论:因此,通常 X 拥有属性 F,那么它也拥有属性 G。
从原因到结果的论证 大前提:通常如果 A 发生,那么 B 也将会(可能)发生。 小前提:在这个案件中,A 发生(可能发生)。 结论:因此,在这个案件中 B 将会(可能)发生。
实践推理 大前提:我有一个目标 G。 小前提:实施 A 方法是实现 G 的一种手段。 结论:因此,我应该(实际上)实施 A 方法。

续表

结果论证 前提:如果 A 发生(没有),好的(坏的)结果就会(不会)出现。 结论:因此,A 应该(不应该)发生。
言语分类论证 个人前提:A 有一个特殊的属性 F。 分类前提:对于所有的 X,如果都具有 F 属性,那么 X 可以被归类为具有 G 属性。 结论:因此,A 具有 G 属性。

(二) Auraucaria 数据集

自动论证分析面临的挑战之一是,尽管许多研究人员开展了工作,但合适的注释语料库仍然非常罕见。在这里描述的工作中,我们使用 Araucaria 数据库 1(一个论证的在线存储库)作为我们的实验数据集。Araucaria 包括来自各种来源的大约 660 个人工注释论证,例如报纸和法庭案例,并且还在不断增长。虽然 Araucaria 具有一定的局限性,例如相当小的尺寸和注释器 2 之间的一致性低,但它仍然是迄今为止最好的议论语料库之一。

来自例子的论证

前提:在这个特殊情况下,个人 a 有财产 F 和财产 G。

结论:因此,一般来说,如果 x 有财产

F,那么他也有财产 G。

从因果关系论证

主要前提:通常,如果 A 发生,那么 B 将(可能)发生。

小前提:在这种情况下,A 发生(可能发生)。

结论:因此,在这种情况下,B 将(可能)发生。

实践推理

主要前提:我有一个目标 G。

小前提:实施行动 A 是实现 G 的手段。

结论:因此,我(实际上)应该执行此操作 A。

后果的论证

前提:如果 A(不是)被带来,好(坏)后果将(似乎不会)合理地发生。

结论:因此,A 应该(不应该)带来。

口头分类的论据

个别前提:a 具有特定属性 F。

分类前提:对于所有 x,如果 x 具有属性 F,则 x 可归类为具有属性 G。

结论:因此,有一个属性 G。

Araucaria 中的论证以基于 XML 的格式注释,称为"AML"(论证标记语言)。典型的论证(参见示例2)由几个 AU 节点组成。每个 AU 节点都是一个完整的论证单元,由一个结论命题组成,后面跟着一个链接或收敛结构中的可选前提命题。这些命题中的每个都可以进一步定义为较小 AU 的层级集合。INSCHEME 是当前命题,是其成员的特定型式(如"来自序列的论证");已经明确的韵律注释为"缺失=是"。

示例 2 来自 Araucaria 的论证标记示例

在 Araucaria 的年代中使用了三种型式集:沃尔顿的型式集,卡兹(Katzav)和里得(Reed)[1]的型式集,以及普罗克(Pollock)[2]的型式集。每个都有不同的型式;Araucaria 的大多数论据只根据其中一个标记。我们的实验数据集仅由根据沃尔顿型式集注释的那些论证组成,其中表2-3所示的五种型式构成总事件的 61%。

此外,我们删除了注释器插入的所有词条,并忽略了任何缺少结论的论证,因为如表2-3所示,我们提出的分类器的输入无法访问未说明的论证

---

① Chris Reed and Glenn Rowe. Araucaria: Software for argument analysis, diagramming and representa- tion. International Journal of Artificial Intelligence Tools, 14:. 2004, pp. 961-980.

② John L. Pollock. Cognitive Carpentry: A Blueprint for How to Build a Person. Bradford Books. The MIT Press, May. 1995, pp. 276-279.

命题。

得到的预处理数据集由 393 个论证组成,其中 149,106,53,44 和 41 分别属于表 2-3 中所示顺序的五个型式。

(三) 特征选择

我们工作中使用的功能分为两个类别:一般功能和特定于型式的功能。

1. 一般功能

一般功能适用于属于五种型式中任何一种的论证(如表 2-4 所示)。

表 2-4　一般功能列表

conLoc:结论在文本中的位置(以标记或句子形式)。
premLoc:第一个前提命题的位置(用记号或句子表示)。
conFirst:结论是否出现在第一个前提命题之前。
间隙:结论与第一个前提建议之间的间隔(以记号或句子表示)。
lenRat:前提的长度(以记号或句子表示)与摘要的长度之比。
numPrem:论证中的显式前提提案(PROP 节点)的数量。
类型:论证结构的类型,即链接的或收敛的。

对于 conLoc、premLoc、gap 和 lenRat 等功能,我们有两个版本,它们的基本测量单元不同:基于句子和基于令牌。最后一个特征类型表示该前提是否以链接或收敛顺序对结论做出贡献。链接论证(LA)是具有两个或多个相互依赖的前提命题的论证,所有这些都是使得结论有效所必需的,而在融合论证(CA)中,恰好一个前提命题就足够了。由于观察到类型与论证时使用的特定型式之间存在强烈的相关性,我们认为类型可以是论证型式的良好指标。然而,尽管我们可以使用此功能,因为它包含在 Araucaria 的注释中,但它的值不能像上面提到的其他功能那样从原始文本中获得;但是,我们将来有可能通过利用一些与型式无关的线索来自动确定它,如结论与前提之间的话语关系。

2. 特定于型式的功能

每个型式的特征是不同的,因为每个型式具有自己的提示短语或模式。每种型式的特征如表 2-5 所示(完整的特征列表见费格①)。在下面第 5 节的实验中,所有这些特征都是针对所有论证计算的;但任何特定型式的特征仅在它是特定任务的主题时使用。例如,当我们在一对一设置中对示例中的论证进行分类时,我们对所有论证使用该型式的特定于型式的特征;当我们将论证中的论证从因果分类到论证时,我们使用这两种型式的特征。

对于前三个型式(例如,从原因到结果的论证,以及实践推理),特定型式的特征是选择的提示短语或模式,被认为是每个型式的指示。由于这些提示短语和模式在精确度和召回方面具有不同的质量,因此我们不会将它们全部平等对待。对于每个提示短语或模式,我们使用语料库中提示短语或模式的分布特征来计算"置信度",即利益论证属于特定型式的信念程度,如下表所述。

表 2-5　特定于型式的功能

实例论证 8 个关键词和词组,包括例如,等等。3 个标点符号:":",";"和"——"。
因果论证 22 个关键字和简单提示短语,包括结果、相关、导致等;从 WordNet 中提取 10 种因果关系模式(Girju,2003 年)。
实践推理 28 个关键词和短语,包括需求、目标、对象等。4 个情态动词:应该、可能、必须和需要;有 4 种模式,包括指示说话者目标的命令式和不定式。
后果论证 结论和前提中的正负命题计数,由总询问者 2 计算得出。
言语分类的论证 从结论和前提中提取的中心词对之间的最大相似度;结论和前提中斯坦福解析器 3 返回的 copula,extractive 和负修饰符依赖关系的计数。

① Vanessa Wei Feng.Classifying argu-ments by scheme.Technical report,Depart-ment of Computer Science,University of Toronto,November. 2010,pp. 79-85.

对于每个论证 A,向量 CV = {c1,c2,c3}

被添加到其特征集中,其中每个 ci 表示与前三个型式(schemei)中的每一个相关的特征存在的"置信度"。这在等式 1 中定义:

这里 mi 是为 schemei 设计的特定于节目的提示短语的数量;考虑到在 A 中找到一些特定的提示短语 cpk,P(schemei∣cpk)是论证 A 实际上对于 schemei 的先验概率。dik 是表示是否发现 cpk 的值;标准化因子 N 是为至少有一个支持的 schemei 设计的特定于型式的提示短语模式的数量(属于 schemei 的至少一个论证包含该提示短语)。计算 dik,布尔值和计数有两种方法:在布尔模式下,如果 A 匹配 cpk,则 dik 被视为 1;在计数模式下,dik 等于 A 匹配 cpk 的次数;在两种模式下,如果在 A 中未找到 cpk,则将 dik 视为 0。

对于后果的论证,由于论证者明显倾向于某种特定的后果,因此情绪取向可能是该型式的良好指标,其可以通过结论和前提中的正面和负面命题的计数来量化。我们用斯坦福依赖解析器解析论证的每个句子,如果一个单词或短语是几个特定依赖关系的依赖或调控器,则它被认为是一个中心词,它基本上代表属性或一个句子中的实体,或实体本身。例如,如果单词或短语代理的是依赖关系,则它被视为"中心词"。此外,在使用该型式时,论证者倾向于使用几种特定的句法结构(copula,expleive 和 negative modifier),这可以通过结论和前提中的那些特殊关系的计数来量化。

三、测试

(一) 训练

我们尝试了两种分类:一种是反对,另一种是成对。我们为每个不同的分类设置构建了一个修剪过的 C4.5 决策树。

一对一分类使用一般功能和感兴趣型式的型式特定功能,为五个最频繁的型式中的每一个构建一对一分类器。对于每个分类器,有两种可能的结果:

目标型式和其他;50%的训练数据集是与目标型式相关的论证,而其余的是所有训练数据集的论证每个型式的具体特征。

成对分类使用该对中的两个型式的一般功能和型式特定功能,为五个型式中的十个可能配对中的每一个构建成对分类器。对于十个分类器中的每一个,训练数据集被均等地划分为型式1的论证和属于型式2的论证,其中型式1和型式2是五个中的两个不同型式。仅使用与型式1和型式2相关的功能。

(二) 评价

我们尝试了一般功能和型式特定功能的不同组合(在第4.3节中讨论)。为了评估每个实验,我们使用10个随机抽样数据库(每个基线为50%6)的平均准确度,并进行10次交叉验证。

四、结论

我们首先提出每个分类设置的最佳平均准确度(BAA)。然后我们演示了特征类型(收敛或链接的论证)对不同分类设置的BAA的影响,因为我们认为类型与特定的论证型式密切相关,并且它的值是唯一直接从注释中检索到的。训练语料库有关更多详细信息。

表2-6列出了五种型式中每种型式的一对一分类的最佳平均准确度。随后的三列列出了实现这些BAA的特征组合的特定策略(完整的可能选择集在第4.3节中给出):

dik:布尔值或计数——使用布尔值或dik的计数来组合特定于节目的提示短语或模式的策略。

base:sentence或token——应用位置或长度相关的一般特征的基本单位。

type:yes或no——是否将类型(收敛或链接论证)合并到特征集中。

如表2-6所示,一对一的分类从例外和实践推理中获得了高准确度:90.6%和90.8%。从因果关系的论证BAA仅略高于70%。然而,对于最后两个型式(来自后果的论证和来自口头分类的论证),准确性仅在60%以下;在50%的多数基线上,我们的系统几乎没有改进。这可能至少部分是这些型式没有像其他三种型式那样明显的提示短语或模式,因此可能需要更多的世界知识编码,并且因为每种型式的可用训练数据相对较小(44),分别为41个实例。每个型式的BAA都是通过基数和dik的不一致选择来实现的,但由不同选择产生的准确度变化很小。

表2-6 一对一分类的最佳平均准确度(BAA)(%)

目标型式	BAAd$_{ik}$	基本	类型
示例	90.6 计数 70.4 布尔 /计数 90.8 计数 62.9- 63.2-	象征	是
导致		象征	否
推理		句子	是
后果		句子	是
分类		象征	是

表2-7 成对分类的最佳平均准确度(BAA)(%)

	原因示例	推理	后果	
导致	80.6			
推理	93.1	94.2		
后果	86.9	86.7	97.9	
分类	86.0	85.6	98.3	64.2

表2-7显示我们的系统能够正确区分大多数不同的型式对,精度高达98%。它很差绩效(64.2%)仅适用于来自言语分类的后果和论证的配对论证;也许并非巧合的是,这两种型式在一对一的任务中表现最差。

正如我们从表2-8中看到的,对于一对一的分类,在大多数情况下将类型合并到特征向量中可以提高分类准确性:唯一的例外是论证之间的一对一分类的最佳平均精度在没有涉及特征向量中的类型的情况下获得效果和其他因素,但是差异可以忽略不计,即相对于平均差异的0.5%年龄点。类型对言语分类(2.6分)的论证影响相对较小,与其对例子(22.3分)的论证,实践推理(8.1分)和后果论证(7.5分)的影响相比较,差异最大。

表 2-8 相对于其他类别的有无类型的准确性(%)

目标型式	BAA-t	BAA-no t	max diff	min diff	avg diff
示例	90.6	71.6	22.3	10.6	14.7
原因	70.4	70.9	-0.5	-0.6	-0.5
推理	90.8	83.2	8.1	7.5	7.7
后果	62.9	61.9	7.5	-0.6	4.2
分类	63.2	60.7	2.6	0.4	2.0

BAA-t是有类型的最佳平均准确度,而BAA-not是没有类型的最佳平均准确度。max diff,min diff 和 avg diff 是具有类型和不具有类型的每个实验设置之间的最大、最小和平均差异,而其余条件相同。

表 2-9 成对分类中有无类型的准确性(%)

型式1	型式2	BAA-t	BAA-no t	max iff	min diff	avg diff
原因	示例	80.6	69.7	10.9	7.1	8.7
推理	示例	93.1	73.1	22.8	19.1	20.1
推理	原因	94.2	80.5	17.4	8.7	13.9
后果	示例	86.9	76.0	13.8	6.9	10.1
后果	原因	87.7	86.7	3.8	-1.5	-0.1
后果	推理	97.9	97.9	10.6	0.0	0.8
分类	示例	86.0	74.6	20.2	3.7	7.1
分类	原因	85.6	76.8	9.0	3.7	7.1
分类	推理	98.3	89.3	8.9	4.2	8.3
分类	后果	64.0	60.0	6.5	-1.3	1.1

类似地,对于成对分类,如表 2-9 所示,类型对 BAA 有显著影响,特别是对实践推理和因果关系的对(17.4 分),实践推理与实例论证(22.8 分)从最大差异的角度来看,从语言分类的论证和例子中的论证(20.2 分);但是,从平均差异的角度来看,从因果关系的论证(0.8 分),以及从言语分类到后果的论证(1.1 分)的论证,对论证的影响相对较小。

五、未来工作

在未来的工作中,我们将考虑自动分类类型(论证是否是关联的或收敛的),因为类型是从训练语料库中的注释中直接获得的唯一特征。自动分类类型并不容易,因为有时候主观是否足以说明一个前提是否足以支持结论,特别是当论证是关于个人观点或判断时。因此,对于这项任务,我们最初关注的是(或至少似乎是)经验或客观而非基于价值的论据。确定一个论证是趋同的还是相关的也是非常重要的——场地是否独立于其他场所。前提和结论之间的提示词和话语关系将是一个有用的因素;例如,除了通常标志着一个独立的前提。一个前提可能被视为与另一个前提相关,如果被删除则会成为一个韵味;但在一般情况下确定这一点,没有循环,将是很困难的。

我们还将研究论证模板 fitter,它是我们整体框架的最后一个组成部分。论证模板拟合器的任务是将每个明确陈述的结论和前提映射到其型式模板中的相应位置,并提取重构所需的信息。在这里,我们为此阶段提出了一种基于语法的方法,类似于信息检索中的任务。这可以通过示例 1 中的论证来解释,该论证使用特定的论证型式实践推理。我们希望将该论证的前提和结论纳入实践推理定义的主要前提和概括时隙(见表 2-3),并构建以下概念映射关系:

(1)整个世界的生存→一个目标 G

(2)遵守旨在建立一个没有核武库和其他常规和大规模生化毁灭性武器的世界的条约和盟约→行动 A

因此,我们将能够重建失踪的小前提这一论证中的韵味:坚持旨在建立一个没有核武库和其他常规和大规模生化杀伤性武器的条约和盟约是实现和平的一种手段,这关乎整个世界的生存。

小　　结

我们在本节中提出的论证型式分类系统引入了论证研究的新任务。据我们所知,这是第一次对论证型式进行分类的尝试。在实验中,我们关注 Walton 型式集中最常用的五种型式,并进行了两种分类:在一对一分类中,我们实现了两种型式的最佳平均准确率超过 90%,其他三种型式 60 年代至 70 年代的型式;在成对分类中,对于大多数型式对,我们获得了 80% 至 90% 的最佳平均准确度。我们的分类系统在其他实验设置上表现不佳的部分原因是缺乏训练样本或世界知识储备不足。

完成我们的型式分类系统将朝着我们的最终目标迈出一步——初步实现了运用计算程序语言对论证的重构。鉴于计算语言学中的论证研究还处于早熟状态,首先需要解决许多实际问题,例如构建更丰富的培训语料库以及改进程序中每个步骤的性能。

第三节　论证型式的分类体系

引　　言

论证型式是一种典型的推理模式,带有一组相应的关键问题,即可排除性条件①。它们代表了日常会话讨论中使用的模式,也代表了法律和科学讨论等其他环境中使用的模式。沃尔顿、里德和玛卡尼奥(第 9 章)的型式纲要中列出的型式包括:专家意见论证、迹象论证、例子论证、承诺论证、立场论证、缺

---

① Walton,D.What is reasoning? What is an argument? The Journal of Philosophy,87,(1990). pp. 399–419.

乏知识的论证、实践推理论证、因果论证、沉没成本(SC)论证、类比论证、人格化论证以及滑坡论证。从历史上看,型式是亚里士多德主题的后裔。其中,许多被黑斯廷斯、佩雷尔曼和奥尔布莱希特-泰特卡、基彭波特纳、格伦南和沃尔顿等人发现。本节的目的是帮助建立一种型式分类方法。研究表明,论证型式的分类是从研究各组型式之间的关系开始的。集群是一组显示为彼此密切相关的型式,例如一个型式可以显示为另一个型式的亚种。研究了这些型式组之间的关系后,再继续可以研究一个型式组与另一个型式组之间的关系。使接近型式分类的过程也向前推进,将概括表述为关于型式所属类别的假设,然后根据难以分类的问题案例对其进行修改。沃尔顿采取了自下而上的方法,从一些案例的底层开始,在这些案例中,两种型式似乎适用于文本中发现的同一论证的真实例子,导致很难确定哪种型式适合该论证。一旦型式集群被整合到更大的群体中,就可以看到它们是如何被整合到一个总体系统中的。这个新系统是对沃尔顿等人提出的分类的改进。

一、论证型式的重要性

在任何分类系统中,根据分类的目的,实体可以用许多不同的方式分类。分类系统的目的将决定该系统采用的分类标准。例如,对动物进行更详细的分类在生物学上可能比那种分类更有用,这种分类可能对法律有用,或者对日常会话英语中谈论和书写的动物进行分类。在生物学中对动物分类的标准可能会与在法律或日常会话中对动物分类的标准大不相同。在处理任何对论证型式进行分类的建议时,我们首先需要明确分类的目的,以便就如何识别分类系统中使用的标准提供一些指导。从这个角度来看,研究论证型式的研究是如何演变的是有用的。

20世纪下半叶,关于议论文型式的工作开始于议论文研究领域,试图确定日常会话中常用的议论文类型,例如报纸或杂志上关于政治的文章,或者实际上是日常生活中我们经常论证的任何主题。开始系统地识别型式的工作使用了日常论证的例子。许多例子来自新出现的非正式逻辑教科书,其目的是教学生如何识别、分析和评估他们在日常生活、个人讨论、商业交易等方面通常需要处理的论证。使用型式的目的是帮助学生确定常用论证的结构,以便他们能够系统地说明论证的前提和结论,确定每种特定类型的论证需要不同的处理方式,并通过询问适合于每种型式的标准关键问题,以独特的方式对每种类型的论证进行批判性提问,以探究这种特定类型论证的弱点①。为此使用型式的目的是实用的,目的是帮助学生提高处理日常会话辩论的技能。

逻辑教科书中已经建立了这样一个的例库:例库中包括在日常会话中,以及在法律和科学等特殊的使用环境中,有关于识别、分析和评估论证的例子。许多这些常见的论证,如类比的论证和专家意见的论证,都与非正式谬误所认定的重大错误和误用相关。在这些教科书中,已经有越来越多有趣的例子。此外,从教授逻辑和编写教科书的经验中发现,型式实际上有助于提高学生的论证技能。例如,他们会混淆某些类型的论证并且可能会混淆不同类型的论证向权威机构的上诉,混淆专家意见中的论证和其他类型的论证向权威机构的上诉,而不是基于对专家知识的假设。或者,他们可能会错误地识别滑坡论证,认为它们只是负面后果的论证,而没有意识到滑坡论证要复杂得多,并且需要一个递归前提,大意是这个过程一旦开始就会重复,最终导致失控。

二、论据的挖掘

众所周知,具有匹配关键问题集的论证型式正在被证明对这一目的有用,其他领域也开始对此感兴趣。人工智能开始普遍认为论证,特别是论证型式,对于建立不可行推理型式是有用的。很明显这种论证工具,尤其是型式,可能

---

① Walton, D. Argument mining by applying argumentation schemes. Studies in Logic, 4, (2011). pp. 38-64.

特别适用于示范法律论证,尤其是证据推理或法定解释。通过这些发展,在法律数据库的论证挖掘方面做了一些工作,以通过实验来看看是否可以使用型式来识别和收集某类论证的实例①,如专家意见中的论证或先例中的论证。论证提取是一种能够扫描文本并挑选特定类型的论证的程序,例如由论证型式表示的那些,对于论证研究来说将是非常有用的工具。法律文本的辩论挖掘技术,利用欧洲人权法院文本中的大量法律论据,为将型式应用于文本挖掘提供了机会,可以用来识别和收集已知类型的论据。自动化工具的实用性不难想象,它可以在数据库中搜索并挑选出某一类型的所有论证。论证可视化工具的存在增强了它的实用性,这些工具可以应用于语篇的论证文本,产生对显示结构中型式的论证的分析。论证提取与论证型式分类项目密切相关。建立一个分类系统来显示一个型式如何被精确地分类为与其密切相关的另一个型式的一个亚种,对于建立论证挖掘项目将是非常有用的。分类对于论证挖掘是有用的,因为边缘案例,正如本节将说明的那样。这项工作反过来又暗示了这样的可能性,即型式也可以用于搜索数据库,例如包含在互联网上发现的日常会话论证。采取了第一步,利用型式来识别竞选活动中使用的论证类型。作为一门跨学科的学科,开发可用于这一目的的计算工具的可能性对论证理论本身来说非常令人兴奋,因为它表明,我们可以将这种数据收集作为一个自动化的过程来进行,而不是使用需要经过三四年论证培训的程序员。至少这个程序可以大大加快,即使它只是半自动的。即使机器收集了大量的误报,编码员也可以通过整理发现来挑选有趣的例子,从而更快地收集特定类型的论证的例子。到目前为止,在法律辩论中,对辩论型式的使用最为关注。法律中使用的许多论证,例如,普通法审判中双方使用的论证,与日常会话辩论中使用的可比论证密切相关。法律推理通常需要多种论证型式一起使用。高顿和

---

① Walton,D.Legal argumentation and evidence.University Park:The Pennsylvania State University Press.(2002).pp.147-152.

沃尔顿 ①展示了如何使用论证型式来模拟法律案例中使用的论证实例,如来自先例、规则、政策目标、道德原则、社会价值观和证据的论证。帕瑞肯 ②研究了假设性和基于价值的推理在法庭案例中的使用,展示了如何使用论证型式来模拟中心论证。用于模拟这类论证的型式与 Walton 等人使用的型式是比较的。代表日常会话讨论和讨论中经常使用的相同(或非常相似)的论证种类。最近对人工智能中法律论证的研究表明,那些模拟法律推理的人是如何从日常会话推理的论证型式开始,并将其应用于法律论证的。当将它们与已经在论证交换和法律中使用的技术,例如基于案例的推理相结合时,人们发现原始型式需要修改,以便适应法律环境。

三、型式分类的文献综述

沃尔顿等人已经讲述了型式分类的历史。③ 在本节中有更多的调查尝试。我们首先从一些理论上的例子开始,对那些更致力于建立证据指标和标准的实际任务的人来说,这些指标和标准可以用来通过将自然语言语篇中的论证与型式相匹配来识别真实的论证实例。

基彭波特纳的分类学基于三个区别。第一个是描述性和规范性的区别。第二个是真实与虚拟的区别,虚拟命题通过虚拟模式的表达来表示。第三个是支持与反对的区别,将支持索赔的论证与攻击索赔的论证进行对比。

---

① Gordon,T.F,& Walton D.Legal reasoning with argumentation schemes.In C.D.Hafner(Ed.), Proceedings of the 12th international conference on artificial intelligence and law (2009a). (pp. 137–146).New York,NY:ACM.

② Prakken,H.On the nature of argument schemes.In C.Reed & C.Tindale(Eds.),Dialectics,dialogue and argumentation.An examination of Douglas Walton's theories of reasoning and argument London:College.2010,pp. 167–185.

③ Walton,Douglas,Chris Reed,and Fabrizio Macagno.Argumentation Schemes.New York:Cambridge University Press. 2008,pp.137–141.

瓦尼克和克林认为,每个论证型式具有大量可识别属性①。佩雷尔曼和奥尔布莱希茨-泰特卡根据现实将型式分为四类。根据拉赫万给出的说法,型式可以分为四类。第一类称为准逻辑论证,因为这些型式具有形式逻辑的外观。它们包括及物性论证和基于音节的论证。这一标题下还包括来自司法规则的论证,也就是说,同一类别的人应该以同样的方式对待的论证。第二类以自我为中心,基于现实结构的论证,包括依靠观众认可的联系的论证。例如,这一类别包括因果论证。第三大类是建立现实结构的论证。这些论证呼吁现有的观众倾向创造新的观众感知。属于这一类的型式的一个例子是"从例子中论证",它试图通过引用一个特定的案例来建立一个新的原则。类比的论证也被认为适合这一类别。第四类型式"分离",通过分离原本统一的不兼容概念来修改概念的概念结构。这种论证的目的是通过解决不相容的问题来重塑观众的现实观念。

除了从新的修辞中提取出这种对不同类型的型式使用的一般分类,瓦尼克和克林还用它来评估型式的可靠性。他们通过识别自然语言讨论中的论证型式发现了分类系统,这些讨论包含了论证的例子。这项研究非常有趣,因为它通过试图澄清和系统化他们的论证工作,使得佩雷尔曼和奥尔布莱希特-泰特卡的开创性著作更适用于实证研究。然而,这种分类似乎仍然是一种概括和抽象的理论,代表了不同的型式用于论证目的的方式。如何将它发展成为一种更适用的方法,帮助论证编码员对现有的任何一套型式进行分类,以便使它们更容易适用于确定自然语言文本中使用的各种论证,还有待观察。

路莫和得福使用认识论方法对基于认识论原则的型式进行分类②。由于

---

① Warnick,B& Kline,S.L.The new rhetoric's argument schemes:A rhetorical view of practical reasoning.Argumentation & Advocacy,29,1992,pp.1-15.

② Lumer,C,& Dove,I.J.Argument schemes-an epistemological approach.In F.Zenker(Ed.),Argu-mentation:Cognition and community.Proceedings of the ninth international conference of the Ontario society for the study of argumentation(pp.1-32).Windsor,ON:OSSA.2011,pp.4-13.

他们的原因,型式所代表的不同论证类型中最基本的认识论原则是演绎的、概率的和实践的。演绎论证型式保证了论证结论的真实性,前提是真实的。概率论证型式使用概率演算的公理,包括投射统计论证、符号论证、基于知识的论证以及用于解释目的的最佳解释的论证。实用的论证型式将个人审慎价值判断的论证系统化,以指导行动。它们包括不确定性评价的实践论证、风险评价的实践论证、行动理由的实践论证和定义的实践论证。

拉赫万、里德、沃尔顿等人提出了一种描述逻辑本体,用于基于论证交换格式注释论证①,该系统旨在促进 Araucaria、Truth mapping、Parmenides 和 carnedes 等论证支持工具之间的半结构化论证交换。拉赫万等人将沃尔顿中的型式集确定为在计算工作中最有影响力的型式集,因此他们使用了这个型式集,其中沃尔顿等人的型式集是一个延伸,是他们分类系统的目标。他们的假设是,这些型式具有基于其构成前提和结论分类的层次本体论结构。他们的系统通过展示一些更简单的型式中的前提是如何包含在一些更复杂的型式中来工作的。例如(Rahwan 等人),他们展示了来自负面后果的论证型式是如何作为一个特殊子类型融入恐惧诉求论证型式的更一般的型式。从本质上说,原因是,关于某一特定行动会有负面后果的陈述(负面后果的论证特征)被作为一个特定前提纳入了恐惧上诉论证的结构中。利用这一证据,恐惧上诉论证型式可以被归类为该型式的一个子型式,用于从消极后果中进行论证,这代表了两者中更普遍的型式,实际上形成了一组型式。拉赫万等人也有一些有用的观察来说明如何匹配一个型式的关键问题可以形成一个通用推理模式,将一个型式链接到一个更通用的超类型式。然而,需要注意的是,这项研究的目的并不是要为论证型式提供一个完整的分类系统,而是要展示语义 web 技术是如何使一些使用型式的新型自动推理系统成为可能的。尽管如此,拉赫万等人的研究的确提供了一些标准,可以用来显示一些型式如何被归

① Rahwan,I,Banihashemi,B.,Reed,C.,Walton,D.,& Abdallah,S.Representing and classifying arguments on the semantic web.*The Knowledge Engineering Review*,2011,pp.487-511.

类为其他型式的子型式。

费根和赫斯特的目标是开发论证型式分类系统,最终目标是重建省略三段论[①],即以未陈述的假设作为未表达的前提或结论的论证。作为注释语料库,他们使用 Araucaria 数据库,这是一个在线论证库,包括大约 660 个来自报纸和法院案例等的人工注释的论证。他们使用了 Walton 等人的 65 套论证型式,并关注最常用的五种型式:示例论证、因果论证、实践推理论证、后果论证和口头分类论证。他们的实验数据集仅由根据阿劳卡里亚的沃尔顿型式集注释的论证组成。根据他们统计,沃尔顿型式集中最常见的五种型式的出现次数占总出现次数的 61 %。

他们用来识别给定文本中某个论证是否符合特定型式的证据特征被称为型式特定特征。这些是被认为表示每个型式的选定提示短语和模式,由在文本中发现的关键词或短语组成,这些关键词或短语是特定型式的特征。实用推理型式有 28 个关键词和短语,包括"想要""目标""目的",以及四个情态动词"应该""可以""必须"和"需要"。论证型式 from example 有八个关键词和短语,包括"例如"等。在根据后果进行论证的情况下,论证者正在评估正在考虑的某个行动型式的好的和坏的后果,因此冯和赫斯特所说的"情绪导向"被认为是这个型式的一个好的指标。情绪导向似乎类似于积极或消极使用情绪化语言,比如"好"和"坏"或"好"和"嘘"。当他们使用术语"分类"时,似乎他们的目标,或者至少是他们的直接目标,不是通过产生一个分类树来产生沃尔顿型式集的分类,在该分类树中,一些型式将被分类到其他型式之下。相反,他们研究的目的似乎是建立一种方法来识别自然语言文本或实例语料库中的论证类型,这种方法适合于一些论证型式,这种型式是一种表示论证类型的已知结构。我们倾向于称为任务论证识别,而不是论证型式分类。当然,这

---

① Feng,V.W,& Hirst,G.Classifying arguments by scheme.Proceedings of the 49th annual meeting of the association for computational linguistics:Human language technologies-volume 1 (2011) (pp. 987-996).Portland(Oregon):Association for Computational Linguistics.

两个研究目标密切相关。

波克斯和里德建立了一个系统,在这个系统中,型式可以分为三大类,即推理型式、冲突型式和偏好型式①。

推理型式可以用两种方式中的任何一种来建模为条件概括。一种方法是通过一个不可行的模块推理将条件的先行词和结论联系起来。另一种方法是将这种概括表述为一种可撤销的论证型式。例如,证人证词中的论证型式可以被建模为可撤销的模块推理或者基于规则的系统中的元语言推理规则。无论以哪种方式建模,论证型式的基本结构都是从一组适合作为其前提的陈述推断到另一个适合作为其结论的陈述。从这两种方式中的任何一种来看,该型式都有一个推理结构,表示从一组语句到另一组语句的转换,该语句是从先前的一组语句中提取的。

冲突型式基于逻辑冲突的概念,其特征是两个陈述之间的否定或矛盾。冲突型式中的基本概念是攻击概念,代表了一个论证是另一个论证的反论证,另一个论证试图击败它。然而,冲突与攻击不同。他们认为,攻击的概念是基于先前的冲突概念。冲突型式,像推理型式一样,经常在论证中使用,经常通过概括来表达,并代表推理的抽象逻辑模式,这些逻辑模式可能是严格的或不可行的。这种不可行的概括的一个例子是,两个人不能同时在一个地方。推理型式允许我们建立论证,而冲突型式允许我们为它们提供反论证。人道主义论证的型式可能是冲突型式的合适例子。这个型式的定义方式是,它必须代表一种针对先前论证的论证,攻击提出先前论证的论证者的可信度。

偏好型式允许我们决定在需要对哪个论证进行选择时接受哪个论证。像推理和冲突型式一样,偏好型式可以基于概括。贝克斯(Bex)和里德(Reed)使用了一个概括的例子,即促进平等的政策优于促进企业的政策。假设我们必须决定是降低还是提高税收,我们知道降低税收促进企业发展,而提高税收

---

① Bex,F.& Reed,C.Schemes of inference,conflict,and preference in a computational model of argument.Studies in Logic,Grammar and Rhetoric,23,2011,pp.39-58.

促进平等。基于这种表达了对平等的偏好的概括,我们可以得出结论,正确的选择是提高税收。

在最近对政治辩论中的辩论型式的研究中,汉森和沃尔顿使用型式对安大略省选举中候选人提出的各种辩论进行分类。这项研究的一个目的是通过找到与给定的型式列表相匹配的论证,并找出在该列表中找不到的任何新的论证,来找出竞选活动中最常用的论证种类。该列表基本上代表了教科书中的型式①,包括以下 14 个型式和 1 个"以上都没有"类别:

(1)从立场到认识的论证;(2)专家意见中的论证;(3)来自民意的论证;(4)承诺的论证;(5)无知引起的论证;(6)旁证人学论证;(7)辱骂性的人格化论证;(8)从关联到原因的论证;(9)积极后果的论证;(10)消极后果的论证;(11)滑坡论证;(12)类比论证;(13)符号论证;(14)(口头)分类的论据;(15)以上都没有。

这项研究的六名参与者试图将收集到的每个论证归类为适合这些型式中的一个或另一个。在发现收集到的三分之一以上的论证不符合 14 个型式中的任何一个后,原来的清单补充了一些其他型式(如实践推理型式),并提出了两个新型式。一个是从公平(正义)角度进行辩论的型式。当对手的论证或政策被批评为不公平时,就使用了这种论证。另一个被称为来自错误优先顺序的论证,在一方指控另一方将其立场或论证建立在一组优先顺序的基础上的情况下,与这些优先顺序的正确顺序相反。这些发现可以在汉森和沃尔顿②的研究中找到。

四、型式分类的方式和需求

可以考虑五种型式分类方法。第一种方法是根据前提依赖性对型式进行

① Walton, D. Fundamentals of critical argumentation. New York, NY: Cambridge University Press. 2006, pp. 57-69.
② Hansen, H. & Walton, D. Argument kinds and argument roles in the Ontario provincial election. Journal of Argumentation in Context, 2, 2013, pp. 226-258.

分类。例如,专家意见中的论证型式取决于这样一个假设,即专家能够了解某个专业领域。由于专家意见的论证依赖于从一个位置到另一个位置的论证,因此专家意见的论证可以被归类为从一个位置到另一个位置的论证。另一个例子是间接的人因论证,其中有一个前提是被攻击的论证者承诺不一致。因此,间接人类型式的一部分是来自不一致承诺的论证,这种论证有其独特的型式。因为间接人格化型式以这种方式依赖于不一致承诺的论证型式,我们可以说前者是后者的一个物种。还有一个例子是因果滑坡论证和消极后果论证之间关系的型式。因果滑坡论证可以从消极后果中归类为一种论证,因为它的一个前提是,如果论证者采取了正在考虑的行动,那么采取该行动将会产生消极后果。第二种方法是根据一般类别对型式进行分类。例如,一些型式是认知推理的实例,是关于知识的。因此,无知引起的论证型式,因为它是缺乏知识引起的论证的一种形式,可以说属于这种基于知识的型式的一般类别,形成了一个集群。另一个例子是 ad homine 论证型式,它有几个子类别,但所有子类别都有一个共同的要素,那就是它们都是个人攻击性的论证。因此,这种个人攻击论证的共同特征可以用来将个人论证分类为不同种类的论证。但是它们也属于更普遍的基于源的论证类别。还有一些型式涉及对具体案件适用一般规则。例如,这种论证在法律中很突出。可能还有第三大类型式不属于这两类,而且更小,因为它们更多的是关于论证中的推理,而不是关于来源或规则。第三种方法是根据型式结论的性质对型式进行分类。① 例如,认知型式可能与审议型式相比较。认知型式的结论是某一特定命题已知为真或已知为假,而审议型式的结论是某一特定行动应该执行或不执行。第四种方法是根据型式的决定性力量对其进行分类。例如,演绎型式可以被认为是最强的,

---

① Macagno, F. A means-end classification of argumentation schemes. In F. van Eemeren & B. Garssen(Eds.), Reflections on theoretical issues in argumentation theory (2015). (pp. 183 - 201). Cham: Springer. Macagno, F., & Walton, D. Classifying the patterns of natural arguments. Philosophy & Rhetoric, 48, 2015, pp. 26-53.

而归纳型式的结论性强度被认为是较弱的,不符合演绎或归纳标准的不可行型式被认为是最弱的。可能会有演绎型式和归纳型式的分类,还有一些第三类可能被称为传导型式,它们代表了既不是演绎也不是诱导的不可行的论证。一个原因是,迄今为止,对于如何定义第三类,以及如何将其与前两类明确区分开来,理论上几乎没有一致意见。另一个原因是,一些型式可以分为两类。以专家意见中的论证为例。假设专家或数据库被视为某一知识领域中的所有事实,那么专家意见中的论证应该被视为一种演绎有效的论证形式。如果专家或数据库的专业程度可以根据跟踪记录或其他一些可测量的因素用数字量化,专家意见中的论证型式可以被视为一种归纳形式的论证。然而,在法律和日常会话辩论中,专家意见中最常见的论证实例中,这些假设都无法实现。因此,也许有人会认为,专家意见中的论证型式应该属于第三类。在某些情况下,即使它们可能很罕见,将它毫无疑问地归入第三类也是不合理的。此外,把它放在推理有效论证的第一个类别中,就是对待专家来源是无所不知的,这是一种从专家意见中处理论证的方式。第五种方法是根据辩证功能对型式进行分类,指的是讨论者在讨论或辩论中提出论证的目的。例如,一些论证主要以积极的方式支持自己的观点,而在其他情况下,一个论证被用来批评对手的立场或论证。另外,还有一些论证通常被用来批评持有观点或立场的人。这种论证的使用可以被描述为具有个人功能。我们可以把诉诸人身的论证作为一个恰当的例子。它被定义为通过攻击另一方的性格来攻击另一方的论证,具体来说,就是通过攻击来试图破坏另一方的信誉。本质上,诉诸人身的论证被用来攻击对手作为需要信任的讨论参与者的可信度。关于论证型式分类的文献仍然很新,因此似乎很难知道最好的方法。在本节中,我们将探索一种根据一般类别对型式进行分类的方法,并将重点放在日常会话辩论中使用的论证上(尽管其中许多论证与法律辩论中使用的型式相同或相似)。第二种类型的新分类将作为开发的基础,以便研究应用它的具体问题。这种方法将为深入了解分类型式的一般项目提供一种方法。这个尝试性系统将型式分为四类,"发现论证""实践推理""基于源的论证"和"将规则应用于案例",因此在接下来的四节中,我们提供了属于每类型式的例子。似乎最好从日常会话辩论中最常用的论证开始,然后从那里看这些论证是否也用于法律辩论,或者法律辩论是否需要特殊的型式,以及对这些型式进行分类的特殊系统。

建立一个适用于日常会话讨论的型式分类系统的需求如下:

(1)分类系统应该有助于用户尝试确定语篇中的某一论证是否符合特定型式。

(2)分类系统应该能够帮助用户处理日常会话中最常见的论证。

(3)如果存在一个给定的论证适合或似乎适合不止一个型式的边缘情况,应该有额外的标准说明,使用户能够有证据将该论证归类为适合一个型式而不是另一个型式。

(4)分类系统应该挑出所有彼此密切相关的型式组共有的一些一般特征,并使用它将这些型式组合在一起。

(5)分类系统不应比用户发现的更复杂。

(6)分类系统可以有不同的方式将不同类型的型式组合在一起,其中这些差异导致更有用的分类。

分类系统的主要用途是提高论证分析员的理解,让我们假设一名学生在一门关于论证的课程中,能够将一个论证与其相关的其他论证联系起来,这样学生就可以完成将正确的型式与假设代表一个论证的给定文本相匹配的任务。分类系统的第二个用途是帮助论证挖掘的计算系统为同样的目的构建计算工具,除了它们可能被应用于特定的论证使用环境,例如法律。分类系统的第三个用途是提供资源,帮助将论证型式应用于各种法律论证的分析和建模。

五、基于源论证的型式

古代的辩证叙述(参见西塞罗、托皮卡和波伊提乌斯、托皮西斯的不同)区分了论证力量的两种来源,即内在来源和外在来源。第一个涉及主题(或其语言特征)和推理之间的关系。第二个涉及世界卫生组织提供支持结论意见的可信度所提供的支持。在这种情况下,用来证明结论的不是主题,而是外部权威声音。我们称这些论证为"基于源的"。在日常英语中,来源也可以是一本书或其他形式的证据,我们使用"基于来源"一词来包括人类代理以及书面来源、专家声明和其他形式的这类证据。

以下是一个从立场到认识的典型论证例子。如果一个人试图在陌生的城市找到到达市政厅的最佳方式,询问一个过路人可能会有所帮助。如果这位路人看起来对这座城市很熟悉,她说市政厅在东两个街区,那么接受市政厅在东两个街区的结论是合理的。这种推理形式被称为"了解论证的位置"。当 a 是信息来源时,以下论证型式表示了解论证的立场。主要前提:源 a 能够了解包含命题 a 的主题领域中的事情次要前提:A 断言 A 是真的(假的)。结论:A 是真的(假的)。这种论证在许多情况下是合理的,但也是不可行的。通过质疑任一前提的真实性,或者通过询问 a 是否是诚实(可信)的信息来源,可以对其进行批判性的质疑。让我们再次考虑一下询问路人市政厅在一个不熟悉的城市中的位置的情况。这种情况显然是了解推理立场的一个例子,但它也是专家意见论证型式的一个例子吗? 专家意见中的论证是一个了解推理的位置的亚种,基于一个假设的适用性,即来源是因为她是专家而处于了解的位置。参加批判性思维课程的学生往往倾向于这样认为,因为在他们看来,路人被当作城市街道上的专家来咨询似乎是合理的。毕竟,如果她非常熟悉它们,她可能会被认为对它们有一种专家知识。专家意见中的论证型式不同于从一个位置到另一个位置的论证型式,因为要求有能力知道的来源是专家。例如,弹道专家和 DNA 专家经常被用来在审判中提供专家证词作为证据,但他们必须具备专家资格。将专家视为绝对正确是很不明智的,而采用这种方法是专家意见中谬误论证的来源。在大多数典型的案例中,它应该被视为一种可能可信但不可行的论证形式,并接受批评性质疑。根据这种解释,该论证符合专家意见论证型式的主要前提(第 4 节)。在没有进一步证据的情况下,可以正确地说她是专家吗？除非她是制图员，或者是城市规划专家，或者具有类似的资格，否则她可能没有资格成为法律中使用这个术语的专家。简言之，我们可以区分对某个领域的工作或实践知识和对它的专业知识。无论如何，这似乎是这两个型式区别的基础。

支持者 a 攻击被告的论证，声称他是一个品行恶劣的人，因此他的论证应该被驳回。这种攻击的基础是假设一个人的论证应该取决于他的道德品质，尤其是诚实和值得信赖的诚实。这种简单的论证在逻辑教科书中经常被称为辱骂性的针对人身攻击的论证人论证，这是一个否定的术语，表明所有针对人身攻击的论证人论证都是错误的。事实上，它们通常是合理的，就像在法庭盘问期间证人的可信度受到攻击一样。环境针对人身攻击的论证人论证将直接针对人身攻击的论证人论证的型式与不一致承诺的论证型式相结合。后一种类型的论证，一种来自承诺的论证，有以下论证型式。初始承诺前提：A 已经声称或表明他致力于命题 A（一般来说，或者凭借他过去所说的话）。反对承诺前提：在这个特定案例中的其他证据表明 a 并没有真正承诺 a。结论：a 的承诺不一致。

来自不一致承诺的论证也是一种不可行的论证形式，可以通过提出关键问题来质疑，这些问题会深入特定案例的文本细节中，根据论证者的承诺来判断所谓的不一致能否被证明是真实的。因为即使被攻击的论证者承认他的承诺集中确实存在着所谓的不一致，他仍然能够解释如何处理和解决冲突。他可能只是根据以前不知道的新证据改变了主意。接下来是间接人格化论证的论证型式。论证前提：A 主张论证 α，其结论是命题 A。

承诺前提不一致：A 个人承诺与 A 相反（否定），如她/他在个人行为或个人环境中表达的承诺所示。可信度质疑前提：a 作为一个相信自己论证的真诚的人的可信度受到了质疑（通过以上两个前提）。结论：似真性 a 的论证 α 被减少或破坏。

在这里，重要的是要区分论证和不一致的承诺，这不是个人的论证，也不是个人的承诺。根据沃尔顿对详细辩护的分析,只有后者才应该被恰当地归类为一种人格化的论证。在这个主题的漫长历史发展过程中,人们经常认为 ad hominem 的论证与来自不一致承诺的论证相同。然而,根据沃尔顿的说法,所有的人类论证,包括环境类型,都应该被归类为人身攻击论证。这种分类基于这样的假设,即所有真正针对人身攻击的论证人论证都应该包含对论述者道德特征的攻击。在上述间接人格化论证的型式中,可信度质疑前提的要求使得该型式满足了这一要求。

型式越来越多地在人工智能和多智能体系统等计算领域得到认可、应用和研究,并被用来提高人工智能体的推理能力。型式正被整合到用于论证映射的软件工具中,如 Araucaria 和 carneades。Araucaria 帮助用户通过粘贴论证文本,然后将所有前提和结论连接到论证映射中来构建论证结构图。用户也可以从菜单中选择论证型式,并将其用做分析和评估论证过程的一部分。carneades 也制作论证地图,但是可以将型式应用于论证构建(发明)以及论证分析和评估。

六、型式实践推理

论证的内部来源可以根据两个标准来划分:连接前提和结论的概括的性质,以及概括和前提之间的关系。第一个区别涉及实践论证和认知(理论)论证之间的区别。第一类论证是基于对事态的可取性的概括,这导致了采取行动的决定或建议。① 在通常被称为目标导向推理的实践推理中,一个代理或代理群体会根据已经确定的目标做出决定,并考虑到可能违反的因素,如提议的行动的负面影响。② SC 论证就是一个很好的例子。

---

① Westberg, D. Right practical reason: Aristotle, action, and prudence in Aquinas. Oxford: Clarendon Press. 2002, pp. 47-51.

② Atkinson, K, & Bench-Capon, T. Practical reasoning as presumptive argumentation using action base alternating transition systems. Artificial Intelligence, 855-874. doi: 10. 1016/j.artint. 2007. 04. 009.

SC 的论证可以通过一个博士学生的例子来说明,这个博士学生已经从事博士论文工作很长时间了,对完成论文感到绝望。作为一种选择,她想到了去法学院的想法。这种选择的最大优点是她将在一段时间后毕业。但是后来她用下面的论证对自己进行了推理:如果我现在退出博士课程,那么这些年的艰苦工作将被浪费。那太可惜了,所以最好打消申请去法学院的想法。代表这种论证形式的论证型式称为"来自废物的论证",①其中 A 是代理,A 是代表行动结果的陈述。

来自浪费的论证似乎与商业和金融决策中的 SC 论证相同,或者非常相似。SC 论证的论证型式基于随着时间推移修改承诺的概念。论证的支持者承诺在时间 t1 采取行动,表示为陈述 A。在稍后的时间 T2,她面临是否履行对 A 的这一预先承诺的决定。赞成 A 的理由是以下论证:我已经致力于 A;因此,我应该执行一个。这个例子中的博士生可能有以下原因。我已经致力于撰写论文的政策,因为我已经投入了这么多时间和精力。因此,我应该继续写论文,抵制申请法学院的诱惑。

来自 SC 的论证型式现在可以表示如下。

前提:在 T2 有一个选择,在 A 和非 A 之间。

前提:在 T2,我被预认可为 A,因为我在 t1 承诺了什么。

结论:我应该选择一个。

博士学生的例子有正反两方面的论证,因此它代表了旨在解决意见冲突的典型论证案例。这两个论证都可以用传统的方法来评估,使用成本效益分析来检查每一方的成本效益。然而,论证方法不同。它通过构建一个代表争议问题每一方的论证链的论证图来继续,包括代表每个组成论证的论证型式。然后,它衡量每一方论证链的强度,设定证明标准,代表每一方的论证需要有多强才能获胜,并在此基础上决定结果。它使用论证型式,如实践推理、来自

---

① Walton, D. Argumentation schemes for presumptive reasoning. Mahwah: Lawrence Erlbaum. 1996, pp. 127−129.

积极和消极后果的论证以及来自积极和消极价值的论证,这些型式将在本节后面解释,与 SC 论证密切相关。

SC 论证的论证型式可以归类为承诺论证的一种。在《沃尔顿承诺》的论证中,乔治到处说"权力给人民",经常宣称马克思和列宁是他的英雄。从这一证据中,根据来自国会的论证推断乔治致力于共产主义是合理的。这种论证方式是不可行的。苏联解体后,乔治可能会改变主意,放弃他的共产主义观点。如果有人公开宣称声明,基于承诺的论证,我们可以从他的声明中推断出他承诺了。以下是 Walton 关于承诺论证的论证型式。

前提:A 致力于命题 A(一般来说,或者凭借她过去说过的话)。

结论:在这种情况下,a 应该支持 a。

这种论证形式在日常会话论证中非常常见,一个常见的问题是,承诺有时需要在发生后收回。①

来自 SC 的论证是来自承诺的一种论证。然而,由于 SC 的论证是关于行动和替代行动之间的选择,它自然也适用于被称为实践推理的论证形式。这种推理形式以目标为导向,以承诺为基础。在 SC 的论证中,代理人通常会致力于某个行动型式,因为这是她的目标,并且因为她已经投入了时间和精力,也许还有金钱来努力实现这个目标。作为一个有价值的目标,也是一个已经投入成本的目标,这项政策或结果代表了代理商的承诺。根据实践推理型式,推理从一个目标前进到实现这个目标的手段。如果 A 是代理人的目标,而要实现 A,在她看来她应该实现 B,那么她得出结论,她应该实现 B。例如,完成论文就是她的目标。为了完成她的论文,她似乎需要继续努力。通过实践推理,得出结论,她应该继续写论文。正如这个例子所示,一旦 SC 论证被纳入实践推理型式中,它就有意义了。

在下面的实践推理型式中,第一人称代词"I"代表一个理性的代理人,他

---

① Hamblin, C.L. *Fallacies*. London: Methuen. 1970, pp. 41-53. Walton, D, & Krabbe, E. Commitment in dialogue. Albany: State University of New York Press. 1995, pp. 279-283.

有目标,一些(尽管可能不完整)对他/她的环境的了解,改变这些环境的能力,以及一些对他/她的行为后果的意识。

大前提:我有一个目标。

次要前提:执行这个动作 A 是实现 G7 的一种手段。

结论:因此,我应该(实际上)执行这个动作。

与该型式相匹配的一个关键问题是副作用问题:我带来 A 的后果也应该考虑在内?提出这个关键问题会使基于实践推理的论证变成疑问。这种纯粹工具性的实用推理型式没有考虑目标可能基于的价值。

除了纯粹用于实践推理的工具性型式,下面还有一种基于价值的变体,采用五行格式,第二行表达了论证的结论。

在这种情况下,我们应该执行行动 A。

为了实现新的环境 S,这将实现一些目标 G,这将促进一些价值 V。

实践推理的基于价值的型式可以被归类为由另外两个类似的型式组成的组合,即实践推理的工具性型式和另一个名为"从值论证"的型式。来自值的论证有两个子类型,来自 PV 的论证和来自负值的论证。

来自 PV(沃尔顿等人的论证型式,2008 年,第 321 页)具有以下形式:

前提 1:根据代理 a 的判断,V 值为正。

前提 2:如果 V 是肯定的,这是 A 致力于目标 g 的原因。

结论:V 是 A 致力于目标 g 的原因。

负值论证的型式(沃尔顿 等人,2008 年,第 321 页)具有以下形式:

前提 1:根据代理 a 的判断,V 值为负。

前提 2:如果 V 是否定的,这是撤销对目标 g 的承诺的原因。

结论:V 是撤回对目标 g 的承诺的原因。

请注意,基于价值的实践推理可以归类为一种混合型式,它将来自价值的论证与实践推理相结合。

一位评论家可以争辩说,这一行动将会产生负面后果,而不是仅仅针对在提议的行动论证中结束的实践推理提出一个关键问题。代表这种类型的论证型式被称为来自消极后果的论证。然而,这一型式也有积极的形式,在这种形式中,一项行动的积极后果被认为是实施该型式的原因。其中,A代表代理可能带来的状态。这个型式被称为积极结果的论证。

前提:如果出现A,可能会产生好的后果。

结论:因此,A应该被实现。另一种形式叫作消极后果论证。

前提:如果导致A,那么可能会发生不良后果。

结论:A不应该产生。

根据被问及或回答的关键问题,来自后果的任何一种论证形式的实例都可能更强或更弱。本节所展示的是,来自SC的论证是一个混合型式,是来自承诺和实践推理的论证的一个子物种,当嵌入这另外两类论证的型式中时,可以最好地理解为一种推理形式。SC的论证是承诺中的一种,在这种论证中,两个选择之间发生了一系列的脱序,在较早的承诺和选择的时间之间有一段时间间隔。同时,SC的论证也是一种特殊形式的实践推理,涉及代理人对他或她的目标以及实现这些目标的方式的思考。

七、对型式适用规则的型式

根据归纳、前提和结论之间的关系,认知推理可以分为两大类。基本上旨在根据一般(隐式或显式)规则对实体或事件进行分类并从中得出特定结论的论证,应与旨在建立新规则或检索一般规则中未包含的属性或实体的论证区别开来。我们称第一组为"将规则应用于案例的型式"。

在研究立法和判例如何有助于法律结论的问题时,总结了使用两种推理模式进行推理的基本形式。第一种模式称为适用法律:

主要前提:有一条规则有条件A、B、C……和结论。

次要前提:在当前情况下,条件A、B、C……都实现了。

结论:可以得出Z。

这条规则说,如果一条规则的条件得到满足,就可以得出这条规则的结论。这种推理模式类似于以下可撤销规则的基本论证型式:

主要前提:如果语句 P1,P2……则可以推断语句 Q。

次要前提:语句 P1,P2……适用于。

结论:Q 可以推断。

这两种相似的推理模式都与一个既定规则中被称为论证的论证型式相关。这两种模式显然都旨在专门适用于法律制定,而既定规则中的论证型式则旨在适用于日常会话论证。沃尔顿等人给出的后一型式的版本如下所示。

主要前提:如果执行包括事态 A 在内的各类行动是 x 的既定规则,那么(除非情况例外),x 必须执行 A。

次要前提:执行包括事态 A 在内的各类行动是 A 的既定规则。

结论:因此 a 必须执行 a。

在法律推理中常见的一种情况下,既定规则适用于某个特定的案件,比如法官,论证型式将采用这种形式。

主要前提:如果规则 R 适用于案例 C 中的事实 F,结论 A 如下。

次要前提:规则 R 适用于案例 c 中的事实 F。

结论:在案例 C 中,结论 A 如下。

这一型式似乎代表了与维尔希基(Verheij)应用立法模式、卡普(Capon)和普里肯(Prakken)应用规则的基本论证型式相同的论证类型,尽管格式的细节不同。

根据维尔希基,第二种模式涉及先例,这种推理模式在法律上可以采取两种形式。一种形式是将先例作为一项规则。先例推理的另一种形式被称为先例的类比遵循。①

―――――――――

① B.About the logical relations between cases and rules.In E.Francesconi,G.Sartor,& D.Tiscornia(Eds.),*Legal knowledge and information systems. JURIX* 2008:*The twenty-first annual conference* Amsterdam:IOS Press.2008,pp. 21-32.

前提1:甲、乙、丙有先例……作为与结论Z相关的因素。

前提2:当前案例与因素A、B、C相匹配……先例。

结论:可以得出结论Z。

根据这一规则,如果一个案例构成了一个先例,并且有一些因素与当前案例相匹配,那么就可以得出这个先例的结论。

维尔希基对这些推理形式的识别对于法律论证型式的研究具有两个特别重要的意义。首先,这些推理模式可以被指定为代表法律推理的基本论证型式,[①]可以被视为其法律版本。第二种推理模式,先例的类比遵循,结合了两种型式,一种用于类比论证,另一种用于先例论证。然而,如果你看一下沃尔顿案例中的论证型式,与一个案例的类比遵循的匹配并不明显。为了把一切都安排妥当,有几点意见是妥当的:

第一句话是,沃尔顿给出的先例论证型式并不代表法律上先例论证的最普遍用法。

前提1:现有规则规定,对于所有x,如果x有属性F,那么x有属性g。

前提2:但在这种情况下,C,a有属性F,但没有属性g。

结论:必须改变、限定或放弃现有规则,或者必须引入新规则来涵盖案例C。

这种型式适用于在一个案件中发现先例的情况,理由是该案件被证明是通常适用于该案件的特定规则的例外。然而,这一型式不适用于法律推理中最典型使用的那种先例中的论证案例。这一型式适用于存在既定规则的一种情况,但发现有一种例外情况需要修改规则,允许有争议的情况代表合法例外。它可以应用于一种情况,在这种情况下,公园里不允许车辆通行,但车辆是救护车。得出的结论是救护车应该被允许进入公园,这可能会导致以下规

---

① Walton, D. *Argumentation schemes for presumptive reasoning*. Mahwah: Lawrence Erlbaum. 1996, pp. 27-51.

则的修改:除救护车外,公园不允许车辆进入。

法律推理中使用的判例中更具特色的论证适用于不同类型的案件。在这种情况下,一个有争议的案例,已经被裁定的先前案例被视为可以适用于本案的先例。适用于后一类法律论证的论证型式可以设置如下。

先前案例前提:C1 是先前决定的案例。

先前的裁定前提:在 C1 案件中,适用了规则 R,并得出了结论 f。

新案例前提:C2 是一个尚未决定的新案例。

相似前提:C2 在相关方面与 C1 相似。

结论:规则 R 应适用于 C2 并产生发现 f。

正是上述型式在法律推理中应该恰当地使用先例中的论证名称。上述型式之前的型式在沃尔顿等人的判例中被称为论据。它需要重新贴上标签,从一个例外到开创先例,称为辩论。

由于其相似的前提,先例的论证与分析的论证相关。类比论证可以被视为一种根据隐含和推断的分类标准进行推理的形式。① 在这种观点下,类比同时导致了一个新的隐含分类标准(规则)的产生,并利用它得出结论。然而,该规则只是简单使用,没有明确说明。因此,这种推理属于将规则应用于案例的范畴。类比论证有两种基本形式。第一种形式有以下论证型式。

相似前提:一般来说,案例 C1 与案例 C2 相似。

基本前提:在 C1 情况下,A 为真(假)。

结论:C2 病例中 A 为真(假)。

人们可以看到,先例中的论证是类比中这类论证的一个子类型,类比中的第一种形式的论证。

---

① Macagno,Fabrizio,and Douglas Walton. 2009. "Argument from Analogy in Law,the Classical Traditio,and Recent Theories." Philosophy and Rhetoric 42: pp. 154 – 182. 2014. Macagno, Fabrizio. 2014,pp. 147–156.

类比的第二类论证①与物体特征的分类有关。变量 a 和 b 代表对象(个人)

前提 1:a 具有 f1、F2……不适用。

前提 2:b 具有 f1、F2……不适用。

结论:对于 f1,F2,a 和 b 应该以同样不适用的方式对待。

该型式用于基于案例的推理,通过从过去案例的数据库中提取相似案例来解决给定案例中提出的问题。这个问题的解决型式通过隔离特征来匹配一对案例,在特定方面,一个案例与另一个案例相似或不同。特征有时被称为因素,有时被称为维度,这取决于应用哪种基于案例的推理。

八、发现论证

发现论证的类别包括旨在建立规则的论证,例如归纳论证(从随机样本到群体的论证:从观察两个属性共存的几个实例中得出一个概括),所谓的绑架论证,以及无知的论证。

基于所谓的外展推理类型的论证可以理解为属于一种通用模式,称为最佳解释的论证:

n 是一个发现或给定的一组事实。

E 是一个令人满意的解释。

没有其他解释 E1……到目前为止,给定的 n 和 E 一样令人满意。因此,作为一个假设,E 是可信的。

最佳解释的论证既可以导致一般规则(假设的证据),也可以导致特定结论(财产归属于个人)。因此,这种模式与其他两种模式密切相关:从关联到

---

① Guarini, M. A defense of non-deductive reconstructions of analogical arguments. Informal Logic, 24,(2004). pp. 153 – 168.;Macagno, Fabrizio, and Douglas Walton. 2009. "Argument from Analogy in Law, the Classical Tradition, and Recent Theories." Philosophy and Rhetoric 42(2):2014, pp. 154–182.

原因的论证和从符号的论证。从关联到原因的论证是一种更短的启发式推理模式,它导致因果关系,作为两个事件之间关联的解释:

前提:甲和乙之间存在正相关。

结论:因此,甲导致乙。

相反,来自标识的论证并不导致一般规则,而是导致关于归因于个人的预测的特定(个人)结论。此外,这种模式是一种启发性的模式,没有直接考虑到可以为事件提出的各种可能的解释。然而,在评估的情况下,需要考虑和比较这种可能的替代解释(规则)。模式可以表示如下:

具体前提:在这种情况下,(一项发现)是正确的。

一般前提:当 B 的符号 A 为真时,通常表示为真。

结论:B 在这种情况下是正确的。

属于这个类的最后一个一般性论证模式是无知的论证。无知引起的论证或者缺乏证据引起的论证,也许更好的说法是另一种如此普遍和自然的型式,以至于我们普遍不知道自己在使用它。这是计算中基于知识的系统中使用的一个普遍原则,在这里它被称为封闭世界假设。如果数据库中的所有积极信息都被列出,那么封闭世界假设就会得到满足,因此消极信息默认情况下会被表示出来。例如,在航空公司航班时刻表的数据库中,如果机场的计算机监视器上没有列出两个城市之间的航班连接,那么得出的结论是没有航班连接这两个城市。假设所有航班都列在显示器上,因此如果两个城市之间的航班没有列在显示器上,那么可以得出结论,没有这种联系。这种模式是从一种数据范式(知识数据库)发展而来的,这种范式并不完整,也没有一个实体存在于其中。

主要前提:如果 A 是真的,A 将被认为是真的。

次要前提:不知道 A 是真的。

结论:A 是假的。

主要前提假设已经在知识库中进行了搜索,该知识库将包含一个据信已经足够深的,因此如果 A 在那里,它将被发现。关键的问题包括考虑搜索有多深,以及搜索需要有多深才能证明 A 在调查中不符合所需的证据标准。在无知引起的论证的典型例子中,论证的主要前提没有明确陈述,必须通过应用论证型式从文本中推断出来。

从缺乏证据的角度考虑下面这个论证的例子。由于没有证据表明鲍勃是间谍,尽管国家安全局已经仔细搜寻了他是间谍的证据,我们可以得出结论,据我们所知,鲍勃不是间谍。这种无知的论证似乎是合理的。然而,这是不可行的,因为鲍勃到目前为止有可能作为间谍避免被发现。这个论证可用以下形式来表述:如果有 x 类证据,那么 B 是间谍;没有 x 类证据;因此 B 不是间谍。

从最佳解释来看,这类论证与论证密切相关。实体的不存在可以被视为缺乏证据或知识的最佳解释。然而,在封闭世界假设的情况下(数据库是已知的并且封闭的,没有进一步的信息可以流入),这种推理模式成为从相对于数据库的规则出发的演绎推理模式的实例。

九、修订现行的分类体系

最初由沃尔顿提出并由沃尔顿等人修订的分类系统①包括三大类:推理论证、基于源的论证和将规则应用于案例的论证。在这三个主要类别下,子类别和个别型式被分类。然而,这种分类系统有一些问题。第一个是对"推理"的类别很有帮助,因为它代表了不属于规则案例和基于源的论证的推理模式。然而,这一类别并没有为型式的积极(不仅仅是排他性的)分类提供任何进一步的标准。它包括演绎、外展、归纳和因果模式,没有一个总体的共同特征。出于这个原因,这个小组被修改,并被另外两个类别——"发现论证"和"实践推理"所取代。在第一类(发现论证)下,属于旨在建立规则或实体的论证,即

---

① Walton, D. Argumentation methods for artificial intelligence and law. Berlin: Springer. 2005, pp. 37-65.

不实例化规则,而创建一个新规则(建立规则的论证)或建立尚未包含在规则中的实体或属性的存在。来自"符号"和"无知"的论证属于后一类,因为它们是对一个事件或事态的一种可能的和特殊的(而不是一般的)解释。实践推理被区分为不同类型的论证,因为它的结论是面向行动的(或对一项行动的可取性的评估),并且是基于对价值的考虑和对未来行动的评估。

从这个角度来看,基于规则的论证包括基于不同类型规则的推理模式,即因果性、法律性、社会性和语言性规则。它们的基本目标是对实体进行分类,并从这些不可行分类中得出不可行的结果。这种分类可以从特定的例子(来自例子或类比的论据)或明确的一般规则中进行。后一种模式的不可行性质在于所使用的规则的性质,以及人类有限的知识不能排除可能的例外。提出,不可行的论证型式适合一种他称之为"不切实际的方式"的论证形式:通常,如果 P 然后 Q;专业人员;规则并没有例外,如果 P 然后 Q;因此,在他看来,非排除式可以用来评估失败的推论,比如特威伊论证:如果特威伊是一只鸟,特威伊就会飞;翠儿是一只鸟,因此翠儿会飞。

源相关和源无关论证之间的经典区别为第一种二分法提供了标准。依赖于源的论证被进一步划分为认知和实践论证,前一个论证在将规则应用于案例和检索规则或实体的论证(发现论证)之间是不同的。可以进一步指定这些宏类别。在某些情况下,不同的论证被归入更一般的最终类别。在其他情况下,各种类型的论证被归入一个更一般的型式中。一些型式比其他型式更普遍,因此它们构成了一些更具体类型的论证的一个类别。外部论证提供了明确的例子,其中子型式在更广泛的型式下排序。

这种分类不是最终的,有两个原因。一方面,可以发现潜在的大量类型的论证代表更通用模式的特定应用。然而,这个分类系统足够灵活,可以代表现有论证型式的子实例。另一方面,用于分类的标准侧重于论证的结构和概括的性质。基于更适合于特定目的的原则(如文本解释),可以引入其他分类并与当前的分类交叉。

最后,需要补充的是,我们并没有试图处理语言论证,这种论证取决于语言因素,如定义和分类。沃尔顿等人认可的这类论证型式包括来自口头分类的论证、来自定义的论证、从定义到分类的论证,以及通常与古希腊哲学中众所周知的索利人或秃头人论证相一致的滑坡论证的语言类型①。这一类别的型式需要添加到上述分类中,以使分类系统更加完整。这是留给未来工作的一个项目。

十、结论

本节解释了论证型式是如何证明对论证挖掘有用的,也解释了论证型式的扩散是如何提出分类问题的。如此多的型式现在已经被认可,它们之间的关系以及它们之间的边界线在试图将人类编码员(标签员)的使用与自动系统结合起来以识别自然语言话语中的论证类型时会带来问题。本节综述了最近提供不同分类型式系统的研究,并展示了不同分类型式的方式如何取决于不同的型式形式化方法,以及构建分类系统的不同需求。

本节对一个特定的系统进行了深入的论述,并对其进行了扩展,以提供目前文献中最广为人知的44个不可行型式的一个新的可改进的分类系统。在新体系分类的一些主要论证类型中,有专家意见的论证、符号的论证、例子的论证、承诺的论证、立场到知识的论证、缺乏知识的论证、实践推理(从目标到行动的论证)、因果的论证、SC论证、类比的论证、人学的论证和滑坡的论证。

为什么分类型式有用的答案可以从第3节"建立型式分类系统的必要性"的讨论中得到。最重要的是,分类系统将允许分析师——专家、学生或被雇用来编写论证编码的人——将论证与其相关的其他论证联系起来。未来研究的下一步是建立实现这种定位的程序。例如,可以考虑以下程序:从更通用的标准开始,通过这些标准可以识别更通用的型式类型,如沃尔顿的型式类

---

① Macagno, F., & Walton, D. Argumentation schemes and topical relations. In G. Gobber & A. Rocci(Eds.), Language, reason and education(2014b). (pp. 185–216). Bern: Peter Lang.

型,编码者可以从最通用的类型逐步通过子类型层向下移动到终点。

一个从更一般的类型移动到更具体类型的编码器需要知道他或她何时到达这个终点并可以停止。在"经典"分类中,这种停止规则通常会说:尽可能分类。本节给出的分类系统使得应用这一规则成为可能。例如,即使下面还有一个"先例中的论证",编码人员如何知道工作是否已经完成?答案是尝试下一个层次,看看它是否有效,方法是检查文本,看看给定的论证是否符合该型式对来自先例的论证的特殊要求。如果是的话,那就继续。如果没有,那就停止。

汉森和沃尔顿报道了一些关于编码器间可靠性低的问题案例,但目前我们没有资源继续这项技术性工作,尽管我们希望其他人会这样做①。沃尔顿通过为每个型式提供一组身份要求,对编码所依据的规则进行了改进②。本节中处理的每个型式的要求都被制定为程序员有用的指南,但是我们还没有进一步开展测试我们系统的工作。本论文的目的是在以往型式研究的基础上建立一个抽象的分类系统。这样做不是为了测试该系统在论证挖掘方面的进一步经验工作,而是通过检查一些有问题的临界案例并就如何处理这些案例提出建议来测试它。需要进行经验调查来测试拟议的分类系统,并使用进一步的例子来完善它。

---

①　Hansen,H.,& Walton,D.Argument kinds and argument roles in the Ontario provincial election.Journal of Argumentation in Context,2,(2013).pp. 226-258.

②　Walton,D.Using argumentation schemes for argument extraction:A bottom-up method.International Journal of Cognitive Informatics and Natural Intelligence,6,2012,pp. 33-61. doi:10. 4018/jci-ni. 2012.

第三章　非形式逻辑的论证型式研究

第一节　面向自然语言论证的
非形式逻辑的方法

引　言

想象一下,假设你已经获得了一项拨款,围绕当前热门话题研究论证。例如,关于是否应该不受限制地建造能源风车的论证,或者你的国家是否应该参与海外战争,或者我们是否应该吃转基因食品。你不仅想知道给出了什么论证,你还想知道哪些是好的论证,哪些是不好的,但你不能独自完成这些工作,需要别人来帮助你。

此时有一群这样的研究生:其中一人写的是克尔凯郭尔的论文,另一人写的是社会正义的概念,还有一个人写的是私人语言的论证。作为研究生,毫无疑问他们具有才智和奉献精神。但是,这些学生都没有在分析或评估自然语言论证方面接受过特殊的培训或背景。所以,既然院长告诉你,如果你想要获得助学金,这些人是你必须使用的助手,现在有一个实际问题:你如何让这些人来帮助你进行研究?

我们可以通过这个虚构的故事,来激发和引导对自然语言论证评估中出现的一个实际问题的讨论,即如何确定其逻辑强度。讨论这个问题将引发形式和非形式逻辑之间的比较。这两种方法中哪一种最适合评估自然语言论证(NLA)的逻辑强度? 有人声称非形式逻辑最适合这项工作,或者它至少与形式逻辑一样适合。可能是这样,但我们如何决定? 如何证明我们的答案是正确的,如何证明一种方法比另一种更好? 下面,我们开发了一个框架,可以为我们回答这些问题提供一些指导。

"逻辑评估"的概念含糊不清,因为有些人广义地使用它,来表示对论证的逻辑评价,包括对前提的评价,而其他人则狭隘地使用"逻辑评估"来仅指对前提—结论关系的评价。即评估前提足以得出结论的程度(假设前提是可以接受的)。为避免混淆,我使用术语"支持性评估"来指代在论证或推理中对前提—结论关系的评估。那么,我们关心的一般问题是,如何确定论证的推理力量,以及如何证明我们的推理判断是正确的? 我们面临的实际和更直接的问题是确定一种可行的评估方法,这有益于我们的新助手学习,并使他们能够在较短的时间内提高论证其推理能力。

一、形式逻辑方法探究

形式逻辑的优点很多。其中之一是形式逻辑侧重于前提—结论关系,排除了前提可接受性问题。确实,形式逻辑文本引入了合理论证的概念,它是一种演绎有效且具有真实前提的论证。但是,这个概念的引入通常是在作者想要区分逻辑事务和非逻辑事务的时候。事实是,形式逻辑在关于前提问题上无话可说,只是提供了广泛的三方面分类,将其分为必然的真实命题(逻辑真理)、必然的虚假命题(逻辑虚假)和或然命题。前两种命题是形式逻辑学家和哲学家以及数学家感兴趣的[形式逻辑的前提(公理)必须是逻辑真理],但是其他人几乎都不感兴趣,因为 NLA 的前提大部分是或然命题。形式逻辑无法将或然命题评估为真或假,这就是为什么形式逻辑文本没有确定这些命题的真实性或虚假性的练习。因此,形式逻辑意识到它不能把它作为业务的一部分,一般来说,就前提的可接受性发表意见,因此它真正关注必须是支配问题。这并不是说形式逻辑学家对前提可接受性没有看法。他们很可能都这么做了,但是这些观点并不是他们所主张的形式逻辑的一部分:它们是另外的东西。这可以解释为什么至少从十九世纪以来,偏好是通过研究和评估前提—结论关系来确定逻辑,并将其与前提问题分离。怀特来于1820年说过:"逻辑规则与处所的真理或虚假无关;当然,只有当它们是先前论证的结论时"①。大约175年后,斯凯姆斯表达了几乎相同的观点。②

许多非形式的逻辑学家将他们学科的实际任务作为对论证的评价,因此他们关注包括非形式逻辑在内的前提问题和支持问题。但是前提评估的问题必须与认识论、科学哲学、政治、历史、经济学、修辞学和辩证法的研究同事共享,同时必须具有前提条件和评估前提的手段,因此可以比逻辑学家更好地说明给定的前提是否可以接受。笔者的观点是,虽然非形式的逻辑学家一直在敦促前提标准必须是可接受的而不是真理,但非形式逻辑几乎没有办法确定其前提是否符合可接受标准。因此,关于前提问题,非形式逻辑学家的地位不比形式逻辑学家好多少。有关前提的判断最终必须由其他领域的专家或非正式逻辑学家以其他领域专家的名义做出。相反,关于其他领域的可接受性的专家并未对如何评估支持关系进行特殊研究。我并不是说他们的判决没有歧视。他们使用其领域隐含的标准进行工作,但是他们没有使研究具有良好的专业性。因此,我们倾向于在狭义上使用的"非形式逻辑",类似于形式逻辑的范围。因此,它只涉及有争议的问题。以我所提出的方式缩小非形式逻辑并不会削弱论证评估的重要性。论证评估对不太具有包容性的评估领域具有重要意义。但是,通过缩小非形式逻辑来处理主要问题,我们不仅可以与各种论证评估方法(如修辞论辩方法)保持距离,建立一个独特的研究领域,还可

---

① Whately, Richard. Elements of logic. Longman, Green, Longman, Roberts and Green, 1897, p. 51.

② Skyrms B. Choice and chance. 4th edition. Belmont: Wadsworth, 1966, p. 138.

为与使双方平等的形式逻辑进行比较奠定基础。

现在让我们考虑形式逻辑的另一个优点。形式逻辑不仅重视概念的清晰度,还致力于评估方法,使其具有明确性和透明性。形式逻辑已经确定并详细描述了不同的方法:真值表方法。例如,真值树方法、范式方法、维恩和欧拉方法,自然演绎方法等①。所有这些方法都具有相同的概念标准,即演绎有效性。然而,关于形式有效性的判断很少是通过直接诉诸概念标准来做出的,而是通过针对某些操作标准测试论证来做出的。真值表有效性就是这样一种操作标准,形式逻辑的每种方法在概念标准的服务中都有自己的操作标准。形式逻辑的各种方法(用于测试有效性)实际上是用于确定论证是否满足激励良好的操作标准的方法。真值表方法包括一个操作标准(最后一列中应该有所有 T),一组概念(如真值函数常数的定义等)和一组技术(如如何构造一个真值表、如何计算最终列的值等)。采用这些技术构成了是否满足操作标准的测试。如果满足操作标准,那么概念标准也是如此。(形式逻辑有许多方法,但在接下来的情况下,真值表方法将作为形式逻辑的方法,以便与非形式逻辑进行比较,同样的差异点和相似点也可以用任何其他形式逻辑方法。)

对 NLA 进行正式评估的形式逻辑方法具有吸引力,原因有以下几个方面。其中之一就是它可以帮助我们确定难以处理的案例,即那些接近或超出我们直觉能力范围的案例。然而,最重要的是,形式的方法与一个令人满意的答案交织在一起,"什么使得论证在逻辑上是好的?"假定逻辑形式作为支配善的来源符合我们追求表面背后的真理的哲学冲动。外观,构成论证表面语法的深层结构。因此,采用自然语言论证(NLA),将它们转化为形式语言论证(FLA),通过形式逻辑方法之一对 FLA 进行定量评估,然后将我们的发现扩展到原始 NLA,似乎是一种好的方法,但是这种对 NLA 进行积极评估的方式受到了批评。首先,形式逻辑需要大量的学习,可能需要六个月到一年才能

---

① Quine,Willard V and Willard Van Orman Quine.*Methods of logic*.Harvard University Press,1982,p. 124.

熟悉谓词演算及其模态扩展。此外,有时很难找到与 NLA 相当的正确 FLA。此外,一些 NLA 的支持力量可能无法在相应的 FLA 中被捕获,从而导致论证必须保持未评估状态的缺点。还有一个问题是,我们的形式逻辑是由演绎标准来衡量的论证,但人们普遍认为并非所有论证都是这样的;其中一些可以通过例如抗辩强度的归纳标准进行更合理的评估。最后,因为形式逻辑只能给我们一个"有效"或"无效"的判断,使用形式逻辑我们无法达到对力量的中间判断:不可能做出像"相当好,但可以变得更好"的判断。从直觉上来说,这似乎是许多关于 NLA 的支持力量的恰当说法。通过这些问题(以及此处未提及的其他问题),我们可以看到,尽管形式逻辑有很多值得赞扬的优点,但也有一些理由让人不满意,正如它是对 NLA 无效评估的一种方式——这足以考虑替代形式逻辑的方案。

二、非形式逻辑方法探究

如果需要进行合理的评估,而形式逻辑存在重大缺陷,那么我们就可以考虑使用替代形式逻辑的非形式逻辑。非形式逻辑试图做形式逻辑可以做的事情,但不依赖于逻辑形式。因此,我们想知道是否存在对 NLA 的支持性评估方法,而这种方法可以避免依赖逻辑形式。亚历克·费舍尔(Alec Fisher)在《实证逻辑》(The Logic of Real Arguments)中提出了可能。在这段很好地总结了费舍尔目标的段落中,"方法"这个词出现了五次。

我们的目标在于描述和演示一种从其书面语境中提取论证并进行评估的系统方法。我们想要一种适用于广泛的日常和理论论证的方法,这种方法适用于以自然语言表达的普通推理(而不仅仅是逻辑学家通常处理的那些组成的例子)。我们还需要一种方法,这种方法借鉴了经典逻辑的经验教训,在这些方面会有所帮助,但这是非正式的且相当有效的(这两个要求都排除了一种方法,该方法要求我们将实践论证转换为经典逻辑的符号)。除了所有这一切,我们还需要一种可传授的方法,并且在适当程度上与我们依赖专家的倾向作斗争。①

费舍尔的方法显然是我们应该感兴趣的一种方法，但是我们必须将其范围缩小两次。首先，我们将不考虑与论证提取有关的方法部分，并专注于论证评估的方法。论证评估也有两个部分，因为论证得出结论，"它的前提必须是真的……其结论必须遵循其前提"②。费舍尔认为，构成"大问题"以及"有趣问题"③的论证评价的"跟随"部分，恰好与我们关注的内容完全吻合。那么，非形式逻辑的方法——非形式的评估方法——和形式逻辑的评估方法一样吗？非形式逻辑是否具有主动评估的概念标准？它们有评估标准吗？是否有确定是否符合标准的方法，包括关键的非形式概念和非形式技术？

考虑以下现存的非形式逻辑文献中的论证评估方法：谬误方法，首先由亚里士多德提出，并由克皮（Copi）④以及约翰逊（Johnson）⑤深化，由十九世纪初的怀特莱⑥所倡导，并受到格拉克兄弟的青睐⑦；波皮格（Burbidge）⑧提出的逻辑类比方法；沃尔顿（Walton）⑨所提出的论证型式的方法，都得到了人们的广泛支持。还有一种使用论证的方法，这是摩尔⑩的逻辑的核心，并由图尔

①　Fisher, Alec. The logic of real arguments. Cambridge University Press, 2004, p. 128.

②　Fisher, Alec. The logic of real arguments. Cambridge University Press, 2004, p. 130.

③　Fisher, Alec. The logic of real arguments. Cambridge University Press, 2004, p. 5.

④　Copi, Irving M., and Carl Cohen. "Introduction to Logic. New York." *Copi Introduction to Logic* 1961, p. 213.

⑤　Blair, J. Anthony, and Ralph H. Johnson. "Argumentation as dialectical." *Argumentation* 1. 1 (1987): pp. 41-56.

⑥　Whately, Richard. *Elements of logic*. Longman, Green, Longman, Roberts and Green, 1897, pp. 105-121.

⑦　Groarke, Leo. "Deductivism within pragma-dialectics." *Argumentation* 13. 1, 1999, pp. 1-16.

⑧　Burbidge, John W. "Within reason: A guide to non-deductive reasoning." 1995, p. 176.

⑨　Walton, Douglas N. *Argumentation schemes for presumptive reasoning*. Psychology Press, 1996, p. 168.

⑩　Mill, John S. "Collected Works of John Stuart Mill: Ⅷ. System of Logic: Ratiocinative and Inductive." [Many editions], 1843, p. 176.

敏①推动。最后,我们可以称之为"思考"的方法,它是费舍尔②和布拉尔③倡导的方法,涉及思想实验,以确定结论是否来自前提。尽管在大多数情况下,这些方法并未以成熟的方法呈现,但它们包含了将其重新配置为有意义的评估方法所需的许多细节。

我们可以首先将基于亚里士多德的 Sophistical Refutations 谬误列表的方法与形式逻辑中的真值表方法进行比较。亚里士多德的谬误是跟随的谬误,因此它们可以成为具有评价意义的方法的一部分。形式逻辑的概念标准是演绎有效性。亚里士多德有一个较窄的概念标准,即三段论的结论:并且如果只有在场所需要得出结论的情况下,结论才会得出结论,前提导致结论,结论与任何前提都不相同。形式逻辑方面的标准是真值表有效性的标准,而在谬误方法上,不会在列表中提出任何谬误(诡辩论中的谬误清单)。形式化方法的测试是确定最后一列中是否只有 T,而在谬误方法中,确定论证是否提交 A 列表中的任何谬误。正式方面涉及的技术包括制作真值表和计算复合句的值。对于谬误方法,该技术包括仔细阅读论证,然后将其与一次一个地识别 A 列表上的谬误的定义进行比较。

形式方面涉及的概念是命题逻辑的基本概念;在非形式方面,它们是"三段论有效性"中的组成概念和谬误的定义。

作为第二个例子,让我们考虑一个基于论证型式的方法。该方法的标准是什么? 沃尔顿提供了以下观察结果:

尽管"有效"一词似乎并不是与许多此类论证型式一起使用的正确词,但当正确或适当地使用它们时,看来它们符合某种使用正确性的标准。重要的

① Toulmin, S. The Uses of Argument. Cambridge: Cambridge University Press. 1958, pp. 153 – 159.

② Fisher, Alec. The logic of real arguments. Cambridge University Press, 1988, p. 56.

③ Pinto, Robert C. J. Anthony Blair, and Katharine Elizabeth Parr. "Reasoning a Practical Guide for Canadian Students." 1993, p. 325.

是要了解这个标准是什么,特别是对于最常见和最广泛使用的型式,以及如何根据该标准测试每种型式①。

从以上言论来看,沃尔顿似乎提出了以下概念标准:如果一个论证的前提(假设它们是可以接受的话)建立起来,那么这种论证就是可以接受的。我们可以称之为"推定有效性"的标准。那么相关的操作标准是什么呢?关于论证型式方法的论证评估由与每个型式相关的关键问题集所指导。这些问题可以分类,一些与前提的可接受性有关,其他与抗辩强度有关,等等。在构建基于论证型式的非形式评估方法时,我们将自己局限于与力量强度相关的问题。然后让我们提出以下操作标准:如果一个论证符合相关问题(与支持力量有关),则该论证是推定有效的。

与作为实例的型式相关联。该方法的概念可在型式和相关问题中找到。一些问题加载了如"可能""似是而非""一致""承诺""原因"等重要概念。该方法的技术将包括 NLA 拟合到型式中,询问相关问题,并评估问题的答案。

我们认为,通过一些工作,可以对其他非形式的评估方法进行类似的比较:逻辑类比,保证主义和思考它的方法。也就是说,上面提到的所有非形式方法都可以这样一种方式进行分析,即它们以一种方法的形式出现,包含标准、测试、概念和技术——就像形式逻辑一样。

三、分析和比较方法

如果有多种方法可用于实现给定目的,则可以将这些方法相互比较。对于推荐方法,我们建议从三个不同的角度比较它们:方法的特征、方法的内容和方法的功能充分性。

1. 方法的特征

在"特征"下,我们可以首先确定方法所体现的标准类型。它是否符合评

①　Walton,Douglas N.Argumentation schemes for presumptive reasoning.Psychology Press,1996, p.281.

估论证的理想标准(如柏拉图形式)？还是一个精确的标准,例如用于通过演绎标准评估论证的演绎有效性？或者是一个最低标准,如果一个论证至少达到一定的标记,那就说明一个论证是否足够,如归纳和推定有效性的标准？方法特征的另一个方面是它们是直接的还是间接的。使用论证型式方法或真值表或权证似乎是一种直接的评估方法,因为不会涉及其他论证。然而,逻辑类比的方法是一种间接方法,因为它通过将论证与给定或假设的另一个论证进行比较来确定论证的值。人们还可以问一种方法是极性还是双极性;也就是说,它能否给出论证具有强烈支持性的结果,以及它们是否具有支持性弱的结果。真值表和论证型式方法是双极的,但自然演绎不是,也不是建立在不完整的谬误列表上的方法。最后,我们思考是否可以使用一种方法来判断中间强度。似乎形式逻辑的方法不能做到这一点,谬误的方法也不能,但论证型式的方法可以,因为它涉及几个问题,其中一些可以得到一个有利的答案,而另一些则没有。因此,总的来说,我们可能会得出论证具有中等强度的结论。

2. 方法的内容

方法也可以在内容方面进行比较,我们指的是其操作标准、概念和技术。方法的内容对我们调查的实际方面尤为重要。学生评估者需要的是帮助做出关于前提充分性的判断。如果他们留下自己的直觉,我们可以预测他们的判断会有很大差异,甚至不能说是合理的。如果可能的话,将概念、技术和标准绑定在一个方法中就可以解决这两个问题。

已经注意到一些对比点,进一步的观察可能会有所帮助。对于谬误方法,它所采用的概念是谬误的定义,它使用的技术是调查论证,以便观察他们是否犯了谬误。至于演绎主义(以其一种形式),该技术是"重建"论据,以使它们根据有效性的语义概念在演绎上是有效的,然后确定新添加的制定有效性的前提是否可以接受。那么这些概念就是"语义有效性"和"陈述可接受性"的概念。费舍尔"思考方式"的方法主要依赖于"可辩论性问题"的概念以及"领域"或"研究主题"的概念,他的方法的技巧是思想实验的技巧。有趣的是,不同的技术要求论证评估者具有不同的能力：所有方法都需要仔细阅读和理解论证的能力，但有些方法需要能够使用类似数学的符号，有些方法需要熟悉参考论证所属领域，有些需要想象力。据此，我们可以预测，某些评估者将比其他评估者更适合某些方法。

3. 方法的功能充分性

现在让我们转向比较方法的功能充分性。关于这个问题，格维尔做了以下论述：

> 如果论证可以被不同的人用来获得相同的结果，那么它就是一个可靠的论证。或者，如果结果存在差异，则可以根据担保的相关背景信息来解释这些变化。如果可以以相当简单的方式应用它，那将非常有效。①

我想对这些言论进行调整，使它们略有不同，因此可以被用于比较评估方法的充分性。除了格维尔提到的两个方面，即可靠性和效率，我还将增加关于方法范围的第三个方面。

可靠性。可靠性确实有两个方面。格维尔给出了一个方法：一种测试前提充分性的方法是可靠的，"它可以被不同的人用来获得相同的结果"。格维尔的建议是，如果一组评估员不同意论证的相关性，那么这个群体成员可能会对该论证的前提有不同的看法。但是关于前提的信念是一个前提问题，而不是一个问题。即使他们就这个前提达成一致，评估人员难道不会对论证的主要力量持不同意见吗？如果是这样，是否有某种方法可以帮助他们克服分歧？

考虑到上文设想的那种涉及与一组学生评估者一起工作的项目，我们应该更多地谈论该组织的构成。我们规定，这是由人文科学或自然科学专业的高校本科生或文学硕士水平的学生组成的小组；这个群体是男女的混合体；成员们开放的态度，并愿意在讨论后修改他们的观点，但是他们并不容易动摇。重要的是，该组织的任何成员都不会对其他成员的意见产生不当影响。学生

---

① Govier, Trudy, Anthony J. Blair, and John Hoaglund. *The philosophy of argument.* Vol. 3. Newport News, VA：Vale Press, 1999, p. 154.

论证评估员小组能够理解对象论证的语言,他们既没有学习障碍,也没有能够阻止他们正确应用方法的特质。鉴于论证评估者的这种特征,我们可以将可靠性方面的定义更加明确。假设 G 组的几个成员已经接受过如何使用良好的训练方法,并且他们认真对待论证评估。一组学生评估师 G 使用一种方法 M 来测试一组 NLA A 的前提充分性,该方法是可靠的,因为正确使用 M 的 G 的成员将在他们对 A 的成员的推理评估中达成一致。

我们可能将其称为演绎方法的主观可靠性。主观可靠性将是一个程度问题:某些方法可能具有高水平的主观可靠性,而其他方法则可能较低。方法可靠的另一种方式与它们产生的实际结果有关。当正确使用时,方法可能具有高度的主观可靠性——评估者使用该方法倾向于在他们的判断中达成一致——但它有时经常导致错误的判断,甚至始终会误判某些论证。在预测选举获胜者方面表现更好的投票方法比那些经常不正确的方法更可靠。类似地,在 NLA 的两种评估方法中,其他条件相同的情况下,我们可以称之为方法的客观可靠性。主观和客观的信度都是一个程度的问题,对于这两种信度来说,相对于彼此而言,采用的方法是可以比较的。

效率问题:格维尔表示,对论据强制性的解释在某种程度上是有效的,以至于"可以相当烦琐的方式加以运用"。关于方法的使用,我们可能会比较笨拙。在我们看来,一种有效率的方法,其作用范围包括其操作标准,概念和技术,可以很容易地被我们的论证评估小组掌握。然而,一旦学会了,该方法可能不容易应用。因此,不仅存在学习者效率的问题,还存在使用效率的问题。一种方法易于学习和使用,源于那些对论证评估感兴趣的人(几乎每个人都应该或应该是这样)能够使用它。因此,需要的是一种既有学习效率又有运用使用效率的方法。然而,一种方法可能易于学习但难以使用;另一种方法,复杂且技术难以学习,但一旦学会,使用效率很高。

范围问题:方法可用于评估的论证越多,其范围就越大,范围越大,方法就越有用。真值函数逻辑的方法不能处理关系论证,因此,我们认为,准方法比适用于关系论证的方法范围更窄。一般来说,演绎逻辑不能处理归纳论证,因此它的适用范围比演绎和归纳论证的方法更窄。一般而言,建立在谬误清单上的方法的范围将比建立在较长的谬误或型式上的方法的范围更窄。与可靠性和效率一样,一种方法的范围将与其他方法的范围相当。当一个支持方法应用于超出其范围的论证时,客观可靠性就会受到影响。

对功能上充分有效和可靠的评估方法的了解有待实证研究。尽管如此,我们还是可以对事情如何发挥作用进行一些初步的猜测。形式逻辑被评价为难以学习,这意味着它具有较低的学习效率,我们可以预测其使用效率将随着被评估论证的复杂性而变化。我们应该期望掌握该方法的评估者具有高水平的主观可靠性;然而,形式逻辑被评价为不适用于我们在日常语言中遇到的NLA 的主体,因为它们不是"演绎论证";这意味着形式逻辑限制了范围,并且当我们试图将它应用于不是自然拟合的论证时,该方法的客观可靠性就会降低。

"思考"的方法被认为对学习者和使用者有效。确实,这并不是一种难以掌握的方法,费舍尔认为,即使我们对这个主题并不是很熟悉,我们也可以开始使用它。尽管如此,应用该方法比学习(理解)它更难。值得注意的是,该方法在范围方面没有限制:原则上它可以应用于任何论证。然而,该方法的主观和客观可靠性将取决于评估者所拥有的与领域相关的知识。主观可靠性所需要的是评估员就实地相关标准达成一致意见,尽管我们要求他们具有相同的教育水平,但预计协议往往难以达成,特别是当论证主题不在评估者的常识之内。为了客观可靠性,需要的是评估者具有正确的相关标准,并且他们可以很好地利用他们的想象力。然后,客观可靠性将取决于评估者的知识与将要检查的论证的主题之间的拟合程度。

论证型式的方法需要付出相当大的努力来学习。这是因为,如果它具有广泛的应用,它必须包括许多型式(可能多达 60 个)及其相关问题。因此,我们应该判断它具有相当低的学习效率。同样,对于一长串论证型式,该方法使用起来可能很麻烦,因此其使用者效率就会受到阻碍。该方法在主观可靠性方面可能更好,因为所有评估员都必须处理相同的关键问题,这将使他们的注意力集中在应促进一致的同一方向上。客观可靠度的程度取决于型式清单与"那里"的论据的匹配程度;我们应该期望列表越全面,客观可靠性越大。因此,客观可靠性与效率成反比。然而,沃尔顿目前正在推广的论证型式方法的表述,仅限于那些推定有效的论证,而不是通过演绎和归纳标准来衡量的论证,这相当于范围的限制。

综上所述,这些功能充分性的比较是具体的。应将它们与其他人的直觉进行比较,并根据我们的实证结果对其进行修改或驳回。

四、结论

有些人认为"非形式逻辑"一词是矛盾的,就像"经济伦理"一样。他们说,它既不是逻辑也不是形式的,我们并不同意;但是我们也不同意那些认为非形式逻辑应该就是一种论证评估或论证理论的观点,其中包括对前提可接受性以及其他辩证和修辞考虑的判断。

这一疑问的起源在于培训一组逻辑新手,哪种方法更有利,形式或非形式的评估方法将被用于评估自然语言论证。我们还没有找到足够的答案回答这个问题,因为虽然形式逻辑作为一种评估 NLA 的方法存在一些缺点,但非形式方法也是如此,所需要的是整体评估。尽管如此,已经提出了一个框架,结合实证调查,可以用来最终为我们提供回答这个问题的基础。

这项调查带来了一些好的影响。我们已经看到,有可能将非形式逻辑中已经完成的一些工作重新作为非形式的评估方法。这种观察有三个好处。第一个相关的好处是,划分了一个与辩证理论、修辞理论和认识论理论截然不同的研究领域。第二个相关的好处是,非形式的评估被确定为一个研究领域。可以设计项目来标记和定义每种方法所需的概念和技术,制定所需的操作标准,并且通常可以改进方法的功能充分性。我们在这一领域的专注度的提高将有助于我们帮助学生做出正当判断。第三个相关的好处是,我们现在可以提出一种"非形式逻辑"的新定义,这是一种非形式的论证评估方法。

第二节　合情推理的论证型式

引　言

本节尝试呈现和证成希腊怀疑论者和智者们之古老的合情推理与论证理论,以及其在人工智能中的再现——之间所存在着重要的联系。进一步来说,本节的目的是分析合情推理,具体透过现代的论证识别和分析工具的运用,对一些具有历史意义的范例进行检审。这包括论证绘图工具和可废止的论证型式,从而表明作为一种推理它具有独有的特征①。进而把其作为一个特例——卡尔内阿德斯的论证体系(Carneades Argumentation System,CAS),一种用于人工智能的论证和软件可视化工具的数学模型②。

智者们认为,合情推理在古代哲学中是重要的,他提供了许多使用它的好例子。在后来的希腊哲学中,第三学院院长卡内德发展了一种似是而非的推理理论,以回应学术界的反对意见,认为学术上的怀疑主义在日常审议中没有留下理性同意的余地。虽然怀疑论者深刻探讨了理性的局限性和无法建立基本真理,但在哲学史上,他们经常受到谬误的批评和忽视,并没有得到认真对待。本节分析了一些古老的合情推理的例子,

本节第一部分通过展示基于认知的可废止推理的经典例子——在现代框架中,如何找到一种专门用于支持受批判性质结论的合理推理。本节第二部

---

①　Bex, Floris, et al. "Towards a formal account of reasoning about evidence: argumentation schemes and generalisations." *Artificial Intelligence and Law* 11. 2003, pp. 125–165.

②　Gordon, Thomas F., and Douglas Walton. "The Carneades argumentation framework-using presumptions and exceptions to model critical questions." 6*th computational models of natural argument workshop*(CMNA), *European conference on artificial intelligence*(ECAI), *Italy*. Vol. 6. 2006, pp. 5–13.

分概述了古代哲学中熟悉的两个最著名的或然性推理的例子。分析这两个例子,以显示它们如何代表基于某些常见论证形式的反对论证,包括从消极后果和从证据到假设的论证。其中一个例子显示了合情推理对于在试验环境中发生的那种证据的法律论证尤为重要。第三部分概述了古代持怀疑态度的哲学家卡内德著名的绳索和蛇的例子的合情推理理论。第四部分展示了虽然在启蒙时期对合情推理的了解逐渐消失,但它仍然存在于洛克和边沁的著作中。它展示了洛克和边沁如何继续倡导合理推理,并预测了人工智能中现代观点的一些关键特征。第五部分简要介绍了 CAS。第六部分展示了 CAS 系统在实践中的应用。第七部分修改了与论证型式相匹配的关键问题,以便从感知中为论证铺平道路。第八部分介绍了将 CAS 应用于绳索和蛇的例子。第九部分介绍了论文的结论。最后是结语——考虑进一步研究的方向。

一、何谓合情推理

在普里肯(Pollock)的可废止推理的示例中①,一个人看到很红的物体。然而,他知道物体被红灯照亮,而红灯可以使物体看起来是红色的,即使它不是。知道后者会使他认为光线是红色的理由失败了,但这并不是得出光线不是红色的结论的理由。正如普里肯所说的那样②,"毕竟,红色物体在红光下看起来也是红色的"。示例中的论证可以分解为两个组件论证。

第一个事实:这个对象看起来很红。

第一个泛指当一个对象看起来是红色时(通常,但受到例外情况),它是红色的。

第一个结论:这个对象是红色的。

---

① Pollock, John L. *Cognitive carpentry: A blueprint for how to build a person.* Mit Press, 1995, p. 350.

② Pollock, John L. *Cognitive carpentry: A blueprint for how to build a person.* Mit Press, 1995, p. 352.

继第一个论证之后是第二个论证。

第二个事实:这个物体被红灯照亮。

第二次推广当一个物体被红光照亮时,即使它不是,也可以使它看起来是红色的。

第二个结论:第一个论证不适用。

尽管有上面的第二个论证,但是我们所知道的对象可能仍然是红色的,但是一旦提出了第二个论证,支持第一个结论的原因就在普里肯的术语中被削弱了。还可以有另一种方法来分析论证序列中发生的事情。第一个论证是基于承认例外的可废止概括。第二个事实提供了一个例外,虽然第一个概括仍然普遍存在,但已经证明,根据有关案件的新证据,它在这一特定情况下失败了。因此,第二个结论告诉我们,第一个论证不适用。

普里肯的感知规则"拥有内容的感知 u 是一个表面上的理由",相信你将成为下面对待卡内德的例子的基础。

该规则是可行的,但与数学概率无关。合理性基本上与特定案例中发生的事件的统计可能性无关。在这方面,它与概率识别的归纳推理不同。这与参与者和旁观者或情况判断者熟悉的一种情况通常预期的方式有关。归纳推理也是可废止的,所以不可废止性是合情推理的定义标志。然而,可废止性是其重要特征。有时这种第三种推理被称为合情推理,而可能不是归纳推理。该术语尚未解决,部分原因是统计中使用的可能推理的概念并不是没有问题的。有些人使用贝叶斯公理来定义概率演算,而其他人将其定义为相对频率。有些人将概率和主观概率的定量意义区分开来,如果根据对正常和熟悉情况的合理预期是合理的,可以接受一种陈述是可以接受的。这种概率同样可以被归类为一种似是而非的推理。虽然这个领域的术语如此不稳定,但这个主题在论证和人工智能方面都是一个重要的研究对象。

关于概率性是否可以降低到统计概率,或者贝叶斯公理是否可能推理出在概率演算的公理中表达的类型,总是有争议。瑞斯克对一种合理的推理进行了分析,从而得出它与归纳类的可能推理之间的重要差异①。杰斯芬强烈支持瑞斯克的观点,即或然性合情推理代表了第三种推理,无法使用演绎或标准归纳模型进行充分分析。然而,在一种观点上,概率推理将其对推理的评估基于一组排他性和详尽的替代型式,并在整个集合中放置所谓概率值的数值分布。根据瑞斯克,合理的推理并不是这样。相反,它基于对作为推理的前提或结论的每个命题的外部支持而得出推断的评估。

JR 约瑟夫森和 SG 约瑟夫森②也以一种使其与可能的推理不同的方式来描述合情推理。在他们的分析中,合情推理需要通过粗略的"置信度值"来衡量,作为指导智能行为的粗略基础,但与概率值不同。根据他们的观点,使用贝叶斯概率计算处理这些值是没有帮助的。根据 JR 约瑟夫森和 SG 约瑟夫森的术语,另一种在本节中将变得重要的推理是诱导推理,或推断最佳解释。根据他们的说法,诱导性推理采用以下形式,其中 H 是假设。

- D 是数据的集合。
- H 解释 D。
- 没有其他假设可以解释 D 和 H 一样。
- 因此 H 可能是真的。

在推断最佳解释时,可以产生对给定事实或观察的多种解释,并且根据表达它们与证据及其合理性相符的程度的标准来选择最佳解释。然后将这个最好的解释作为推论的结论。那么应该使用什么方式来评估论证呢? 在 CAS 中,对一个论证的强弱评估将取决于受众对场所的接受程度以及证据的优势以及明确和令人信服的证据等证据标准。论证也将通过批评的要求进行测试与论证型式相匹配的问题。

---

① Rescher, Nicholas. "Plausible reasoning: An introduction to the theory and practice of plausibilistic inference." 1976, p. 39.

② Josephson, John R., and G.Susan. "Josephson. Abductive Inference: Computation." Philosophy, Technology, 1994, p. 25.

在本部分中,我们采用一种方法来使用代表不同类型合情推理的论证形式,称为可废弃的论证型式。论证型式包括我们在演绎逻辑中熟悉的论证形式,如命题演算分离规则或三段论论证型式。但是,关键的重要性代表了可靠的,似是而非的论据,这些论证依赖于对事物通常被预期的方式的共同理解,这种理解可以通过一种对于说话者和听话者来说熟悉的案例。每个可废弃的论证型式都有一组匹配的关键问题,并且与问题结合使用的型式是用于识别、分析和评估论证的设备。对这种可行的合情论证型式的研究在计算机科学中已经变得非常重要,并且在法律论证建模中被认为是非常重要的。人们认识到它们在非正式逻辑领域具有根本重要性,并且它们是理性论证的基本构件。不是将普里肯的红灯示例中的论证视为推理的归纳形式,而是可以使用论证型式来表示,该论证来自所确定的感知①。

主要前提要有一个 u 图像(一个可感知的属性的图像)是一个表面上的理由相信情况举例说明你。

次要前提人 P 具有 u 图像(可感知属性的图像)。结论有理由认为你是这样的。

只有一个关键问题是与感知论证的型式相匹配,CQ1:是否有理由认为具有 u 图像的 P 可能不是 u 的可靠指标②?

普里肯给出的例子可以说明这个关键问题的使用。在普里肯的例子中,所使用的推理符合感知论证的型式③。该人观察到一个看似红色的物体,并断定它是红色的。他接受对象是红色的原因是他觉得它是红色的。因此,该型式符合普里肯的例子。推理是可以废除的,并且是合理推理的典型例子。

---

① Walton,Douglas.*Witness Testimony Evidence:Argumentation and the Law*.Cambridge University Press,2007,p. 248.

② Walton,Douglas.*Witness Testimony Evidence:Argumentation and the Law*.Cambridge University Press,2007,p. 215.

③ Pollock,John L.*Cognitive carpentry:A blueprint for how to build a person*.Mit Press,1995,p. 173.

如果物体被红光照射,则物体为红色的声称可以被打败,因为被红光照亮使得任何物体看起来都是红色的,即使它不是。因此,例如,对象可以是绿色,即使在这些情况下 P 看起来仍是红色的。

二、合理性论证

合情的推理在古代世界是熟悉的,因为智者学派使用它来进行似真的论证,从合情性,从"看起来可能的"来辩护案件。似真的论证是基于一个人对某种情况的认识根据共同的经验,这是他熟悉的正常或可理解的类型。似真的论证并不是决定性的,因为对一个观察者来说看似真实的命题似乎对另一个观察者是错误的。因此,有争议的案件的双方都可能有反向的似真的论证。两个智者派和科拉克斯在公元前五世纪中叶提供了古代世界的经典例子①。这种反向的似真的论证归因于亚里士多德时期的科拉克斯,但柏拉图将这个例子归于提西亚斯。在这种情况下,两个人之间发生了争执,每个人都指责对方是煽动者并袭击他。其中一名男子明显比另一名男子更小、更弱。他认为,通过攻击更大、更强壮的人来煽动这场斗争是不可信的,因为他知道自己几乎没有获胜的机会。但是那个更大、更强壮的男人认为,他会攻击这样一个明显较弱的男人是不合理的,因为他知道这样的行为在法庭上会对他不利。这个例子说明了合理的推理如何将证据的重心转移到一个案例中的一侧或另一侧,以及它是如何基于外观的。首先,它是根据情况如何出现在两个辩护者身上,并且每个人都将其作为故事或对所谓事件的描述。其次,它与这些在法庭上相关的矛盾概念如何出现在陪审团中有关。也就是说,两位辩护人借鉴了陪审团所熟悉的普遍概念。安提芬(在可用材料方面是五世纪最好的智者派代表)产生了一系列文本,旨在作为教学工具来证明这种论证方法的使用。他提供了配对审判的演讲,首先是控方发言,然后是被告,随后每个人都回应

---

① Gagarin, Michael. "Probability and persuasion: Plato and early Greek rhetoric." *Persuasion: Greek rhetoric in action* 1994, pp. 46-68.

对方的诉求。可以从安提芬提供的第一个例子的第一次交换中收集出这些合情推理的例子中的利害关系。一名男子被谋杀。他的已知敌人是被告人,一名与被谋杀男子同伴的奴隶已经将被告确定为犯罪者,然后他才会在袭击中受到打击而死亡。

　　检察官通过指出检测和揭露自然犯罪分子所犯下的罪行是多么困难,这些犯罪分子在严格注意不被抓住的情况下仔细规划行为。因此,陪审团"必须极为重视任何有关合理性(似真的)的陈述"①。

　　专业罪犯杀死这名男子并不合理,因为没有人会放弃他冒着生命危险的显而易见的优势,并且发现受害者仍然穿着斗篷。任何醉酒的人都不会杀死他,因为凶手随后会被其他客人认出来。受害者也不会因为争吵而被杀害,因为人们不会在夜深人静的时候在荒芜的地方争吵。也不是一个男人杀死别人并杀死受害者的目的,因为那时他的服务员也不会被杀死。

　　每种质疑都伴随着一个支持性的理由,所有这些理由都可以接受挑战,但总和会改变起诉的重要性。显然,人们可能会在夜深人静的时候在一个荒凉的地方争吵,这是肯定的。考虑到陪审员对人们行为方式的体验,这是值得怀疑的。

　　在这些负面建议之后,注意力转移到控方认为合理的可能性:"他已经遭受过巨大伤害且有可能遭受更大伤害的人,谁比他更有可能被攻击?"然后给出两者之间过去历史的详细信息以支持这种合理性。由于被告是被杀男子的敌人,并为他带来了几起不成功的案件;因为他在几起案件中被死者起诉,所有这些都以牺牲了大量财产为代价而无罪;因为他对此充满了怨恨,所以他很自然地反对他,他很自然地通过杀死他的对手来寻求保护他自己。在这里,关于这种性质的人会做什么主张支持这种合理性。检察官总结说,陪审团不能无罪释放被告,因为"从合理性(似真性)和目击者那里得出的结论都证明了

---

① Diels, Hermann, and Walther Kranz. "Die Fragmente Der Vorsokratiker. Band 1." 1952, pp. 1959–1960.

他的罪行。

图 3-1 说明了在这种情况下从事实证据的正确推理到关于被告动机的合理假设,以及随后的推理链从动机到最终结论,被告是最有可能攻击受害者的人。右上方的文本框包含被告对受害者的这些损失怀有怨恨的陈述。该声明表达了该罪行的动机。动机被用作图 3-1 中左边两个命题的不同论证的前提。横线上方的四个文本框是合理的假设,它们彼此相关联,作为合理的论证。

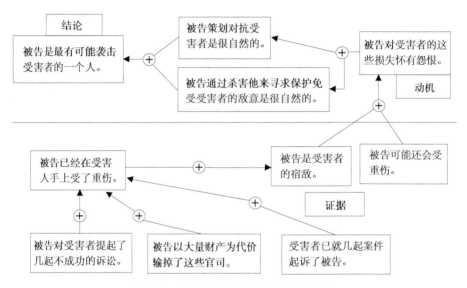

图 3-1 谋杀案中动机之间合理的推理

如图 3-1 所示,一旦提出被告对受害者的这些损失怀有怨恨的假设,两个结论自然地通过似是而非的推理得出结论。一方面,被告策划对抗受害者是很自然的。另一方面,被告通过杀害他来寻求保护免除受害者的敌意是很自然的。然而,推理关于代理人心态的假设的推论由于其固有的复杂性而难以用作合理推理的例子。然而,下面一个基于感知论证的直接合情推理的简单例子将从古代哲学的一个来源中获取,并用作说明合情推理的主要例子。

在被告的开场白中,他与对他提出的合理性相符,并提供以下重要的反驳：

他们认为我是个傻瓜。因为，如果现在，由于我的敌意，你在合理性（eikotos）的基础上发现我有罪，根据合理性怀疑，在我犯下罪行之前，我更自然地预见到了这一点。如果我知道任何正在策划谋杀他人的人，我很可能会阻止他们，而不是有意的怀疑。

这里的策略是通过推进另一个更合理的方式来反驳一种合理性。同样值得注意的是，安提芬向被告提供了科拉克斯和提西亚斯使用的相同论证的变体，因为他是最合理的候选人，他实际上已经做到了这一点是不可信的。

我们可以看到这里采用的策略的基本原理。由于没有传递事件的第一手经验，并且在没有其他可靠证据（如可以被盘问的目击证人）的情况下，陪审团会重新回到他们自己的经验，看看哪些事件是合理的，而且他们获得的解释与这种经验匹配一致，他们将不得不决定案件。

在最初的科拉克斯和提西亚斯例子中，一个陪审员可以在战斗开始之前将自己置于这种状态。然后陪审员可以提出一个假设的问题。如果他是小个子，他会攻击那个更大、更强壮的男人并与他开始战斗吗？答案是反对。为什么？原因与行动的已知和预期结果有关。预期的结果是，个子矮的男人会遭受痛苦的殴打，并遭受羞辱性的失败。陪审团的人得出的结论是，个子高的男人对个子矮男人开始战斗的指控是不可信的。这可能是真的，但有一些东西可以反对它。

最有趣的是，这是一个典型的诡辩论证的示例。根据亚里士多德给出的例子的描述，个子较高的人可以使用以下反驳论据。由于我明显比个子较矮的人更大、更强壮，我很明显，如果我要攻击他，那对我来说肯定会在法庭上看起来不好。你在起诉书中指责我，我们听说过两件最矛盾的事情，智慧和疯狂，这些事情在同一个人身上并不存在。当你声称我是狡猾、聪明和足智多谋时，你指责我有智慧，而当你声称我背叛希腊时，你指责我疯了。因为尝试不可能，不利和可耻的行为是疯狂的，其结果将是伤害一个人的朋友，使一个人的敌人受益并使自己的生活变得不稳定。然而,人们怎么能对一个男人有信心,他在同一个演讲中对同一个观众做出了关于同一主题的最矛盾的断言?

用更现代的术语来说,较大的人的论证,以及较小的人的原始论证,可以被归类为论证型式的实例,从负面后果中论证。从后果论证的两种论证型式分别来自积极后果和来自消极后果的论证①。

前提如果带来 A,可能会产生良好的后果。结论因此应该带来 A。

前提如果带来 A,那么就会产生不良后果。结论因此不应该带来 A。

在这种情况下,该论证符合负面后果论证型式。更大、更强壮的男人声称他意识到他攻击一个小个子的可能的负面后果。他这样做是不明智的。这个论证具有说服力,因为对于通常可以预期的方式有了共同的认识。如此处所理解的,常识不仅仅是个人主观判断的问题,而是取决于对人类经验的一致程度。只要陪审团的任何人都意识到大个子会意识到这些后果,他也能理解为什么大个子不愿意攻击这个小个子。因此,通过一种同理心的行为,以及对示例中的陪审员和参与者都熟悉的事实的认识,陪审团的每个成员都可以得出合理的推论。这个推论给出了一个原因,即大男人攻击较小的男人是不可信的。可以看出,双方都有合理的论证。这个因素区分了合理的推理:一个陈述可能是合理的,而它的相反(否定)也可能是合理的。这种情况可能发生在有合理理由接受该陈述为真,但也有可能接受该陈述为假的理由。

个子较高的人用来做出关于做什么的结论的论证结构可以在图 3-2 中表示为论证图。论证由节点(圆形图)表示,而论证的前提和结论中的语句表示为文本框(叶子)。论证图具有侧向树结构的形式,左边是结论。左节点中的符号表示来自负面后果的论证。

如图 3-2 所示,最终的结论是在图 3-2 中显示的命题

最左边这个大个子袭击小个子的说法。这是检方必须证明的主张。每一

① Walton,Douglas.*Witness Testimony Evidence:Argumentation and the Law*.Cambridge University Press,2007,p.135.

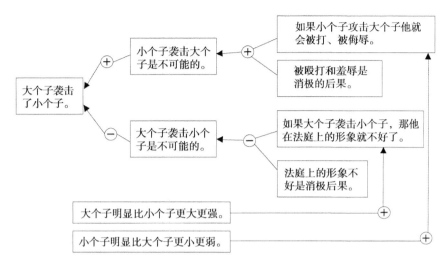

图 3-2　大小男人示例的论证

方都有一个似是而非的论证。节点表示论证,并包含有关它的信息,例如其论
证型式。

　　代表较小个子人的一面的论证显示在图 3-2 的顶部。这是一个来自否
定后果的论证,这是一个普遍的论证,一个论证支持这样的说法,即较小个子
的人攻击较大个子的人是不可信的。令人难以置信的小个子的人攻击大个子
的人的说法是,如果他发动这样的攻击(并且他可能知道这一点),那个小个
子最有可能会被殴打和羞辱,被殴打和羞辱是否定的后果。相反的论证显示
在这个论证下面。这也是否定后果的论证。这是一个反对最终结论的论证,
即较大个子的人攻击小个子的人。给出的论证是,如果大个子要做到这一
点,那么他在法庭上看起来会很糟糕(据推测他会知道这一点),并且在法庭
上看起来很糟糕对他来说是一个否定后果。

　　这两个看似合理的论证是相互平衡的。审判的结果取决于哪一个论证在
两者中更为强大,以及其中一个与案件中的任何其他证据一起采用的论证是
否足以满足所要求的证据标准。

　　并非论证图上的每个论证都有可识别的论证型式。例如,底部的两个语

句中的每个都是一个论证的前提,该论证通过推断图表顶部的语句来引导。这部分示例说明了如何将一个论证的结论再次用作另一个论证的前提。这种形式的论证称为论证链接,有时也称为串行论证结构。

到目前为止,我们已经看到如何构造一个显示论证结构的论证映射,包括有关适合已知论证型式的论证的任何部分的信息。到目前为止,我们只是在识别和分析论证,但另一个重要的任务是评估它们。为了帮助我们掌握合理的推理,现在对论证评估做一些评论是有帮助的。

该例子中似乎合理的推论仅带有一些权重,在这种情况下所有其他因素都是相等的。如果知道较小个子的男人是经验丰富的拳击手,而较大个子的男人则不然,那么案件中的证据就会改变。这个事实可以解释为什么小个子有理由认为他可以赢得交换,或者至少进行一场格斗。这一新事实往往会改变案件中的证据,并减损他早先论证的可信性。因此,一个合情推理可能被引进的新事实所击败。似乎合理的推论与可能的推论不同,正如瑞斯克(Rescher)的叙述①所示,两种推理之间的功能差异。例如,在概率演算中,语句 not-A 的概率被计算为 $1-pr(A)$。在古老的合理推理的例子中,这个等式不管用。在其他条件相同的情况下,由于给出的原因,个子较矮的人没有先动手是合理的。但在其他条件相同的情况下,这也是合理的,即个子较高的人没有先动手。换句话说,如果一个人开始动手,另一个人没有。从可能的推论的角度来看,如果其中一个人极有可能开始战斗,那么另一个人很可能不会这么做。从合情推理的角度来看,即使它是合理的,其他条件相同,一个人开始战斗,它也可能是合理的,其他条件相同,另一个开始战斗。如上所述,科拉克斯和提西亚斯对合情推理的描述所表明的原因,正如许多法律案件的典型情况

---

① Rescher,Nicholas. "Plausible reasoning:An introduction to the theory and practice of plausibilistic inference." 1976,p. 48.

一样,有两个相互斗争的"故事",或所谓的事情①。每个人在内部都可能是合理的,并且与存在的证据有关。这些证据可能不完整,因此不排除双方合理的证据。正如瑞斯克所强调的那样,正是出于这个基本原因,似乎合情合理的推论与可能的推论本质上是不同的。

根据最近在论证研究中的发现,提戴乐(Tindale)②提供了合理推理的六个主要特征。

(1)合情推理来自更合理的前提,这个结论在合理的论证被提出之前不太可信。

(2)当听众在他们自己的思想中说明所说的话时,可以发现一些东西是合理的。

(3)可靠的论证是基于提出论证的一方所共享的那种共同知识以及论证所针对的一方。

(4)可靠的推理是基于可废止的推论和概括。

(5)可靠的推理是基于人们在熟悉的情况下通常可以预期的方式的日常人类经验。

(6)在没有明确说明前提或结论的情况下,可以使用可靠的推理来填充不完整论证中的隐含前提。

合情推理似乎已经失宠了,因为它似乎太主观而不能用于逻辑推理的可靠性。当柏拉图将其与"人群所接受的任何东西"联系起来时,柏拉图鼓励这种偏见,因此暗示它是任意的。然而,这种看法是对合理论证如何运作的误解。特征2似乎是主观的,但忽略了特征3和特征5,这表明共性是合理推理的重要部分。合情推理是基于说话者和听话者共有的常识,因此不仅仅依赖

---

① Pennington, Nancy, and Ried Hastie. "A cognitive theory of juror decision making: The story model." Cardozo L. Rev. 1991, pp. 519−557.

② Tindale, Ch W. Reason's Dark Champions. Constructive Strategies of Sophistic Argument. Columbia, SC: The University of South Carolina Press, 2010, p. 34.

于听者的主观观点。正是这种习惯性体验的吸引力使得合情推理在试验环境中如此有用,特别是在审判员是陪审团的情况下。智者们使用的许多合情推理的例子都是法庭案件,这并不奇怪。

柏拉图对合情推理进行了强烈批判,因为他认为这种看似合理的论证并不比流行观点更好,这种论证在逻辑上被归类为谬误。然而,最近关于谬误的研究也转变了这一点,现在人们越来越普遍地认为,基于普遍接受的论据虽然可以废除,但在适当条件下使用通常是合理的。

三、卡内德的合情推理理论

即使在学院里,柏拉图的观点并不总是占据主导地位。后来的柏拉图学院改进和发展了合理推理的积极概念,最终形成了第三个柏拉图学院院长卡内德(Carneades)(公元前 213 年—公元前 128 年)的理论。卡内德的合理推理理论产生于对斯多葛学派认识论主张的回应,即基于他们的知性概念存在可靠的接受标准。他们声称,这种知性概念能够完全准确地掌握被清晰感知的物体,从而为确定知性内容的真实性提供了标准。学者根据欺骗性表象的例子使用熟悉的怀疑论证来反驳这一主张。然而,这次驳斥使他们公开反对他们没有可接受性标准以指导人们做出决定。正是为了回应这一反对意见,卡内德提出了他的合情推理理论,允许人们接受看起来合理的印象。即使这种印象具有可怀疑性,但如果人们意识到它的接受是可废止的,那么他可以合理地接受它。然而,斯多葛学派准备了另一个反对意见。如果人们是根据理性做出行为,他不能简单地接受看似合理的表象,因为他可能会以轻浮的方式行事①。卡内德的合理推理理论可以看作对这一反对的回应。根据他的接受理论,初始印象可以进行测试。例如,可以针对其他展示次数对其进行测试。如果初始印象未通过测试,则可以撤回对其的接受。如果初始印象通过测试,

---

① Allen,James."Academic probabilism and Stoic epistemology." *The Classical Quarterly* 44. 1, 1994,pp. 85-113.

则可以确认它比以前更合理,给出了接受它的另一个原因。

卡内德的理性接受理论是对斯多葛派现实主义真理的替代。根据他的理论,我们可以判断感知的合理性,因为它与人们经验本身有关,而不是与外部存在的对象相关的判断。根据他的理论,事情在不同程度上似乎是真实的和错误的。换句话说,合理性可以加权更强或更弱①。

卡内德的理论认为,作为一种印象的外观可以暂时接受,因为它符合三个标准。首先,如果它看起来是真的,这似乎是合理的。其次,如果它看似真实且稳定,则更为合理,这意味着它与其他看似真实的命题一致。最后,如果它可以经过测试并通过测试,则更加合理。为安提芬(Antiphon)引入测试以解决合理性问题,做出了重大贡献。为了理解这个理论,塞克都斯·恩披里柯报告的几个关键例子非常有用。

根据塞克都斯,第二个标准是表现(外观)在第一种意义上应该是合理的,也是稳定的。塞克都斯就此提出了一个医学案例。医生会得出结论,一个男人不仅会出现一种症状,如快速脉搏或高温,还会出现其他症状,如触痛或口渴(AL 179-180)。每个印象通过与前一个(或多个)建议的一致来显示其前面的稳定性。第三个标准是,如果它稳定并经过测试,它通过测试就更加合理。塞克都斯提出了以下例子:"当我们调查一个小问题时,我们质疑一个证人,但更重要的是几个,当调查的问题更重要时,我们对每个证人的证词交叉质疑其他人"(AL 184)。根据卡内德的这一三方理论,我们应该基于数据(外观)接受的任何命题,只能以一种有疑问的假设的形式暂时接受。

卡内德的经典例子是绳索和蛇的例子。例如,在一间光线昏暗的房间里看到一卷绳子时,一名男子跳过它,将它当作一条蛇,然后转过身来询问真相,并且发现它一动不动。他已经倾向于思考它不是一条蛇,但正如他所认为的那样,那些蛇在冬天霜冻麻痹的时候也一动不动,他用棍子刺向盘绕的物体,

---

① Groarke, Leo. *Greek scepticism*: *Anti-realist trends in ancient thought*. No. 14. McGill-Queen's Press-MQUP, 1990, pp. 446-448.

经测试后得到的反馈,他认为将它看作一条蛇的结论是错误的。

在光线昏暗的房间里,男人认为蛇看起来像一卷绳子,但根据它看起来的样子,以及在昏暗的房间里看到的不确定性,他采用的假设是,它是或可能是一条蛇。根据这个假设,以及对安全的实际关注,他跳过它,然后转过身来看到物体没有移动。与这些新数据一致,他转向假设物体是绳索。迈出第三步,用棍子刺激它。它再次不动。这个测试证实了这个假设,即物体是一根绳子,而不是蛇,正如人们所想的那样。在此示例中,我们看到应用了三个条件。西塞罗将学术方法理解为"一种辩证的探究,通过论证和反驳所有观点,揭示最有可能是真实的观点"①。他还将卡内德视为同一方法的实践者。根据西塞罗的说法,卡内德的接受标准(西塞罗称为"概率")在日常生活和哲学探究中的决策中都有所暗示。卡内德和学者们将使用的希腊术语 pithanon 翻译成拉丁语。这个术语 pithanon 的字面意思是"有说服力"或"值得信赖",但根据艾伦(Allen),它意味着"可批准",作为行动或探究的基础。"可接受性"一词也可能不合适,指的是如果有新的证据,可以在以后撤销的情况下暂时接受陈述。自启蒙运动统计术语"概率"概念出现以来,由于翻译具有不同的含义,使得这种翻译具有很大的误导性。

这里特别有趣的是,卡内德测试了他自己反对斯多葛学派观点的观点,反对斯多葛学派反过来对他的观点提出的反对意见。因此,他通过与斯多葛学派的辩证交流来阐明自己的哲学观点。他不仅仅因为试图通过反驳他们的消极目的而攻击他们的观点。他和对手进行了讨论使他能够建立证据,支持自己的观点,因为这些论据能够合理地回应反对意见。因此,他不仅有合理可接受理论,而且还有一种辩证方法,能够为他的理论提供支持。当前很容易理解论辩的方法,这意味着他们测试陈述合理性的方法是通过苏格拉底式对话的方式来实现的。

---

① Thorsrud, Harald. "Cicero on his academic predecessors: the Fallibilism of Arcesilaus and Carneades." *Journal of the History of Philosophy* 40. 1, 2002, pp. 1-18.

　　卡内德的理论是一种克服在面对不确定性时持怀疑态度的判断方式①。在这种务实的方法中,可以认为真实应该是基于可接受性的合理假设,即使未来的新证据可能把它推翻。从这个角度来看,卡内德的合情推理理论可以被视为现在人工智能中如此重要的可废止性逻辑概念的先驱。在这个意义上,一个看似合理的命题是临时可接受的,作为一个假设,因为它似乎是真的,并且没有理由认为它是错误的,即使到目前为止收集的知识是不完整的。如此合理推理是对不断变化的物质世界中不确定性推理问题的回应,因为它从一个看似合理的假设向更合理的假设发展。

四、洛克和本斯曼的合情推理理论

　　约翰·洛克在其关于人类理解的论文第十五章中使用了合理推理的概念来支持他的同意程度理论。洛克通过将其与示范进行对比来定义"概率",或恰当地称之为合理性的东西。示范产生了确定性。作为示范的一个例子,洛克引用了欧氏几何中的证明。基于合理性的论证发生在出现某些事物的情况下,大多数事情都是如此。在缺乏知识的情况下,因此没有确定性的基础,我们可以说这个命题是正确的。为了说明合理性,洛克介绍了荷兰大使的例子,他正在招待国王。这位大使告诉国王,在寒冷的天气里,荷兰的水有时很难让人走在上面。他说,这种水甚至会如此坚固,以至于大象可以在水面上行走。国王发现这个故事很奇怪,他总结说大使必然撒谎。这个故事指出,合理性是指基于一个人熟悉的条件,基于正常的,普通的期望得出的推论。实际上,这个例子非常适合早期的希腊案例,这些案例取决于共同的经验。在热带地区,人们对冰冻条件并不熟悉,因此冰冻运河的故事与暹罗国王对环境的正常期望并不相符。国王刚刚发现大使的陈述令人难以置信。

---

　　① Bett, Richard. "Carneades'distinction between assent and approval." *The Monist* 73.1 1990: pp. 3-20.

为了证明合情推理在诸如法律证据之类的常见论证中是多么重要,洛克使用了基于证人证词证据的例子。证人是所出现的事件的直接观察者,从证人的证词中得出推论的原因是关于案件中发生的事实的结论。这些证词提供了洛克所称的结论的良好证据。如果证词不是基于直接观察,而是基于从另一位证人那里听到的证据,那么它就会更弱。从原始来源的直接观察证词推断的每一步都会削弱证据的合理性。

洛克认识到演绎推理和合情推理之间的区别,使用三段论推理作为前者的例子。相比较地判断它们的用途和价值,他假设尽管三段论推理在科学和基于知识的推理中是有用的,但它在法律推理和日常论证等领域"更少,或根本没有用"。

根据洛克的评估,演绎推理没有必要的灵活性,以使其在有争议的事项存在不确定性的情况下作为合理的推理有用。洛克认识到合理推理的重要性对他的知识理论的影响是一个太广泛的问题,无法在这里讨论。我们只想说洛克认识到合情推理,将其与演绎推理进行对比,甚至认为在很多情况下,前者是比后者更好的分析和评估论证的工具。

本斯曼也熟悉合情推理,并将其作为他关于证据的法律推理理论的基础。边沁开发了他所谓的自然证据理论,这意味着它没有人为限制,并且基于相同的概率概念,或者在试验背景之外的日常推理中使用的证明力。在边沁的自然系统中,有两个部分可信①。一个是建立一个命题的合理性,另一个是通过后续的检查过程来检验这种合理性。如上所示,卡内德测试关于印象内容的假设方法是针对外观进行测试。边沁的合情推理概念具有可比性。他认为这样的假设可以通过检查它,通过对外观进行测试,并通过批判性质疑来检验。

更有意思的是边沁描绘了统计意义上的概率,或者后来被称为贝叶斯意义上的概念,以及我们所谓的合理性。他研究是否可以通过处理统计数据使

---

① Bentham, Jeremy. *The Works of Jeremy Bentham: The Constitutional Code.* Russell & Russell, 1962, p. 58.

用我们熟悉的那种数量或比例来衡量合理性。他写道,在个别场合,说服力的强度能够用数字来表达,就像数学家表达的概率程度一样,即按数字间的比率。

边沁评估合理性的方法是他所谓的证据系统,用于检验一个命题的可信度,例如证人提出的可信度,根据边沁的说法,可以计算一个命题的合理性程度。结果是支持它的证据的初始证明力减去任何相反指标的证明力的函数①。该系统的另一部分涉及被本斯曼(第 7 卷,第 2 卷)称为"事实链"的一系列推论。边沁将这样一系列事实描述为源于所谓的"主要事实"。在推论的序列中,它根据一系列联系通过推理从主要事实和先前得出的结论推导出后续证据事实。然后边沁继续讨论案例,其中存在由许多链接组成的证据链。在这样一个链条中评估似是而非的推理是基于这样的原则:"这种中间环节的数量越多,与主要事实有关的证据的证明力就越少。"②。随着证据链条越来越长,推理使得在链条中接受最终结论的可能性降低,因为链条被削弱了。推理链的概念在现代都是为人熟知的论证理论和人工智能。

边沁在目前的法律推理人工智能模型中已经有了三个假设③。第一,合理的推理不应该以归纳和统计推理的相同方式进行评估,通过贝叶斯公理将数字附加到前提和论证的结论,然后使用概率演算的公理计算先验概率和后验概率。第二,将合理的论证链接到相关前提和结论的网络中是证据评估中的重要一步。第三,在这种论证链中,整体证据需要使用最薄弱的环节原则进行评估。边沁的系统与威格莫尔倡导的那种方法高度兼容,案例中的整个证据(试验后)可以表示为通过推论连接的命题网络。

威格莫尔甚至使用论证图(称为威格莫尔图表)来评估在审判过程中案

---

① Twining, William L. "Theories of evidence: Bentham and Wigmore." 1985, pp. 45.

② Bex, Floris, et al. "Towards a formal account of reasoning about evidence: argumentation schemes and generalisations." *Artificial Intelligence and Law* 2003, pp. 125–165.

③ Bex, Floris, et al. "Towards a formal account of reasoning about evidence: argumentation schemes and generalisations." *Artificial Intelligence and Law* 11. 2003, pp. 125–165.

件一方收集的大量证据,其中双方就一个核心问题提出了反证。威格莫尔使用论证图表工具预测了最近在 CAS 等人工智能中使用的论证映射。

五、卡内德论证系统

在本部分里,我们概述了 CAS 的特殊功能,使其适用于我们所关注的古老例子。CAS 是一种由数据结构组成的计算(数学)模型,意味着论证的所有功能都是可计算的。CAS 定义了用于识别、分析和可视化论证实例的论证的数学属性。CAS 使用论证型式和内置于其图形用户界面(http://Carneades.github.com/)的论证映射工具来模拟论证的结构和适用性。CAS 工具的简化表示用于分析下一节中的示例的论证映射。

在 CAS 中,一旦确定哪些前提被观众接受,系统就可以计算出结论的可接受性。确定可接受性的 CAS 方法可总结如下①:

• 在论证过程的每个阶段,一个有效的方法(决策程序)用于测试一些有争议的命题是否可以在假定的情况下被认为是合理的。

• 假设代表受众的承诺或信念。

• 鉴于对话类型及其协议,此决定可能取决于适用于所讨论命题的证明标准。

• 使用的是卡内德论证模型提供的可判定的可接受函数。

CAS 通过对论证中的每个单独陈述应用证明标准,以及在论证结构中传播值来表示赞成和反对。它可以使用不同的标准,包括数字标准以及不用数值计算的合情论证。不同的证明标准允许论证评估风格的灵活性。CAS 软件可在网站 http://Carneades.github 上找到。CAS 用户界面的一个示例如图 3-3 所示。请注意,正在开发一个较新的基于 Web 的 CAS 版本,其中新的论

---

① Gordon, Thomas F, and Douglas Walton. "The Carneades argumentation framework-using presumptions and exceptions to model critical questions." 6th computational models of natural argument workshop(CMNA), European conference on artificial intelligence(ECAI), Italy. Vol. 6. 2006, pp. 5–13.

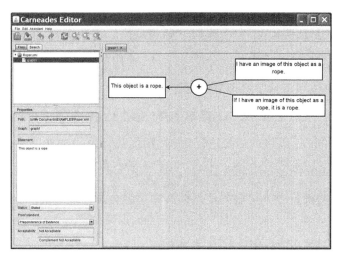

图 3-3　卡内德的图形用户界面

证评估模型可以处理循环论证图。这个新版本也是可从同一网站获得。

论证中的语句显示在图 3-3 右上角的菜单中。还有另一个菜单（未显示）用于选择校样标准。在这种情况下，选择了优势证据的标准，如节点中给出的 . 50 的权重数字所示。用户可以为每个命题分配四个值中的一个"陈述""质疑""接受"或"拒绝"。所陈述的命题出现在带有白色背景的文本框中，被接受的命题出现在绿色文本框中，被质疑的命题前面有一个问号并出现在白色文本框中，提出命题被拒绝的内容也出现在红色文本框中。根据文本框中作为前提给出的初始语句的值以及可废止论证的值，结论框中将显示相应的颜色。例如，用户在图 3-3 左侧的菜单中插入了证据占优势的证明标准。文本框中的命题都是陈述的。

在 CAS 中，通过根据证明标准和在的论证图中的文本框中显示每个命题的值来评估论证。

论证所针对的命题是否为受众所接受①。一旦用户输入这些值，CAS 就

---

① Gordon，Thomas F.，and Douglas Walton."Proof burdens and standards."*Argumentation in artificial intelligence*.Springer，Boston，MA，2009，pp. 239-258.

会自动构建整个论证树,其在案例中以推理链形式表示,并根据论证树的结构、论证型式和证明标准,向上或向下调整其值。从技术上讲,观众被建模为一组假设和对论证节点的权重分配①。CAS 使用的证明标准考虑到了法律应用,但它们也适用于日常推理案例,我们希望通过哲学家卡内德的一个例子来展示。证据标准的优势,也称为概率平衡,适用于法律民事案件的标准。如果最强的 pro 论证比最强的 con 论证更强,则优势标准由命题来满足。但是请注意,pro 和 con 论证不会相互比较,例如对它们的权重求和。法律中使用的其他标准是明确且令人信服的证据标准和超越合理怀疑标准。

六、CAS 如何适用于谋杀案例

可以再次使用图 3-1 来说明论证评估在 CAS 中的工作原理。图 3-1 是论证树,它是为了提供对论证结构的分析而构建的,因为树将一个前提和结论链接在一起,导致最终的结论被证明。在现代普通法刑事案件中,将适用超越合理怀疑标准。然而,由于这是一个古老的案例,我们所能做的最好的事情就是推测观众可能应用的证据标准。不过,我们可以评估这个论证:线下方的所有文本框都可以变暗。如果我们在线使用 CAS 可视化工具,如果观众接受该行下方的六个命题,则每个文本框将显示为绿色。假设论证作为合理的论证是合理的,那么线下面的四个论证节点也将被着色为绿色。假设从证据到假设的论证符合论证型式对该类型论证的要求,EH1 节点也将是绿色的。在此基础上,CAS 还会将动机文本框的颜色设置为绿色。

假设归因于被告的动机的陈述支持在分歧论证中显示的左侧的两个结论,则这两个文本框也将显示为绿色。最后,一旦最后一步得出最终结论,它就会变成绿色。这完成了 pro 论证,但我们还必须考虑被告的 con 论证。

---

① Gordon, Thomas F, and Douglas Walton. "A formal model of legal proof standards and burdens." 7th Conference on Argumentation of the International Society for the Study of Argumentation (ISSA 2010). Sic Sac, 2011: pp. 644-655.

可以看出,被告在开场演讲中的策略是如何形成一个可以映射到控方提出的原始论证的论题,如图 3-1 所示。被告的论证接受,或者无论如何不接受任何争议。证据显示在图 3-1 中的线下。它并不否认被告可能对受害者的这些损失产生了怨恨。换句话说,它并不反对起诉声称被告有杀害受害者的动机。相反,它会提出一个反驳,即攻击被告是最有可能袭击受害者的结论。它基于对适用于案件的常识和合理性的假设,通过将不同的动机归于被告来实施这一论证。被告辩称,他预见犯罪可能会使他被怀疑是凶手,这更为自然。通过他自己对合理事物的普遍了解,观众应该接受被告人会知道,如果他正在策划谋杀,那么嫌疑人就会立即以凶手的身份落到他身上。原因是包括被告在内的所有人都知道线下方图 3-1 中显示的所有事实证据。每个人都知道被告是受害者的敌人,他以牺牲了很多财产为代价向受害人丢失了法庭案件,等等。鉴于所有这些容易验证的常识,观众(陪审团)可以很容易地理解,如果受害者被谋杀,被告将非常清楚他将成为主要嫌疑人。我们还可以制定一个论证图,说明这种合理的推理线如何反驳被告是最有可能推翻杀害受害者的结论。但是,我们将不再这样做,因为我们现在已经很好地展示了如何将 CAS 应用于此类示例。它可以与 CAS 如何应用于现代法律案件进行比较①。

CAS 适用于此示例,这并不奇怪,因为该系统专门用于模拟法律论证。然而,看一下 CAS 如何应用于蛇和绳索的例子,这是一个更加艰难的测试。那个决定跳过看起来像是在黑暗的房间里的蛇的物体的男人并没有将他的赞成和反对的论证指向观众,例如陪审团。他是一个孤独的代理人,正在考虑在需要抉择的情况下该怎么做。

在这个特例中,"观众"是做推理的人。这只是一个单一论证的例子,其中一个人与自己论证。在 CAS 中,观众是一个角色,而不是一个人。在对话

---

① Gordon,Thomas F,and Douglas Walton."A Carneades reconstruction of Popov v Hayashi." Artificial Intelligence and Law 20. 1,2012,pp. 37-56.

中,观众是应诉者。在法庭案件中,观众是法官和陪审团。在单一论证中,一个人扮演所有角色(支持者,受访者,观众……)。一般来说,观众是需要被论证说服的人。他是询问他应该在这种棘手的情况下做些什么,并检查赞成和反对的论证,以便做出合理的决定。

为了在这个例子中应用 CAS,需要争辩的是,通过权衡反对论证的反对论证,面对决定做什么的人需要扮演魔鬼的拥护者的角色。他需要采取一定的中立态度,因为他发现支持和反对行动过程的所有最重要的论据都在考虑,然后根据可能的后果和其他相关因素,他必须权衡一方的论证。反对那些在另一方面的人,并根据合理推理的证据做出支持哪种行动型式的最佳决定。要做到这一点,正如我们现在要表明的那样,他必须使用与论证型式相匹配的关键问题来进行感知论证,构建假设,然后比较支持或反驳假设的支持和反对论证。

七、来自感知修正的变量

我们研究的下一个例子——著名的绳索和蛇的例子中来自感知的论证将是很重要的,并且是理解 CAS 如何应用于这个例子的基础。在沃尔顿等人提出的认知论证中,如第 2 部分,只有一个关键问题与感知论证的型式相匹配。现在有人认为,为了从感知中拟合对论证结构的 CAS 风格分析,需要增加另外两个关键问题:

CQ2 P 还有其他图像表明 P 的 u 图像不是你的可靠指标吗?

CQ3 已经进行了哪些测试,如果有的话,会证实或怀疑 P 是否有 u 图像是否是你的可靠指标?

我们来考虑 CQ2。为了表明命题被接受,文本框变暗(表示绿色),如果论证保持其节点显示为变暗。让我们假设有几个人观察过这个物体并报告它们看到它是红色的,但是其他证据表明物体发出的波长不适合光谱的红色部分。这表明该物体原本不是红色的,尽管从感知中应用的论证表明该物体是红色的可行性。因此,来自感知的论证是可以废除的,这意味着它只是暂时保留并且随着新证据进入正在考虑的案例而遭受失败。这是典型的合理的推理。

八、绳索和蛇的例子

在本节中,我们将通过分析构成示例的较长论证链中每个组件论证的结构,逐步通过学术哲学家卡内德的主要示例。第一个声明断言,示例中的男人在光线昏暗的房间里看到一卷绳子。它在例子的文字中说,当男人在光线昏暗的房间里看到一根绳子的线圈时,他会跳过它,把它当作一条蛇。然而,似乎有人认为,在将物体当作蛇之前,他最初将物体视为绳索。应用于该示例,第一个前提是说有绳索图像是相信环境例证绳索的理由。第二个前提是该人有绳索图像。结论是,相信他所看到的物体是一根绳子是合理的。如示例所示,这种说法是可以废除的。因为虽然男人首先将物体视为绳索,并将其视为绳索,但无论出于何种原因,他承认它暂时是一条蛇,暂时改变了他的想法(图3-4)。

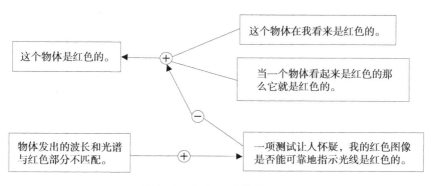

图 3-4　由 CAS 建模的 CQ3

第一个组成部分论证的结构如图 3-5 所示。在论证的这一部分中,我们有两个前提,它们结合了一个来自感知的论证,以支持所看到的对象可以被识别为绳索的结论。

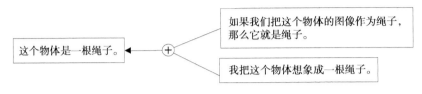

图 3-5 卡内德示例中的第一步

在这个例子中论证的下一个阶段,男人跳过他所见过的物体,将它想象成一条蛇。在这里,我们看到一系列实践推理导致人们采取行动,可能是基于这种行为在这种情况下谨慎行事的假设。他看到的看起来像一卷绳子,但房间昏暗。为什么他会以这样的方式行事? 因为他知道,他看到的对象可能是绳子也可能是蛇。显然,原因之一是安全性。跳过对象只需要很少的努力,并且由于它有可能是蛇,他决定这样做而不是踩到它。显然,在推理链中有一些隐含的假设会导致他跳过对象的行动过程。我们可以通过将这些假设作为隐含前提来重构论证,如图 3-6 所示。

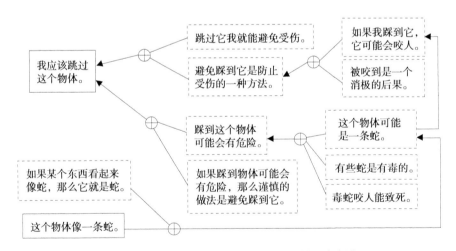

图 3-6 论证第二步所示的隐式前提的第二个版本

通过提出更多隐含的前提使论证的这种解释更加深入。当他走进昏暗的房间并通过实践推理决定做什么时,它代表了这个人的想法。PR 代表实践推理的型式。AP 代表普里肯从感知中得出的论证版本。

DA 代表危险论证的型式①。

如果你(被访者)带来 A,那么 B 就会发生。

B 对你有危险。

因此(总的来说)你不应该带来 A。

危险是对受访者特别有害的事情,例如涉及伤害或危及生命的伤害。在这些条件下的推理通过做出推定以避免伤害而在安全方面犯错误。

在论证的下一步中,示例中的人改变了主意,说明了可废弃性。事后回过头来,该男子通过观察物体进行进一步的调查,并发现它一动不动。因此他现在倾向于认为它不是蛇。论证的这一部分的结构可以通过使用论证型式来证明从证据到假设的论证。该型式承认两种子类型②分别称为来自验证的证据和来自伪造的论证。

主要前提:如果 A(假设)为真,则 B(报告事件的命题)将被视为真实。

在特定情况下,小前提 B 被认为是真实的。

结论:因此,A 是真的。

主要前提如果 A(假设)为真,则 B(报告事件的命题)将被视为真实。

在特定情况下,观察到次要前提 B 是假的。

结论:因此,A 是错误的。

在这种情况下,可以看到论证的一部分符合来自伪造的论证。主要的前提是声明如果物体是蛇,它会被观察到移动。次要前提是没有观察到物体被移动的声明。结论是声明物体不是蛇。从证据到假设的论证在很多情况下也是诱导性推理的实例,或者是对最佳解释的推论。表示此类论证的型式见第 2 部分,按照约瑟夫森的描述,采取推理的形式进行最佳解释。在这种推理形

---

① Walton, Douglas. Scare tactics: Arguments that appeal to fear and threats. Vol. 3. Springer Science & Business Media, 2013, p. 241.

② Walton, Douglas. Witness Testimony Evidence: Argumentation and the Law. Cambridge University Press, 2007, p. 237.

式中,假设代表了对手头案例中给定事实(证据)的最佳解释。

论证的这个阶段的结构可以如图 3-7 所示可视化。黑暗的框表示 CAS 中出现的绿色。在这个例子中,我们已经通过提供蛇的移动来概括了这个论证,如果你跳过它作为一个隐含的前提,基于对正常情况下通常可以预期的方式的常识。这个陈述在图 3-7 右下方的文本框中显示为一个隐含的前提。为了将该诱导推理型式应用于这个例子,我们可以推理如下:当人跳过时对象不动的最佳解释它不是蛇。

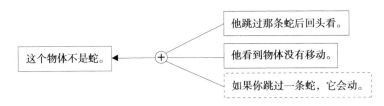

图 3-7　从证据到假设的论证实例

根据对下面论证的下一步的分析,观察从证据到假设的这种论证是不可行的,这是非常重要的。换句话说,如果在下一阶段看到物体已经移动,则必须收回物体不是蛇的先前结论。通过检查与从证据到假设的论证型式相匹配的关键问题(下文),可以发现这一特征:

CQ1 如果 A 为真,那么 B 是真的吗?

CQ2 B 是否被认为是真的(假)?

CQ3 可能有一些原因导致 B 为真,除此之外,还有其他原因吗?

第三个关键问题,如适用于该示例,询问是否可能存在其他原因导致对象不移动。当我们继续下一步时,将显示这一点,此因素与此相关。

在论证的最后一步,男人倾向于认为对象不是蛇,基于如果你跳过蛇,它就会移动的概括。但是现在,他估计,在冬天的霜冻麻痹的时候,蛇一动不动。这里非常清楚地论证的特征是在前提中失败的概括。如果这是蛇被霜冻麻痹的时候,如果你跳过蛇,那么蛇的概括可能不适用于这些情况。鉴于图 3-8

所示的假设是冬天,当冬季霜冻麻痹蛇的概括是不动的。

　　该例子中的论证链的这一部分如图3-8所示。在图3-8的底部节点中,从案件的特殊情况出发,给出了关于论证类型的信息。由于它被认为是冬天,并且当冬天的霜冻麻痹时,蛇被一动不动地接受,因此不接受文本框中用虚线显示的隐含前提。因此,从证据到假设的论证不再适用。因此,不接受最终结论。

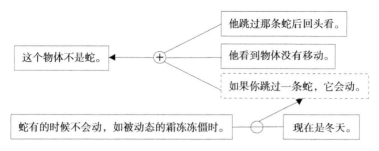

图3-8　在示例中对前提的反驳

　　现在我们进入论证的最后一步。在上一步,男人又改变了主意,认为对象可能是一条蛇。在下一步,他用棍子刺激它来测试这个假设。在以这种方式测试演示之后,他坚持认为假设它是一条蛇是错误的。论证的这一部分可以如图3-9所示进行分析。节点中的符号表明蛇案的这一部分的论证符合诱导推理的型式。对于没有移动的盘绕物体(正在考虑的替代物)的最佳解释是它不是蛇。

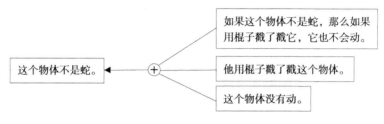

图3-9　测试示例中的对象

　　随着示例中的论证的进行,该人已多次改变他所赞同的内容。在图3-2

中,结论是物体是绳索。在图 3-5 中,他跳过物体,认为它可能是一条蛇。在图 3-4 中,他的论证的结论是他倾向于认为它不是蛇的说法。在图 3-5 中,他的结论是,现在所有人都认为,物体可能是蛇。在图 3-9 中,他坚持认为物体是蛇是错误的。

九、结论

本节已经表明,存在一种连续的认识推理的线索,作为推理的演绎和归纳模型的替代,因此主导了逻辑的历史。通过洛克和边沁,合理性的概念作为一种推理的基础而存活下来,这种推理可以支持理性地接受导致得出结论的推理,基于演绎推理或归纳概率之外的其他事物。因此,将古老的合情推理概念与现在已经部署在人工智能中的现代概念相结合。在本节中,通过人工智能论证系统 CAS 提供的威格莫尔论证图的变体带来了两个古老的合情推理例子,绳索和蛇的例子以及越来越大的人类例子的重要特征。人工智能与古代哲学之间的密切联系已经揭示出来。

本节仅讨论这些例子,因为它们可用于定义似乎合情的推理,而不是更熟悉的推理和归纳推理模式。然而,卡内德的理论承认通过应用其三个标准来评估合理的推理,从而相对地衡量一个论证的强度。可以通过为每个文本框和论证映射中的每个节点分配权重,在绳子和蛇示例中执行评估。这些权重可以用数字表示,或者通过使用排序,以便它们相互比较为更强或更弱。

我们考虑的一个假设是区分合情性评估的七个阶段,因此命题的合理性值在达到每个较高阶段时都会增加。这七个阶段仅与诱导性推理相关,这是一种特定的论证型式或型式,并未涵盖所有合理的推理。此外,我们需要通过指出诱导性推理并不涵盖从证据到假设的所有论证的实例来限定我们的主张,但只在科学探究的发现阶段使用。

合理性评估的七个阶段如下。

（1）合理但未经证实的。

（2）合理且证实。

（3）合理但未经测试。

（4）合理且经过测试。

（5）合理且经过测试但未经证实。

（6）似真性，但未经测试。

（7）似真性的测试且证实。

这七个阶段可以合理地显示表3-1表示它已被证实（或测试）。0表示尚未得到证实（或测试）。意味着不知道所提出的命题是否得到了证实（或测试）。

该表反映了未经测试的命题与不知道是否已经过测试的命题之间的差异。类似地，在提出一个命题未被证实的情况和一个不知道是否已被证实的情况之间存在差异。这四个值是输入值，表示关于观众的假设。

表3-1　三值合理性

阶段	1	2	3	4	5	6	7
似是而非	1	1	1	1	1	1	1
证实	0	1	?	?	0	1	1

它们不是从论证和受众中推断出的价值。论证图的评估输出有三个值（in，out，undecided），其中"in"表示语句可接受，"out"表示语句的否定是可接受的，并且"未定"意味着断言和断言的否定都不可接受。这些推论的优势通过所选的证明标准来衡量，如优势或超出合理怀疑。在这里，观众的概念起着至关重要的作用，这是古代哲学家卡内德喜欢的观点。

在我们调查的现阶段，我们倾向于认为我们所考虑的所有古代案例中合理的推理都可以通过现有的 CAS 及其四个输入值来建模。正如读者回忆的那样，这些价值观有陈述、质疑、接受和拒绝。我们目前的观点是，我们可以充分分析和评估我们使用 CAS 提出的所有古代例子中的论证,前提是我们以清晰的方式定义合理推理的基本特征,并且我们模拟了如此突出的测试函数,在绳索和蛇的例子中,使用论证型式,例如来自感知的论证型式。

　　绳索和蛇示例中的三个关键论证显示在图 3-10 中。在顶部,有一个来自感知的原始论证,导致结论对象是一根绳子,主要是因为它看起来像一根绳子。两个前提以及表示论证型式的节点都显示在黑暗的文本框中,这意味着它们已被接受。由于这个原因,结论,即物体是绳索的陈述,也显示在黑暗的文本框中。到目前为止,该论证提供了一些证据表明该物体是一根绳索,因此,与一个隐含的前提一起,提供了足够的证据来断定该物体不是蛇,但这只是第一个论证,而且是可以废止的。在中间层面,存在从证据到假设的论证,即对象不是蛇的结论。这里的证据是由人跳过蛇并观察它没有移动而提供的。这个论证的所有三个前提都以黑暗的方框显示。然而,还显示了一个削弱了论证的一个前提的底切,即如果你跳过它就会移动蛇的声明。出于这个原因,从证据到假设的论证的节点以白色背景显示,这意味着它被陈述但不被

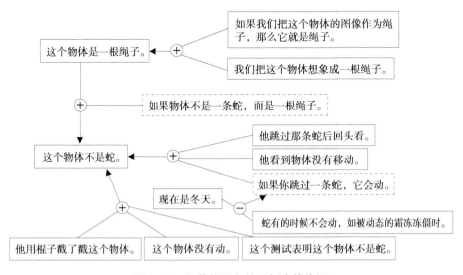

图 3-10　评估绳子和蛇示例中的论证

接受。

最后,在底层,有一个最强烈的论据,即结论对象不是蛇。这个诱人的论证有三个前提,假设它们被接受,它们会以黑暗的方式显示。由于论证节点也显示在黑暗节点中,因此该论证提供了接受对象不是蛇的结论的理由。因此,图3-10所示的是我们有三个论证支持该对象不是蛇的结论。顶部论证和底部论证都支持该对象不是蛇的结论。中间论证也会提供一个论据来支持这个结论,即对象不是蛇,但其中一个前提被反证所击败。

请注意,图3-10显示的论证尚未完全重建卡内德的原始示例。图3-10确实说明了捆绑,但没有说明图3-6所示的论证的实践推理部分。作为实践推理,顶部论证会得出结论,物体是蛇,因为盘绕的东西看起来像蛇,蛇是危险的,并且更安全的结论是看起来像危险的东西是危险的。这与捆绑不同,因为它冒了将错误考虑在内的风险。使用捆绑,观察物体盘绕的最佳解释可能是绳索,而不是蛇。但是,使用实践推理,人们可能会选择相信一些不是最好的解释,以避免风险。可以通过将其添加到图3-10包括来自实践推理的论证,但是我们在此不会这样做,因为图3-10足以说明CAS如何应用于该示例。

图3-10中的论证图的另一个方面没有显示,当论证通过其三个阶段从顶部到底部进行时,合理的推理如何变得更强。在卡内德的例子中,从我们对它的解释来看,顶部论证相当弱,中间论证会更强,除了其中一个前提被削弱,第三个论证是最强的。原因是第三个论证提供了最具决定性的测试。但是,CAS中的论证图还没有显示进程。这种绑架的程序性观点有三个步骤,CAS没有处理。也就是说,CAS可以处理的是基于更多证据的论证比基于较少证据的论证更强,可能导致论证的结论满足更高/更强的证明标准。可能有一种方法来模拟这方面使用证明标准和扩展CAS显示的推理。

将新证据引入现有论证以使该论证更强的过程。升级或降低给定论证的合理性的这种累积效应对于建模诱导推理尤为重要,其中假设被新证据加强或削弱,例如基于对假设的持续测试,但是CAS还没有能够完成这种推理。

这个限制表明 CAS 需要扩展到卡内德的蛇和绳子示例所示的类型的累积推理模型,如果它要成功捕获示例中存在的论证的所有重要特征。

对蛇和绳索实例的分析表明,合理推理的其他四个特征可以添加到引用的①六个列表中,再加上一个,最后总共十一个。第一,似真性推理通常基于感知论证型式的外观(认知印象)。第二,一个似是而非的推理的例子可以被另一个推理加强或削弱。稳定性是合理推理的重要特征。例如,来自感知的一个论证可以被另一个论证加强或削弱。第三,可以对可信的推理进行检验,并通过这种方式进行确认或驳斥。第四,通过在对话中提出关键问题来探讨基于合理推理的论证,这是在合理推理的基础上测试索赔的重要方法。第四个特征是合理推理测试的辩证特征。总的来说,十一个合情推理的特征可归纳如下:

(1)合情推理来自更合情的前提,这个结论在看似合理的论证之前不太可信。

(2)当听众在他们自己的头脑中有例子时,有些东西是合理的。

(3)合情推理是基于常识。

(4)可靠的推理是不可行的。

(5)合情推理是基于事情通常在熟悉的情况下进行的方式。

(6)可靠的推理可用于填充不完整论证中的隐含前提。

(7)合情推理通常基于感知的外观。

(8)稳定性是合理推理的重要特征。

(9)可以对可信推理进行测试,并通过这种方式进行确认或驳斥。

(10)在对话中找出合理的推理是一种测试方法。

(11)可信的推理通过测试被认可,但是与帕斯卡概率中使用的标准概率值和贝叶斯规则不同。

---

① Tindale, Ch W. Reason's Dark Champions. Constructive Strategies of Sophistic Argument. Columbia, SC: The University of South Carolina Press., 2010, p. 483.

绳索和蛇的例子说明了第十一个特征。每次将物体分类为绳索的假设发现更稳定或经过测试时,确认其比以前更合理。它具有更大的证明权重。这种通过测试评估的过程是帕斯卡概率的特征。

CAS 相对容易适用于谋杀案,以展示在这种情况下如何使用似是而非的推理来构建基于法律案件中的事实证据的典型论证序列,但它似乎不太适用于蛇和绳索案件,因为在这种情况下似乎没有观众可以作为判断什么是合理的或难以置信的基础。然而,在蛇和绳索的例子中,试图决定盘绕物体是蛇还是绳索的人必须既作为论证者又作为旁观者。作为旁观者,他接受先验的是他在昏暗的房间里观察到一个盘绕的物体,并且盘绕的物体可能是蛇(或绳索)。

在 CAS 中,旁观者决定应该接受论证中的哪些前提以及应该拒绝哪些前提。换句话说,决定一个给定的命题是否应该被置于系统中似乎是合理的,取决于论证所针对的受众。所以问题是这个模型如何应用于蛇和绳索,图 3-6 显示出了如何解决该问题。示例中的人必须决定在不确定的条件下该做什么,例如来自感知的论证,来自消极后果的论证和来自缺乏证据的论证。在图 3-6 中,显示了如何应用这些论证型式,以及如何将它们拟合到论证链中并使用与每个型式匹配的关键问题进行评估。换句话说,示例中的人必须通过询问关键问题来审查他所经历的审议过程中的赞成和反对论证,并通过这种方式找到支持他正在考虑的那个人的反对方面的反驳。通过参与这个魔鬼的倡导过程,决策者必须成为他自己的受众。同时,他必须运用常识,例如他所考虑的任何行动型式的已知和预期的合理后果的常识。在这方面,决策者自己必须代表旁观者。

还有另一个方面,决策者必须考虑外部受众。他可能必须通过解释他所做的事情来证明他之后的行动是正当的。例如,有人可能会问他为什么跳过像蛇一样的物体。这样的评论家可能会说这是鲁莽行为。为了保护自己不受这种指控,那个在昏暗的房间里跳过物体的人,即使它可能是一条有毒的蛇,也不得不求助于重建他做出决定时所经历的论证链。基于培根概率的平衡，他在特定情况下所做或不做的合理性将基于他为何接受他所做的前提和结论，以及这种接受与受众的接受程度如何，基于与普遍受众分享关于在这种情况下由此示例表示的合理可接受或不合理的知识。

CAS 在两个重要方面反映了持怀疑态度的哲学观点。首先，它使用接受而不是真理的概念来评估合理的基于证据的论证。其次，它没有看到证据本质上是绝对的，或者通过演绎推理得出的结论可以证明是真实的。出于这两个原因，CAS 很好地代表了持怀疑态度的哲学家卡内德的哲学观点，但也表明，卡内德至少完全不是怀疑论者。他开始怀疑认识论，怀疑知识是否需要真理，但是使用这种持怀疑态度的方法推进论证理论，即使是现实世界的错误认知，基于证据的接受的可废止性知识。

十、进一步的展望

CAS 仍在开发中，如本节所示，有关如何使用它来显示和评估合理推理实例的一些重要细节尚未得到解决。通过使用卡内德最初的蛇和绳索的例子，我们已经证明了 CAS 当前版本中缺少合情推理的一个非常重要的特征——增加我们对某些结论的信心的一些方法，因为可能的 con 论证已被考虑和失败。随着失败的 con 论证的数量增加，我们对结论的信心也在不断增加。在蛇和绳子的例子中，有两个 con 论证，一个用于附加证据（跳过对象时不移动），另一个用于测试（用棍子刺激）。已经确定的问题是，随着 con 论证的提出和失败，信心不会增加。证明标准在这里没有帮助，因为无论采用哪种证明标准，失败论证的数量或权重对某些结论的可接受性都没有影响。我们目前正在努力解决这个问题。

本节旨在表明至少如何合理地推理，如古代世界（以及后来的洛克和边沁）所知，是一个在论证研究中占有一席之地的明确概念。我们意识到，我们对蛇和绳索示例中论证结构的分析已经对 CAS 的当前版本产生了限制。

本节主要局限于合理推理的识别和分析。上述合理推理的特征对于识别似是而非的推理的实例至关重要。声明及其否定可能合理的原则对于合理推理的评估是很重要的。这个原则在 CAS 中表示,其中 pro 和 con 的论证可以被接受。科朋斯 ① 观察到,概率论的某些版本与一个论证框架非常吻合,该论证框架由一系列彼此相互作用的赞成和反对论证组成的证据组成。在 CAS 中,使用表示 pro 和 con 论证的连接推理的树结构来评估论证,并且树的根是要被证明或反驳的最终假设。该系统中的支持和反对论证以及与它们匹配的关键问题,作为假设通过或失败的测试。正如较大和较小的人的情况一样,一方面的证据可以在某种程度上使声明合理,而反对方的证据可以使同一声明在某种程度上令人难以置信。

值得注意的是,这种论证评价方法与论证中的当代理论工作是一致的,例如爱默伦和荷罗顿道斯特 ② 的语用辩证理论。在这种方法中,支持和反对命题的论据相互权衡。此评估在解决意见冲突的论证程序期间和之后进行。在语用辩证法中,解决问题所需的合理性概念需要基于提出的证据来证明命题何时被提出来支持它的证据所证明的是合理的。一个程序,其中赞成和反对论证以及关键问题用于测试每一方的论证。通过结束有利于一方或另一方的讨论来解决冲突的程序可以基于适合于讨论的证据标准。例如,证据占优势的标准可用于批判性讨论。通过应用这一标准,如果由一方编组的证据提出的论证比另一方提出的论证更强,那么第一方就已经解决了对其有利的意见冲突。实际上,我们的论证是,现有的论证方法,如论证图、论证型式、批判性讨论框架以及我们使用的其他方法,都可以应用于具有良好结果的古代例子。

权衡受论辩规则的约束的反对论证的标准和程序,包括制定证明责任要

---

① Keppens, Jeroen. "Conceptions of Vagueness in Subjective Probability for Evidential Reasoning.". 2009, pp. 89-99.

② Gagarin, Michael. "Probability and persuasion: Plato and early Greek rhetoric." Persuasion: Greek rhetoric in action, 1994, pp. 46-68.

求的规则。这种方法与 CAS 所倡导的合情推理的观点是一致的,其中如果存在与命题相关的 pro 论证和论证的适当平衡,则命题可被证明是可接受的,并且 pro 论证一旦被汇总,就强于 con 论证的聚合。通过这种方式,可以在考虑的平衡上足够强地支持命题,以保证其被接受作为形成意见或做出合理决定的暂定基础。

论证和证据的法律实例在本节中突出显示,为进一步研究提供了另一个方向。已经证明合情推理最重要的应用之一是证据法中证明权重的概念。这一发现支持了唐宁(Twining)①已经阐述和捍卫的观点。它表明了合情推理是一种独特的推理形式,它本身就是洛克和边沁所认可的,以及它如何适用于法律中的证据推理。合情推理例子清楚地表明了它的正当概念。人们只需要看一下英美法系的现代证据规则,看看源自卡内德和古代怀疑论者的证明权重的基本概念如何通过现代英美证据法来影响理性论证的概念。

需要进一步的研究来证明合情推理与诱导推理有什么关系。这两个概念密切相关,并且已经就他们的关系问题进行了有趣和有用的研究,但我们意识到这是卡内德的例子中提出的另一个问题,即我们没有能够完全解决。一个原因是,关于如何定义诱导性推理存在一些明显的问题,甚至关于对论证如何建模还存在一些分歧。我们对这个例子的分析提出的另一个有趣的问题是似真性推理与实践推理之间的关系。正如我们所展示的那样,蛇和绳子的例子可以被视为实践推理的一个例子,也可以作为一种诱导推理和来自感知的论证。然而,能够找出合理的推理是解决论证理论这些基本问题的有益步骤。

边沁评估似真性推理的方法使用了法律证人做证的例子。基于证人证词的证据问题在于,即使需要作为证据,这些论证也是非常容易得到的。沃尔顿的分析将证人证词设置为基于特征论证型式的可辩论形式的论证,并指定了

---

① Twining, William L. "Theories of evidence: Bentham and Wigmore", 1985, p. 109.

需要提出的适当的关键问题,以便对这种证据形式产生怀疑①。在这个模型中,证人证词的论证被分析为一种法律证据形式,需要作为合情推理的特有类型进行评估。这里不能解决所有关于法律证据的问题,但可以更好地理解论证型式和合理推理如何协同发挥作用。

---

① Walton,Douglas.Witness Testimony Evidence:Argumentation and the Law.Cambridge University Press,2007,p. 325.

第四章　论证型式的建模

第一节　论题的论证模型（AMT）之建构

一、论证型式的概念

（一）作为推理原则的论证型式

为了阐明 AMT 对现代论证型式的贡献,我们首先阐明论证型式的概念及其与更古老的逻辑概念的关系,它们的内容部分重叠但又存在不同。当前,在现代与当代论证型式中发现,与古代和中世纪传统逻辑研究相比,论证推理结构的研究存在一些实质性差异。论证型式的研究可以确定一些常见问题和论证型式中的相同点。在本节中,我们特别关注现代方法、传统贡献的讨论。

人们普遍认为,论证型式是一些抽象的结构或形式,可以归结为实际的论证。学界普遍认为佩雷尔曼（Perelman）和露西·奥尔布雷茨·泰特卡（Olbrechts-Tyteca）可能是首次使用论证型式术语的人。论证型式由基彭波特纳（Kienpointner）翻译成德语论证集合。沃尔顿（Walton）等人将论证型式定义为"论证形式"（推理结构）,代表日常话语中使用的常见论证类型的结构（强调增加）。

更确切地说,语用论辩法将论证型式定义为"在论证中提出接受观点的理由时使用的支持语用原则的表征"。该型式被认为是一个允许研究论证推理完整性的原则;换句话说,该型式是一个允许从论证前提到其结论的原则,或者是从支持它的观点到支持它的论证。

(二) 论证型式和论式:需要澄清的关系

尽管关于论证型式的基本定义有了以上一致意见,但是当处理论证型式的精确定义及其与论证的推理结构的关系时,还会有一定程度的模糊性。如里戈蒂(Rigotti)所示,论证型式定义的模糊性可以追溯到亚里士多德并且无疑会再次出现在现代方法中,其中一些涉及论证推理结构的方式和分析的规范程度问题。在这种关系中,为了构建详尽的类型,如果没有精确的分析,列出大量的论证和论证型式的例子的传统做法并不总是用于建立精确的标准来定义论证推理结构的真实组成部分。举一个例子,在佩雷尔曼和奥尔布雷希茨基于数量的论式类型中,我们发现了一些看起来像是逻辑原则或推理联系的前提实例(如"对更多目标有用的善,比在同等程度上无用的善更可取"),以及真实和完整论证的例子。这些例子显然具有不同的性质,结果只是简单地列出,没有系统地注意区分它们是论式的实例还是支持原则的实例,甚至是建立在特定论式上的真正论据。

进一步看,当代论证型式的模糊性的主要来源与传统的论式概念和论证型式本身之间的关系有关。我们将在下面澄清对这种差异的处理方法。目前,我们只是指出在现代论证研究中,这两个不同但至少在历史上有关联的概念间的关系。

首先,有趣的是,一些当代学者只是避免在这个问题上采取明确的立场:型式是否与论题相同,或者说致力于将亚里士多德的希腊论题概念与现代论证型式理论相适应,是错误的吗? 当然无论如何,论式都是这些型式的历史先驱。其他作者更直接地解决了这个问题。在这方面特别具有启发性的是基彭波特纳的方法。基彭波特纳在他对佩雷尔曼和奥尔布雷希茨的批判性观察中指出,论式只是论证型式的一个组成部分:它们代表了内容约束推理规则,该规则证明了从证明到论证再到结论的转变是正确的。推理力是由论证继承的,因为它是由推理连接定义的一类论证的实例或"模拟"。并且,尽管这些推理连接构成了分类的可能主题,但它们不应与论证型式混淆。布雷也发表了类似的评论,用"现代论证型式的核心"来确定亚里士多德修辞学的论式原则。然而,基彭波特纳的方法可以被批评推理连接(施勒斯雷格尔)和论式之间重叠。论式和推理连接真的重合吗? 正如里戈蒂所表明的那样,情况并非如此。因为从每个论式中可以推导出几个推论连接(称为最大值命题,后来只是中世纪传统中的最大值,在 AMT 中被称为格言)。因此,论式和格言之间存在一对多的关系,顺便说一下,基彭波特纳的分析也隐含了这一关系。例如,他从定义的论式中得出了四个推论联系①。

二、论证型式的有效性:评估问题

与论证型式定义相关的另一个重要问题是,论证型式中所有起作用的推理关系是否具有同样的有效性? 有几种方法认为事实并非如此,因此,论证的推理强度可能会有显著不同,这取决于潜在推理关系的力量。沃尔顿(Walton)等人声明"一些论式基于逻辑语义属性并且这些论式必然为真;其他人只是不确定"。这间接表明,为了验证论证型式的正确性,人们必须深入分析它们推理关系(准则)所基于的语义结构②。

三、论题的论证模型

针对上述的模糊性和开放性问题,论题的论证模式(AMT)旨在提出一种

---

① Kienpointner,Manfred."All tagslogik." Struktur and Funktion von Argumentation smustern. Stuttgart-Bad Cannstatt:Frommann-Holzboog,1992,p. 79.

② Walton,Douglas,Christopher Reed,and Fabrizio Macagno. Argumentation schemes.Cambridge University Press,2008,p. 293.

连贯和有根据的方法来研究论证型式,既能克服这些困难,又能与之前在这方面的研究成果保持一致。在本部分中,将概述我们所说的主要内容。

如前所示,一般而言,现代作者认为论证型式是整个承载结构。在一个真实的论证中,它将前提与观点或结论联系起来。加森认为,如果通过正在使用的"论证型式"将前提的可接受性"转移"到论点上,那么论证和论点之间的联系是恰当的①。

我们认为,这种"转移"的完整性并不完全依赖逻辑推理准则。在这种关系中,我们建议重新审视在开放阶段语用论辩法提出的程序性和实体性出发点之间的区别②。在论证型式中,我们将其作为一种克服形式逻辑缺陷的工具。我们认为,论证型式将程序性起点与实体性起点相结合,其中一个实体性出发点保证了命题适用于论证中所考虑的实际情况。换句话说,我们建议使用实体和程序出发点的概念来识别前提的不同性质在论证型式中所起的作用。可以说,精确重建这些不同类型的前提以及发现它们互相交织的关系是AMT 的主要宗旨之一③。

在下文中,我们的任务将首先着眼于揭示构成程序起点的前提类型,重点讨论构成实体性起点的前提类型。

(一) 程序结构

至于程序出发点,根据 AMT 模式,在论式和整个论证型式之间的关系中出现了三个层次。

---

① Van Eemeren,Frans H,and Rob Grootendorst.*Argumentation,communication,and fallacies:A pragma-dialectical perspective.*Routledge,1992,p. 30.

② Van Eemeren,Frans H., and Peter Houtlosser. "Strategic maneuvering with the burden of proof."Reasonableness and effectiveness in argumentative discourse.Springer,Cham,2002,pp. 13–28.

③ Rocci, Andrea. "Pragmatic inference and argumentation in intercultural communication." 2006,pp. 409–442.

第一层次,它由论式本身所代表,作为论证的来源"论点",用西塞罗①,或根据中世纪传统,论点是一个可以被恰当地解释为某种论证推理所依据的"本体论关系"。考虑定义与定义之间的关系,如因果关系,类比(可比性)关系等,这种本体论关系是由论式本身的名称引起的:例如,一个人说的是强者的论式,或者是反对者的论式。就像现在的英文,其表达方式就有:来自权威,来自反对者。

然而,仅仅引用论式的名称,并不能说明本体关系如何决定论证的推理结构。为了解释这一点,除了论式,AMT还将其推理结构的分析与另外两个层次相结合。

第二层次,每个本体论关系产生一系列称为格言推理联系。例如,最终原因的论式提出了一系列可能的格言,每个格言都会产生可能的论证的子类。考虑以下格言的例子:

(1)如果要实现某个目标,那么激活使之实现的因果链是合理的。

(2)如果没有可用的因果链,则无法实现目标。

(3)如果某种行为不是针对一个目标(因为它不能被认为是一种正当的人类行为),它就不能被赋予任何与人类行为相一致的属性②(责任、功绩、罪恶感等)。

第三层次,这些格言中的每一种都会激活一种逻辑形式,诸如肯定前件或否定前件。更具体地,只要是某种本体关系,则由其产生的任何推论或格言可以通过其应用,激活论证型式中的逻辑形式。例如,格言"如果原因是真,那么结果也是真"就激活了肯定前件的逻辑形式。不同的格言可以激活相同或不同的逻辑形式。因此,当出现属种的论式时,则格言"对属有意义的,对物种也有意义"相应地激活了一个肯定前件的逻辑形式。但是,当回到因果关

---

① Reinhardt,T.Marcus Tullius Cicero,Topica.Oxford:Oxford University Press. 2003,p. 249.

② Rigotti,Eddo,and Andrea Rocci."Sens-non-sens-contresens."Studies in Communication Sciences 1. 2,2001,pp. 45-80.

系的论式中,格言"如果结果为真,则原因也是真"激活了"虚假"的肯定前件的逻辑形式,这在有征兆的论证中是很常见的。另一个与之相同或有关的格言,"如果结果未发现,原因也不会出现"激活了否定后件的逻辑形式。此外,如果论式的对立面被实例化,且 p 和 q 处于对立面,则格言"如果对立面为真,那么另一个为假"激活了不相容选言的逻辑形式。我们认为,这三个层次可以准确地描述论证型式的程序起点。

1. 从语义本体结构(Loci)到推理连接(Maxims)

如上所述,并非所有在论证型式中起作用的原则(推理连接或格言)同样合理。只有通过细致的语义分析才能推断出它们的合理性。因此,在本部分中,我们将描述去理解和评估论证型式的程序结构,特别是相关论式准则,在多大程度上需要语义分析。

一般而言,语义分析在解决多义词中的相关性上普遍得到了认可,并使我们将其视为论证分析重建的重要工具。特别是去重构隐含前提[1]以及作为揭示大部分与语义模糊相关的谬误的工具(正如亚里士多德在他的论式的第一本书与智者学派反驳中所述[2])。但是,我们关注语义分析有一个更明确的理由:需要语义分析来理解论证型式的正确性;特别是,为了突出每个论式(topoi)产生其格言的方式。正如里戈蒂(Rigotti)所指出的那样,一个论证方案所依据的格言(或推理连接)是连接同一本体论关系的两个或多个因素的蕴涵:例如,"有因必有果",这是本体论关系"因与果"所产生的准则之一,除此之外,还有"无果亦无因"等准则。如前文所述,不同的本体论关系(整体与部分、因果关系、交替性、动作及其目的等)恰当地对应于论式。论式担保了推理在语义本体论维度上的地位;但它们并不直接构成论证推理结构的一部分:它们以其所产生的准则为前提,在论证中发挥作用。

---

① Rocci, Andrea. "Modality and its conversational backgrounds in the reconstruction of argumentation." *Argumentation* 22. 2, 2008, pp. 165−189.

② Ross, W.D. (ed.). Topica et Sophistici Elenchi. Oxford: Oxford University Press, 1958, p. 273.

现在,格言不仅仅是规则,因为它们作为一种特定类型的前提,接近于公理。为了研究格言如何工作以及它们在多大程度上有效,需要对其进行细致的语义分析。

在这方面,我们首先考虑范·埃默伦(Van Eemeren)和格鲁滕多斯特(Grootendorst)在他们的文章"构成与分裂的谬误"中提出的相关方法论建议。在该论文中,对整体部分关系进行了详细的语义分析,明确了整体与部分之间可转移或不可转移的性质范畴,以及部分与整体之间可转移或不可转移的性质范畴,它允许定义适当的解释,并且在此解释下论证型式有效。

特别是,他们的分析表明并非所有属性(谓词)都可以从部分转移到整体,反之亦然。谓词的可转移性取决于它们的语义性质:依赖于结构的属性是不可转移的,并且在与结构无关的属性中,只有绝对非相对属性可以转移。事实上,所有与结构有关的属性都从不同的角度来描述整体:它的形式(圆形或矩形)或其"功能"特性(可食用、有毒、膨胀、美味、强烈、连贯)。关于相对独立结构的属性,如重、轻、胖、大,它们的不可转移性取决于它们关注整体忽视其结构的事实,但隐含地将它与在相同观点下考虑的其他实体进行比较;因此,它们的范围就包含了有关实在的整体:一大堆轻的东西(如干草)可能重得让人无法忍受。

通过细致地分析整体与部分关系的概念系统,范·埃默伦(Van Eemeren)和格鲁滕多斯特(Grooten dorst)认为,必须满足精确的语义条件才能确保格言的有效性。另一个例子由戈蒂提出,语义分析如何帮助识别从论式得到的不同格言。语用论证的溯因推理从属于因果论证型式范畴[1]。里戈蒂的论文关注的是对不同格言的分析,这些格言可以从将行动与其目标(最终原因)联系起来的本体论关系中得出。注意如何激活各种格言以及以何种方式从人类行为的语义表示中推导出它们的评价是有趣的。

---

① Eemeren,FH van,and Rob Grootendorst."The fallacies of composition and division." Essays dedicated to Johan van Benthem on the occasion of his 50th birthday,1999,pp. 159.

我们提到的两篇论文都表明,语义分析被证明是制定论证型式理论的必要先决条件,特别是在理解哪些特定格言可以在论证型式中被正确激活时。例如,语义分析还可以区分行为和事件的概念,从而允许根据动力因评估论式。在矛盾论式中所谓的不同类型的异议,例如反驳或直接或间接反对,也可以从语义学的角度加以区分。因此,语义分析提供了一种工具来缩小论题研究(本体论关系)和现实生活论证话语中实际使用的论证型式研究之间的差距,因为它将论式和格言之间的关系形式化。此外,语义分析允许仔细评估在实践论证型式中作为前提应用的格言。出于这些原因,语义分析被整合到AMT中[①]。

2. 实体部分和与其密切相连的程序部分

我们已经注意到,根据 AMT,程序部分不足以完全重建论证型式。实际上,论证型式可以解释现实生活中所使用的真实论据和它们所支持的真实论点之间的关系;因此,除了现在重建的程序起点,我们还必须阐明,我们建议考虑一个特定的"实质起点",它被用来完成推理过程,同时增强基于这些论证型式的论证的说服力[②]。事实上,对于论证行为的正当性,格言的有效性是一个必要不充分的条件:必须考虑另一层次的前提。我们声称 AMT 除了指定在重构论证型式时应该考虑的各种水平,还需要考虑实际论证固有的实体起点。让我们举一个类比的论证型式[③]。

(1)Y 在 X 中为真。

(2)因为 Y 在 Z 中为真。

(3)以及 Z 相当于 X。

---

① Rigotti, E., and S. Greco Morasso. Topics:the argument generator. In Argumentation for financial communication,Argumentume Learning module,2006,p. 66.

② Rocci, A.Pragmatic inference and argumentation in intercultural communication.Intercultural Pragmatics 3(4),2006,pp. 409-442.

③ Van Eemeren,F.H,R.Grootendorst,and A.F.Snoeck-Henkemans.Argumentative indicators in discourse:A pragma-dialectical study.New York:Springer,2007,p. 302.

这个论证型式建立在两个可比实体(X 和 Z)的类比之上,假设这是得出属性(Y)结论的前提,即两个可比较实体(Z)中的一个固有的属性(Z)在另一个(X)中也应该存在。显然,从前提到结论的整个推理,都包含在这类论证型式的表述中。

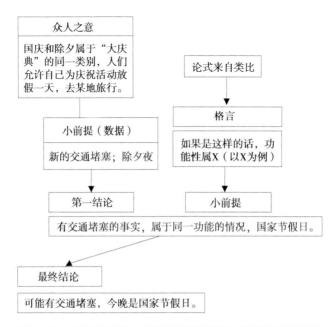

图4-1　AMT 关于除夕夜和国庆假期类比论证的协同表示

事实上,论证型式会使整个机制显而易见,从而将前提与立场联系起来。我们认为这种类型的分析是有用的,但并不完全令人满意,因为它是理解论证的真正力量的基础。让我们将此分析应用于实践论证,以便说明基于 AMT 的分析如何解释型式推理结构的所有层次,同时将重点放在与其实体起点的连接上。考虑以下常见的论证:

A:我们应该坐火车还是开车?

B:还记得新年前夜的交通拥堵吗? 今天是我们的固定假日!

按照上面提到的论证型式的语用辩证表征,我们得到:

(1)今晚(我们的固定假日)确实会有交通拥堵。

（2）因为新年前夕有交通堵塞的事实。

（3）国庆节与新年前夜相当。

现在，从我们的演讲中可以看出，在实践辩证方法中提出的所有要素都在 AMT 中得到了解释，但是 AMT 明确地包含了深层的信息。更具体地说，AMT 有助于识别作为论据提出的与作为立场提出的陈述力量的来源。"那股力量"让我们承认它是支持这一特定立场的论据。

AMT 引入了一种着重在实体起点与程序起点之间连接的表示。从程序起点开始，涉及三个层次，可概括如下：

●第一层——语义—本体论关系。类比的论式：X 和 Z 之间的可比性基于它们共同属于"大庆典"的功能属①，其中人们让自己休息一天，然后去某个地方旅行。

●第二层——推理连接或格言。如果与 X 相同的功能属的情况就是这种情况，则可能是 X 的情况。

●第三层——逻辑的演绎推理形式。如果某种情况与 X 相同的功能属的情况如此，则 X 也可能是这种情况；现在，交通堵塞的存在是属于与法定假日相同的功能属的情况；因此，国庆节也可能是这样。

如果所有的前提都为真，那么这个逻辑形式在推论上是有效的。然而，包含在逻辑形式中的第二个前提（第三层次）的真理不是从格律中推导出来的，而是从外部，即从实体起点推导出来的。换句话说，必须为这一前提的真实性提供一些属于对话者实质共同点的有效支持。这种支持是必要的，以便详尽地表示真实论证的推理结构，因为为了使其真正地发挥作用，这个准则需要应用于适当的情形下。从这个意义上说，如上所示，语用辩证法正确地确定了必须满足的必要条件，以便对论证型式进行完整描述：国庆和除夕的确必须被视为可比较的情况。然而，这种可比性还需要进一步的支持。可以说，在我们的

---

① Macagno, Fabrizio, and Douglas Walton. "Argument from analogy in law, the classical tradition, and recent theories." Philosophy & rhetoric 42. 2,2009, pp. 154-182.

例子中,两个庆祝活动属于"一个共同的功能属""大庆典",即人们给自己放一天假,到某个地方去旅行。

可比性的支持是论证的现实前提,但它并不是一种推论联系,而是基于讨论者对这两种被考虑的庆祝活动的共同知识的假设。因此,我们可以说这是实体起点的典型例子。在这方面,我们建议重新考虑亚里士多德的"众人之意"概念①:"众人之意"概念是每个人或大多数人,或智者(所有人或大多数人,或其中最著名和最杰出的人)所接受的观点。

因此,"众人之意"概念是相关公众的意见被领袖所接受的观点。仔细观察,相关公众的概念非常重要,因为它与观众的观念相吻合。现在,有关批判性讨论中的说者和听者必须就重要的出发点达成一致,以解决他们的意见分歧。在上面提出的案例中,他们应该接受两个庆祝活动之间的等同性。依然与实体起点有关,人们必须在众人之意所代表的一般前提中加上一个事实前提,如果它对应于批评性讨论中参与者的重复观察,则可能被接受新年前夕实际上有交通拥堵。在图尔敏之后,我们称之为事实性质数据的前提。从逻辑的角度来看,"众人之意"与数据的结合使我们得出"有交通堵塞的事实适用于与法定假日属于同一功能属的情况"的结论。这种"初步"结论源于实体起点;但它同样被程序起点所利用,与作为小前提的格言相关联。从 AMT 的角度来看,这一交叉点至关重要:事实上,它代表了实质和程序起点之间的联结,并展示了如何在真实的论证中结合不同类型的前提,一个名为 Y 结构的图形表示旨在关注这种连接。

四、与其他方法的比较

任何新提案都需要理由。因此,在概述了 AMT 所代表的理论提案之后,现在是时候详细说明其与其他现有的论证型式方法相比的关键优势。一般来

---

① Rigotti, Eddo. "Relevance of context-bound loci to topical potential in the argumentation stage." Argumentation 20. 4(2006):pp. 519-540.

说,我们认为 AMT 在识别论证的推理结构时更加明确和完整。在将 AMT 与其他理论提案进行比较时,我们不会采用整体方法,即我们不会将不同模型与其所有特征进行比较;相反,我们将集中于一个具体方面,即论证的推论"机制"。其他方面,例如论证型式的分类、众人之意和数据的上下文限制或在实体组件中利用的关键字的逻辑和文化边界,将不予考虑。因此,我们的比较是局部的,因为在我们看来,更迫切的是将讨论的重点放在 AMT 更精确的方面:它有能力解释和重建在议论性话语中应用的通常复杂、通常隐含的推理机制。事实上,如果这种比较不能证明 ATM 的解释能力至少等于,或者可能超过其他模型的解释能力,那么进一步的比较就会变得毫无用处。事实上,任何努力改进已经证明未能履行其基本任务的工具相当不合理。

(一)　图尔敏

佩雷尔曼和奥尔布雷希茨 的论证对论证型式做出了突出贡献[①]。因为它提出,描述和例证(经常遵循古典和现代法语修辞传统)众多论式,被理解为链接从立场出发,提出了一个由三部分组成的论证分类。然而,虽然他们提出了一个有趣的论式分类标准,但这些作者并未详细讨论论证型式的推理结构;因此,他们的方法与我们现在的目标[②]不相关。因为著名的"图尔敏模型"对不同的解释持开放态度,在描述论证结构的工具之间摇摆不定以及分析单个论证的内部结构的手段。在后一种解释中,权证可能被解释为推理原则(或格言)。事实上,尽管权证与来自论式的推理联系之间的等价在图尔敏模型中既不明确也不合理,但他认为权证是一般模式——"证明所有适当类型论证的合理性",而图尔敏等人使用权证作为论证分类的定义标准。此外,图尔敏也将作为论据的事实的概念作为一个事实前提。然而,一般来说,图尔敏

---

① Perelman,Ch,and L. Olbrechts-Tyteca. " Lanouvelle rhétorique;Traité de l'Argumentation (Coll.Logos)."T. I - II .Paris:Presses Universitaires de France,1958,p. 98.

② Toulmin,S.The uses of argument.Cambridge:Cambridge University Press. 1958,p. 76.

的方法并没有对论证的推理结构做出明确分析。

黑斯廷斯在他的博士论文中,重点研究了图尔敏的权证概念,即区分三种推理,即口头分类、因果推理和直接证明。对于每个论证型式,他都指定了前提的语义场,推理从哪里开始,在哪里建立基础,推理移动到结论的语义场。此外,他将图尔敏的反驳发展为与每个论证相关联的一系列批判性问题;事实上,这是一种很有前途的直觉,后来在其他领域得到了发展 ①。

(二) 基彭波特纳的日常逻辑

在我们看来,弗里德曼·基彭波特纳对重新发现论题传统的贡献特别相关。特别是基彭波特纳重视论题的启发式阅读,并提出它不仅与古代身份理论相结合,还与几种现代的论证发明技术(辩论理论,百科全书系统,创造性技术)相结合。对于这两个方面,重新发现和重新审视论题传统以及重视对主题的启发式利用,基彭波特纳的贡献被证明不仅对于解释传统有重要意义,而且对于实现传统也有重要意义。特别是,他强调了论式和论证型式之间的关系。具体而言,基彭波特纳(见表4-1)提出的论证的推理结构与从整体到部分的论证型式有关②。基彭波特纳的方法具有显著的优势,因为它明确地制定了格言。但是,这些格言如何支持实践论证仍然不清楚。在基彭波特纳的叙述中,陈述了格言并将实践论证并列作为例子,但它们的"互动"并没有明确表达出来。不是偶然的,是有条件的。

表4-1中报告的例子开始("如果国家……")并不是真正的格言,即使它再现了它的句法结构。为了在推理上具有相关性,同样的前提应该是"国家和他们的居民分别对应于整体和部分"。然而,后者是一个相当可疑的前提,

---

① Christopher Guerra,Sabine."Themen,Thesen und Argumente zur Position des Italienischen in der viersprachigen Schweiz."Studies in Communication Sciences,2008,pp. 67—91.

② Kienpointner, Manfred. " All tagslogik." Struktur und Funktion von Argumentationsmustern. Stuttgart-Bad Cannstatt:Frommann-Holzboog1992,pp. 326.

它决定了这种论证性举动的明显弱点。在基彭波特纳的重建中省略了另一个前提,但由于推理一致性而需要加入,这个前提是"这些国家(第三世界)很穷"。

表4-1 重建基彭波特纳对论证推理配置的描述

从整体到部分的型式	
对整体的断言也是对部分的断言。 [整个国家]断言[贫穷]。 因此,X 被认定为部件[居民]。	如果第三世界国家贫穷,他们的居民一般也贫穷。 [这些国家很穷]。 因此,他们的居民一般都很穷。

如果接受这种综合重建,基彭波特纳的方法将与 AMT 相吻合。因此,我们可以得出结论,就基彭波特纳的提议而言,AMT 不仅更加完整,而且在制定哪种前提以及它们之间的推论联系对于论证是必要的时候也更加精确。

(三) 沃尔顿、里德和马卡尼奥

道格拉斯·沃尔顿肯定会在这里被提及,因为他一直致力于推论与非常多的论证型式有关的论证的推论。他的论证型式的方法最近已在沃尔顿等人的著作中被系统化了。在此,值得考虑本节和前文提出的一些示例,以突出及其同事认为与描述论证推理结构相关的组件。例如沃尔顿等人对专家意见的呼吁如表 4-2 所示①。

表4-2 根据沃尔顿从专家意见重构论证型式

专家意见论证型式
大前提:E 是包含命题 A 的主语域 S 的专家。 小前提:E 断言命题 A(域 S)是真的(假)。 结论:A 可能是正确的(假)。

---

① Walton, Douglas. "How to evaluate argumentation using schemes, diagrams, critical questions and dialogues." M.Dasc al et al. (eds.). Argumentation in Dialogic Interaction. Studies in Communication Sciences Special. 2005, pp. 51-74.

现在,这里作为结论提出的内容并没有从明确指出的前提中适当地遵循(非顺序)。在这样的前提下,我们只能得出结论:A 属于论题领域 S,是由该论题领域的专家主张。为了获得期望的结论,需要相当复杂的推理结构。事实上,这里似乎缺乏的是推理联系或格言,证明整个推理是正确的:如果一个命题 A 被 A 所属领域的专家声称为真,那么 A 可能是合理地被认为是真的。沃尔顿作为前提提出的两个命题允许我们仅推断出这个临时结论:A 属于论题领域 S,被这个论题领域的专家认为是真的。因此,我们可以说,这个主张似乎特别强调了论证型式的重要出发点,通过突出显示众人之意和准确(分别是主要和次要前提),但它没有表明这些重要组成部分是如何与结论或立场有明显联系的。更一般地说,沃尔顿等人提供了现实生活论证的推论结构。实体起点是存在的,却没有说明格言。

此外,我们可以注意到,命题"A 属于论题领域 S,被这个论题领域的专家确定为真",对应于由引入的格言的第一个组成部分所代表的命题的实例。"如果":我们期望最终的结论与格言的第二个组成部分的实例一致(以"然后"开头)。事实上,推理联系(格言)与这个临时结论的结合使我们最终得出沃尔顿的结论,即"A 似乎可能被认为是真的"。整个推理程序的总结如表4-3 所示。

表 4-3 从专家意见解释沃尔顿对论证型式的说明

最大值:如果某个领域的专家断言 p 为真,那么可能认为 p 为真。
大前提:E 是包含命题 A 的主语域 S 的专家。
小前提:e 断言这个命题 A(域 S)为真(假)。
临时结论:(作为次要前提,与格言相关联)属于主题领域 S 的 A 由该主题领域的专家断言。
结论:A 可能被认为是正确的。

然而,事实上,所需的整合使沃尔顿的分析与 AMT 提出的分析完全吻合。在这方面,AMT 证明使论证的推理结构更明确,和推理一致。

沃尔顿讨论的另一个例子提出了一个更为复杂的情况,可以类似地通过假设 AMT 视角提供的一些集成来解决。

表 4-4　直接针对人身的攻击的沃尔顿论证型式

论证型式的表示
直接针对人身攻击。 被告是一个性格恶劣(缺点)的人。 因此,答辩人的论证不应该被接受。

表 4-4 中的描述可以被认为是论证的可接受的表述,但肯定不是对其推论结构的分析。实际上,表示限制了自己说出基准,忽略了格言,格言可以重构为:"如果一个论证由坏人使用,它就不应该被接受"。顺便说一句,这不是一个恰当的格言,而是一个错误的格言。在里戈蒂的术语中应该与权威的论证型式中使用的看似相似的格言(在其破坏性的表述中)区别开来:"如果陈述是由坏人(或不可靠的人)提出的,则不应接受"。事实上,即使是性格有缺陷的人也可以推进良好(有效)的论证。在 AMT 内,将重建相同的论式,如表4-5 所示:

表 4-5　从专家意见解释沃尔顿对论证型式的说明

最大值:如果使用论证一个品行不良的人,不应该被接受。 前提 1:X 是一个坏字符的前提。 结论:这个论证不应该被接受。

在这种情况下,类似 ATM 的表示允许显式论证型式的所有组件。它还允许显示推理的不可接受程度取决于格言的程度。更一般地说,AMT 准 Y 结构提出的分析不仅提供了分析论证推理配置的工具,还有助于识别推理结构的

哪些节点是合理的,哪些节点不合适①。由于实体和程序构成之间的明确区分,它还允许确定议论性移动的可能缺陷是否取决于使用无效格言,或者是否错误,不正确或部分瞄准于论证者的实质出发点。

(四) 论证型式的语用辩证解释

我们已经考虑了 AMT 的某些特定方面,这些方面与节段中的论证型式的语用辩证观有关。但是,值得简要阐述一下推理和表示论证推理结构的具体方法。回到第三节第二段中提出的例子。关于类比论证,可以考虑如何在语用辩证法中处理论证型式的不同构成要素。程序组件的第一层,即 AMT 挑出的语义—本体关系,可以通过论证型式本身的名称在该内容中检索;并非巧合,作者还谈到了症状②,类比和因果关系或爱默伦等专注于一系列子类型的论证型式,从而表明可以挑出更具体的本体论关系③,而不仅仅是上面提到的三个,实际上相当通用的类别。

尽管在论证型式的不同子类型(爱默伦)的话语描述中讨论了一些格言,但我们所谓的 AMT 中的第二层或格言并未明确地表达为语用辩证法中的论证型式的一般表示。事实上,格言是在论证型式的具体应用中起作用的特定论证原则,因此,只能在特定的子类型中识别。例如,加森指出,基于"正义原则"的类比,存在一种特定的子类型论证④;这个原则,可以用 AMT 术语中的格言确定,"类似情况下的人应该被同样对待"。这些内容描绘了我们称之为

---

① Christopher Guerra, Sabine. "Themen, Thesen und Argumente zur Position des Italienischen in der viersprachigen Schweiz." Studies in Communication Sciences 8. 1(2008) : pp. 67–91.

② Garssen, Bart, and Frans H. van Eemeren. "Crucial Concepts in Argumentation Theory." 2001, pp. 81.

③ Van Eemeren, Frans H, Peter Houtlosser, and AF Snoeck Henkemans. Argumentative indicators in discourse : A pragma-dialectical study. Vol. 12. Springer Science & Business Media, 2007, pp. 777–780.

④ Garssen, Bart, and Frans H. van Eemeren. "Crucial Concepts in Argumentation Theory." 2001, p. 81.

论证型式的程序起点的语用—辩证方法。然而,尽管在很大程度上与 AMT 兼容,但这种方法在描述论证型式推理结构方面不具有系统性。

在类比的情况下,爱默伦等人确定论证型式的前提是关于两个实体 Z 的实际可比性的陈述与 X 相当以及某个特征归属于假定为可比术语"因为 Y 属于 Z"的实体①。因此,实体成分以某种方式存在于语用论辩法中,尽管这些前提在实体性成分与程序性成分相关的事实并未明确地被挑选出来。换句话说,我们可以说 AMT 可以提供论证型式的详尽表示,这在语用辩证方法中部分隐含。特别是,AMT 提供的表示具有以下优点:需要精确识别工作中的格言,以及明确程序和实质出发点之间的交集。

(五)从比较中得出的一些结论

此部分简洁概述了论证型式研究带来的贡献,尽管深入研究了有关论证型式的许多方面,但论证的内在推理结构未被充分研究。此外,为了更加融贯(健全),前面提出的概述表明大多数表示方法都需要更多的前提来整合,这些整合似乎将这些表示转化为 AMT 提出的论证分析。

总而言之,我们可以说 AMT 提出的 Y 型结构允许统一和连接先前在论证型式研究中被指出相关的一些元素;如图 4-2 所示,可以识别概念重叠的一些区域。此外,理解论证推理配置所需的其他元素仅由 AMT 指定。从图 4-2 中可以看出,AMT 提供了突出所有这些要素之间的推论联系的机会。特别是由于"利用"了推理准则所衍生出的第一个结论,并将其作为基于格言的推理路线的一个小前提,从而聚焦于程序起点和物质起点之间的交织。

总而言之,可以确定四个采用 AMT 视角作为分析论证推理配置的工具的主要原因:

---

① Van Eemeren, Frans H., and Peter Houtlosser. "Strategic maneuvering with the burden of proof." Reasonableness and effectiveness in argumentative discourse. Springer, Cham, 2002, pp. 13-28.

（1）实践论证的推理配置更加明确；

（2）论证的前提是以这样一种方式识别出来的，即允许将程序性前提与实质（内容性）前提区分开来，并着重于程序性和实质成分之间的交叉点；

（3）通过在论证型式的实质成分中引出基点，可以明确论证的上下文限制①；

（4）正如加森（Garssen）②所言，论证型式可以被区分，因为每个型式都有不同的批判性问题。沃尔顿、里德和马卡尼奥③也强调了评估论证型式的关键问题的重要性。在这方面，AMT可以支持引发与Y结构的每个节点相关的可能的关键问题，准确地指定论证的有效性问题与哪个节点相关联。

更具体地说，关于我们认为，作为AMT的一般框架的方法，即语用—辩证法，可以找到实质性的差异。确实，同样的立场可以从语用—辩证方法重建的前提和AMT提出的Y重建推断出来，因此，从这个角度来看，这两个提议都是合理的。然而，由语用辩证理论家提出的显性和隐性前提的重建并没有恰当地回答由论证型式所施加的举证责任。事实上，它没有突出与论证相关的论证力量的基础。一般来说，论证型式的语用辩证法说明表明，论证—立场联结是一个类（一种类型）论证—立场对的实例（一个标记）；在实现观点条件的所有情况下，这种联系都是活跃的。让我们分析一个简单的例子：毛里塔尼亚人不能拥有武器，他们没有铁。这种论证的语用辩证重建听起来像是："如果没有铁，就没有武器（毛里塔尼亚人缺铁；因此他们不能拥有武器）"。关于在这个例子中考虑的具体论证—立场对，前提的语用辩证法重建（"如果没有铁，就不能有武器"）重建一类议论对，包括所有案例，其中铁的缺乏阻碍了武

---

① Rigotti, Eddo. "Relevance of context-bound loci to topical potential in the argumentation stage" Argumentation 20. 4(2006) : pp. 519–540.

② Garssen, Bart, and Frans H. van Eemeren. "Crucial Concepts in Argumentation Theory." 2001, p. 81.

③ Walton, Douglas, Christopher Reed, and Fabrizio Macagno. Argumentation schemes. Cambridge University Press, 2008, p. 276.

器的生产(任何时候缺铁,缺乏武器)。然而,在这种情况下以及在其他可能的情况下,这种重建没有说明为什么缺铁实际上会妨碍武器生产。在基于"无铁,无武器"原则的论证对中,论证—立场关系因此仍然是不透明的。

为了回答这个问题,AMT 根据产品与其实质原因之间的关系重建论证的推理结构。这种情况在这种"本体论关系"(铁/武器,牛奶/黄油,巧克力/沙河蛋糕,面粉/面包等)的所有实际情况中都会被激发:特定的众人之意可被激活:"武器由铁制成","黄油是用牛奶做的","沙河蛋糕基本上是巧克力蛋糕","面包是面粉的产品",等等。更具体地说,AMT 将前提分为"如果没有铁,就不能有武器"进入基于实质原因建立在论式上的格言:"如果实质原因不存在,产品不能出席";一个实质出发点,指出"铁是必要的武器"(内皮素)和"毛里塔尼亚人缺乏铁"。在显示论证的力量依赖于什么方面,这种重建更为充分。事实上,正是由于缺乏必要的实质原因(铁),支持毛里塔尼亚人缺乏武器的论证才得以发挥作用。

小　　结

我们在本节中概述的与论点相关的论证型式的推理结构分析,是对论证型式类型学轮廓的初步分析。事实上,虽然论证型式可以通过各种方式重新组合①,但同样出现的是,唯一合适的分类是基于论题的关系。由沃特利(Whately)②根据古代和中世纪传统制定的结论。同样的分类原则是由实用主义辩证的观点③所假设的。

对 AMT 团队所有研究人员来说,对论式的本体—语义结构的分析是一项

---

①　Toulmin, Stephen Edelston, Richard D. Rieke, and Allan Janik. An introduction to reasoning. No. Sirsi. 1984, p. 73.

②　Whately, Richard. "Elements of Rhetoric, ed." Douglas Ehninger (Carbondale, IL: Southern Illinois University Press) 1963, p. 169.

③　Garssen, Bart, and Frans H. van Eemeren. "Crucial Concepts in Argumentation Theory." 2001, p. 81.

重要的任务。同时,这种分析需要在对论式的本体论语义条件的分析和论证文本的经验现实之间进行不断的往返运动,其中这些论式用于支持真正的论证。考虑到不同的贡献,为了给有效性标准下定义,我们正在分析语义本体关系和由它们激活的推理关系。

第二节 论证型式的智能建模——基于 COGUI 编辑器的本体表达性与建模论证

引 言

COGUI①(概念图用户界面)是一种知识库编辑器,其中知识被编码为图形并且支持声音和完整的基于图形的推理操作。COGUI 编辑器将允许编码以包含语义 Web 主要语言的逻辑形式表达的知识库:RDF/S, OWL 和 Datalog+。COGUI 图在一阶逻辑(FOL)中具有语义和推理任务,直接在用户定义的知识(图形)上运行,而不是把它们转换成逻辑公式。COGUI 可以导入和导出所有主要的语义 Web 主要语言(RDF/S, OWL, Datalog+, CGIF, CogXML),并且最近已经扩展为支持使用默认规则的非单调理由。这种扩展是在实际应用需要的基础上开发的,以支持不一致的基于本体的推理。

论证型式(AS)用于对人们在日常生活话语中交换的论证形式进行分类。它们用于识别和评估公共和陈规定型的论证。Ne 论证交换格式(AIF②)主要

---

① Baader, Franz, et al., eds. The description logic handbook: Theory, implementation and applications. Cambridge university press, 2003, p. 325.

② Chesnevar, Carlos, et al. "Towards an argument interchange format." Knowledge Engineering Review 21. 4 2006, pp. 293–316.

基于 AS,提出了"统一本体论"用于论证。第一个 AIF 本体论是由①提出的,它基于资源描述框架模式 RDFS,这个 AIF‐RDF 本体关系是在一个名为 ArgDF 的 Seman 基于 Web 的系统中实现的。这项工作在②中通过在描述逻辑 DL 中引入基于 OWL 的 AIF 本体来扩展。这个本体启用了自动型式分类,实例分类,链式论证结构中间接支持的推理,以及关键问题的推理。该模型侧重于论证的类型学和整体结构,并没有使论证具有可接受性。而且,AS 中的推理类型是非单调的。在这个 OWL 本体论中的声音基于一阶谓词逻辑的子集,因此不支持非单调推理。

一、动机示例

"根据论点所得知的论证"具有以下要素:

- 知道前提的位置:E 能够知道 A 是否为真(假)。
- 断言前提:E 断言 A 是真的(假)。
- 结论:A 似乎可能被认为是真实的(错误的)。

该计划有一系列关键问题,我们提到了可信度问题:"E 可靠吗?"。

图 4-2 显示了使用 ArgDF 型式的论证网络。这遵循基于图形的 RDF 描述,即网络的节点表示 RDF 三元组的主题或对象,而边缘用谓词标记。根据 RDF/S 语义,由标记为 p 的边链接的两个节点 s 和 o 具有 P(s,o)的逻辑语义。在图 4-2 的情况下,节点可以表示域语句,例如:"巴西是世界上最好的足球队"或通用论证,例如:"E 有能力知道 A 是真还是假"。这意味着我们无法进一步推断巴西是世界上最好的足球队(如推断巴西队赢得了世界杯)。这些陈述被视为黑盒子,我们无法推断黑盒子中包含的知识。

① Rahwan,Iyad,Fouad Zablith,and Chris Reed."Laying the foundations for a world wide argument web."Artificial intelligence 171. 10‐15,2007,pp. 897‐921.

② Rahwan,Iyad,Fouad Zablith,and Chris Reed."Laying the foundations for a world wide argument web."Artificial intelligence 171. 10‐15 2007,pp. 897‐921.

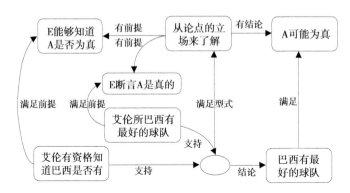

图 4-2　使用 ArgDF 本体论从位置到知识的论证

里沃(Rahwan)等提出的本体确实是为了在语义上检索论证实例。更确切地说,在这个特定的例子中,实例被分类为从位置知道的论证的必要和充分条件如下:

已知论证位置(假设论证)问题

有结论:知道 Stmnt 的位置问题。

有前提:知道 Stmnt 有一个位置问题。

有前提:断定知道 Stmnt。

我们提出的模型(如图 4-3 所示)将所有接地原子建模为不同的知识块,实际上将前一模型的黑盒子分开。这意味着当我们应用与此型式相关的推理规则时,我们不会根据现有工作放松任何表达性。但是,我们还对异常进行建模,并将它们直接链接到论证的前提。在本次考试中,我们将"缺乏可靠性"与艾伦联系起来。里沃工作中的例外情况不是以非单调的方式处理,而是纯语法标志,不受任何推理引擎的处理。我们的模型使用与型式关联的默认规则支持这种类型的推理。

此外,假设我们有另一个人"马丁",也"有位置知道"谁说相反,即巴西不是最好的团队,Rahwan 的模型不会捕捉冲突,除非我们明确陈述(因此不推断)这两个论证之间存在冲突。在我们的模型中,由于图 4-7 中定义的规则,

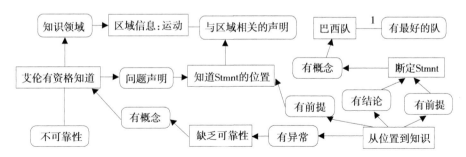

图 4-3　从"位置到知识"的论证使用我们的模型

我们得出结论,两个论证的结论陈述(由"艾伦"和"马丁"发表)是矛盾的。此后,规则(如图 4-6 所示)将推断冲突型式和攻击关系。

二、概念

(一) AIF 模型

研究界引入了 AIF 模型来代表论证的"抽象模型",以促进不同论证系统之间半结构化论证的交换。参考文献①通过引入具体实现说明了在论证系统中使用所提出的抽象模型。AIF 模型基于 AS、AIF 中的每个 AS 都有一个名称、一组前提、结论和一组预定义的关键问题。关键问题用于识别论证的潜在弱点,从而提出支持者"攻击"这一论证的可能性。

(二) 概念图知识库和 Cogui

由引入的概念图(CGs)形式主义是一种知识表示和推理形式②,表示与

---

　　①　Rahwan,Iyad,et al."Representing and classifying arguments on the semantic web."*Knowledge Engineering Review* 26. 4,2011,pp. 487−511. Rahwan,Iyad,Fouad Zablith,and Chris Reed."Laying the foundations for a world wide argument web."*Artificial intelligence* 171,2007,pp. 897−921.

　　②　Mugnier,M.-L.,Chein,M.：Graph-based knowledge representation.Advanced Information and Knowledge Processing.Springer,London,2009,pp. 156；Sowa,J. F.：Conceptual Strictures：Information Processing in Mind and Machine.Addison-Wesley,Boston,1984,p. 236.

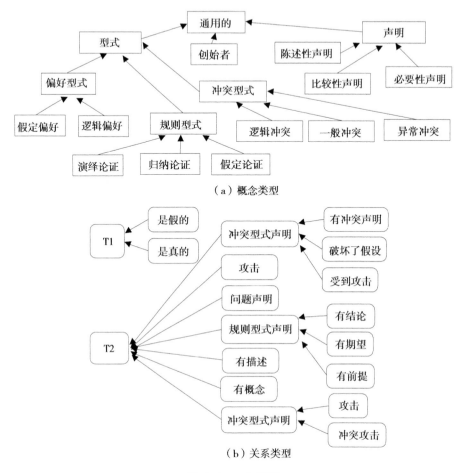

（a）概念类型

（b）关系类型

图 4-4　AIF 模型

主要语义 Web 语言兼容的一阶逻辑的子集。CGs 知识库包含表示域本体的词汇表部分（也称为支持）（等效于描述逻辑，数据记录规则或 RDF/S 模式中的 TBox），以及表示事实的称为基本 CG（BCG）的断言部分或断言（ABox、数据库实例、RDF 文件等）。词汇表由两个部分有序的集合由一个特化关系组成：一组概念和一组任何 arity 的关系（arity 是山与关系的论证数量）。Ne 特化关系定义为：x 是 X 的特化，如果 x 和 X 是概念，则意味着概念 x 的每个实例（个体）也是概念 X 的实例。基本概念图（BG）是一个二分图，由以下组成：

这些实体或它们的属性之间的关系;(iii)将关系节点链接到概念节点的一组边。概念节点由一对 t 标记:m 其中 t 是一个概念(更一般地说,一个概念列表),称为节点的类型,m 被称为该节点的标记:该标记是通用标记,如果节点引用未指定的实体,则表示为 *,否则该标记是特定的个人名称。

CGs 模型还包括更复杂的构造,例如复杂的一阶规则(相当于生成依赖于数据库或目录+规则的元组)和默认规则(允许非单调推理)。

规则:一个规则表达了对形式的隐含知识"如果假设然后是假设,其中假设和结论都是基本图形。通过将规则应用于特定事实可以明确这些知识:直观地,当假设图形时在一个事实中发现,然后结论图被添加到这个事实。

默认规则:CGs 默认规则基于 Reiters 中的默认逻辑①。它们由元组 DR = (H,C,Ji,…,JQ)定义,其中 H 称为假设,C 结论和 Ji,……称为默认的理由。DR 的所有组件本身都是基本的 CGs。CG 默认值的直观含义是:如果 H 代表所有个体,那么可以推断出 C,只要没有理由 Ji(对于所有 i 从 1 到 k)成立。

概念图中的否定由负面变量的均值表示,这些变量是具有语义的基本图形,如果它们出现在知识库中,则知识库是不一致的。请注意,这种特定的否定等同于 OWL 和描述逻辑使用的否定以及数据库使用的完整性约束。

在下面,我们将介绍基本本体,其中包括 CG 的支持,推理规则和约束。用于论证型式的 AIF 模型。AIF 模型的主干如图 4-4 所示,并遵循定义的本体模型②。概念层次包括在顶层:描述可以发布的语句,描述由语句组成的论证的型式。定义了三种类型的型式。第一种型式是规则型式,它定义了可以定义的论证类型。第二种是冲突型式,代表论证之间的攻击关系。第三种是偏好型式,它包括逻辑和推定的偏好。在规则型式和格言中的论证之间定义

---

① Boley, Harold, et al. "Rule interchange on the web." Reasoning Web International Summer School.Springer, Berlin, Heidelberg, 2007, pp. 269-309.

② Rahwan, Iyad, et al. "Representing and classifying arguments on the semantic web." Knowledge Engineering Review 26. 4, 2011, pp. 487-511.

的关系类型是:具有前提、结论和例外。这些关系表示论证可能分别有前提、结论和例外,可以通过关系攻击冲突型式,并且可以通过关系冲突对该型式进行攻击。其他关系类型表示语句可能为正确或错误的事实。

在定义概念和关系的主干之后,我们需要施加约束来确保模型的一致性。我们使用正约束来表示每个论证至少有一个前提和一个结论,如图 4-5a 所示。为了确保每个论证最多只有一个结论,我们使用负约束,如图 4-5b 所示。

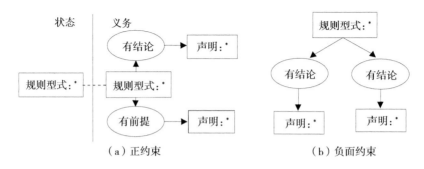

（a）正约束　　　　　　　　　　（b）负面约束

图 4-5　结论约束

论证之间的攻击:概念冲突型式的特化用于表示不同论证之间的攻击,一般冲突实例捕获论证之间的简单对称和非对称攻击,而例外冲突实例表示推理规则的异常。

我们首先定义两个论证之间对称攻击的规则如下:如果两个语句 Si,S2 通过关系有矛盾的陈述(一般冲突,陈述)属于一般冲突概念,即这两个语句之间存在冲突,如果一个陈述出现在论证 A 的结论中,另一个陈述出现在论证 B 的结论中,我们说在论证 A 和 B 之间存在对称攻击。图 4-6 说明了对称冲突规则。规则语义如下:S2 e

需要提前纠正的是,一般冲突,如具有冲突状态表述(GF,Si),具有冲突状态表述(GF,S2)和如果 3Ai、A2e 规则型式,则有如图(A//,Si)和结论(A//,S2),那么有由关系定义的对称冲突:攻击和被攻击。

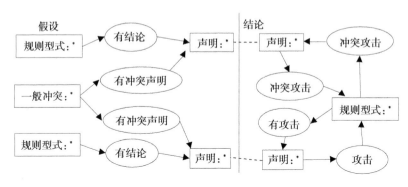

图 4-6　对称冲突规则

除了上面定义的一般冲突规则,我们在图 4-7a 中定义了对关系有矛盾的陈述(一般冲突,陈述)建模的规则如下:当一个语句 S 似乎合理地被评估为"正确"和"错误"时,则 S:Si(评估为"真")和 S2(评估为"假")的两个实例属于一般冲突陈述关系。因此,具有 Si,S2 属于关系一般冲突陈述并且使用先前的规则我们得出结论,如果 Si 出现在两个论证 A 和 B 的结论中,则 A 和 B 之间将存在对称攻击。

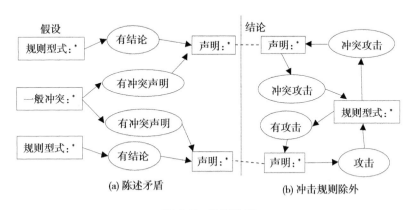

(a) 陈述矛盾　　　　　　　　　(b) 冲击规则除外

图 4-7　冲突约束

第二种类型的冲突是异常冲突(请参见图 4-7b),当声明是论证 A 的结论并且同时是其他论证 B 的例外时就是这种情况。在这种情况下,结论是论证 A 通过概念攻击论证 B。

三、建模论证型式

我们为新 AS 建模的方法包括以下三个步骤：

• 步骤 1：丰富本体论。我们用新的概念和关系类型丰富了 AI 的词汇，添加了一个代表新型式的概念作为规则型式的后代，并根据关键问题添加概念。

• 步骤 2：规则定义。我们定义推理规则，以启用 AS 推断（识别型式）和关键问题推理。

• 步骤 3：默认规则定义。我们引入了定义非单调推理的默认规则。使用的通用推理规则定义如下："如果一个论证符合 AS，我们得出结论，它的结论是正确的，除非其中一个例外成立"。

现在让我们解释一下如何应用这种方法来定义三个论证型式。

（一） COGUI 论证型式的实施——专家意见的论据

许多论证型式中，人们引用权威来支持他们的观点。换句话说，他们表明某人（被引用的权威人士）可以给出支持他们辩护的陈述的理由。这种形式的论证被称为"诉诸权威，或者从知道的位置"的论证。根据所引用的权威的类型，如果权威是专家，则 AS 将是"专家意见的论据"，或"论证"从证人证言来看，如果这个人是当前情况下的证人。这种类型的论证带有共同的批评性问题，例如质疑权威的可靠性，更确切地说：引用的人是权威人士？还是正在讨论的域名中的权威？

我们将模拟该型式"来自专家意见的论证，作为该型式的子型式"，从位置到知识的论证"对于缺乏空间，我们将不会提供"，从位置到知识的论证的完整模型"在此例子中只描绘了它的一部分"，该型式具有以下要素①：

---

① Walton, Douglas. Fundamentals of critical argumentation. Cambridge University Press, 2005, p. 102.

- 专业知识前提:E 是 D 域中包含命题 A 的专家。

- 断言前提:E 断言 A 是真的(假)。

- 结论:A 似乎可能被认为是真实的(错误的)。

关键问题是:

(1)专业:专家 E 的可信度如何?

(2)值得信赖的证人:E 可靠吗?

(3)一致性:是否与其他专家的证词一致?

(4)备份证据:A 是否有证据支持?

我们将此型式建模如下:

步骤 1:本体论丰富。我们对专家知识进行建模,我们将专家 Stmnt 概念添加到断言中。此断言被翻译为专家 E 通过关系发布声明,并且发布的声明属于经验领域,其中 E 具有足够的专业知识。断言 Stmnt 表示 E 断言 A 是真(假),这是断言本身,并且也表示 A 的某种可能合理地被认为是真的(假)。

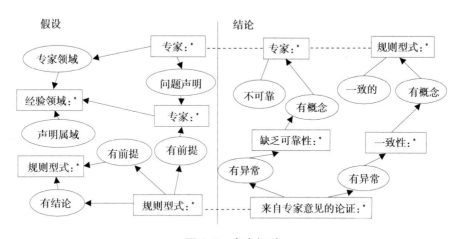

图 4-8 专家规则

步骤 2:正式描述规则定义。

步骤 3:默认规则定义。默认规则表述为:"如果断言 S 由该领域中的专家 E 得出,我们得出结论 S 为真,除非例如专家 E 不可靠或与其他专家不一致"。图4-9描绘了这个默认规则。

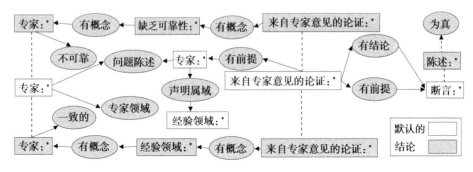

图 4-9 专家默认规则

（二）类比论证

类比论证的 AS 可以表示如下（更多细节见［15］）：

• 相似性前提：通常，案例 C1 类似于案例 C2

• 基本前提：在 C1 的情况下，A 为真（假）。

• 结论：在 C2 情况下，A 为真（假）。

关键问题是：

（1）引用的 Cl 和 C2 类似吗？

（2）Cl 和 C2 之间是否存在差异，这些差异往往会破坏所引用的相似性的力量？

（3）还有一些其他案例 C3 也类似于 Cl，其中 A 是假（真）？

实施该型式的 COGUI 方法如下：

• 步骤1：本体论丰富。由于我们考虑两个类似的情况 Ci 与 C，我们似乎需要增加概念 C1 与 C2 是相似的。我们还通过陈述：S 由案例 C 发出，来引用语句在情况 C 中为真。因此，论证可以写成如下：如果语句 S 由案例 C1 发出，并且如果 C2 称为 Ci，那么 S 也将被视为由案例 C2 发出。我们需要分别使用假设，破坏差异并利用具有不同结果的相似案例来表示三个关键问题。

• 步骤 2:规则定义。该规则可写为:"如果规则型式 R 具有第一句:语句 S 由案例 Ci 发布,如果 A 具有第二个:存在代替 Q 的案例 C2,并替换为:语句 S 也是由案例 C2 发出的,那么型式 R 属于类似论证"。这在图 4-10 中正式描述。

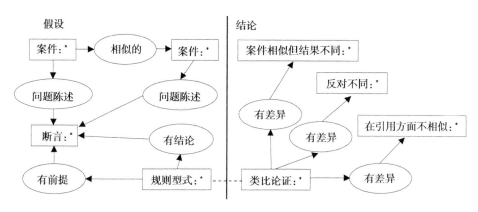

图 4-10　类比规则

• 步骤 3:默认规则定义。该型式的替代规则可以是:"如果语句 S 由 Case Ci 发出,如果存在 Q 的情况 C2,则我们转换为 S 在情况 C2 中为真,除非相似不是在图 4-11 中提到了该规则的 COGUI 建模(为了得到而又不太可能)。在引用的方面,或者存在破坏性的差异,或者是否存在实例 Ci 的案例 C3,其中 S 不是真的(假)"。复杂的图,我们只考虑两个例外:在引用方面不相似,并且存在不同结果的相似案例。

(三) 受欢迎意见的论述

所描述的流行观点的论证是:如果大多数人(每个人,几乎每个人等)接受 A 为真,那么这将是 A 被普遍接受的证据①。该计划的结构包括以下要素:

---

① Walton, Douglas. Fundamentals of critical argumentation. Cambridge University Press, 2005, p. 30.

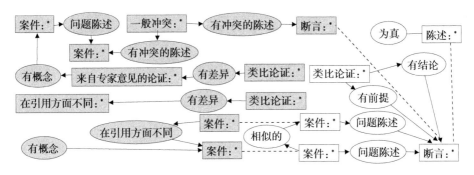

图 4-11　类比默认规则

- 一般接受预测:A 通常被认为是真实的。

- 推定前提:如果 A 通常被认为是真的,它给出了 A 的理由。

- 结论:有理由支持 A。

以下两个关键问题与该计划相符:

(1)何种论据,对常识的依赖,支持 A 被普遍接受为真的主张?

(2)即使 A 被普遍认为是真的,是否有充分的理由怀疑它是否属实?

表示该型式的 COGUI 方法如下:

- 步骤 1:本体论丰富。我们指的是断言 S 通常被公众舆论接受,断言:S 由公众意见发布。因此,断言 S 是规则型式的纠正和陈述。因此,我们用论证来自公众意见和公众意见这些概念丰富了我们的本体。我们还需要为第一个关键问题添加概念缺乏证据和缺乏证据的关系(语句),并为第二个关键问题添加概念存在怀疑的良好理由和关系具有怀疑的良好理由。

- 步骤 2:规则定义。该规则可以写成:"如果断言 S 由公众发布,并且如果 S 是规则型式 R 的前提和结论,那么 R 属于从公众意见得出的论证,这在图 4-12 中正式描述。

- 步骤 3:默认规则定义。该计划的默认规则可以是:"如果断言 S 由公众意见发布,我们得出结论 S 是真的,除非缺乏证据或有充分的理由怀疑"。图 4-13 包括这个规则的建模。

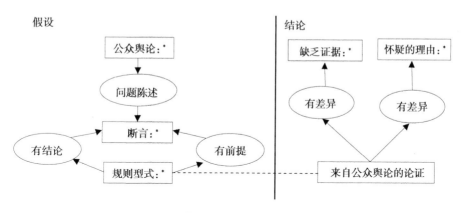

图 4-12　舆论规则

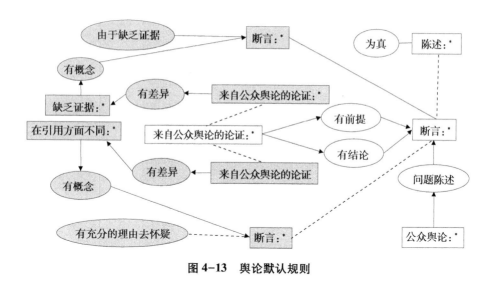

图 4-13　舆论默认规则

小　　结

本节探讨建构了一种方法以及 AS 的建模,使用 COGUI(图形知识建模和查询环境)来表示和使用有关论证的知识。这种方法展示了如何使用通常有用且易于使用的工具来进行非单调推理,这种推理可以表征为有代表性的常识。由于规则的表达性(允许非单调推理)以及论证的细粒度表示

241

（与先前工作采用的黑盒子方法相异），我们的工作与现有技术不同。该本体是公开的，我们目前正在调查其用于推理农业食品型式决策的用途。这是一项持续的本体建模工作，我们目前正在与文献中的其他型式一起扩展我们的工作。

第五章　可废止论证型式研究

第一节　可废止论证型式的逻辑建模

引　言

通过确定可废止的论证形式的逻辑,判断是否有某种方法可以推动论证研究。人工智能提供的资源可以帮助我们向前发展。其中之一被称为可废止逻辑,它是承认可以通过反驳和规则例外来打败的可废除推论的一种逻辑。另一个资源是卡内德(Carneades)系统①。虽然论证型式和匹配的与之关键问题已经有用地融入先前的论证映射技术中,但直到卡内德系统出现之前,还没有基础推理模型可以权衡将一个型式与一个论证的平衡相匹配的关键问题。卡内德将关键问题建模为论证型式的三种前提。在本节中,我们将这两种资源结合起来,以便找到论证的逻辑,虽然我们尚未得知其全貌。作为奖励,这种方法提供了一种对修辞十分有用的论证构造方法。

论证研究领域需要基于某种逻辑推理模型。虽然演绎和归纳的推理模型

---

① Gordon,T.F.The Carneades Argumentation Support System, Dialectics, Dialogue and Argumentation,ed.C.Reed and C.W.Tindale,London:College Publications.2010,pp.11-13.

在某些情况下很有用,但人们越来越多地认为,还需要出现正确推理的第三种替代标准来评估日常会话论证的优缺点。那些致力于可废弃性的人更多地关注推理,而致力于非正式逻辑的人则更多地关注论证①。通过分析有关它们的反对论证来评估论证(在辩证层中)。一旦人们查看了支持给定论证的所有论据,并将其与所有攻击它的论据进行平衡,就可以判断哪一方在平衡方面有更多的证明权重,即赞成或反对。但是,这些单独的赞成或反对论证中的每个都需要自我评估(在推论性核心),以及它如何与反对论证进行平衡。该怎么做? 答案是最好用论证型式来完成。

一、论证型式及其型式化

在许多情况下,论证识别分析和评估的首选方法在于将论证型式应用于给定文本。一旦确定了一个论证,它的评估方式取决于它如何回答与符合论证的型式相匹配的关键问题。总结了这种方法之后,我们可以说它有两个方面。一方面是对每个论证的评估,这是推理的或逻辑的部分。在这里,论证型式起着关键作用。另一方面是当赞成和反对的论证在更广泛的视角下解决一个悬而未决的问题时,这两者之间是如何平衡的。

在日常会话论证中,适用论证的最广泛有用的是可废止的论证型式②。一个很好的例子是来自专家意见的论证。这种型式没有通过演绎解释很好地进行建模。基于一种绝对普遍的概括,以及认为专家所说的总是真的,是不会产生有用的逻辑模型的。事实上,这种演绎模式会使该计划成为一种错误的论证型式,使其具有不可改变的严谨性。在实践中,评估专家意见的论证最好通过观察它在关键提问的测试程序中的存活程

---

① Bench-Capon,T.J.M.and Prakken,H.Using Argument Schemes for Hypothetical Reasoning in Law,Artificial Intelligence and Law,2010,18(2),pp.153-174.

② Walton, D, Reed, C. and Macagno, F. Argumentation Schemes, Cambridge：Cambridge University Press. 2008,p.137.

度来实现①。

最简单的型式代表了专家意见的论证,如沃尔顿所述,其中有一些较小的符号变化,在下面的两个前提和一个结论中展示。E是一种能够在知识领域F拥有专业知识的代理人。

专家意见(版本 I)的论据

主要前提:来源 E 是包含命题 A 的 F 领域的专家。

次要前提:E 断言命题 A(在字段 F 中)为真(假)。

结论:A 似乎可能被认为是真的(假)。

我们应该通过询问专家关键问题以及在对话中判断专家对它们的答复来评估专家意见中的论证。下面是与专家意见相匹配的六个基本关键问题专业知识:

E 作为专家来源的可信度如何?

现场问题:E 是处于 F 领域的 A 问题的专家吗?

意见问题:E 断言 A 意味着什么?

可信度问题:E 个人可靠作为来源吗?

一致性问题:与其他专家断言的一致吗?

备用证据问题:E 的断言是否基于证据?

如果受访者询问六个关键问题中的任何一个,它会将举证责任转移到支持者一方,这种转变暂时打破了论证,直到关键问题得到解答。使用具有关键问题的可废止型式作为对 AI 有用的论证评估工具的问题在于:在标准化用于论证可视化和评估的类型的树结构中表示问题并不容易。如果将关键问题视为论证中隐含的附加前提,那么可以使得这个问题很容易解决。另外一个问题是,在提出关键问题时,负担的转移并不是以统一的方式进行的。在某些情况下,仅仅提出问题就足以打败这个论证,但在其他情况下,除非关键问题得

---

① Walton.D.Appeal to Expert Opinion,University Park:Penn State Press. 1997,pp. 119-120.

到一些证据的支持,否则不会发生转变。

里德和沃尔顿提出了另外三种从专家意见重构论证的逻辑形式的方法①,它们分别被称为版本Ⅱ,版本Ⅲ和版本Ⅳ,其中,版本金Ⅰ是上述原始版本。版本Ⅰ是一种非常简单的论证形式。版本Ⅱ增加了一个有条件的前提,揭示了这种形式的论证所依据的图尔敏论证型式。

专家意见(版本Ⅱ)的论据

主要前提:来源 E 是包含命题 A 的主题域 S 的专家。

次要前提:E 断言命题 A(在域 S 中)为真(假)。

条件前提:如果来源 E 是包含命题 A 的主题域 S 中的专家,并且 E 断言命题 A 为真(假),那么 A 可能合理地被认为是真(假)。

结论:A 似乎可能被认为是真的(假)。

如果你看一下版本Ⅱ,你可以看到该论证有一个肯定前件式作为推理。它的形式称为可废止的模式。维赫雅提出,可废止的论证型式适合称为非赋形剂的一种形式的论证②。通常,如果 p 则 q;p,则不是规则的例外,如果 p 则 q;因此 Q。这种形式的论证可以用来评估可疑推论,如特威伊论证:如果特威伊是一只鸟,特威伊就会飞;特威伊是一只鸟,因此特威伊会飞。这种形式的论证被沃尔顿称为可废止的模式③(DMP)。一个例子也说明了 DMP:如果他有一位优秀的律师,那么他将被无罪释放;他有一位优秀的律师,因此他将被无罪释放。这个论证是可以废止的。尽管他有一位优秀的律师,但他可能不会被无罪释放,因为即使是一位优秀的律师也可能会在一个案子中失败。尽

---

① Reed,C.and Walton,D.Diagramming,Argumentation Schemes and Critical Questions,Anyone Who Has a View:Theoretical Contributions to the Study of Argumentation,ed.F.H.van Eemeren,J.A. Blair,C.A.Willard and A.Snoek Henkemans.Dordrecht:Kluwer,2003,pp.195-211.

② Verheij,B.Legal Decision Making as Dialectical Theory Construction with Argumentation Schemes,The 8th International Conference on Artificial Intelligence and Law:Proceedings of the Conference,New York Association for Computing Machinery,2001,pp.225-236.

③ Walton,D.Are Some Modus Ponens Arguments Deductively Invalid?,Informal Logic,2002, 22,pp.19-46.

管如此,他有一位优秀的律师是一个理所当然地接受这样的结论,即他将在平衡的考虑因素下被宣告无罪。

使用来自可废弃逻辑的概念,它或是被称为可废除的含义,或被称为可废弃的条件,我们可以表示 DMP 具有以下形式:

主要前提:A => B。

小前提:A。

结论:B。

第一个前提陈述了可废止的条件,"如果 A 一般是真的,但除了例外,B 是真的"。专家意见的论证型式现在可以投入 DMP 表格附近,如下所示:

主要前提:(E 是专家以及 E 说 A)=>A。

一个小前提:E 是专家以及 E 说 A。

结论:A。

这种形式的论证与 DMP 并不完全相同,因为主要前提中的条件具有联合先行词。该型式具有以下形式:(A&B)=> C,A 和 B,因此 C。然而,它是 DMP 表格的替代实例。我们可以说,它的大纲中有 DMP 形式的推理结构。

然而,到目前为止的分析没有考虑专家意见论证的关键问题。里德和沃尔顿提出的建议是,有条件的前提可以扩展到更完全扩展的型式版本中考虑关键问题。

专家意见(版本Ⅲ)的论证

主要前提:源 E 是包含命题 A 的主题域 S 的专家,E 断言命题 A 是真(假),E 是可信的专家来源,E 是 A 领域的专家,和 E 断言 A,或暗示 A 的陈述,E 作为来源是个人可靠的,A 与其他专家断言的一致,E 的断言是基于证据的。

条件前提:如果源 E 是包含命题 A 的主题域 S 中的专家,并且 E 断言命题 A 为真(假),并且 E 是可信的专家来源,并且 E 是该领域中的专家 A 是,E 断言 A,或声明 A 的陈述,E 是个人可靠的来源,A 与其他专家断言的一致,而

E 的断言是基于证据的,那么 A 似乎可以认为是真的(假)。

结论:A 似乎可能被认为是真的(假)。

版本Ⅲ使主要前提和条件前提看起来非常复杂。但它的理论优势在于,一旦按照上述版本Ⅱ的分析方式进行分析,就可以证明它符合 DMP 格式。

我们可能不喜欢这样复杂的前提,并认为专家意见的逻辑形式是一种可废止的论证型式,可以通过将每个关键问题视为一个单独的前提来以更加明显的方式表达。这种重新制定的结果被里德和沃尔顿称为版本Ⅳ。

专家意见(版本Ⅳ)的论据

主要前提:来源 E 是包含命题 A 的主题域 S 的专家。

次要前提:E 断言命题 A(在域 S 中)为真(假)。

结论:A 似乎可能被认为是真的(假)。

条件前提:如果源 E 是包含命题 A 的主题域 S 中的专家,则 E 断言命题 A 是真的(假),那么 A 可能合理地被认为是真的(假)。

专业知识前提:E 作为专家来源是可靠的。

现场前提:E 是 A 所在领域的专家。

意见前提:E 确实断言 A,或者发表声明 A。

可信度前提:E 作为来源个人可靠。

一致性前提:A 与其他专家断言的一致。

备份证据前提:E 的断言基于证据。

在版本Ⅳ中,所有关键问题都作为前提构建。在这里,有一种我们可以使用的论证型式,即使需要讨论这些前提的举证责任问题。这种形式的论证不再适合 DMP 形式,但它可以被视为在可废止逻辑中具有类似形式的东西。这些考虑因素使我们需要更广泛地思考可废止逻辑的属性。

二、可废止逻辑的概述

可废止逻辑是一个逻辑系统,最初意在模拟推理,用于从部分和有时相互冲突的信息中得出合理的结论。在可废止逻辑中得出的结论会被暂时地接受,也会受到不断传入的新信息的影响。不管怎样,这些新信息可能需要先前被接受的命题撤回。然而,在辩证框架中可以看到可废止的论证,在辩论框架中新的信息可以在论证阶段进入,但在达到结束阶段之后它就不能进入。

可废止逻辑的基本单位包括事实和规则。事实是在讨论范围内被接受为真实的陈述。在这里,可以互换使用术语命题和陈述。声明用字母 A,B,C,…表示,如果用完字母则使用下标。这里存在两种规则,称为严格规则和可废止规则。严格的规则是普遍的,因为它们意味着承认没有例外,例如"所有的企鹅都是鸟类"。一个严格的规则有一种有条件的形式,有下列形式的连带先行词:$A1,A2,\cdots,An{\rightarrow}B$。在这种规则下,所有 Ai 都不可能为真且 B 为假。可废止规则是受例外情况限制的规则,例如:"鸟飞"。可废止的规则具有的形式为 $A1,A2,\cdots,An,=>B$,其中每个 Ai 被称为先决条件,所有 Ai 一起被称为前因,而 B 被称为结果。有了这种规则,所有的 Ai 都可能是真的而 B 是假的。如果讨论的特定鸟特威伊是企鹅,那么特威伊苍蝇的结论无法推断。在可毁坏逻辑系统中,一条规则可能与另一条规则发生冲突。但是,有时可以通过使用在确定任何两个冲突规则的相对强度的规则集上所定义的优先级关系来解决这种冲突。此外,可废止的逻辑能够判断结论是否可证明。

在可废止的逻辑中有两种类型的结论。第一种结论是即使有新的信息与之相反,也无法收回明确的结论。第二种结论则表现为如果出现与之相反的新信息,则可以撤回可撤销的结论。这样就可能存在以下四种类型的结论①。

肯定的明确结论:意味着结论只能用事实和严格的规则来证明。

否定的明确结论:意味着不可能仅使用事实和严格的规则来证明结论。

积极的可废止结论:意味着结论可以被证明是可以证明的。

否定的可废止的结论:意味着结论甚至不可证明是可证明的。

---

① Governatori,G.,Maher,M.J.,Billington,D.and Antoniou,G.Argumentation Semantics for Defeasible Logics,Journal of Logic and Computation,vol.14(5),2004,pp.675-702.

如果存在结论为 A 的规则,其前提是事实,而结论为 A 的任何更强的规则具有不能导出的先决条件,则可以接受可否废止的结论 A。

推理过程是如何在一个可废止逻辑中进行的从而可以被解释为一种论证方法。为了得出结论,必须通过执行以下三个步骤来看待反对结论的论证。

1. 给出要证明的结论论据。

2. 考虑可能给出结论的可能反驳论据。

3. 通过显示某些前提不成立或通过为原始论证产生更强的反驳来击败每个反驳论证。

如果至少有一个论证支持它,并且反对它的所有论据都被打败,那么结论就被证明是结果。可废止逻辑的一个重要组成部分是论证失败者的概念。一个反驳者反对论证,表明原始论证的先决条件(前提)之一不成立;或者是一个更强有力的论证,证明了原始论证的相反结论;或者一个论证质疑源于结论前提的推论适用性。

现在我们已经达到了这种程度,即我们需要考虑专家意见的论证版本以及其他型式是否可以用可废止的逻辑形式来表示。在这种形式中,前提 A1, A2, …, An 是先决条件,伴随着形式 A1, A2, …, An, => B 的可废弃规则以得出结论 C,但在追求这一结论之前,我们需要核准这些处所的举证责任问题。

三、卡内德的可废止推理及其系统化

卡内德模型是一种数学和计算模型,由这些结构上的数理结构和函数组成[1]。卡内德模拟论证的结构和适用性、陈述的可接受性、证据负担和证据标准,如证据的优势[2]。

---

① Gordon, T. F., Prakken, H. and Walton, D. The Carneades Model of Argument and Burden of Proof, Artificial Intelligence, 2007, pp. 875−896.

② Gordon, T. F., and Walton, D. Proof Burdens and Standards, Argumentation in Artificial Intelligence, ed I. Rahwan & G. Simari Berlin: Springer-Verlag, 2009, pp. 239−260.

卡内德已经使用函数式编程语言将其实现①。它有一个图形用户界面，任何人都可以免费下载，用以制作论证图来分析和评估论证。陈述可以被质疑，陈述，可以被接受或拒绝。显示在没有选中标记的白色框中的声明仅表示不接受或拒绝。出现在带有 V 复选标记的黑暗（绿色）框中的声明表示接受。出现在带有 X 复选标记的黑暗（红色）框中的语句将被拒绝。

考虑图 5-1 中所示的可废止推理的特威伊示例。论证的结论，即特威伊可以飞行的命题，显示在左侧。两个普通的前提，即鸟类通常飞行的规则，以及特威伊是一只鸟的事实陈述，显示在右侧的底部。这两个前提都表示为已接受，正如出现在它们前面的复选标记所示。该论证是结论的赞成观点，如表示论证的节点中的"+"所示。然而，右边的顶部框中包含特威伊是一只企鹅的声明，也被接受。这个前提是一个例外，意味着如果被接受它就会使论证失败。因此，特威伊可以飞行的结论被拒绝，如前面的 X 所示。

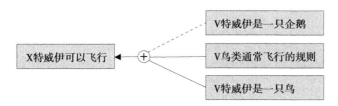

图 5-1　卡内德如何表示可废止推理

如果没有接受特威伊是一只企鹅的声明，则剩余的两个前提足以证明结论，结论将自动被接受。

关于映射工具如何显示论证图的另一个例子，我们可以看一下图 5-2，卡内德可以代表正反论证。图 5-1 中显示的两个论证都是支持论证，如论证节点中的"+"所示。论证的结论显示在最左边的文本框中。它显示在一个红色

① Gordon T.F.and Walton，D.The Carneades Argumentation Framework，Computational Models of Argument：Proceedings of COMMA 2006，ed.P.E.Dunne and T.J.M.Bench-Capon.Amsterdam：IOS Press，2006，pp.195-207.

的框里,在要证明的陈述前面有一个 X,即大学文凭确保人生成功。在第二层提出的论证有四个前提。前三个前提连接论证节点,实线表示它们是普通前提。第四个前提,比尔·盖茨是一个例外的声明。在一个暗色的框中,在声明前面有一个复选标记,表明该声明已被接受。第三层在图的右侧,还有一个额外的专业论证,其中两个前提支持比尔·盖茨的例外。其余三个前提显示在带有白色背景的方框中,表明它们已被陈述但未被接受。

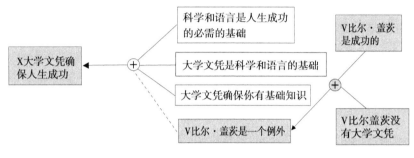

图 5-2　比尔·盖茨的例子

这个例子说明关于假定持有被质疑时不可接受的普通前提与代表例外的前提之间的区别。白色框中的三个陈述是普通的前提,而有暗色的底部的前提是作为例外提出的。这意味着它只是陈述而不会破坏最终结论的论据。为了推翻这个论证,必须提供支持它的证据。

在该示例中,如图 2 所示,例外是由一个包含两个前提的论证来支持的,这两个前提都已被接受。最初这两个陈述只是陈述,尚未被接受。因此,每个陈述都包含在白色框中。然而,一旦这些陈述被评估为被接受,它们每个都出现在一个暗色的框里,前面有一个勾选标记 V。然后从他们那里得出的结论,比尔·盖茨是一个例外的声明,被卡内德系统接受后自动插入。一旦发生这种情况,论证结论的状态,即大学文凭确保人生成功的陈述,将从陈述变为拒绝。然后,卡内德系统会将文本框中的符号更改为 X 复选标记。在屏幕上的结论,以前在白色背景框中,现在将出现在一个红色背景的框中。

卡内德系统如何表示反驳论据可以使用图 5-3 所示的另一个例子来显示。在顶部有一个带有两个前提的论证。百科全书是可靠的声明被接受,如前面的复选标记所示,但另一个前提是,声明维基百科与大英百科全书一样可靠,如下面的白色框所示,已被陈述但未被接受。然而,支持它是另一个论证,其前提是声称自然杂志中的一项研究发现维基百科与大英百科全书一样可靠,但这个前提只是陈述,不被接受。在这个赞成论证下面还有一个反对论证。这一论证的前提是支持它的另一个单一的前提论证,但是这个前提,即维基里的文章可以由非专家撰写的声明被接受。

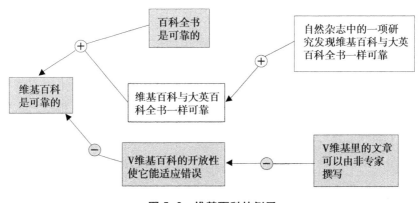

图 5-3　维基百科的例子

本案中的论证如何由卡内德系统评估? 结论最初被拒绝了,但是赞成论证足以克服这种拒绝吗? 不,并不可以。反对论证是可适用的。它的单一前提被接受,因为它得到了一个论证的支持,其中唯一的前提被接受,但是赞成论证是不适用的,因为它的一个前提,即维基百科与大英百科全书一样可靠的陈述,只是陈述,不被接受。更重要的是,支持它的另一个论证有一个不被接受的前提。

接下来我们可以问,如图 5-4 所示,如果"自然杂志中的一项研究发现维基百科与大英百科全书一样可靠"的前提被接受了会怎么样? 发生的事情是,卡内德系统在该声明前面加上一个复选标记,显示它被接受,当发生这种情况时,它也使得"维基百科与大英百科全书一样可靠"被接受。一旦支持它的论证中的前提被接受,卡内德系统会自动在该陈述前面加上一个复选标记。结果如图5-4所示。

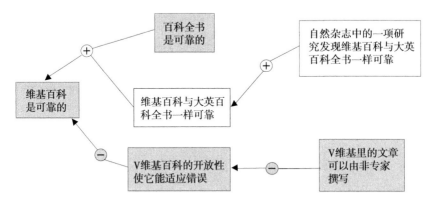

图5-4　当所有前提都被接受的维基百科例子

卡内德系统已经在图5-4所示的案例中承认这两个论证都适用。现在陷入一个僵局。我们有一个可适用的赞成论证和一个可适用的反对论证。尽管有一个可适用的论据支持最终的结论,但是这个结论仍然只是陈述,而不是被接受论证。现在我们已经了解卡内德系统的工作原理,可以继续解释卡内德系统管理论证型式和关键问题的方式如何使其与可废止的逻辑兼容。

四、卡内德系统如何塑造关键问题

专家意见论证的可废止论证型式的第四版将每个关键问题视为论证的单独前提,但这些前提处于平等地位是否合理呢?其中一些似乎更容易被接受。例如,E是专家的前提在原始型式中并没有明确说明,这个前提必须成立,这样论证才能成立,但是,E所说的与其他专家断言的一致前提是什么呢?这似乎不需要保持,以便论证成立。事实上,如果批评者提出这个问题,为了提出问题来推翻这个论证,他可能必须提供一些证据来证明他所说的与其他专家所说的不一致。卡内德系统使用可废止逻辑型式的优点是它将这些关键问题之间的差异考虑在内。

卡内德系统区分了不同的方式,在论证图中表示了与专家意见的论证相匹配的关键问题。当提出与专家意见的论证相匹配的关键问题时,这些不同的方式引发了关于主动转移要求的两种理论①。第一种理论是在被访者询问这些关键问题中的任何一个的情况下,主动权会自动转回支持者一方提供答案,如果她没有这样做,则论证默认(被驳倒)。在这个理论上,只有当提议者确实提供了一个合适的答案时,才能恢复专家意见原始论证的合理性。第二种理论提出,一个关键问题本身并不足以使原始论证失效。在这个理论上,如果被质疑,这个问题需要获得一些证据才能转移任何会破坏论证的负担。

假设专家作为专家是可靠的,并且她所说的基于证据的前提被认为是有效的,但如果他们受到质疑,那么专家意见的辩论主张就会给他们提供支持。可信度意味着假设专家了解她是专家的领域。仅仅询问这两个问题中的任何一个都会使论证失效。专家值得信赖以及她所说的与其他专家所说的相一致的前提,相反,只有在有证据表明它们是真实的情况下才需要放弃。例如,如果专家被证明是有偏见的或者是骗子,那么这可能是一个失败者,因为它会将可信赖性置于怀疑之中。除非有一些证据支持这种强烈的指控,否则会产生举证责任,不予接受。因此,仅仅询问这两种关键问题中的任何一种本身并不足以使论证默认。提供证据支持的责任在于关键问题的提出者,以使论证成为默认。一般的前提是,专家确实是专家,她是索赔的主题领域的专家,这也被认为是可以接受的。这些前提最初被假定为持有,但仅仅询问其中一个关键问题应足以使论证失效,直到论证者做出适当反应。

沃尔顿和戈登首先提出了这种从专家意见计划中对论证的关键问题进行分类的方法。它可以总结如下:

---

① Walton, D. and Godden, D. The Nature and Status of Critical Questions in Argumentation Schemes, The Uses of Argument: Proceedings of a Conference at McMaster University 18 – 21 May, 2005, ed. Hitchcock, D., Hamilton, Ontario, pp. 476–484.

普通前提:E 是专家。

普通前提:E 断言 A。

普通前提:A 在 F 内。

假设:E 被认为是知识渊博的专家。

假设:E 所说的基于 F 领域的证据是正确的。

例外:E 不值得信赖。

例外:E 断言与 F 领域的其他专家所说的不一致。

结论:A 是真的。

这种从专家意见配置论证逻辑的方式在图 5-5 中表示。每个普通前提由将该前提连接论证节点的实线表示,在计算机屏幕上,这样的线显示为绿色。每个假设由将该前提连接论证节点的虚线表示,在屏幕上,这种类型的线也以绿色显示。每个例外前提都显示为由虚线连接的前提,该虚线从它到论证节点,在屏幕上,这样的线显示为红色。

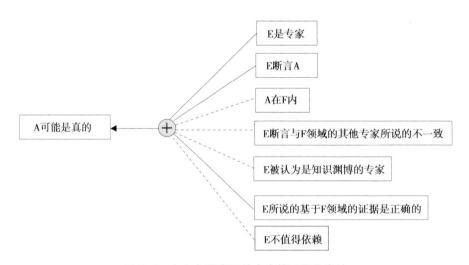

图 5-5 来自专家意见的卡内德可视化表达

现在很容易看出专家意见的论据在卡内德系统模型中的表现方式如何符合上述专家意见的四个版本的论证型式的版本五的格式。正如我们现在要表明的那样,这种管理论证型式和关键问题的方式使卡内德系统与可废止的逻辑兼容。

五、可废止逻辑中逻辑结构型式

维赫雅①评论了几个可废止的论证型式,并指出如果你仔细地来看它们,你会发现它们会有相同的形式。在他构造这种形式的方式中,可废弃的规则A,B,C,… =>Z 使用在可废止逻辑中使用的相同类型的连接词。A,B,C,…,Z 是一组命题(陈述)。

A,B,C,… =>Z

A,B,C,…

Z

根据维赫雅②,当你以这种方式看待这些型式时,它们具有 DMP 推理规则的一般形式。

本奇·凯彭(Bench-Capon)和普拉肯(Prakken)③概述了一种半正式的逻辑结构,其中推理采用应用和组合论证型式的形式。他们的叙述借鉴了人工智能和法律中可废止的论证的逻辑上的现有工作。这项工作将论证定义为通过应用严格和可废止的推理规则形成的推理树。与维赫雅一样,他们认为逻辑语言包含一个连词 =>作为可废止的规则。

本奇·凯彭和普拉肯 将这种推理结构作为应用可废弃规则的基本论证型式。在他们看来,第一个前提是推理中规则的名称。P1,…,Pn 是一组事实,Q 是事实。

---

① Verheij,B.About the Logical Relations between Cases and Rules,Legal Knowledge and Information Systems,ed.E.Francesconi,G.Sartor and D.Tiscornia.Amsterdam:IOS Press,2008,pp. 21–32.

② Verheij,B.About the Logical Relations between Cases and Rules,Legal Knowledge and Information Systems,ed.E.Francesconi,G.Sartor and D.Tiscornia.Amsterdam:IOS Press,2008,pp. 21–32.

③ Bench-Capon,T.J.M.and Prakken,H.Using Argument Schemes for Hypothetical Reasoning in Law,Artificial Intelligence and Law,18(2),2010,pp. 153–174.

P1,…,Pn => Q

P1,…,Pn

Q

本奇·凯彭和普拉肯将这种结构视为一种论证型式,其中包含一系列与之匹配的关键问题。根据他们的说法,对关键问题的否定答案会引起反驳,并且应该使用规则优先权来解决支持和反对争议命题的论证之间的冲突。

在第4部分中,展示了卡内德系统如何通过将前提划分为三种类型(普通前提、假设和例外)来对与该型式相匹配的关键问题进行建模。这些假设的行为与普通前提类似,因为它们被假定为具有证明责任,也就是说,如果它们受到质疑,就足以推翻论证。如果对手质疑一个例外的前提,那么这本身就不足以推翻这个论证。只有在证据表明该例外情况适用于该案件时才会驳回该论证。这两种前提之间的区别意味着必须以特殊方式配置论证型式。

根据专家意见进行论证的型式可以显示为具有可否决逻辑中的逻辑结构的形式,其中一个前提是构成可否决条件的先决条件。另一个前提是这套先决条件成立。这种形式的论证具有以下结构,其中 A1,A2,…,An 是一组假设,E1,E2,…,En 是一组例外,B 是一个命题。让我们把一般逻辑形式的结构称为可废止论证型式,即二进制 DMP 形式。

$[(A_1,A_2,\cdots,A_n)\&(E_1,E_2,\cdots,E_n)]$ => B

$A_1,A_2,\cdots,A_n$

$E_1,E_2,\cdots,E_n$

B

这种二进制形式具有 DMP 结构,前提是第二和第三前提可以连接在一起,以便它们适合第一前提的前提。通过这种对专家意见论证的论证型式进行建模的方法,有两种不同的先决条件,即假设,包括普通前提,以及例外,必须满足或排除结论才能被推断。

　　许多已被认可的可否决的论证型式,如从立场到认识的论证、从承诺到承诺的论证、从原因到效果的论证等,在概要中都具有这种普遍的二元形式。它们都是这种形式的可废止推理的特殊情况,因为它们有一套前提,可以被视为两种不同类型先决条件的结合。如果第二和第三前提的连词中的所有命题都被接受,并且条件前提也成立,则在可废止推理的基础上,结论也被认为是真实的。因此,可以说本类中所有可废止的论证型式都将二元 DMP 的一般结构作为其推理的基本形式。

　　这种观点与维赫雅的观点一样,即如果你看一下,比较一下这些型式,就可以看出他们有相同的形式①。因此,这种观点与本奇·凯彭和普拉肯的观点不一致,即该结构是一种特殊的论证型式,其中有一组特殊的关键问题与之相匹配。尽管在本节中已经提出证据表明专家意见的论证型式具有这种二元DMP 形式,但仍有待观察,可能其他许多型式共享这种形式。其中一些,例如,缺乏证据的论证型式,也称为无知的论证,有一种 MT 形式,并且 MT 是否存在可废止的逻辑是不确定的②。此外,其他一些型式更复杂,显然需要单独研究。例如,尽管滑坡论证在其所有四个变体中都具有一般轮廓的 DMP 格式,但它具有其他特殊前提,如递归前提,需要被认为是结构的基本部分。

小　　结

　　上述已经表明,通过使用可废止逻辑作为卡内德系统的一部分,我们可以通过找到可废止论证型式的逻辑,在论证研究中采取进一步的步骤。我们已经展示了卡内德系统如何结合可废止的逻辑并在其基础上构建,以提供一种计算工具,不仅使我们能够进行论证映射,而且能够在论证图上表示与可废止

---

①　Verheij,B.DefLog:on the Logical Interpretation of Prima Facie Justified Assumptions,Journal of Logic and Computation,2003,pp.319-346.

②　Caminada,M.On the Issue of Contraposition of Defeasible Rules.Computational Models of Argument:Proceedings of COMMA 2008.Ed.P.Besnard,S.Doutre and A.Hunter.Amsterdam:IOS Press,2008,pp.109-115.

的论证型式匹配的关键问题。卡内德系统可以使用可废止的论证型式,不仅可以评估论证,还可以构建它们。它还具有查找在特定情况下证明索赔所需的论证能力。已经证明了卡内德论证系统如何对论证型式进行建模,以便将它们评估为强或弱。如果前提被接受,并且论证符合型式,则该论证适用。如果论证适用,卡内德系统会自动接受结论。但是,该论证虽然适用,但仍然可以被证据支持的例外所驳倒。它也可以通过反驳来打败例外。卡内德论证系统是辩证的,这意味着在对话结束之前,新信息总会进入系统。在卡内德系统中,对话中的论证总是有三个阶段,即开放阶段、论证阶段和结束阶段①。

第二节　可废止性推理的论证型式及其建模——面向事实认定的法律论证

引　言

自古希腊时代,柏拉图、亚里士多德等思想家就注意到,基于人类理性的有限,在定制法规或是决定做出过程中所存在的"可废止性"。在 20 世纪 50 年代,"可废止性"这一概念则由法学家哈特(H. L. A. Hart)引入了哲学与法学的视域②。在这一理念的影响下,包括约翰·塞尔(J. R. Searle)、罗伯特·诺齐克(Robert Nozick)、道格拉斯·沃尔顿(Douglas Walton)在内的许多学者对可废止推理进行了讨论。图尔敏提出可废止性是实质论证的一个根本特征,他指出,我们分析模式中的例外或反驳条件的论题已由哈特在可废止性的题目下讨论过③。事实上,可废止性推理的发展依赖于人工智能技术的发展,

---

①　Gordon, T. F., and Walton, D. Proof Burdens and Standards, Argumentation in Artificial Intelligence, ed I. Rahwan & G. Simari Berlin: Springer-Verlag, 2009, pp. 239–260.

②　H. L. A. Hart, The Ascription of Responsibility and Rights, Proceedings of Aristotelian Society Vol. 49, 1948_1949, pp. 171–194,

③　杨宁芳:《图尔敏论证逻辑思想研究》,人民出版社,2012 年版。

因为人工智能的首要任务就是处理常识性问题,而常识的不确定性对人工智能技术提出了挑战。近三十年来,随着人工智能、认识论等学科的迅速发展,人工智能技术已经与大数据技术、神经科学等学科深度融合,具备了获取新的知识或技能,重新组织已有的知识结构并使之不断改善自身的性能,也正因为人工智能的发展使得其在法律实践中模拟法律推理可废止成为可能。由于论证建构的可废止推理过程体现为理由与结论之间的支持关系,为了更清晰地实现可废止推理的形式化表达,可废止性在法律推理的形式中常常用图式的方式体现,而这一形式十分适用于人工智能技术,因此可废止推理与法律人工智能有着紧密的联系。许多学者试图在人工智能的大背景下,通过构建论证型式或对话模型以表达法律标准的逻辑形式,用以逐渐形成一套为表达法律可废止推理形式的可废止逻辑系统。毫不夸张地说,可废止逻辑的发展正推动着人工智能与法律的深度融合。

可废止逻辑常与法律规范的结构、法律的效力和法律的道德性等问题联系在一起。法律规则并不是逻辑闭合的,恰恰相反,一项法律规则无法提前设定所有的例外情况,因此立法者常常采用"除非"一词作为一项法规的结尾,即我国法律中所称的"但书"。可废止逻辑并不仅仅在法律规则中体现,由于法律推理的过程就是一个在有限知识下得出似真且可废止的结论的过程,因此法律推理的过程同样具有可废止性的属性。从法律人工智能的视角来说,对法律规则的可废止性进行识别或计算可以通过借鉴立法技术,如设置法律位阶等方式解决,但人工智能对法律推理的计算则存在诸多不足[①],如蒂勒和舒姆的马歇尔计划项目,该项目是一个早期的万维网超文本应用程序,用来支

---

① Prakken, H.& Sartor, G.The role of logic in computational models of legal argument: a critical survey.In A.Kakas and F.Sadri(eds.), Computational Logic: Logic Programming and Beyond.Essays In Honour of Robert A.Kowalski, Part Ⅱ.Springer Lecture Notes in Computer Science 2048, Berlin, 2002, pp. 342-380.

持初步的事实调查究其原因①。尤其是对处于司法裁判核心的案件事实认定来说,由于案件事实往往错综复杂,仅仅依赖传统的演绎、溯因推理等方式无法使计算机在推理过程中体现法律的可废止性,也无法体现由于证据或前提的改变所带来推理过程改变的动态特征。虽然已有部分学者构建了基于可废止推理的事实认定模型,但是却被学界诟病此类模型无法对具体前提或证据的可信度进行评估②。也有学者提出将基于贝叶斯公理的概率技术应用于案件事实认定中,但依然存在忽视推理形式同时模糊了直接证据与间接证据等问题,正如舒姆所评论说,当条件概率不能通过统计相对频率确定时,尤其需要辅助证据③。由此可见,当前已有的法律推理模型无法揭示规则适用所存在的复杂性、法律推理的矛盾性。

　　人工智能背景下事实认定的法律推理研究同样应坚持法律推理的本质特征,即法律推理的可废止性。因此本节将以波洛克的可废止推理系统④为基础,对其案件事实认定的推理模型进行优化。通过加入“指针”的方式使该模型在事实认定中更具效率。“指针”是指在模型进行运算时,一旦出现新的证据或是与证据强度相似的证据时能够对其进行计算,并且使整个模型在计算中体现该结果,而非在出现新的变量时将整个模型推倒重来。优化后的模型框架既能够刻画事实认定的推理过程,又能够在推理过程中评估证据强度。在我国人工智能正与司法领域深度融合的战略背景下,鉴于事实认定是法律人工智能实现过程中无法规避的重要环节,对此问题的研究具有重要的理论和实践价值。因此,本节将基于可废止推理,对事实认定模型的优化路径进行

---

① Schum,D.A.& Tillers,P. Marshalling evidence for adversary litigation. Cardozo Law Review 1991,13:657-704.

② 巴特·维林雅著,周兀译:《虚拟论证:论法律人及其他论证者的论证助手设计》,中国政法大学出版社,2016年版。

③ Schum,D.A.Alternative views of argument construction from a mass of evidence. Cardozo Law Review 2001,22:1461-1502.

④ Pollock,J.L.Knowledge and Justification.Princeton University Press.1974,pp.130.

探讨。

一、可废止性推理与法律事实认定

（一）面向事实认定的可废止推理

法庭审判是法律实现公平正义、维持社会秩序的一个主要途径。法庭审判的过程就是一个司法三段论的运用过程，即通过法庭调查和辩论发现作为小前提的案件事实，然后理解法律、寻找作为大前提的法律规则，最后得出结论，作出裁判。在这一过程中，最为关键的就是案件事实的认定。司法裁判中的事实认定之所以重要，是因为一个法律制度不能一方面声称要实现正义，而与此同时却放弃对案件事实真相的追求①。因此在认定事实的过程中，传统形式逻辑的运用占少数，而占多数的是基于盖然性的似真推理。即如果前提真，则结论似然为真，但似真结论是可废止的，因为这种大前提从本质上是有例外的，而且例外是不能事先考虑到的，这意味着它能被新引入的前提所推翻②。在内心确认这一过程中，张保生教授指出：事实认定须经历一个从证据到待证要件事实的经验推论过程，其逻辑形式是归纳推理，所得到的结论即事实真相是对各方事实主张之可能性的判断，因而具有盖然性传统事实认定多依赖于演绎、归纳等推理形式，但在疑难案件中仅仅依靠此类方法是不够的。与简单案件相比，疑难案件是事实复杂、规则模糊的案件，因而需要进行复杂的证据推理和法律解释。由于复杂案件中存在诸多类型的证据等要素，各类证据间的冲突焦点和推理过程并不容易被裁判者厘清并表示出来。尤其是在面向法律人工智能的事实认定研究中，最难的部分就包括对证据推理过程的模拟，因为计算机程序更多的是应用传统形式逻辑，在事实认定的过程中既无

---

① 张南宁：《事实认定的逻辑解构》，中国人民大学出版社，2017年版。
② 道格拉斯·沃尔顿，梁庆寅，熊明辉译：《法律论证与证据》，中国政法大学出版社，2010年版。

法将似真的结论纳入证据推理中,也无法根据证据的真假及时采纳或排除某项证据并在此基础上形成证据推理过程。因而亟须运用新的视角对事实认定进行研究。

我们可以考虑下面这一种情况,在某一案件中如果有人接受 P 通常意味着 Q,但认为 R 是例外的人准备接受 Q,前提是如果此人知道在此情况下他所能接受的例外 R 是假的,因为 PR 是一个例外的 P 情况。然而,如果此人不认为此情况中他所能接受的例外 R 是假的,那么否认 P 通常暗示 Q 的人不会接受 Q,因为他认为 P&R 并非例外 P 的情况。假设在某个故意谋杀的案件中,一个对"有人天生就有杀人的冲动"这一攻击他人的情绪持否定态度的人,即使条件满足,也不会接受这样的结论:如果他不知道 X 是一个性格非常温和的人,X 就会产生攻击并杀害他人的冲动。我们可以用公式表达此观点(其中 => 表示默认,¬ 表示否定):

(p1)¬(P&R => Q)和¬(P => ¬ R),所以¬(P => Q)

具有更强逻辑前件的版本是:

(p2)¬(P&R => Q)和(P => R),所以¬(P => Q)

可以看到,可废止推理在事实认定的过程中既能够表达法律推理的逻辑形式,又能够刻画动态的事实认定过程,在法律智能视野下,以可废止推理作为事实认定建模路径是十分具有优势的。因此本节将以可废止推理作为逻辑工具,并在已有基础上对事实认定推理模型提出进一步的优化型式,以期为法律人工智能视角下的事实认定提供理性的、有逻辑的建模型式。

(二) 可废止推理在事实认定中的不足与完善

从上文中我们可以看到,可废止推理为建模事实认定提供了新路径,但这并不意味着此种模式对事实认定的刻画是完美的,事实上,其并非一种完美的建模方法,批评者认为,基于可废止的事实认定建模刻画的仅是事实认定过程中法律推理的本质属性,对于人工智能来说,若想让其对事实认定有所帮助,不仅需要掌握法律推理的本质属性,还需要结合对具体似真证据的评价,否则整个法律推理过程就无法实现。诚如批评者指出,纯粹的可废止推理无法对许多似真证据的攻击或支持来源进行识别,进而表达裁判者对某个证据或案件事实主张的可信度或可接受性的变化,这一缺点限制了可废止推理对事实认定的深入刻画。因此,根据贝叶斯定理,从定量的角度识别了攻击或支持来源并提供评估以裁判者对事实认定过程中的论证。但是,该方法存在两个关键问题,一是概率计算或训练的来源无法甄别,进而难以保证其结果的准确性;二是此类方法仅能较为直观地体现证据对事实主张的支持程度,而无法对事实认定阶段证据链或是裁判者内心确证的过程形成推理过程,即无法体现事实认定过程中的可废止性。

虽然基于似然比验证方法的贝叶斯模型是有缺陷的,但是将其作为辅助工具,与能够体现事实认定思路的基础性工具—可废止逻辑相结合则是相得益彰的,那么如何将二者进行结合,使两种工具能够在事实认定的建模中各自发挥所长呢?本节认为可以采取通过加入"指针"建模的方式进行优化,具体型式将在下文中进行具体阐述。

二、对事实认定推理之建模型式的优化

在构建或优化事实认定的推理模型时需要注意三个问题:一是能否对两个或多个相互矛盾的攻击进行证据强度的评估,正如上文所说,对复杂案件的事实认定不仅需要刻画事实认定过程中各个证据的攻击或支持过程,还需要对事实主张或结论强度相似的攻击或支持的来源和程度提供直观对比以供裁判者参考。二是能否支持对初级证据①的攻击建模。在对事实认定的推理过程中,通常需要对看起来并不十分可靠的证据进行评估,如果一个证据(如证人证言)能够承受各类攻击而不被击败,那么该项证据就是可以被接纳的(从

---

① 初级证据是指输入的未有攻击或支持的最初证据,如在设备中输入了某个目击证人的证言就可以视为初级证据。

可信度的角度考虑)。三是能否体现事实认定推理的可废止性。可废止性体现了人类法律推理的思维方式,因此事实认定的推理模型需要体现事实或证据间的攻击或支持关系,当有新证据加入时,论证模型能够展示对包括新证据在内的相关证据采纳或排除过程,而从上文中我们也已经了解到,当前诸多应用于事实认定的模型构建,往往无法同时兼顾这三个关键问题,本节就试图从可废止推理的角度出发,尝试对事实认定推理建模如何优化提出改善路径,重点解决对初级证据评估的建模优化。

（一）对初级证据评估的建模优化

在阐述对初级证据的攻击的优化建模型式之前,鉴于初级证据往往对其攻击或支持来源进行评估和分析,以决定在推理模型中是否采纳该初级证据,因此有必要先将传统中基于可废止的事实认定推理模型的基本运行思路进行介绍,进而明确对强度相似的攻击或支持提出改进型式。

基于可废止的事实认定推理模型可以理解为一种通过树状图来表达论证的思维进路:每一部分的推理都可以从给定的输入(INPUT)信息开始,并通过将各个推理中产生的节点(命题或结论)以链接的方式构造整体论证。在其中,为了能够将推理过程中产生的命题(或结论)之间的攻击或支持关系能够以一种清晰的方式来表达,就应以树状图的形式对整体论证思路进行表示,在树状图中,各个节点是命题(或结论),连接节点之间的虚线或实线则可以表示为对这些命题(或结论)的推理,这样,诸多个命题犹如树的枝杈与树干之间相互连接,对于命题(或结论)之间的推理无论攻击或是支持都能够以链接线的方式得以表示。这些树的集合组成"推理图"并在表示命题(或结论)的节点之间添加适当的废止链(即连接节点之间的实现或虚线)。

整个"推理树"的运行机制主要是以对各节点的初级证据和攻击(支持)证据作为主要节点进行推理的,其大体可以分为以下几个步骤。首先,通过输入数据使得"推理树"能够读取数据(诸项事实)并根据数据产生信念(初级证据），运行该"推理树"设备上的存储器则可以记录下录入的数据及其产生的信念，并且这些记录可以用于下一次的检索或使用；其次，通过"推理树"的推理可以从已经输入的数据中推断或归纳出一般规则或结论；最后，通过统计三段论（记得在前文解释或者加引注）从这些规则或结论中得出新的特定的信念作为最后的结论或是新的前提，同时，在整个推理过程中推理规则都能够体现时间的持续性，而非是断点式推理。至于符号方面，如果证据 R 说"P 是 Q"的初级证据，那么"S 是 R 的削弱"是"S 是 P，不是 Q"的初级证据，这表明了证据可以用某种对象语言的方式表达。

事实上对初级证据和初级证据的削弱可以进行如下表示：

R1：认知（感知）——认知（感知）到一个对象，其内容是一个初步相信 φ 的证据。

在法律背景下，认知适用于证人证词，但也适用于审判时提出的物证，而对于认知（感知）的削弱，则可以通过削弱认知（感知）内容的可靠性来实现对 R1 的削弱，即可以理解为对内容 φ 的认知（感知）不是 φ，或者是对内容 φ 的认知（感知）不完全是 φ，等等。

R2：记忆——记忆 φ 是相信 φ 的初级证据。

能够对 R2 进行削弱的一个方式是对 φ 的真实性提出异议（波洛克 1987 年），即若产生 φ 的信念本来就是假的，那么 φ 也是不可靠的。

R3：统计三段论——"c 是 F"，"F 通常是 G"是"c 是 G"的初级证据。

这一统计三段论的理念表明是可废止推理能对"普适性"的一般经验进行推理，其废止的方式主要是通过攻击其小前提（或分论证）的方式实现的。

"c 是 F&H"并且"并非 F&H 通常是 G"是 R3 的削弱。

"c 是 F&H"而"F&H 通常不是 G"也是 R3 的削弱。

这就说明对于"普适的"一般性经验来说，当大前提为真时，由于小前提无法像数理逻辑那样精确表示，因此无法推导出结论一定为真。因此，若将事实认定的过程依靠概率的方式来解决的话，不免会陷入由于无法定量，进而无法定性的尴尬境地,如某处发生了盗窃案,在嫌疑人中有一个人由于其有数次盗窃前科,若从犯罪的统计学角度来看,该人的犯罪可能性要大大高于其他没有前科的嫌疑人,但这个概率无法作为该人即是此案案犯的证据,因为从并不是所有有前科的人都会再次犯案的角度就可以轻易地将这个结论推翻。

R4:归纳——"日常所见的大多数 F 都是 G"是"F 通常为 G"的初级证据。

对于此类理由的削弱同样可以从一些特殊的小前提或子论证入手。

R5:时间的持续性——"φ 在 T1 时为真"是"φ 在 T2 后期为真"的初级证据(假设 φ 在时间上是可持续的)。

时间持续性是事实认定的一个重要方面。例如,在民事案件中,证明一个人拥有合法权利(如所有权)的通常方式是证明权利是由诸如通过销售加交付等产生的。然后,另一方通常必须给出该权利已被终止的证明。φ 在时间上可持续的条件非常重要,因为许多命题在日常生活中并不具有典型的时间持续性,例如,某人不小心划破了手指或是将手机放在桌上等,但在刑事案件中,时间的持续性则是常常需要考量的一个标准,如犯罪预备、是否有预谋、是否在犯罪前已经产生了主观故意等。例如,在很多报复性杀人案件中,行凶者的不满报复情绪通常已经持续了一段时间并最终促使其杀人。而对时间持续性论证进行削弱通常可以提出"有理由相信在 T1 和 T3 之间 T2 处为¬ φ",这就达到了对 R5 进行削弱的目的。

R6:常识——"众所周知 φ"是 φ 的初步理由。

对 R6 的削弱则可以从以下几个方面进行,如所谓众所周知的观点只是在特定团体内部(如某些专业或宗教领域)才被认可,或是此类众所周知的信息是出于部分人的偏见等原因才形成的;等等。对 R6 作为常识的推导如下。

1. 输入(INPUT):常识是"如果 x 恶意骗取了 y 的工钱,那么 y 通常会产生对 x 的报复情绪"。

1'.输入(INPUT):被骗取血汗钱通常是产生报复性情绪的初级理由。

2. 输出(大概):如果 x 恶意骗取了 y 的工钱,那么 y 通常会产生对 x 的报复情绪。(1,R6)

3. 输入(INPUT):Z 恶意骗取了 L 的工钱。

3′.输入(INPUT):L 被 Z 骗取血汗钱通常是 L 产生报复性情绪的初级证据。

4. 输出(大概):L 对 Z 产生了一种报复情绪。(2,3,R3)

改善以上对常识性信息即初级证据的攻击与削弱的建模方式则可以从以下几个方面入手:

(1)对由该常识推导的结论进行攻击。这可以建模为对由常识作为大前提的情况下,对由大前提所推导出的结论进行攻击。例如:"如果 x 恶意骗取了 y 的工钱,那么 y 通常会产生对 x 的报复情绪"。对于此类来源可以对其得出的结论进行反驳,如提出虽然 L 被骗取了工钱,但并未心生怨怼之意的假设,以此削弱该结论的可信度。

(2)对该常识的信念来源进行攻击。对此种攻击方式的建模可以参考 R6 的证明过程。例如:"如果 x 恶意骗取了 y 的工钱,那么 y 通常会产生对 x 的报复情绪"确实在某些地方存在此类的认知倾向,但是在民风淳朴,崇尚以德报怨信念的地区则不成立。

(3)对该常识应用的具体场景进行攻击。这可以被建模为对常识应用过程特定化场景进行攻击,例如"如果 x 恶意骗取了 y 的工钱,但是 y 其实是一个非常温和且宽容的人,那么 y 通常不会对 x 产生报复情绪",通过这种方式能够达到削弱统计三段论中小前提的目的。

(4)攻击常识本身。这种攻击采取的形式是直接否定被攻击的常识。这种攻击方式可以被视为上面第三种方式的深化,第三种方式攻击的是小前提,而该种方式则是直接攻击大前提,比如由于社会对工人的保护与福利制度非常健全,y 做工仅仅出于兴趣而非赚钱,因此对于"x 恶意骗取了 y 的工钱"与"y 通常会对 x 产生报复情绪"这种说法本身无法成立。

第三种和第四种攻击的主要区别在于第三种攻击接受一般化知识作为一般规则,但在当前的情况下拒绝其应用,而第四种攻击否定对一般化知识暗含的一般规则("通常情况并非如此……")。

(5)对常识持续性地攻击。这可以建模为对常识存在时间的攻击,常识存在通常有着时间持续性的特征,比如婚姻中的"三妻四妾"曾经是封建时期人们的常识,但对于现代人来说这只是一项历史知识而已,如"若 x 恶意骗取了 y 的工钱,而 y 对 x 产生的报复情绪会随着时间的延续而减少,那么 30 年后 y 通常不会对 x 产生报复情绪"。通过对常识的时间持续性进行攻击,则同样能达到废止常识项下小前提或结论的目的。

(二) 对增加证据强度选择路径的模型改进型式

事实认定中存在种类繁多的证据形式,而对证人证言的推理一直是相关推理模型关注的重点,因此本节将以证人证言为例,对改进基于可废止逻辑的事实认定推理模型型式进行阐释。上文在明确了对初级证据的攻击筛选和评估的建模方式之后,对事实认定的推理建模就需要解决第二个问题,即如何将推理模型中各个被攻击或支持证据间的采纳与排除的推理过程(事实认定推理的可废止性)与各证据强度的计算方法(如基于似然比验证方法的贝叶斯模型)结合起来呢?本节将在可废止逻辑的基础上,尝试一种加入"指针"的建模改善方法。

证人证言通常受到以下三种理由的攻击:真实性(证人是否相信他/她所说的?)、客观性(证人的感官是否证明他/她相信什么?)和观察敏感性(感官提供了的证据是真实发生吗?)。对是否采纳被攻击的证人证言的推理方式,沃尔顿将其总结为一系列"关键问题",其中一些问题只是询问这些前提是否属实,但其他的则像是对证人证言的攻击或削弱。比如沃尔顿列出的一个关键问题是"E 是域 S 的专家"吗?当主要前提刚刚陈述时,这是对该前提的攻击,当主要前提本身来自另一个论证时,挑战指向对该子论证的反驳。沃尔顿列出的另一个关键问题是"与其他专家断言的一致吗?"。这是基于专家证言本身的反驳。沃尔顿的另一个关键问题是"E 作为一个证明来源,这个人可靠吗?"。这暗示了削弱该项证言,例如,E 是不可靠的,因为他过去的一些研究是由被称为专家证人的公司资助的。由于该种证人证言的论证方法在形式上很符合初级证据,同时一系列关键问题也符合对初级证据的攻击或削弱来源,基于可废止逻辑的事实认定推理框架非常适合用该种方法进行建模,并通过此种方法以可视化的方式展现出建模过程。

　　本节将结合案例对"指针"优化方法进行阐释。在某案件中,农民 L 被指控故意杀害 Z,因为检方认为 L 有杀害 Z 的动机,理由是:①L 被证实曾给 Z 打工。②Z 没有给 L 发工钱。③Z 欺骗了 L 并私吞了 L 的工钱。④有证人证实 L 被拖欠工钱后曾多次扬言要杀了 Z 报仇。⑤证人 F 则替 L 作证说,L 的身体机能根本达不到杀害 Z 的程度。未进行变动的该案件事实认定推理模型如图 5-6 所示。

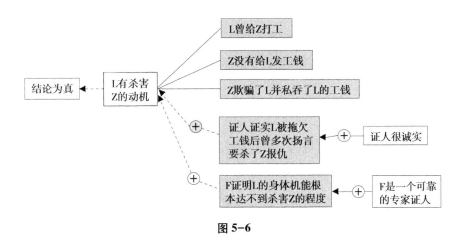

图 5-6

　　在图 5-6 中,最左边的方框代表结论,右边的方框则代表针对结论的各项证据及攻击,有灰色底色的方框为已经得到证实的事实和虽然被攻击但并未被攻击所击败的事实,无底色的方框代表着未得到证实的事实和虽有证据但支持强度不高的事实,绿色底色的方框代表着攻击或支持强度相同或类似的事实,连接各个方框的实线箭头代表着成立的攻击或支持关系,虚线代表着有争议的攻击或支持关系,圆圈则代表着事实或证据之间的攻击(-)与支持(+)关系。

我们知道,基于可废止逻辑的事实认定模型能够在有可靠的新证据加入并对原有证据进行攻击时,可以根据各个攻击的强弱来进行判定,并能够得出结论,但假如各个攻击或支持的强度无法判定,推理模型就只能采纳"看起来"更可靠的一方,或是中止当前推理,等待补充证据。如图5-6中"证人很诚实"这一项支持并没有足够的强度支撑"证人的证言"。而"L很敬重Z"的说法也无法为L的辩解"从来未曾记恨过Z"提供足够的支撑,因此在他证与自证之间,为使推理过程顺畅进行,采纳了相对合理的他证。通过这一方式对事实认定进行推理建模不能高效地适用于司法实践中,同时其所得出的结论也是无法令人信服的。图5-6展示的是未加入指针的模型所存在的问题,即面对两个似真的证人证言时,推理模型没有办法进行下一步的工作,因为面对攻击理由皆不充分的两个相反的证据,如果不能给出模型能够继续工作的路径,对事实认定的整体建模就无法实现。

在事实认定的过程中,尤其是在复杂的民事事实认定的过程中,相互矛盾的证人证言的强度往往是相似的,裁判者无法对强度相似并且相互矛盾的证人证言进行确凿的判断,因此要想使推理模型更加完善,就需要使该模型具备在两方或多方攻击的"模棱两可"间进行推理的能力,以解决图5-6中面对两个似真的证人证言时,推理模型所存在无法计算似真证据的强度论证问题,而在这一过程中,以贝叶斯网络为基础的概率方法辅助是一个值得考虑的型式。诚然,若以概率方法为基础的事实认定推理模型存在上文提到的两个问题,但在可废止逻辑基础上事实认定的推理中运用概率的方式对个别攻击进行辅助判定则是有益的,在裁判者没有更多信息的情况下,采纳计算机通过概率计算得出的信息是相对公平的方式。那么,如何在以可废止逻辑为基础的推理过程中让概率方法提供帮助呢?本文认为在推理过程中加入指针可以解决这一问题,如图 5-7 所示。

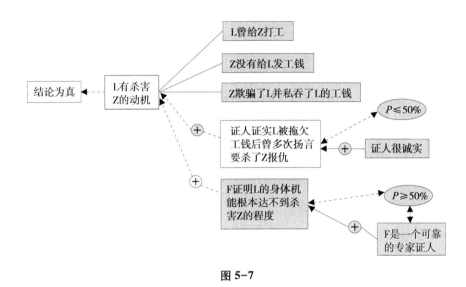

图 5-7

图 5-7 展示了加入了指针(由大写斜体 P 表示指针)的事实认定推理模型,如前所述,指针的作用是指针被触发时插入有冲突的且攻击或支持强度相似的问题点,并指向目标(有冲突问题点的攻击或支持),对目标完成指定运算后返回出发点(双箭头虚线代表了指针的出发和返回路径),指针未触发时该指针为空。为了展示更加直观,本来应该被程序自动计算并隐藏的指针计算过程也在图中标示了出来。从图 5-7 中可以看到,当指针被触发时,有争议的证据焦点(攻击或支持强度相似)被识别并插入指针,指针指向攻击或支持各自焦点的事实或证据并计算概率(概率的计算过程暂时不在本节的研究之内),根据各个事实或证据得出相应概率(因此用双向箭头表示指针指向并根据对象得出数据的过程)后进行比较,肯定性陈述采纳概率较大的一方,否定性陈述采纳概率较小的一方,之后在可废止逻辑的推理基础上得出结论。当指针未被触发时,对事实认定的推理过程是在可废止逻辑基础上的推理,根据各个已知可靠的证据展现推理过程并给出结论。

　　加入指针的优化版本推理模型的优势在于,一是推理结论具有更高的准确性,当存在相似强度攻击或支持时,能够执行计算概率的子操作,其推理后得出的结论更具说服力,能够为裁判者提供更为准确的参考;二是加入指针后并不影响事实认定推理过程。虽然加入指针是某种程度上对基于可废止逻辑的推理模型的"改造",但优化后的推理模型依然能够展现出各个证据间的攻击关系,可以说,加入指针的推理模型不但没有影响基于可废止推理模型的优势,反而使得推理过程和争议问题的冲突来源更加明晰;三是推理效率更高。如上文所述,未加入指针的案件推理模型在面对事实清楚的简单案件时是有效的,但对于各类复杂案件,面对诸多"似真"的事实或证据时,加入指针的证据推理模型适用案件类型更多,应用于司法实践中会更加高效。

因此,虽然针对事实认定研究的概率论方兴未艾,但在现有条件下,单纯考虑以贝叶斯网络为基础的概率计算方法是有欠缺的,从另外一个角度看,概率可以为裁判者的决策提供辅助,尤其是在裁判者也不熟悉的知识产权领域或部分专业领域。基于可废止逻辑的推理模型加入指针后既能标明冲突来源,计算和可视化主要待证事项的状态变化,又可以展现不同侧重点下的分析过程与结论;既能发挥其符合法律推理可废止思维的优势,又能弥补其无法评估证据强度的短板。因此,从发展法律人工智能的角度来看,对于构建一个辅助司法裁判推理模型的目标来说,该型式是非常有益且可行的。

三、法律人工智能视野下的事实认定推理模型

随着人工智能相关技术的不断兴起,应用于事实认定的人工智能技术也逐渐在向司法裁判者的思维和方法靠近,而本节建构的推理模型是基于可废止逻辑的,其能够体现裁判者推理过程中的思维方法。同时,事实认定相关的推理模型往往需要较为复杂的大量逻辑运算,因此将事实认定推理模型与人工智能相结合无疑是一种可行又高效的方法。对于人工智能技术来说,传统的演绎逻辑与人工智能中的深度学习模式并不匹配。优化后的推理模型已将推理模型过程通过树状图的方式表达出来,其结构化的方式与计算机的工作

方式相近。但是,结构化后的事实认定推理模型依然是人类信念中的推理结构,而无法直接被计算机识别获得。因此为在法律人工智能视野下能进一步使该推理的结构化模式能够被计算机所能识别的语言或结构"学习",可以尝试将优化后的"指针"推理模型与人工智能编程过程中的 IPO 图(框架设计方法)融合,IPO 图是结构化设计中变换型结构的一种工具,为计算机系统的模块结构图的形成提供说明。

此种编程框架设计工具能为优化后的推理模型与人工智能方法提供结合路径,并能够更好地实现人类信念中对事实认定的法律推理与人工智能方法相结合的平滑过渡。将事实认定的推理模型置于法律人工智能的视野之下能够使得二者相得益彰,不仅在理论上促进着人工智能学科与法学、逻辑学领域的相互融合,也为司法实践提供更加智能、准确的辅助,对于人工智能在司法裁判领域的发展有着积极意义。

(一) IPO 与事实认定推理模型的相关性论证

从逻辑而非心理学的角度,推理可以定义为一系列推理步骤,其中一些命题是从其他命题中推断出来的。同时,推理是有一定顺序的,其可以抽象表现为一个论证图,其中的命题包含在论证图的文本框中。这些包含命题的文本框与其他包含命题的文本框相连接,通过箭头表示从某些命题到其他命题的推论。在某一起始的节点上,推理可以有几个出发点(前提),从中得出的推论引发另一个结论。因此从这一点看,推理是连续的。也就是说,在推理中某一前提往往可以导致另外一个特定的结论,而这个结论则可以成为另一个结论推理下一步的前提。这种配置在人工智能中被称为推理链(如图 5-8 所示)。

如果我们以这种方式来看待案件事实认定过程中的论证,它的结构通常可以表示为树桩类型,其最终结论只有一个根命题,这棵树向外分出一系列相互联系的推论,所有这些推论都指向最终的结论即根源。以美国最高法院

CSX 运输公司诉阿拉巴马州税务局案为例。CSX 公司声称阿拉巴马州歧视他们。该州对铁路使用的柴油燃料征税,但对州际汽车和水运公司则免税。CSX 声称,这项税收计划歧视铁路公司,违反了 1976 年禁止歧视性税收的《铁路振兴和监管改革法案》。下文引述审判摘要以简明扼要地叙述了法院为作出裁决所采用的一系列推理。

"因此,关键问题就变成了在国家给予其他实体(这里是铁路的竞争对手)免税的情况下,是否可以根据第(b)款第(4)款将某一税种称为"歧视"。由于《规约》没有界定"歧视",法院再次注意到"歧视"一词的一般含义,即无法合理区分一项给予了部分人优惠待遇而不能平等适用于所有人的措施。对一方纳税人征收 2% 的税,对另一方征收 4% 的税,如果这两方在所有相关方面都是一样的,就是对后者的歧视。如果优惠方的利率下降到 0,这种歧视就会继续存在,因此这完全是一种豁免。说这样的税收方式不"歧视",就是采用了一种与"歧视"一词的自然含义不符的定义。本法院一再承认,免税的税收计划可能具有歧视性。参考戴维斯诉密歇根财政部案,489U.S. 803。就连第十一届巡回上诉法院在驳回 CSX 诉讼时所倚重的 Ore. v. ACF Industries, Inc. 510 u.s.s 332 案中的税务部门也明确表示,免税'可能是税收歧视的一种变体'。此外,该规约禁止歧视,无论优惠实体是州际的还是地方的。法令中规定的区别不像阿拉巴马州所暗示的那样是州际和地方行为者之间的区别,而是铁路和所有其他主体之间的区别。"

在这种情况下,文本框表示语句,这些语句是论证的前提和结论,由节点表示该前提到结论的推论(树状图中的节点同时体现了推理过程中可废止的推理方式),箭头则表示从某一命题到其他命题的推论,一个论证的结论会成为下一个论证的前提,进而产生一系列的论证,最终结论表示在该树的根部,即该中心推理可以直观地表示为倒立树结构(如图 5-8 所示)。

此种结合了可废止推理的树状论证图固然是一种能够表达案件事实认定给过程中可废止推理的结构化方式,但如何将这种结构化方式体现于计算机

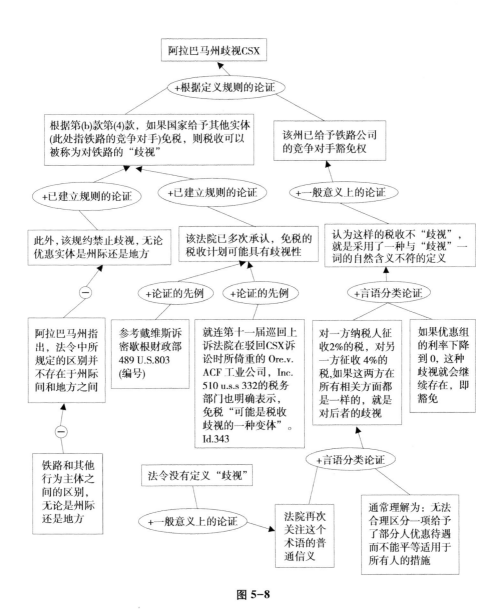

图 5-8

算法的编程过程中呢？人工智能编程中常用到的 IPO 图或许能够为算法与可废止推理的结合提供一些思路。

正如上文提到的,在民事裁判实务中,由于具体案件情况纷繁复杂,计算机程序对案件事实认定的处理既要符合"客观真实",又要符合"法律真实",

出于确保法律价值的实现以及考虑当前科技发展的实际情况,可废止推理应用于案件事实认定需要通过可视化、结构化的方式实现,而这一过程的构建则可以借助于计算机领域的 IPO 图(图 5-9)。

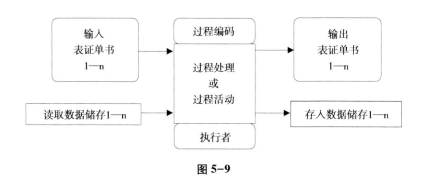

图 5-9

（二）法律人工智能与事实认定推理模型的融合路径

案件事实认定的过程可以看作计算机处理单独对象之后将其处理结果经过推理计算后得出结论的过程。其与优化后的事实认定推理模型有着显而易见的相似之处。

除去法律的特殊性而究其本质,这一过程就是描述对象以及对象与案例之间的连接关系。这一过程常用到的系统有 UML 的 USE-CASE 工具,虽然这一工具包含了多个模型元素,如系统、参与者和案例,并且能够显示这些元素之间的各种关系,如泛化、关联和依赖,同时能够展示外部用户能够观察到的系统功能模型图。可以说,UML 的 USE-CASE 工具仅仅适用于流程化的设计目标,而无法体现案件事实认定中的可废止推理,其对于案件事实信息的不断增加或减少,以及对真伪信息的认定和推理过程是僵化的。因此,IPO 在事实认定推理模型与人工智能方法相结合的过程中可以更好地发挥作用。

从事实认定来的微观角度看,无论是"客观真实"之案件事实要素,还是"法律真实"之法律法规或原则,在计算机系统中绝大部分是以数据的方式存储的,当前的部分司法辅助系统,无论是程序的开发者,还是程序的使用者,对相应数据(事实)的分析会更加简单、清晰、便捷。

从事实认定的宏观视角看,IPO 图的工作过程同样可以体现计算机如何将可废止逻辑应用于事实认定的思考过程,即可以通过 IPO 图的方式构建事实认定推理建模中的工作框架。在进行案件事实认定中可废止推理系统的总体设计(概要设计)时,我们可以使用 IPO 图作为建模工具,于是 IPO 图就成了案件事实认定系统中总体框架构建、推理过程分析和案件信息需求为统一的建模工具。由于建模工具的统一,避免了软件开发者和软件使用者各说各话,消除了总体框架构建、推理过程分析和案件信息需求之间的鸿沟,使总体框架构建、推理过程分析和案件信息需求三个阶段平滑过渡。本部分内容所要解决的问题就是为事实认定的推理建模与人工智能的结合提供一个可行的思路。

总之,IPO 图所描述的信息处理过程包括了过程数据、过程体和过程流,正好与事实认定过程中对证据间的攻击和支持以及对证据的采纳与排除这一思维过程相对应。实际上,事实认定中各个证据的推理过程就是在人工智能程序中的一组或一个"模块"的处理和组合过程。因此,案件事实认定的可废止推理过程是可以用 IPO 图来进行描述的。系统、子系统、模块之间也是一个向下分解和向上聚集的动态过程,同时,系统、子系统和程序模块,只有大小和规模的差别,这与案件事实认定的本质也是相同的,因为在事实认定过程中,对不同当事人所描述的事实或提供的证据之间的冲突论证同样是一个完整的法律推理过程,只有经过完整的推理论证过程才能符合程序法上的"客观真实"和"法律真实"的双重要求,而对每一个冲突的"事实"论证过程与对案件事实整体的论证过程是相同的,其差异仅仅是论证的繁简而已。所以,在法律人工智能视野下,将 IPO 图作为具体路径与事实认定的推理模型相结合是值得尝试的。

小　　结

本节重点研究了基于可废止逻辑的事实认定推理模型的优化型式。经典逻辑的单调性使得其无法处理法律推理的非单调属性,非单调推理的实质是前提集的扩充能够导致结论的改变,而这种扩充与人类的法律推理思维模式相近,因此以可废止逻辑为基础的推理模型构建比传统演绎推理模型有着更多优势,但由于事实认定需要考虑多种因素,诸多与事实认定相关的推理建模也显示出了各自的不足,无论是基于贝叶斯网络的概率建模方法,还是基于传统的可废止逻辑的推理模型都存在诸多不足。基于贝叶斯网络的概率建模方法的侧重点在于对具体证据强度之间的论证评估上,而传统可废止逻辑的推理模型的侧重点则在于推理中对证据攻击与支持这样过程的动态展现。因此本节在分析了两类方法的基础上,对传统以可废止逻辑为基础的事实认定模型进行了优化,通过加入"指针"的方式使得改造后的事实认定推理模型既能够标明冲突来源,计算和可视化主要待证事项的状态变化,又可以展现不同侧重点下的分析过程与结论;既能发挥其符合法律推理可废止思维的优势,又能弥补其无法评估证据强度的短板。改造后的推理模型也被证明更加适用于法律智能视野下的事实认定。因此,在当前法律人工智能视野下,优化后的推理模型对于促进各学科间的交叉融合,以及辅助司法事实认定,提高案件事实的准确度等方面具有理论和实践两个方面的积极作用。

第六章　证据的论证型式研究

第一节　证据的论证型式及其类型化研究

引　言

除了方法的变化,论证理论的特点是对强论证的规范标准感兴趣,他们关心论据质量的问题。说服学者对不同论点的实际效果感兴趣。尽管在论证理论和说服效果研究方面存在差异,但是两种方法的对抗是有成效的。例如,在论证理论中区分论证质量的规范性概念与说服性研究高度相关,以便更好地确定被认为是强有力的论证和被认为弱的论据的特征。此外,将规范性视角下的论据质量研究和描述性视角下的论据质量研究进行充分地比较也是很有意义的。奥基夫(O'Keefe)将规范上期望的证据类型与该证据类型实际上的说服力进行了比较。最近的研究概览表明,在论证理论家所认为的应该具有说服力的论据和事实上具有说服力的论据之间,存在一定程度的兼容性。

一、实际的、感知的和预期的说服力

广义而言,说服效果研究关注的是源头因素(如可信度)、消息因素(如证

据)、接收因素(如参与)和情境因素(例如分心)对说服力的影响。而本项研究的视角主要是以受众为导向的:上述因素对受众的影响是什么?这方面的实证研究对实际说服效果研究的成果具有检验性功能,例如,接收者对证据来源的可信度的态度。实际说服力是关于什么是有说服力的,而感知说服力是关于什么被认为是有说服力的。更具体地说,感知说服力是一个可以用于说明特定信息需要如何说服人们的概念。在阅读了一条信息后,人们可能会被要求回答这样的问题:"你认为你对这个问题的看法有多大程度上受到了这条信息的影响?"例如,波拉特(Parrott)等人要求他们的参与者在"我们认为信息中的信息是"之后填写三个语义差异尺度(有说服力的—不具说服力的,令人信服的—不令人信服的,有用的—没有用的)①。

迪拉德(Dillard)等人的元分析研究包括感知的和实际的说服力的测量。他们的分析表明,感知说服力与实际说服力之间存在着积极的、实质性的关系②。这意味着人们认为可以说服他们的东西和实际说服他们的东西是一致的③。然而,非专业人士总是假定自己知道有多少论据或可信的资料说服了他们。正如奥基夫所解释的,这样的人"自然会基于他们对于说服力的(含蓄的或明确的)信念来回答问题。"④但是,因为这些信念可能是错误的,被调查者对影响可能性的判断可能不符合实际的影响可能性。在霍肯(Hoeken)研究内容中,通过让参与者对他们发现的信息中的三种证据的可靠性、相关性、

---

① Parrott, R., K.Silk, K.Dorgan, C.Condit, and T.Harris..Risk Comprehension and judgments of statistical evidentiary appeals: When a picture is not worth a thousand words.Human Communication Research2005, 31: pp. 423-452.

② Dillard, J.P., K.M.Weber, and R.G.Vail.The relationship between the perceived and actual effectiveness of persuasive messages: A meta-analysis with implications for formative campaign research. Journal of Communication 2007, 57, pp. 613-631.

③ O'Keefe, D. J. Understanding social influence: Relations between lay and technical perspectives.Communication Studies1993, 44: 228-238. O'Keefe, D.J. 2002a.Persuasion: Theory and research. 2nd ed.Thousand Oaks: Sage.

④ O'Keefe, D. J. Understanding social influence: Relations between lay and technical perspectives.Communication Studies 1993, 44: 228-238.

强大性和说服力——进行评估①,来确定传闻、统计和因果证据的说服力。这些评估表明,统计证据被认为比传闻证据更具有说服力。然而,这些证据类型的实际说服力是相同的:传闻证据和统计证据同样成功地说服了信息中的参与者。

感知说服力不应与预期说服力相混淆。这两种说服力都是关于人们对信息或论据是否具有说服力的概念,但它们所针对的人群存在差异。感知说服力是以接收者为导向的,并且是针对被感知的说服力的人的。事实上,这是接收者对一个信息(或论据)说服他或她的多少的判断。预期说服力可以说是以发送者为导向的:如何说服信息发送者(如参与研究的人)认为一个论据是为另一个人而设的。论证理论家关于论证质量的概念被认为是对预期说服力的理解,因为这些概念是(合理推理的)关于对其他人如何强有力的论证的思考。具体而言,就是在面对人们在选择有说服力的论据方面表现出色的问题时所需要的预期说服力的概念。这种预期的说服力应该与实际的说服力相比较。在本节之中,对预期说服力和实际说服力的比较涉及支持主张的证据类型。

二、证据在说服性辩论中的作用

有说服力的信息试图影响人们对某一对象或行为的态度。通常,这类信息可被视为涉及实用主义的文本。在语用论证方案中,人们根据其有利后果(正变量)或不利后果(负变量)来选择相应的行为。积极变体的一个例子是建议学生听古典音乐(行为),因为这有助于他们在短时间内吸收大量的知识(有利的结果)。这种积极的语用论证的最简单形式如下。

行为 A 导致后果 B

结果 B 是可取的

因此:行为 A 是可取的

① Hoeken,H.Anecdotal,statistical,and causal evidence:Their perceived and actual persuasiveness.Argumentation 2001,15:425−437.

根据这一推理,听古典音乐是可取的,因为以有效的方式吸收知识是可取的。论证理论家声称,读者在评估这样一种论证时,至少应该想到两个问题。第一个问题是关于结果的可取性:以一种有效的方式吸收知识是可取的吗?第二个问题是关于结果的可能性:听古典音乐真的能帮助学生在短时间内吸收大量的知识吗?如果这两个关键问题能够得到肯定的回答,那么这样一个务实的论证在规范上就是强有力的。一些研究表明,人们评估一个后果的可取性要比评估其可能性容易得多①。因此,后果的可能性论证可能需要其他补充支持。事实上,一项语料库研究表明,文本作者更频繁地使用补充信息来支持关于后果可能性的论证,而不是用于加强该后果可取性的说理。

在说服力研究中,这种补充信息通常被称为证据。证据被定义为"以数据(事实或观点)为主要表现形式的、为某种观点提供说理支持的论据"②。霍肯等区分了四类证据:传闻证据、统计证据、因果证据和专家证据。传闻证据以某个案件为主要内容;统计证据由大量案件的数据信息构成;因果证据则体现为对某种观点(后果)的因果解释;专家证据主要是专家对某种观点(后果)的确认。表6-1给出了关于听古典音乐的积极作用的主张的四种证据类型的例子。

表6-1　四类证明"听古典音乐有助于学生在短时间内吸收大量知识"的说法

传闻证据	来自海牙的16岁的马丁·穆德能够在短时间内吸收很多知识,因为他经常听古典音乐。
因果证据	古典音乐激发了他对重复模式和复杂结构的认识,从而发展了分析思维,吸收了大量的知识。
专家证据	马斯特里赫特大学音乐研究领域的专家维舒特教授强调,学生可以通过听古典音乐在短时间内吸收很多知识。
统计证据	对322名荷兰学生的研究表明,75%的学生在短时间内通过听古典音乐吸收了很多知识。

---

① Areni,C.S.,and R.J.Lutz.The role of argument quality in the elaboration likelihood model.In Advances in consumer research,ed. M.J.Houston,vol. 15,1988,pp. 197-203. Provo:Association for Consumer Research.

② Reynolds,R.A.,and J.L.Reynolds.Evidence.In The persuasion handbook:Developments in theory and practice,eds.J.P.Dillard,and M.Pfau,2002,pp.427-444. Thousand Oaks:Sage.

三、证据类型的实际说服力与预期说服力研究

大量的实验研究已经验证了各种证据类型在不同领域的实际说服效果，如针对人身攻击、教育交流、健康传播和论证。传闻证据和统计证据的说服力问题尤其被广泛地研究。最初的研究发现传闻证据比统计证据更具说服力，而艾伦和普赖斯(Allen 和 Preiss)在其元分析中获得的统计数据显示，上述两种证据类型中更有说服力的应该是统计证据。霍尼克斯(Hornikx)是最早对两种或两种以上的证据类型的说服力展开系统比较研究的文献[1]。该文献的相关叙述性评论指出，统计证据、因果证据和专家证据比传闻证据更具说服力。与上述传统证据类型的实际说服力研究相比，只有少数的研究对这些证据类型的预期说服力进行了考察。下面将对这些研究进行具体说明。

论证性语篇中使用某种证据的相对频率可以作为人们对强证据和弱证据的期望指示。这里的隐含推理是，人们使用最多的证据类型也是他们希望最有效的证据类型。例如，在一项辩论成果研究中，克莱恩(Kline)调查了学生发言中各种证据类型的使用频率[2]。他假设高度教条主义的学生会使用更多书面证据，而不是非书面证据。教条主义者被认为是思想封闭、不容忍和顺从权威的。首先，学生被要求参加一次讲座，且该讲座有意运用了各种证据来进行说理说服。大约两周后，每个学生都被要求做一次简短的发言。通过分析上述学生在这次发言中使用书面证据和非书面证据的情况发现：高度教条主义的参与者确实比低度教条主义的参与者使用更多的文献(书面)证据。

---

[1] Hornikx, J. A review of experimental research on the relative persuasiveness of anecdotal, statistical, causal, and expert evidence. Studies in Communication Sciences 5: 2005, pp. 205–216.

[2] Kline, J. A. Dogmatism of the speaker and selection of evidence. Speech Monographs 1971, pp. 354–355.

　　勒瓦瑟和迪安①分析了美国总统候选人辩论中各种证据类型的实际使用情况。他们区分了传闻(特定的历史实例)、统计(数字实例)和原始证据(有关专家或非专业人士)。结果显示,总统候选人使用的统计和传闻证据是原始证据的四倍。最后,他们分析了荷兰和法国文本作者使用传闻证据、统计证据、因果和专家证据的相对频率。在这些涉及癌症、第三世界和饮酒等主题的文本中,传闻证据、因果证据和统计证据的使用频率高于专家证据。这一研究成果是符合作家文化背景的。因果证据在荷兰语料库中出现得更为频繁,统计证据和专家证据在法国语料库中出现得更为频繁。

　　上述三项研究表明,在发言或文本中,人们会比平时更频繁地使用某些类型的证据。这些研究的局限性在于,当作者或发言者想要使用证据时,他们可能并不总是拥有所有类型的证据。当发送者可以在提供的不同证据类型之间进行随意选择时,可以更准确地测量各种证据类型的预期说服力。上述设计被用于一项关于论证生产的研究中,这可能是首次检验证据类型的预期说服力的研究②。参与者被要求选择"提高入学要求",或者"联邦政府应该加强对中小学教育的控制"主张。在选择主张之后,共有 25 个证据的实例,这些证据在特异性和相关性的维度以及归因于不同来源方面存在差异。参与者根据"说服大学生接受大学入学申请"或者"政府要求对当地家长—教师协会的控制"的可能性程度,来对上述 25 个证据进行排名。克莱恩的主要目的是调查人们的排名是否不同。按照参与者在不同编码组中聚类的方式分析模式。克莱恩指出,对于不同的证据类型有多大程度的说服力,人们的期望值确实不同。

四、研究问题

　　尽管传闻、统计、专家和少量因果证据的实际说服力已经被广泛研究,但

---

　　① Levasseur, D., and K. W. Dean. 1996. The use of evidence in presidential debates: A study of evidence levels and types from 1960 to Argumentation and Advocacy 32: 1988, pp. 129–142.

　　② Kline, J. A. A Q-analysis of encoding behavior in the selection of evidence. Speech Monographs 37: 1971, pp. 190–197.

这些证据类型的预期说服力从未用克莱恩所采用的排序方法来检验[1]。克莱恩认为,研究证据的预期说服力是对实际说服力的一个重要补充:"关于证据对受众的实际说服作用的研究是有意义的,但它们不足以充分理解交流,因为对信息作出反应的受众只是这一交流过程的重要组成部分之一。除此之外,我们还必须研究编码部分,如信息源为其信息进行材料选择的方式。[2]"

其他人,如奥基夫和维尔逊,强调了从发送者(预期说服力)和接收者(实际说服力)的角度研究说服的意义。其中,第一个研究问题是:RQ1 人们期望传闻、统计、因果和专家证据对他人有多大程度的说服力?论证理论家关于理想论证的观点在某种程度上与实践论证有效性的问题是相一致的,但对于非专业人士而言,这种一致性尚未确定。因此,我们要讨论的问题是,一般语言使用者要求证据具有的说服力标准是:RQ2 非专业人士是否可以准确地选择出具有说服力的证据?

五、方法

四种证据类型的预期说服力研究是通过信息设计者获得多种类型证据的排序方法进行的。在辩论产生研究中,参与者被给予一系列的主张,每个主张之后有四种类型的证据。参与者被要求根据他们预期的说服力对这些证据类型进行排序,以说服其他人。由于参与者的期望与他们对证据类型说服力的实际认识之间可能存在相互干扰,故本研究未对实际说服力进行调查。通过将目前的实验结果与霍尼克斯和霍肯的实验结果进行比较,验证了人们选择说服力证据方面的准确性问题,这是最近关于同一证据类型的实际说服力的一项研究。在霍尼克斯和霍肯研究中,两组参与者分别是荷兰学生和法国学

---

[1] Kline, J. A. A Q-analysis of encoding behavior in the selection of evidence. Speech Monographs 37: 1971, 190–197.

[2] Kline, J. A. A Q-analysis of encoding behavior in the selection of evidence. Speech Monographs 37: 1971, pp. 190.

生。为了使本研究对预期说服力和非专业人士观念的调查更有说服力,本实验也采用了上述同样的两组参与者。

(一) 材料

从霍尼克斯和霍肯研究使用的 20 项主张中,随机选择了 8 项[①]。由于这些主张涉及某一行动所产生的诉讼效果,因此可将其归类为描述性的和因果性的主张。这些主张的主题包括学校的表现、工作效率以及派对游戏和卡通。这些主张已被预先假设为存在适当的可能性。对于这些主张的每一个方面,都构建了一组四种类型的证据。表 1 显示了从霍尼克斯和霍肯研究中借用的四种证据的可操作性示例。

正如雷纳尔和雷那德所建议的那样,证据的质量也被予以重视[②]。具有极强说服力的统计和专家证据实例是建立在论证理论的说服力标准基础上的[③]。说服力强的统计证据应该包括大量的案例样本,这些案例代表它所支持的人群。因此,统计证据的实例引用了大量的样本研究(如 322 人),并在提出主张的样本中包含了很高比例的案例(如 77%)。如果专家是可信赖的,且专家的专业知识领域与主张领域相对应,那么专家证据在说服力上是强有力的。上述可信赖性可以通过专家的头衔,以及与主张有关的相关专业领域(如表 1 中主张的音乐研究)来综合确定。传闻证据仅涉及一个支持某一主张的一般性案例,因此,不可能有很强的说服力。传闻证据主要由某人从事了某一行为(如听古典音乐),并且导致了某一结果(如有效地吸收知识)这样一个简单的事例构成。因果证据应当提供一种解释某一主张中因果关系的机

---

① Hornikx,J,and H.Hoeken..Cultural differences in the persuasiveness of evidence types andevidence quality.Communication Monographs 2007,pp. 443-463.

② Reynolds,R. A., and J. L. Reynolds. Evidence. In The persuasion handbook: Developments in theory and practice,eds.J.P.Dillard,and M.Pfau,2002,pp. 427-444. Thousand Oaks:Sage.

③ Reinard,J.C.The empirical study of the persuasive effects of evidence:The status after fifty yearsof research.Human Communication Research 15:1988,pp. 3-59.

制。由于不可能找到一个具有强说服力的机制,因果证据往往由两个因果关
系组成①,或者构成一条完整的因果链。荷兰参与者的主张和证据被以荷兰
语为母语的人翻译成法语,然后又被以法语为母语的人翻译成荷兰语②。通
过仔细确定荷兰和法国的名字、姓氏、地点和大学,进一步提高了证据的等
效性。

(二) 参与者

在霍尼克斯和霍肯的研究中,参与者是学生③。荷兰参与者在拉德堡德
奈梅亨大学(Radboud University Nijmegen-Ⅰ,n＝88)学习商业传播学。法国
参加者学习应用外语(University of Montpellier-Ⅱ,n＝56)或语言学(University
of Paris-Ⅷ,n＝30)。由非本地人填写的调查表在分析中被排除。法国男性参
与者的比例(45.3%)高于荷兰(14.8%)(v2(1)＝19.41,p 0.001)。荷兰参与
者的平均年龄为 19.48 岁(SD＝1.95),法国参与者的平均年龄为 22.05 岁
(SD＝2.22)。差异显著:t(172)＝8.12,p 0.001。参与者的性别和年龄对各
种证据类型的预期说服力几乎没有影响④。

(三) 设计

创建了四种类型的证据。在这些类型中,八项主张的顺序是相同的,但每
项主张的证据类型的排列顺序不同。采用了一种平衡的拉丁设计,将四种证

---

① Hesslow,G.The problem of causal selection.In Contemporary science and natural explanation:
Commensense conceptions of causality,ed.D.J.Hilton,1988,pp. 11-32. Brighton:Harvester Press.
② Hornikx,J.,and H.Hoeken.Cultural differences in the persuasiveness of evidence types andev-
idence quality.Communication Monographs 74:2007,pp. 443-463.
③ 同上。
④ 参与者的性别不影响统计、因果或专家证据的平均排名(ps[0.10),但确实对传闻证据
有影响(z＝3.78,p\\0.001)。相比于女性,男性(M＝3.32,SD＝0.75)认为传闻证据更有说服力
(M＝3.67,SD＝0.53)。其次,年龄仅与统计证据显著相关:r(174)＝-0.21,p0.01(其他证据类
型:ps[0.05)。

289

据类型的不同顺序分配给八项主张[①]。

（四）手段

参与者收到的小册子的标题是"说服其他人"。在一份书面说明书中,参与者被要求根据说服力对四种证据进行排序,以说服其他人相信八项主张中的每一项。他们通过标记每种证据类型的"1"（预期最有说服力）、"2""3"或"4"（预期最不具有说服力）来表明他们的排名。对于每一项主张,每个数字都必须使用,但只能使用一次。问卷最后是关于参与者的年龄、性别、国籍和受教育程度的内容[②]。

表 6-2　预期说服力的平均排名

证据类型	荷兰的参与者(n=88)		法国的参与者(n=86)	
	M	**SD**	**M**	**SD**
统计	1.25[a]	0.44	1.55[a]	0.67
专家	2.33[b]	0.62	2.33[b]	0.69
因果关系	2.68[c]	0.67	2.71[c]	0.78
传闻	3.73[d]	0.49	3.40[d]	0.70

注:较小的数字表示较高的预期说服力;同一列中的不同上标表示均值之间的显著差异,α 水平为 0.001。

---

① 由于版本对传闻证据[Kruskal-Wallis v2(3)= 6.12,p= 0.11]、统计证据[v2(3)= 3.81, p= 0.28]、因果证据[v2(3)= 1.05,p= 0.79]以及专家证据[v2(3)= 5.15,p= 0.16]的排名没有影响,所以将四个版本的排名汇总在一起。

② 作为对 Hornikx 和 Hoeken 的调查(2007 年,研究 1),该问卷还包括与该研究中的专家证据的跨文化调查相关的措施。在对证据类型进行八项排名之后,专家信息偏好量表(PEI; Hornikx 和 Hoeken 2007)和认知需求量表(NFC;Cacioppo et al. 1984))的七个条目被列入。PEI 量表的前四项对于法国参与者(a= 0.73)和荷兰参与者(a= 0.75)被证明是可靠的。荷兰(M= 2.51,SD= 0.69)和法国参与者(M=11.2.52,SD= 0.77)在 PEI 量表上得分相同[t(172)= 0.95, p= 35]。NFC 量表对法国参与者是可靠的(a= 0.74),但对荷兰参与者来说不可靠(a= 0.58)。

（五）程序和统计检验

调查问卷是在上述三所大学中填写的,问卷是在讲座开始时分发的。在收集了问卷后,才说明了真正的研究目的,并对参与者的合作表示感谢。学生们的参与没有得到任何奖励。整个过程花费了大约 15 分钟。弗里德曼(Friedman)测试被用来检验四种证据的平均排名是否不同。接下来,采用了 Wilcoxon 符号来检验哪些类型的证据在平均排序上存在差异。

（六）结果

这里令人感兴趣的第一个问题是:人们期望传闻、统计、因果和专家证据对他人有多大程度上的说服力? 表 6-2 提供了从最高期望说服力(1.00)到最低期望说服力(4.00)的证据类型的排名。

如表 6-2 所示,四种证据的平均排名存在差异(Friedman v2(3) = 284.63,p 0.001)。对两个国家的参与者进行分别观察。荷兰和法国的参与者都预期统计证据最有说服力,其次是专家、因果和传闻证据。这一结果被证明是有效的,因为这一结论被证明适用于八项主张。对于每一项主张,四种类型的证据的排名类似于所有主张的平均排名[①]。

本研究涉及的第二个问题是:非专业人士是否可以准确地选择出具有说服力的证据? 这个问题是通过比较证据类型的预期说服力(表 6-2)与在霍尼克斯和霍肯研究中发现的相同证据类型的实际说服力来回答的[②]。

---

　① 荷兰参与者的八项主张的等级评分范围是:统计证据 1.19-1.31;专家证据 2.24-2.39;因果证据 2.56-2.87;传闻证据 3.67-3.78。法国人的得分范围是:统计证据 1.36-1.71;专家证据 2.22-2.47;因果证据 2.55-2.92;传闻证据 3.27-3.51。

　② Hornikx,J.,and H.Hoeken.Cultural differences in the persuasiveness of evidence types andevidence quality.Communication Monographs 74;2007,pp.443-463.

表6-3 预期说服力和实际说服力排名的比较

证据类型	荷兰学员	法国与会者		
	n=88 预期	N = 305 表演	n=86 预期	N = 295 目前的
统计	1	1	1	1
专家	2	2	2	1
因果关系	3	2	3	1
传闻	4	4	4	4

注:较小的数字表明说服力较高。实际说服力基于霍尼克斯和霍肯的研究结果(2007,研究1)。

这两项研究的参与者具有高度的可比性[①]。证据类型的预期说服力与证据类型的实际说服力有什么关系? 表6-3将本研究中四种证据的排名与根据霍尼克斯和霍肯关于实际说服力的结论所作的排名进行了比较[②]。

在关于实际说服力的一栏中,不同的数字代表着不同的含义。例如,对于荷兰参与者来说,统计证据比专家证据和因果证据更有说服力,专家证据和因果证据则具有同等的说服力。

如果实际说服力和预期说服力的排名高度相似,那么参与本研究的学生对于证据类型的说服力的认识就是准确的。参与者,尤其是荷兰参与者,通常善于为他人选择有说服力的证据:在大多数情况下,他们期望具有说服力的证据类型实际上也具有说服力(表6-3),反之亦然。对于这两个文化群体来说,传闻证据被认为是最不具说服力的,这与其最低的实际说服力相对应。在预期和实际说服力之间的八项比较中,排名有三处差异。就荷兰组参与者而

---

① 在这两项研究中,参与者大部分是人文系的学生。本研究中的荷兰学生(M=19.48)比Hornikx和Hoeken的学生(2007,研究1)年龄要小(M=20.98),而法国学生(M=22.05)比Hornikx和Hoeken的学生(2007,研究1)年龄大(M=20.75)。在本研究中,男生的比例为45.3%(法国)或14.8%(荷兰),而Hornikx和Hoeken(2007,研究1)的男生比例较低(荷兰:22.6%,法国:13.2%)。可见,在这两项研究中,年龄和性别几乎不影响证据类型的实际或预期说服力的判断。

② Hornikx,J.,and H.Hoeken.Cultural differences in the persuasiveness of evidence types andevidence quality.Communication Monographs 74;2007,pp.443-463.

言,因果证据的预期说服力与实际说服力之间存在差异,即这些参与者期望专家证据更具说服力,但这些证据类型的实际说服力在霍尼克斯和霍肯研究中并没有更高数值①。法国组的参与者有更多的差异。法国参与者期望统计证据比专家证据更有说服力,专家证据比因果证据更有说服力,但实际上三种证据似乎同样具有说服力。虽然这三类证据的实际说服力差异并不显著,但其说服力值排名与预期说服力的排名具有相似性:专家证据排在首位,其次是统计证据,最后是因果证据。

小　　结

论证理论家提出的证据的预期说服力概念在一定程度上与证据在实践中产生的实际说服力是相一致的。由于这种一致性尚未被用于解释非专业人士选择有说服力的证据方面的正当性,所以本研究的目的是深入探究非专业人士是否可以准确地选择出具有高度说服力的证据材料。本项研究尤其考察了传闻、统计、因果和专家证据的预期说服力,并与霍尼克斯和霍肯②研究中对应的证据类型的实际说服力进行了比较。研究者努力在这两项研究之间建立高度的相似性,例如,在参与者的种类、证据的运作以及涉及的主张等方面都尽量保证统一。

本书研究有助于我们理解论证质量的规范性和描述性因素,具体包括三个方面的贡献。首先,本项研究进行的实验——第一次采用排序技术,探究了说服性语篇涉及的四种证据类型的预期说服力问题。发现荷兰学生和法国学生期望统计证据最具说服力,然后是专家、因果和传闻证据。其次,将本实验与霍尼克斯和霍肯研究进行比较,有助于我们理解非专业人士在选择具有说

---

① Hornikx,J.,and H.Hoeken Cultural differences in the persuasiveness of evidence types andevidence quality.Communication Monographs 74:2007,pp.443-463.

② Hornikx,J.,and H.Hoeken.. Cultural differences in the persuasiveness of evidence types andevidence quality.Communication Monographs 74:2007,pp.443-463.

服力的证据时的准确性问题。事实上，荷兰和法国的非专业人士对于证据是否具有说服力的判断是非常准确的。最后，非专业人士对于证据说服力的认识似乎与专业人士不分上下。第一，统计证据比传闻证据有更强的说服力，因为统计证据包含了许多案例，而非某一个案例，因此其一般最具说服力，而传闻证据的说服力最弱。第二，统计证据和专家证据这两种证据类型被预期具有较强的说服力，而且在实践中也确实具有对应的实际说服力。这一结论一方面为非专业人士对证据质量的准确性认识提供了支持，另一方面也为证据预期说服力与实际说服力间的一致性提供了某种依据。

进一步的研究可以在论证方案和谬误等证据类型以外的其他领域展开，着重探究非专业人士对论证质量的预期。说到证据，未来研究的一个可能途径是探究非专业人士的期望背后的潜在动机。例如，为什么他们认为专家证据比因果证据更有说服力？另一个可能途径是研究非专业人士对于证据说服力强弱的期望，而不是对证据说服力标准的确定[①]。人们是如何将那些符合规范性标准的证据列为说服力弱的证据的？针对这些问题，进一步的研究有助于提高我们对各种证据类型的预期说服力和实际说服力的认识，也可以提高我们对非专业人士准确地选择有说服力的证据的认识。

第二节 证据推理的型式化及其建模

引　言

本节主要关注对证据推理型式化建模的相关问题。其主要目的是提出一种有价值且能够代替基于概率论的方法，即基于逻辑的方法。特别要关注对逻辑中关于可废止逻辑应用的研究。这种逻辑模型的推理能够对支持和反对

---

① Hornikx, J., and H. Hoeken. Cultural differences in the persuasiveness of evidence types andevidence quality. Communication Monographs 74：2007, pp. 443-463.

的论点进行说明和比较,这使得它非常适合用于对抗性论证这一过程,而这一过程则正是非常典型的法律证据推理。此外,我们还将证明它有助于对不同类型知识的显性建模,如直接证据与间接证据之间的区别,以及不同类型证据论证的显性建模,如证人证言或专家意见、概括性知识的应用或对时间的预测。

我们专注于形式化建模主要是基于研究兴趣,即设计能够支持或执行证据推理的计算机程序。这种研究立场使我们能够避免在证据推理中关于使用形式方法的相关争论,但是,我们仍然希望讨论也适用于那些除计算机科学或人工智能领域外,对使用这些方法感兴趣的人。

我们对两种类型的计算机程序特别感兴趣:基于知识的系统和感知构建系统。基于知识的系统有两个主要组成部分,即知识库和推理引擎。知识库包含关于某个问题的知识域,适用于计算机操作的语言表达,同时推理引擎通过这些知识来解决某个具体问题,或者至少能够提出替代该问题的解决形式。理论上,推理引擎的推理符合知识所表达的语言含义,并且其根据逻辑和概率理论来定义。感知构建系统本身并不能解决问题①。相反,这种软件的目标是帮助人类理解问题。特别是基于知识的系统提供了用于构建(通常可视化的)问题的工具以及解决用户问题的推理。它通常也提供能够操纵这些系统的工具,例如通过组合信息,甚至通过对用户输入执行逻辑或概率计算的命令将一个可视化转换为另一个可视化;甚至是对用户输入信息进行逻辑或概率计算。此外,一些感知构建系统还能够针对同一问题整合不同主体所提供的信息。将感知构建软件用于证据推理的一个例子是蒂勒和舒姆的马歇尔计划项目②,这是一个早期的万维网超文本应用程序,用来支持初步的事实调查。

① Kirschner, P. A., Buckingham Shum, S. J. & Carr, C. S.: Visualizing Argumentation. Software Tools forCollaborative and Educational Sense-Making, London: Springer Verlag, 2002, pp. 75–96.

② Schum, D. A. & Tillers, P. Marshalling evidence for adversary litigation. Cardozo Law Review 1991, pp. 657–704.

"基于知识的"系统和"感知构建"系统之间的主要区别在于后者没有知识库，即无法永久存储关于某个领域的一般知识集合。这意味着，"感知建构"系统与"基于知识的"系统不同，不需要经过费力且困难的知识获取阶段。另外，两种类型的系统都依赖于推理理论，这就是为什么两种类型的系统与形式性推理模型都相关。

那么什么才是一个良好的形式化推理理论呢？一个显而易见的选择是概率论，毕竟几乎所有的证据推理都是不确定性的推理。使用所谓的概率网络似乎特别有吸引力，这是人工智能最近对具有不确定性推理研究的最新结果，因为这样的网络捕获了图形结构中的条件依赖性。概率网络中的节点代表了统计变量（如在一次车祸中"路上没有或存在防滑标记""驾驶员是否加速""手刹位置""乘客是否拉了手刹"）。节点之间的链接表示这些变量值之间的概率依赖性（如"超速导致汽车打滑标记具有 85% 的概率"）。如果将这些依赖性量化为概率数值，同时将先验概率分配给节点值（将概率 1 分配给表示可用证据的节点值），则在给定证据体的情况下（如"驾驶员加速"），某些关注节点的条件概率可以根据概率论的规律计算，包括贝叶斯规则。这种方法是非常有吸引力的，因为概率论是关于合理性和不确定性概念的标准数学理论。

然而，概率技术在实践中的应用依然存在一定问题。一个显著的理由是它依靠通过数字作为输入信息，并且在绝大多数法律案例中很难获得可靠数字，或是由于没有可靠的统计数据，或是因为相关专家不能或不愿意提供相应的数据信息。当然从某些方面来看这可能不构成困扰。例如，卡登和舒姆使用概率网络进行灵敏度分析：他们通过比较不同概率分布的影响，旨在发现哪些变量与问题的结果最相关。然而，当基于知识的系统需要承担给出证据推理的精确解决型式的任务时，情况是不同的。另外，概率网络也有其他方面的限制，尤其会限制"感知构建"系统。从本质上讲，概率网络将所有可用的知识汇编成某个相关变量的概率分布，因此它们隐藏了一些与普通证据推理的重要区别。首先，法律纠纷通常包括由争议双方陈述的明确论点和交换的反驳意见。此外,概率网络模糊了直接相关证据和补充证据之间的区别(补充证据是与直接相关证据的证明力有关的证据,典型的例子是关于证人可信度的信息)。舒姆评论说,当条件概率不能通过统计相对频率确定时,尤其需要辅助证据①。此外,即使有这样的统计数据,人们仍可能需要辅助证据,因为律师经常尝试推倒对手使用的统计数据。

这些是我们探索替代形式建模工具的主要原因,即可废止论证的逻辑系统。作为逻辑系统,它可以通过使用某些逻辑技术合理地处理辅助证据。作为论证系统,它在论证意见攻击的过程中明确了冲突的来源;此外,它还支持证据推理典型形式的显式建模。本节的目的是说明论证逻辑如何执行这些任务。我们选择分析的系统是约翰·波洛克构建的系统②,因为这个系统对认知进行了建模,而证据推理基本上属于这一类型。

一、案例

作为本项研究的主要示例,我们将使用早期著名的威格摩尔的图表法分析该案例。该案例是一起谋杀案,其中一名农场工人乌米利安(以下简称 U)被指控谋杀了他的同事杰德鲁西克(以下简称 J),J 的无头尸体在距离谷仓500 英尺处被发现。U 有杀人动机,因为 J 曾试图阻止在农场工作的女仆嫁给U,J 给负责婚礼的牧师送了一封关于 U 在英格兰有妻子和孩子信息的信。由于这个原因,牧师拒绝将女仆嫁给 U,直到牧师发现这封信的内容是假的。虽然 U 和女仆后来还是结婚了,但 U 仍然对 J 的这一做法耿耿于怀,并且威胁要对他进行报复。一段时间后,J 被发现死亡,同时有证据表明当谋杀发生时,U 和 J 都在谷仓附近③。

①　Schum,D.A.Alternative views of argument construction from a mass of evidence.Cardozo Law Review 2001(22):1461-1502.

②　Pollock,J.L.Defeasible reasoning.Cognitive Science,1987,pp.481-518.

③　Commonwealth v.Umilian,Supreme Judicial Court of Massachusetts,177 Mass. 1931,pp. 582.

二、可废止论证逻辑

可废止论证逻辑是非单调逻辑的一个例子。在本节中,我们将首先简要解释非单调逻辑的概念及其与证据推理相关的原因,然后讨论论证系统的主要构成。

(一) 非单调逻辑

大多数经典的现代非单调逻辑系统,如缺省逻辑、限制逻辑和自动认知逻辑,是在七十年代末和八十年代早期开发的。从本质上讲,非单调逻辑是建造智能机器人所谓逻辑主义方法的结果。归根结底,逻辑主义的理念是为机器人提供关于世界的一般常识性知识的逻辑公式,以及其他表示机器人观察结果的逻辑公式,并通过将逻辑规则应用于这些公式使机器人得以操控自身行为,但人们很快就意识到一般的逻辑不足以达到该目的,因为常识性知识在很大程度上具有经验性质,有很多相互冲突的规则或是例外情况。一个典型的例子是鸟通常会飞的经验法则(或"默认")。虽然这个规则有许多例外(企鹅、鸵鸟、脚在混凝土中的鸟),有常识知识的推理者倾向于"大胆"地将这些规则应用于某只给定的鸟,而非首先验证该鸟是否存在其他例外。然而使用标准逻辑时,必须明确地列出所有特殊情况,并且只有在已知所有这些特殊情况都不存在的情况下才能应用该规则。对常识推理进行建模所需的是一种"快速上手(一种快速但是存在一些瑕疵并不完善的解决方法,这种方法快速而且容易建立,但是会隐藏一些问题)"推理理论,如果对特殊情况或异常情况一无所知,则应用经验法则。如果有更多的知识告诉我们该情况有例外时,则可以撤回这一结论,非单调逻辑就是这种"快速上手"推理理论。

在我们看来非单调逻辑的初步相关性是显而易见的,因为一般常识性经验在证据推理中扮演着关键角色。例如,在乌米利安案例中"如果 x 试图错误地阻止 y 的婚姻,那么暗含了从 y 向 x 倾向于滋生一种报复性的杀人情绪"。

根据舒姆的说法,这种暗含性地推理使律师通常毫不掩饰地将证据和推论"黏合"在一起①。在法医心理学家提出的法律证据的"锚定叙事"理论中,如瓦赫纳尔等泛化性的推理是必不可少的,因为"锚"是关于现有证据有效的叙述基础。几乎所有的泛化都允许例外使得证据推理成为非单调的。尽管非单调逻辑在应用于法律推理方面已经取得了很多成果②,但实际上,所有关于法律推理的成果都在很大程度上忽略了证据推理。事实上,非单调逻辑在当前人工智能和法律上的应用大多数是为了对法律概念的解释进行推理,并了解法律规则为何具有可废止性,即根据原则、价值或规则的目的,对法律规则的例外情况进行建模。值得注意的是维赫雅这个例外,他在讨论锚定叙事理论时指出了大多数锚点的可废止性,并提出锚点的临界测试可以被建模为可废止的论证③。本节旨在进一步发展维赫雅的理论,提出了波洛克论证体系中形式化的证据推理,以及特别关注了普遍性的攻击方式与其他一些典型的证据论证模式。

这里我们需要对使用非单调逻辑的反对观点进行讨论。尽管非单调逻辑是人工智能研究的活跃领域,但关于其有用性依然存在争议。关于构建智能机器人的逻辑主义方法的优劣上就存在很大争议④,但我们不必担心相关争议,因为我们的目标是不同的:我们不想建立智能机器人,而是有着更为温和的目标,即通过设计软件来解决或结构化推理问题。目前,对非单调逻辑的使用更为激烈的反对意见是关于所谓的知识获取"瓶颈"问题。事实上,这种反

①　Anderson,T.J.,On generalizations I:a preliminary Exploration.South Texas Law Review,Summer 1999,pp. 455-481.

②　Prakken,H.& Sartor,G,The role of logic in computational models of legal argument:a critical survey.In A.Kakasand F.Sadri(eds.),Computational Logic:Logic Programming and Beyond.Essays In Honour of Robert A.Kowalski,Part Ⅱ.Springer Lecture Notes in Computer Science 2048,Berlin,2002, pp. 342-380.

③　Verheij,B.Dialectical argumentation as a heuristic for courtroom decision-making.In P.J.van Koppen & N.H.M.Roos(eds.):Rationality, Information and Progress in Law and Psychology. Liber Amoricum Hans F.Crombag.Maastricht:Metajuridica Publications,2000,pp. 203-226.

④　Brooks,R.A.Intelligence without representation.Artificial Intelligence 1991,47:139-159.

对意见涉及任何关于基于知识解决问题程序设计的尝试。许多领域都已经证明了它难以将系统拓展到足够丰富的知识量。特别是许多问题不仅需要关于特定领域的高级知识，还需要关于世界的"低级"常识知识。系统涵盖足够数量的常识知识以解决重大问题的问题似乎尚未解决（尽管有些人，如莱纳特确信它将很快得到解决）。在法律领域，基于知识的系统实践的情况喜忧参半。事实证明，它们在处理立法方面特别是在公共行政中非常成功。基于知识的系统优势即在于他们提供了对立法便捷且完整的访问，并且允许用户搜索特定问题的法律后果①，但是，证据推理的应用仍然很少。造成该状况的主要原因是对于证据推理的建模需要大量的常识性知识，而这些常识性知识很难获得并被系统所表达。相比较而言，立法更加形式化且更容易识别，而证据推理所涉及的事实或尝试则丰富多样，具有模糊性和不确定性（单独考虑证据论证所依赖的常识性概括），因此建立一个可靠的系统用于证据推理似乎是一项艰巨的任务。然而，这个问题只会影响"基于知识"的系统；如在引言中所述，"感知构建"系统不需要知识库，因此对于这样的系统，证据推理的逻辑具有理论和实践的双重意义。

（二）推论系统

虽然大多数非单调逻辑系统是在1980年前后开发的，但第一个逻辑论证系统的开发时间稍晚②。然而，与该领域的大多数其他研究不同，早期的认识论哲学著作为逻辑论证系统的研究提供了大量启发。论证系统通过论证和反驳之间的辩证互动进行。它告诉我们如何构建论证，当论证存在冲突时，如何

---

① Van Engers,T.M., Gerrits, R., Boekenoogen, M., Glassée, E. & Kordelaar, P. POWER: using UML/OCL for modelling legislation an application report. Proceedings of the Eighth International Conference of Artificial Intelligence and Law. New York：ACM Press, 2001, pp. 157-167.

② Loui, R. P. Defeat among arguments: a system of defeasible inference. Computational Intelligence 2: 1987, pp. 100 - 106. Pollock, J. L. Defeasible reasoning. Cognitive Science 1987, pp. 481-518.

比较冲突的论证,以及如何在有冲突的论证中选取有价值的论证。我们现在将简要地用我们偏好使用的方法解释其中的每一项原理(并非所有文献中提出的系统都完全符合我们的设想①)。

构造论证的基本思想与标准逻辑相同:通过将推理规则应用于一组前提来构造论证。可废止推理所允许推翻的推理是什么? 显然,它们应该包括演绎推理,因为常识推理有时是演绎的:如"谋杀发生在谷仓附近"和"谋杀发生时嫌疑人在谷仓里"的说法"演绎地暗示""谋杀发生时嫌疑人就在谋杀案现场附近",但我们需要另外一个推理规则来应用经验法则:从语句"如果 P 然后通常 Q"和"P 我们应该能够推翻推论 Q"(从而隐含地假设 P 是一个通常 P 的情况)。大多数非单调逻辑都是这样的:它们添加到标准逻辑的唯一推理规则是波洛克系统应用默认一般化的规则。然而正如引言所提及的,波洛克的研究表明可以采用更为丰富的可废止推理理论。

那么,是否可以考虑冲突论证呢? 当一个论证是演绎时,其唯一可能被攻击的就是前提。然而,即使所有的前提都被接受也可能会受到攻击,如"谋杀发生时嫌疑人就在谋杀案现场附近,因为证人约翰这么说"(应用规则"如果证人说 P,那么通常是 P")。攻击它的一种方法是反驳,即以不相容的结论陈述一个论点,如"嫌疑犯不在谋杀现场,因为目击者鲍勃说 J 被谋杀时 U 与他一起在酒吧里,而同一个人不可能同时出现在两个地方"(应用相同的规则)。攻击论证的第二种方法是削弱它,即在这种情况下,前提不支持其结论,如:"约翰是犯罪嫌疑人的朋友,因此他的证词不可靠"。请注意,反驳和削弱攻击都有直接和间接方式;间接攻击针对论点的中间结论或推理步骤。例如,间接反例与论证的中间结论相矛盾。

为了确定哪个论据强于另一个,我们就必须比较反驳论据的相对强度。

---

① Prakken, H.& Vreeswijk, G. A. W. Logical systems for defeasible argumentation. In D. Gabbay and F. Guenthner (eds.), Handbook of Philosophical Logic, second edition, Vol 4, 2002, pp. 219 – 318. Kluwer Academic Publishers, Dordrecht etc.

当一个论证 A 强于一个反驳论证 B 时,我们会说 A 完全击败了 B,当它们同样强大时,我们会说它们互相被击败(削弱攻击总能完全地击败它的目标)。该以怎样的标准评估论证强度? 通常它取决于问题的性质和域。证据论证通常涉及概率评估。考虑一下基于目击者约翰和鲍勃的上述反驳论点:如果鲍勃是成年人而约翰是一个小孩子,我们可能会认为约翰说的是实话。

可废止的概念告诉我们两个相互冲突论点的相对强度。有价值的论点可分为三类:合理的论点(有引用价值的论点)、被否决的论点(没有引用价值的论点)和可辩护的论点(攻击强度相同的论点)。重要的是,论点的辩证地位取决于它与所有其他可用论点的相互作用。这里的一个重要现象是复原:假设论证 B 击败论证 A 但 B 本身被第三个论证 C 击败;在这种情况下 C 恢复 A,再次考虑基于证人约翰和鲍勃的反驳论点。即使我们更喜欢鲍勃的证词,但因为他是一个成年人而约翰是一个孩子,使用鲍勃的证词的论据可能会被第三个论点 C"鲍勃的证词是不可靠的,因为他有充分理由憎恨嫌疑犯"削弱。目前已有几种定义论证辩证论式的方法,但在下面的例子中其结果是显而易见的①。

接下来我们关注基于美国哲学家约翰波洛克早期认识论的哲学著作中涉及的一个特定的论证系统。如上所述,波洛克非常重视认知推理的可废止性(他称为"初级的理由",而不是"严格的理由",这是演绎推理的规则)以及它们可以被削弱的方式。初步原因是从其他信念和感知输入中获得信念的一般认识原则,例如,记忆、统计推理和归纳。为了获得论证的相对强度,波洛克允许将数值概率分配给应用推理。例如"96%的美国人每天看电视"且"戴维斯是美国人",那么称为"统计三段论"的原理让我们以96%强度得出结论,戴维斯每天都在看电视。然而,如上所述,法律证据知识通常不以数字而以定性的

---

① Prakken, H. & Vreeswijk, G. A. W. Logical systems for defeasible argumentation. In D. Gabbay and F. Guenthner (eds.), Handbook of Philosophical Logic, second edition, Vol 4, 2002, pp. 219 – 318. Kluwer Academic Publishers, Dordrecht etc.

方式表述,例如:"到目前为止,大多数/几乎所有/通常/美国人每天都在看电视"。出于这个原因,我们将不把波洛克系统在概率方面的考虑纳入其中。事实上,在本节中,我们将完全忽略论据的强度问题,只关注证据信息的表示以及用这些信息构建证据论据和反驳论据。当然,证据论证强度的建模是一个非常重要的问题,但它尚未得知。

现在可以从给定的输入信息(INPUT)开始,通过链接推理来构造论证。为了表示论证中命题之间推理的依赖性,可以将论证描述为 AND 树,其中节点是命题,链接表示这些命题的推理。波洛克将这些树的集合组合成 AND / OR 图并在节点之间添加适当的废止链,从而产生"推理图"。

现在我们来更详细地了解波洛克的初级推理和他的削弱理由(简化了部分技术细节)。要从当前目的出发有五个原因非常相关,我们将在下面与它们的削弱理由一起解释。至于符号,如果理由 R 说 P 是 Q 的初级证据,那么"S 是 R 的削弱"是"S 是的初级证据"的简写"P 不是 Q 的初级证据"(这预示着原因可以用某种对象语言方式的表达)。

我们可将整体概括如下。初步认知(感知)应用于读出数据,产生特定信念,存储器用于记录和检索这些数据。然后从数据中推断、归纳出一般规则,之后统计三段论从这些规则中得出新的特定信念。最后,由此衍生出来的信念会随着时间的推移而持续。

R1:认知(感知)——认知到内容是一个初步相信 φ 的理由。

在法律背景下,认知适用于证人证词,但也适用于审判时提出的物证。波洛克提出了一个普遍的认知削弱,我们将其解释为:"目前的情况是,对内容 φ 的认知不是 φ"削弱 R1。很明显,这个削弱只是关于认知可靠性理论的冰山一角。

R2:记忆——"回忆 φ 是相信 φ 的初级证据"。

一个削弱是:"φ 最初是基于一个假的信念"削弱了 R2。

R3:统计三段论——"c 是 F","F 通常是 G'"是"c 是 G"的初级证据。

该原则通过一般性经验来推动可废止推理。主要的削弱是废止其子属性（我们以弱和强的定性形式给出）：

"c 是 F&H"并且"并非 F&H 通常是 G"是 R3 的削弱。

"c 是 F&H"而"F&H 通常不是 G"是 R3 的削弱。

这表示关于某个类的统计信息被有关子类的冲突统计信息所覆盖。

作为一个(无可否认有点虚假)的例子，考虑一下 55%的美国丈夫在结婚的前十年犯下出轨的虚构统计信息，并假设结婚十年后，一个女人提出离婚，因为统计数据将证明她丈夫在"平均概率"上存在出轨行为。丈夫削弱妻子论证的一种方法是找到他所属的美国丈夫的一些较弱的子类统计关系。

R4:归纳——"大多数观察到的 F 都是 G"是"F 通常为 G"的初步证据。

波洛克设想了多种削弱来归纳基于样本的偏见。

R5:时间的预测性——"ϕ 在 T1 时为真"是"ϕ 在 T2 后期为真"的初级证据(假设 ϕ 在时间上是可推测的)。

时间持续性是证据推理的一个重要方面。例如，在民事案件中，证明一个人拥有合法权利(如所有权)的通常方式是证明权利是由销售加交付等产生的。然后，另一方通常必须给出该权利已被终止的证明。ϕ 在时间上可推测的条件非常重要，因为许多命题并不具有典型的时间持续性，例如，移动物体的位置。乌米利安案例说明了时间持续性论证在刑事案件中也很常见:从神父拒绝 U 结婚时，U 产生了报复性杀人情绪的说法中可以看出，他在杀人时仍有这种报复性情绪。

时间持续性论证削弱的一般型式是"有理由相信在 T1 和 T3 之间 T2 处的 ¬ ϕ 是 R5 的削弱"(实际上波洛克将此限制为 ¬ ϕ 的认知)。例如，在乌米利安案例中，可能会构建一个论点，即当 U 结婚后其不再具有杀人的情感。这就完成了波洛克认识论可废止推理的简要概述。接下来我们将讨论如何在这一理论中重建证据推理。这其中涉及的两个概念尤为重要:一般化知识(概括)和论证型式。

三、一般化知识

（一）获取和请求一般化知识

在波洛克的框架中,一般化知识应用于统计三段论,其部分关键测试可以为寻找三段论的削弱建模。上述三段论的定性版本没有捕捉到的一个微妙之处在于,概括通常有不同的形式,如"几乎总是、可能、通常、有时"。波洛克的原始理论似乎也缺少某些东西。波洛克假设所有的一般化知识都是基于归纳推理的原因,并且对概括的攻击可以表示为这个原因的削弱。然而,证据推理中使用的概括通常并非基于谨慎的实证检验。事实上,他们往往基于民间信仰,受到价值判断、偏见或意识形态等的影响。因此,归纳型式必须补充其他概括来源,并且必须为这些来源找到适合的削弱论点。我们现在简要介绍一下如何做到这一点。事实上,这个简介相当于对辅助证据的应用和攻击的分析。

安德森根据来源划分了五种一般化知识:科学的、专家的、一般性常识、基于经验和基于信念的概括①。第一个来源由归纳型式获得,第二个来源将由专家证词型式获得(见下文)。从本质上讲,这些是在某种程度上人们基于日常经验以非条理方式作出的概括。此外,一般性知识来源可以视为初级原因。

R6:一般化知识——"众所周知 φ"是 φ 的初级原因。

可能的削弱是泛化的一般知识被偏见或价值观等影响。

一个典型的论点如下(以推理结束每一行并从中推断该行的前一行,并中止传统的推理步骤)。

论点 A

1. 一般的知识是"如果 x 试图错误地阻止 y 的婚姻,那么 y 通常会产生

---

① Anderson, T. J. On generalizations I: a preliminary Exploration. South Texas Law Review, Summer 1999, pp. 455-481.

对 x 的报复杀人情绪"。(INPUT)

2.(大概)如果 x 试图错误地阻止 y 的婚姻,那么 y 通常会产生对 x 的报复杀人情绪。(1,R6)

3.J 试图错误地阻止 U 的婚姻。(INPUT)

4.(大概)U 对 J 产生了一种报复的谋杀情感。(2,3,R3)

如果 R6 不被视为论证型式而视为一般化知识,则必须添加包含该一般化知识的 1 行和 2 行之间的额外行 1′,然后通过统计三段论从 1 和 1′导出 2。

（二）攻击概括

如上所述,批判性地测试一般化知识与获取和应用它们同样重要。在本节中,可以模拟四种攻击一般化知识的方法。

(1)抨击来自有效的一般化知识来源,例如:"如果 x 试图错误地阻止 y 的婚姻,那么通常会产生一种从 y 到 x 的复仇杀人情绪"。

这种攻击可以被建模为对子论证的反驳抨击,以得出某些事物是一般知识的中间结论。

(2)从源头废止衍生的可能性,例如:"如果 x 试图错误地阻止 y 的婚姻,那么 y 通常会产生对 x 的报复杀人情绪,确实是一种普遍性的尝试,但是这一特定常识会受到民间信念的影响。

这种抨击可以建模为 R6 的削弱。

(3)攻击一般化知识在一般情况下的应用。这可以被建模为对更具体的一般化知识的应用(如"如果 x 试图错误地阻止 y 的婚姻,但是 y 被认为是一个温柔的人,那么 y 通常不会(not usually)对 x 产生报复杀人情绪",或者以更弱的"通常不(usually not)"方式表达。然后废止的统计三段论子属性削弱了对一般默认情况的使用。

(4)攻击一般化知识本身。这种攻击采取的形式是否定被攻击的一般化知识。这种攻击的一个例子是上述更具体的一般化知识与附加条件的组合,或者也许是正常的,如"人们通常都很温和"。

　　第三种和第四种攻击的主要区别在于第三种攻击接受一般化知识作为一般规则,但在当前的情况下拒绝其应用,而第四种攻击否定对一般化知识暗含的一般规则("通常情况并非如此")。

　　可能有人认为,对特定案例的概括比普遍性的概括更不容易受到攻击①。在某些方面情况确实如此。例如,要反驳"如果 X 错误地试图阻止 Y 的婚姻,那么大概是 Y 对 X 产生了一种报复的杀人情绪",对于 X 和 Y 来说,必须表现出相反的一面,而要反驳"如果 X 试图错误地阻止 Y 的婚姻,那么通常会产生 Y 对 X 的报复性杀戮情绪",对于任意一对 X 和 Y 个人来说,显示出相反的一面就足够了。因此,任何对第一个一般化知识的攻击也会对第二个一般化知识进行攻击,反之亦然,但是,在另一方面,特定案例的一般化知识可能更容易受到攻击。正如我们所看到的,关于一般化知识的部分推理涉及证明它们的来源是可靠的。一个普遍的一般化知识可以基于任何(随机)个人样本的行为,而一个具体的案例概括必须基于所涉及的特定个人的过去行为。在许多情况下,后者可能比前者更难获得,在这种情况下,对特定案例的概括可能受到比其他普遍概括更容易遭受关于源头的攻击。

(三) 一个关于逻辑的题外话

　　使用异常默认值和拒绝默认值为真的有什么区别? 接受 P 通常意味着 Q,但保持 R 是例外的人准备接受 Q,前提是如果所有他/她都知道 P:s/他准备假设 R 是假的,因为 P&R 是例外的 P 案例。然而,如果所有他/她都知道是 P:s/他不准备假设 R 是假的,那么否认 P 通常暗示 Q 的人不会接受 Q,因为他/她认为 P&R 不是例外 P 情况。在乌米利安案中,一个对默认谋杀情绪

---

　　① Twining, W. Necessary but dangerous? Generalizations and narrative in argumentation about "facts" in criminal process. In M. Malsch & J. F. Nijboer(eds.): Complex Cases. Perspectives on the Netherlands Criminal Justice System, 1999, pp. 69–98. Amsterdam: Thela Thesis.

持否定态度的人,即使条件得到满足,也不会接受这样的结论:如果他不知道 U 是一个温柔的人,U 就会产生报复的杀人情绪。让我们更正式地表达这一点(其中 => 表示默认含义,¬ 表示否定):

(p1)¬（P&R => Q)和¬（P => ¬ R),所以¬（P => Q)

具有更强逻辑前件的版本是:

(p2)¬（P&R => Q)&(P => R),所以¬（P => Q)

一个有趣的问题是,我们是否可以说这些论点是基于一般模式,即基于某种原因。在这里,考虑论证(p1)和(p2)两个含义的对立面是很有启发性的:

(p1′)如果 P => Q&¬（P => ¬ R)则 P&R => Q

(p2′)如果 P => Q&P => R 则 P&R => Q

在关于非单调逻辑的文献中,(p1′)被称为理性单调的原则,而(p2′)被称为谨慎单调的原则。根据其他原则,这两个原则都被提议作为可废止条件的有效推理规则①。请注意,这里的问题不是给定的一般化知识是否可以应用于特定情况,而是它是否可以从其他的信息进行逻辑派生。条件逻辑的数学语义学已经发展起来,在这种语义学中,可废止的条件被解释为"大多数 p 是 q 的"或"几乎所有 p 都是 q 的",其中一些或所有这些原则是演绎有效的。这些逻辑的公理可以添加到波洛克系统的演绎推理规则中。(然而应该指出的是,这些原则只在对 A = > B 有较强解释时才是演绎有效的,因为"几乎所有的 A 都是 B"。有争议的是,许多证据上的一般化知识充其量只能满足较弱的解释"大多数 A 是 B"。)

让我们来看看如果我们将 p1,p2 和它们的对立面添加到严格推理中会发生什么,看看如何攻击杀人情绪的默认值。

论据 B

1. 众所周知,如果 x 试图错误地阻止 y 的婚姻但 y 被认为是一个温柔的

---

① Pearl,J.Epsilon-semantics.Encyclopedia of Artificial Intelligence,Vol 1,1992,pp. 468-475.

人,那么通常 y 不会产生对 x 的报复杀人情绪。(INPUT)

2. 如果 x 试图错误地阻止 y 的婚姻但是 y 被认为是一个温柔的人,那么通常 y 不会产生对 x 的报复杀人情绪。(1,R6)

3. 众所周知,如果 x 试图错误地阻止 y 的婚姻,那么 y 通常不是一个温和的人。(INPUT)

4. 如果 x 试图错误地阻止 y 的婚姻,那么 y 通常不是一个温和的人。(3,R6)

5.(据推测)并非如果 x 试图错误地阻止 y 的婚姻,那么 y 通常会产生对 x 的报复杀人情绪。(2,4,p1)

现在 B 反驳同时包含在第 1 行和第 2 行 A 的子论据反驳中。

如果温和这个默认值被视为(弱)异常默认值,那么我们看看会什么才是有启发的。

论据 B′

1. 一般的知识是,如果 x 试图错误地阻止 y 的婚姻但 y 被认为是一个温柔的人,那么 y 通常不会产生对 x 的报复杀人情绪。(INPUT)

2. 一般的知识是,如果 x 试图错误地阻止 y 的婚姻但 y 被认为是一个温柔的人,那么 y 通常不会产生对 x 的报复杀人情绪。(1,R6)

3. U 是一个温和的人。(INPUT)

4. 所以(大概)在论点 A 的第 4 行中,R1 被削弱了。(2,3,子属性失败)

论证 B 和 B′之间的关键区别在于 B 不需要 U 是一个温和的人的前提(B′的第 3 行)。这是因为在 B 与 B′不同,这个事实不被视为一般默认的例外,因此在 B 中这个错误的例外假设不必被驳斥。事实证明,当涉及责任时,第三种和第四种攻击方式之间的区别非常重要。

四、论证型式

当看到证据推理(或者实际上在一般推理中)时,人们会发现论证经常是循规蹈矩的模式,例如来自证人或专家证词的推论,因果论证或时间预测。对于论证的攻击也是如此。例如,证人证词通常受到以下三种理由的攻击:真实性(证人是否相信他/她所说的?),客观性(证人的感官是否证明他/她相信什么?)和观察敏感性(感官提供了的证据是真实发生吗?)。具有相关攻击模式的这种论证模式或"型式"是许多论证理论研究的主题。它们被称为前提型式和结论,以及一系列"关键问题"。其中一些问题只是询问这些前提是否属实,但其他的则像是对型式进行反驳或削弱的提示。下面以沃尔顿对专家证词型式的分析为例。

主要前提:来源 E 包含了 S 是命题 A 领域的专家。

次要前提:E 断言 A(在域 S 中)为真(假)。

结论:A 似乎可能被认为是真的(假)。

沃尔顿列出的一个关键问题是"E 是域 S 的专家"吗? 当主要前提刚刚陈述时,这是对论证前提的挑战,当主要前提本身来自另一个论点时,挑战指向对该子论证的反驳。沃尔顿列出的另一个关键问题是"与其他专家指称的一致吗?"。这指出了基于专家论证的本身的反驳。沃尔顿的另一个关键问题是"E 作为一个证明来源,这个人可靠吗?"。这暗示了削弱论点,例如,E 是不可靠的,因为他过去的一些研究是由被称为专家证人的公司资助的。

由于论证型式看起来像初级理由而且关键问题看起来像是暗示削弱论证的来源,因此波洛克的框架似乎非常适合用论证型式进行推理建模。我们将研究两个此类型式的建模,即基于专家意见的论证和基于证人证词的论证。

在波洛克的框架中对论证型式进行建模时,一个重要的问题是它们是否必须被视为额外的初级证据或经验概括:在后一种情况下,应用这些型式归结为应用(定性)统计三段论。从理论上讲,主要区别在于理性体系是固定的,而一般化知识可以从其他知识推断出来,并能够在此基础上进行攻击。现在,是否可以想象有人要对专家和证人证词型式进行总体上的反驳? 还是所有攻击都会以应用这些型式的反驳或削弱的形式出现? 我们暂时相信后者,因此,我们会将通过补充的初级原因对这两个证词型式进行阐述。然而,将它们定义为一般化知识的方法很简单:即削弱必须被阐释为统计三段论中被击败的子属性的第二个前提。

我们首先从证人证言开始讨论这个型式。事实上,有几种方法是可行的。由于篇幅限制,我们只能按照舒姆的术语讨论其中一个。让我们首先假设证人的真实性可以推定(或者它可以被视为下面 R7 的附加前提)。然后该型式可以表述为以下原因:

R7:证人的证词——"证人 W 说 φ 是相信 φ"的初步证据。

让我们为这个型式定义下面的削弱:"证人 W 不诚实"是 R7 的削弱。

实际上,没有必要将证人缺乏的客观性和观察敏感性削弱该型式。这是因为证人总是讲述他或她在过去所观察的结果,所以 φ 实际上总是具有"我记得我观察过 ψ"的形式。因此,证人证词的推理实际上是由三个初级理由构成的链:证人证词的理由,记忆理由和感知理由。首先证人型式通常会进行推断"我记得我观察过 ψ",其次记忆型式提供"我观察到 ψ",最后感知型式产生了 ψ。因此,缺乏客观性是由对记忆和感知的削弱来处理的,而观察敏感性则是由对感知的削弱来处理的。

对专家证词论证的处理更简单。

R8:专家证词——"E 说 φ"和"E 是关于 φ 的专家"是相信 φ 的初步证据。

在沃尔顿讨论的关键问题中,有两个似乎与削弱相对应,即"E 是领域 S 的专家吗?"和"E 的断言是由证据支持的 A 吗?"但其他解释也是可能的。

五、一个例子

现在让我们用第 2 部分的乌米利安案例来说明上述分析,重点关注"动机"问题,在杀人时,嫌疑人对受害者有一种报复的杀人情绪。我们的解释采用威格莫尔图表法,其他解释也是有可能的。毫不奇怪,该案件包含了证人证词的几种用法。威格莫尔讨论了对这种用途的攻击,即对证人的攻击,他说牧师收到的信件内容是不真实的。证人是曾被 U 解雇的员工,有动机为了损坏 U 的名誉而作证。这就是一种对论证的削弱,其结论是"证人不诚实"。

综上所述,该案例还包含时间持久性论证的应用:当牧师拒绝证婚时 U 产生的报复情绪被假定为持续到谋杀时为止。在牧师同意 U 结婚之后,报复情绪消失的论点削弱情绪持久性的论证。这一论点反过来反驳了这种情绪,因为 U 和 J 仍然保持着日常接触,而且 U 也与妻子持续着婚姻。

威格莫尔确定其他推论似乎都基于隐式概括,它们似乎都是一般知识、基于经验或基于信念的概括。

G1:如果①牧师收到由 x 写的信②,③牧师因为该信而拒绝 y 结婚(事件)T,并且④该信的内容不属实,那么⑤x 试图错误地阻止 y 结婚(事件)T。

G2:如果⑤x 试图错误地阻止 y 的婚姻(事件)T,那么⑥来自 y 对 x 的报复杀人情绪往往可能由事件 T 引发。

G3:如果⑦由 y 阻止的 x 的结婚(事件)T 仍然发生,那么⑧在 T 发生之后 x 将不会对 y 产生一种报复的杀戮情绪。

G4:如果⑨和 Y 在 Y 结婚后仍然保持着 T 1 和 T 2 之间的日常联系,X 试图阻止这种联系,并且⑩婚姻是持续的,然后⑪y 对 x 的报复的杀人情绪倾向于由 T2 产生。

G5:如果⑫证人是嫌疑人的解雇员工,并且⑭证人说出诋毁嫌疑人的事情,那么⑭证人往往是不诚实的。

为简单起见,我们留下了对⑭)隐式概括的进一步推导。

论证图现在看起来如图 6-1 所示(其中"T4 时的情感"是在谋杀时 U 存在报复杀人情绪的问题,并且 wi 意味着证人向 i 作证)。熟悉威格莫尔图表方法的读者会注意到许多相似之处,但也有一个重要区别:在威格莫尔的图表中,概括是链条的表现形式,在这里它们看起来像节点。这是因为在当前语境下,概括被视为命题,因此可以对它们进行推理。图 6-1 中的细链条对应初

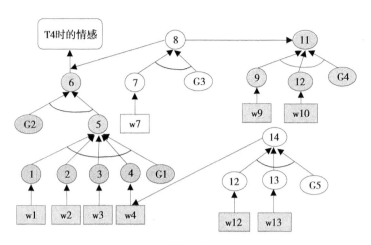

图 6-1

级推理规则的应用:方框中向上的八行是对证人证词型式的应用,涉及一般性知识的推论是统计三段论的应用。这三条粗线表达了论证之间的可废止关系。

　　该图反映了关于待证事项的两个不相关疑点。首先是对证人的论证"w4,所以 4"的削弱。在目前的论述中,削弱意味着完全的击败,并且由于削弱论证"12,13,G5,所以 14"(底部的白色结构)本身并没有被任何论证所击败,待证事项论证的主要论点被否决了,因为它的一个子条款被否决了,但是,作为讨论的基础,让我们假设主要论据由一个完全击败它论点的削弱所恢复(如 G5 的例外)。其次还有第二个疑点,即最后对时间预测在主论点中通过⑧的论点予以论证的削弱(顶部的白色结构)。这个削弱反过来通过⑪(其右边的灰色结构)的论证进行反驳,如果没有对它们相对强度的评价,这种反驳关系是相互的,因此两个反驳的论据都是可辩护的;而这反过来意味着待证事项的主要论据也是可辩护的,因为其状态取决于对⑧和⑪论据的相对评估。

　　我们的案例研究说明了什么?首先,它使冲突的来源明确:关于证人 w4 是否可信存在争议,并且在牧师拒绝 U 结婚后持续到谋杀时是否产生的谋杀情绪存在争议。关于这些问题的各种论点很容易归因于争议中的一方(图中使用灰色(控告)和白色(辩护)来可视化。其次,它说明至少某种形式的敏感性分析在逻辑方法中也是可能的:对反驳冲突进行某种评估的情况下,"感知构建系统"可以计算和可视化主要待证事项的状态变化,或者给出对⑭论证的一些假设性攻击。当然,我们基于论证的方法的三值输出比概率论的精细度要差得多,后者将数值概率分配给节点⑧、⑪和"T4",但本节有一点结论是,在许多情况下,定性三值评估是人们可以获得的最佳结果。

小　　结

在本节之中,基于论证的证据推理的逻辑模型是概率模型有价值的替代。基于论证逻辑方法的主要优点是它不需要数字输入,同时它明确地提供了辅助证据和冲突源,而不是将它们汇编成概率分布,并且它支持对证据推理中典型论证和常常使用的攻击形式的明确建模。

至于相关研究和未来的研究问题,如上所述,关于证据的法律推理的正式建模没有太多人工智能工作,但也有一些例外。在 3.1 节中,上文已经提过维赫雅于早先就提出了本节的方法。与维赫雅相比,本节的主要贡献是系统地描述了攻击一般性知识的各种方法,并讨论了在波洛克系统中嵌入一些典型的证据推理形式。尽管维赫雅和本节主张在可废止论证方面采用一种方法,但凯彭斯和扎勒尼科却以人工智能模型中基于溯因性的自动判断为出发点,给出了谋杀案件中合理证据收集的模型①。这是一种有趣的方法,因为很多证据推理是因果推理,本质上是溯因性的;波洛克没有在他的系统中包含溯因性论证的理由,因此他的系统是否支持对溯因性推理的自然建模还有待观察。进一步研究的另一个问题是关于论证相对强度的推理建模。关于法律问题的

---

① Keppens,J.& Zeleznikow,J.On the role of model-based reasoning in decision support in crime investigation.Proceedings of the Third International Conference on Law and Technology,Boston,MA, 2002,pp.77-83.

推理,这些模型已经存在①,但这些模型是否自然适用于对事实的推理仍然是一个悬而未决的问题。

最后,上述分析遗漏的一个重要因素是证据的动态推理。例如,当一个(大陆法系)审判者并没有关于相对方辩论论点实际有效的事实信息时,他/她不会断定这两个论点都是正当的,而是试图获得相关信息,例如,向证人提问。在人工智能研究中已有对证据收集的判断策略进行的建模已经建立了证据收集策略②,但他们对基于论证方法的建模问题仍尚未解决。

---

① Prakken,H.& Sartor,G.The role of logic in computational models of legal argument:a critical survey.In A.Kakas and F.Sadri(eds.),Computational Logic:Logic Programming and Beyond.Essays In Honour of Robert A.Kowalski,Part Ⅱ.Springer Lecture Notes in Computer Science 2048,Berlin,2002, pp. 342-380.

② Keppens,J.& Zeleznikow,J.On the role of model-based reasoning in decision support in crime investigation.Proceedings of the Third International Conference on Law and Technology,Boston,MA, 2002,pp. 77-83.

第七章　解释性论证的类型化与型式化

第一节　解释性论证型式研究

引　言

法律的推理基于权威的来源,如立法文本、法规以及司法意见等。解释"是法律中实践论证的一种特殊形式,解释将权威文本或材料作为做出法律决定的一种特殊(正当)理由加以特别理解"。若想使用立法文本及法规等支持法律推理,需要理解其含义,然而当我们对法律来源的理解存在争议时,不仅需要对其进行解释,还需要通过论证对解释进行支持,以证明其合理性。解释性论证在法律中起着至关重要的作用,被称为"法律的神经"。本节基于两个不同的维度对解释性论证型式进行研究,即关于解释性论证型式的法律理论,以及论证理论提供的用于形式化和描述它们的工具。这些工具,来源于塔里洛(Tarello)提出的论证清单,通过识别前提和结论之间的推论关系,以及确定推理特征的语义原则(对于术语之间的局部联系),可以重构和建模论证的结构。

一、解释性论证的界定及分类

（一）解释性论证的界定

解释被视为从法律文本到法律规则的通道①，对应于从语言内容到交际意图的语言学通道②。更确切地说，"在这种情况下，对语言符号意义的归属，在一种情况下是值得怀疑的，它的'直接理解'不足以达到目前的交际目的"。③ 由于法律适用的背景或具体案例，"最终'计算'的话语意义与某些语境因素是'不匹配'的"，解释需要通过理由来证明④，即为什么特定规则，在法定文本上有效。⑤其实，在西方学者，尤其是主张法律论证理论的学者那里，解释早已在证立意义上予以使用。在他们这里，各种解释方法的主要作用并不是发现、寻找成文法律规范的不同含义，而是证立某种已有解释结果的正当性。解释结果是解释者所持有的某种实质立场，而解释方法，则是一种对这一实质立场进行理性证立的形式要素。各种解释方法给我们提供了各种不同的解释型式，使解释者能够借助不同的逻辑形式重述或重构他已持有的某种观点。如果观点能够被重述，它就是符合逻辑的、正当的。所以，集法律论证理论之大成的阿列克西在建构他的法律论证规则时明确界定了法律解释（方法）的证立功能：解释方法的一个最重要的任务在于对这个解释的证立。国内也有学者在这一意义上研究了法律解释问题。比如刘星在1998年的一篇

---

① Hage J, A theory of legal reasoning and a logic to match. Artificial Intelligence and Law, vo4, 1996, p. 199.

② Bezuidenhout A, Pragmatics, semantic undetermination and the referential/attributive distinction. Mind, vol423, 1997, pp. 375-409. http://doi.org/10. 1093/mind/106. 423. 375.

③ Dascal M & Wróblewski J, Transparency and doubt: Understanding and interpretation in pragmatics and in law. Law and Philosophy, vo7, 1988, p. 204.

④ Atlas J.D & Levinson S, It-clefts, informativeness and logical form: Radical pragmatics (revised standard version). In P.Cole(Ed.), Radical pragmatics New York: Academic Press. 1981, pp. 62.

⑤ Macagno, F., & Capone, A. Interpretative disputes, explicatures, and argumentative reasoning. Argumentation, 2015, pp. 23. http://doi.org/10. 1007/s10503-015-9347-5.

文章中提出了对解释结果进行证立的重要性:"我们以为,解释的具体型式是次要的,重要的是对解释确证即正当性的基本理由的追寻和理解……"①张志铭则直接把法律解释的研究视角界定为证立视角,法律解释是正当性证明的一种操作技术:"把法律解释的实际操作与司法裁判过程中的法律适用活动相结合,意味着本书将选择一种法律的正当性证明或证成(legal justification)的角度把握和分析法律解释的操作技术。"②法律解释的目的,不在于发现某个结果,而是为已有的司法判决,提供有说服力的法律理由,故此解释具有了证立的属性。

解释原本就不是为了寻求正确答案,其只是为另一方法——论证提供了命题。命题本身的正确与否,不是靠命题来完成的,而是需要通过论证的方法来加以解决;但某些类型的论证,是可以反过来支持法律解释的。在这种情况下,一个旨在建立最好的解释、更复杂的推理过程便加以介入。当一个法条出现了不同的解释,并且这些解释需要得到论证的支持,才能证明其比其他解释更好(更充分、更合适)。解释性论证就是对意义进行各种解释或拒绝其他可能解释的论证。

(二) 解释性论证的分类

1. 解释性论证的具体类型

马卡尼奥(Macagno)、沃尔顿(Walton)和萨尔托尔(Sartor)(2012年)编制了一份由麦考密克(MacCormick)和萨默斯(Summers)(1991年)所确定的11个解释性论证的列表。如下所述:

(1)从普通意义(日常意义)出发的论证,要求术语应该根据当地所赋予的含义来解释。

① 刘星:《法律解释中的大众话语与精英话语》,载梁治平编:《法律解释问题》,法律出版社,1998年版。

② 张志铭:《法律解释操作分析》,中国政法大学出版社,1999年版。

（2）从技术意义出发的论证,要求具有技术含义术语,在技术语境下发生的,应当以技术含义加以解释。

（3）上下文协调的论证,要求在法规中包含一个术语或者一组法规,并按照整个法规或集合来解释。

（4）基于先例出发的论证,其术语应以某种方式进行解释,得以与过往的司法解释或司法判决相适应。

（5）法定类比的论证,要求一个术语应被解释为在一种法规中的意思,与其他法规意思相似的论证方法。

（6）从法律概念出发的论证,要求一个术语在被解释以前,应得到法律上的认可并进行了详细的阐述。

（7）从一般原则出发的论证要求,对一个术语的解释,应与已经建立的一般法律原则相一致。

（8）从历史的观点来看,一个术语的解释,应该根据历史的演变来进行。

（9）来自目的的论证,要求术语的解释方式,应符合该术语发生的法定条款或整个法规的目的。

（10）从实质推理出发的论证,要求对一个术语的解释,应符合法律秩序的整体性重要目标。

（11）从目的出发的论证,要求对术语的解释,应该符合立法机关的立法目的。

这11种类型的解释性论证与由塔里洛（Tarello）确定的13种类型具有可比性和重叠性,塔里洛所确定的解释性论证的类型如下所示。

（1）根据相异的论证。

（2）根据相似或类比的论证。

（3）根据更强者的论证。

（4）心理的论证,由法律文本作者的实际意图所驱动的解释。

（5）历史的论证。

（6）自然主义论,支持将一个法律陈述对准被该陈述所调整的人的本质或事情的本质的解释。

（7）诉诸范例的论证,基于一个先前解释的权威性或更加依靠一个先前解释的结果的权威性。

（8）目的论论证。

（9）反证法论证,排除形成荒谬的规范陈述解释。

（10）根据法律条例融贯性的论证,排除造成不同法律陈述相冲突的那种解释。

（11）简约的或经济的论证,依据立法者并没有做出无用规范陈述的假设,排除那些冗余解释。

（12）系统性论证。

（13）完备性论证,法律条例排除造成法律漏洞的解释。

上述由麦考密克所确定的 11 种解释性论证类型与塔里洛（Tarello）所确定的 13 种类型是相辅相成的,尽管塔里洛的解释性论证列表强调了解释性论证所依据的输入类型,例如,普通语言、技术语言等,而麦考密克和萨默斯的解释性论证列表则强调了解释过程中涉及的推理步骤。二者一些共同的因素是突出的,同时存在着显著的差异。在此,分析这个问题是为了能够进一步建立一个解释性论证型式的框架,并用于研究具体的存有争议的解释性问题。对于此问题研究的出发点在于,将这两个列表中最重要的论证进行一般分类,以确定它们之间比较通用的身份。

2. 解释性论证的分类

麦考密克认为,解释性论证有三个主要类别①。首先,有一些所谓的语言

---

① MacCormick,N:Rhetoric and the rule of law:a theory of legal reasoning,Oxford:Oxford University Press,2005,pp. 139.

论证,呼吁以语言语境本身来支持其解释①。其次,系统论证考虑了法律体系内权威文本的特殊背景,这种论证将来源的权威与文本中的定义重建相结合。最后,目的性评价的论证,根据文本的目的或目标来理解文本(我们可以称为语用论证)。

　　另外还有一个类别是麦考密克所说的"对立法者意图的诉求"。出于意图概念的模糊性和不确定性,麦考密克认为这种解释性论证与其他解释性论证的类别是不一样的。他宁愿将这种论证看作一种跨范畴的论证类型,其涵盖了所有其他类别及其他类型。在语言、系统或目的评价性考虑前提下,基于立法者的意图进行论证。

　　如果我们试图用论证模式来分析论证列表,用论证型式的类别来论证法律解释,我们需要在支持解释的论证和反对解释的论证之间,作出一个重要的区分。

　　然而,一些解释性规则是二分的,因为它们提供了两种解释型式:一种(正面或负面),当规则条件得到满足时;一种相反的(负面或正面),当规则条件得不到满足时。支持解释的论证在本质上是不同的②。语用论证、语义论证(不同类型,包括系统论证)和类比论证代表着不同的推理模式,它们通常与权威论证合并。这些论证旨在支持基于先前解释(认知权威)或重建立法者(道义权威)的可能"意图"的特定定义,或者概念的所谓"性质"(共同的共享)定义。这些类别通常彼此合并,但它们可以基于一个独有的特征,即它们独特的推理模式。其分类如图 7-1 所示。

---

　　① Macagno F, Walton D: Emotive language in argumentation, New York: Cambridge University Press, 2014, p. 83.
　　② Macagno F, A means-end classification of argumentation schemes, In F. van Eemeren & B. Garssen(Eds), Reflections on theoretical issues in argumentation theory, Cham: Springer, 2015, pp. 183-201.

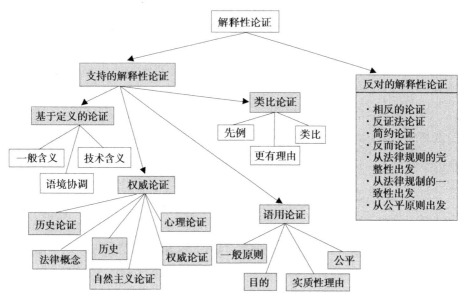

图 7-1　解释性论证的分类

二、解释性论证型式的基本结构

法规是由自然语言编写的,但我们关注的是对自然语言中易受不同解释影响的句子解释①。哲学上的主要关切是,如何界定意义的概念,这与寻找证据基础的任务相联系,从而得出更倾向于这种或那种解释的结论。

在本节中,我们发现最适合采用一种语用的意义方法,即将法定意义理解为通过法律文本表达的意图,这一方法符合麦考密克对解释的跨范畴理解②。表示句子结构的语法,以及在句子中,所包含的每个术语的个别语义含义都很重要。除了这些因素,还需要承认这些元素组成句子的含义,特别是在本节例子中,需要放在更广泛的文本或语料库的语境中。例如,一个有争议的名词,

---

① Atlas J D, Logic, meaning, and conversation: Semantical underdeterminacy, implicature, and their interface, Oxford, Oxford University Press, 2005, pp. 67.

② MacCormick N, Rhetoric and the rule of law: a theory of legal reasoning, Oxford, Oxford University Press, 2005, pp. 68.

是否应该将其视为表达普通含义或技术含义,可以在特定的使用环境中以某种方式解释的争议。虽然我们承认语义和句法在法律解释方面的重要性,但我们需要以广义的方式研究意义的概念,需要考虑句子在更广泛的语境中不同话语的使用。

在此,我们使用一个统一的模板,来模拟解释规则的应用。针对每一种规则,我们都会得到一个论证型式,包括一个大前提、一个小前提和一个解释结论。

(1)大前提是一般规范:如果以某种方式解释法律文件(来源、文本、法规)中的表达(词、短语、句子)是满足规则问题的条件的,那么表达式应该/不应该以这种方式解释(取决于规则是负面的还是正面的)。

(2)小前提是一个特定的论述:以特定方式解释特定文件中的特定表达式,且满足规则的条件。

(3)结论是一个具体的主张:该文件中的特定表达确实应该/不应该以这种方式解释。

在本节中,我们将应用此模板为以下规范提供型式:①普通语言(OL)的论证;②技术语言(TL)的论证,其要求与技术语言相对应;③相反论证(AC);④目的论证,(Pu);⑤先例的论证,(Pr);⑥语境协调(CH)的论证。这是我们的标记系统,用来在下文中的论证图解中标记节点。我们使用+表示支持解释的论证型式,使用-表示反对解释的论证型式,+e表示排除,+i表示包含。因此,符号+iPr即指包含性的先例论证。

(一) 积极的解释性论证型式

如上所述,需要区分解释性论证型式的两个基本宏观范畴:支持解释的积极范畴和反对解释的消极范畴。下面是积极解释论证型式的模板。在介绍这个模板时,我们将使用大写字母表示变量、小写字母表示常量:

大前提	C:如果对于 D 中 E 的解释,即 M 是满足 C 的条件的,那么 E 应该解释为 M。
小前提	d 中 e 的解释,即 m 是满足 C 的条件的。
结论	e 应解释为 m。

在应用这个模板时,我们需要在主要前提中替换一个特殊的条件,例如,拟合普通语言(OL)。

为了展示积极的解释准则是如何能够被应用于这种型式的,我们使用唐纳奇诉赫尔河畔金斯顿市议会的案例。该案件涉及一名声称遭到不公平解雇的雇员,并因此受到羞辱、感情受伤和痛苦。雇主则认为,现行英国立法的相关部分,即 1996 年的"就业权利法案",只允许追回经济损失。该雇员认为,适当的解释法规的有关部分允许收回损失,而不是狭义地解释为财务损失。该案的问题在于,法规中使用的"损失"一词是指财务损失,还是可以赋予更广泛的含义,使其包括诸如情感损失等。

如果我们使用普通语言规则,我们将获得以下结构。

大前提	OL:如果将 E 解释为 M 符合普通语言,那么 E 应解释为 M。
小前提	将"就业关系法"中的"损失"解释为金钱损失符合普通语言。
结论	"就业关系法"中的"损失"应解释为金钱损失。

注意,我们使用引号来表示语言现象("丢失")和一个单词,用大写的首字母来表示意思(金钱损失)。

通过替换 OL 的规则,根据上面列出的其他规范的要求,可以生成其他解释性论证型式。例如,我们可以获得技术语言(TL)论证型式。

大前提	TL:如果将 E 解释为 M 是符合技术语言的,那么 E 应解释为 M.
小前提	将"就业关系法"中的"损失"解释为金钱或者情感损失是符合技术语言的。
结论	"就业关系法"中的"损失"应解释为金钱或者情感损失。

显然,我们的解释性论证型式只提供了应用解释性规则所需要的推理顶层步骤。为了支持规则的应用,我们需要建立相应型式的小前提,即表明我们提出的解释确实满足了我们正在考虑的规则的需要。根据所考虑的特定型式而构建特定的论证。

例如,为了确定将"雇佣关系法"中的"损失"解释为"金钱损失"是符合普通语言规则的,我们必须通过提供足够的证据证明这种解释符合当前的语言用法。因此,举例来说,为了支持普通语言规则的应用,我们需要进行如下推断。

大前提	如果 E 通常被理解为 M,则将 D 中的 E 解释为 M 符合普通的语言。
小前提	"损失"通常被理解为金钱损失。
结论	将就业关系法中的"损失"解释为金钱损失符合普通语言。

(二) 消极的解释性论证型式

大前提	C:如果将 D 中的 E 解释为 M 满足 C 的规则条件,那么 E 不应该被解释为 M。
小前提	将 d 中的 e 解释为 m 满足负规则的条件。
结论	e 不应被解释为 m。

根据"法律所希望的,它便会指出,法律所不希望的,它便保持沉默"(Ubi lex voluit,dixit ubi noluit,tacuit)这一观点,最常见的否定规则是相反的(contrario)(AC)规则,它拒绝对该表达的通常语义含义过度或不足的解释。相反的规则也可以被视为对立法者意图的反事实诉求:如果立法者意图表达与所讨论表达的通常含义(语义)不同的含义,他会使用一个不同的表达。以下是相反规则的应用示例。

大前提	AC:如果将 D 中的 E 解释为 M 与 E 的通常含义相冲突(过度或不足),D 中的 E 不应解释为 M。
小前提	对就业关系中"损失"一词的解读为金钱或情感损失。与"损失"的通常含义相冲突。
结论	"就业关系法"中的"损失"不应解释为金钱或情感损失。

还有一种更具体的相反论证(A Contrario),我们可以将其称为相反论证的子类别:它不是反对整体解释,而是解决在相关解释中排除或包含某个子类 S 的问题。子类包含在通常含义中以及从通常含义中排除的事实。以下是两个变体:排除相反的论证(eAC)以及包含相反的论证(iAC)。请注意,iAC 具有积极的解释性结论,因为具有非排除性,非非包含性即为包含性。

第一个变体,即排除性的相反论证。

大前提	eAC:如果将 D 中的 E 解释为包括 S 与通常 E 的含义冲突,则 E 应解释为排除 S。
小前提	对就业关系中"损失"的解释包括情感损失与"损失"的通常含义相冲突。
结论	"就业关系法"中的"损失"应解释为排除情感损失。

第二个变体,即包含性的相反论证。

大前提	iAC:如果将 D 中的 E 解释为排除 S 与通常 E 的含义冲突,则 E 应解释为包含 S。
小前提	对就业关系中"损失"的解释为排除情感损失与"损失"的通常含义相冲突。
结论	"就业关系法"中的"损失"应解释为包括情感损失。

三、解释性论证型式的图解化研究

由于可废止论证型式符合解释性论证的一般模式,因此无须单独为这些论证型式制定关键论题。每一种论证型式的关键论题,都遵循以下一般模式。(CQ1)D 中的 E 应该考虑哪些不同的解释?(CQ2)拒绝其他解释的理由是什么?(CQ3)有什么理由,能让你接受更好(或者同样好)的解释呢?

关键论题具有启发式的功能,它的作用是帮助人们探讨解释性论证型式,以便初步了解论证过程中存在的弱点。在这种情况下,CQ 之间不是彼此独立的,它们具有排序性。

我们之所以分析解释性论证型式,以及与它们相匹配的关键问题,包括攻击它们的反对论证,是为下文建立解释性论证的论证图解做准备。这一论证图解包括有争议的解释性论证,并能够分析争议双方的论证链,如何相互联系并达成最终的争议要求。这可以通过使用来自正式论证系统的工具来完成,例如,ASPIC+系统或卡涅德斯论证系统(CAS)。ASPIC+和 CAS 都基于逻辑语言,该逻辑语言包括可用于构建论证的严格和可废止的推理规则,并且两个系统中都会使用论证型式。在这里,我们将使用 CAS 的简化版本,用以图解解释性论证型式。

ASPIC+和 CAS 系统都使用了一个名为可废止的演绎推理模式,该模式也在维尔希基(Verheij)的 Def Log 论证系统中使用。该型式是模式推理的变体,其中条件的前提采用连词的形式。维尔希基观察到,如果你用稍微眯起来的眼睛看他的论证型式,它似乎有一个推理模式的轮廓①。在本节第二部分将使用的形式主义中,一种型式适合以下类型的论证结构,其中大前提是一个可废止的条件和一个连接先行词。

大前提:A,B,C,……⇒Z

小前提:A,B,C,……

结论:Z

---

① Verheij B, About the logical relations between cases and rules. In E. Francesconi, G. Sartor, & D. Tiscornia(Eds.), Legal Knowledge and Information Systems. JURIX 2008: The Twenty-First Annual Conference(pp. 21-32), Amsterdam: IOS Press, 2008, pp. 24.

沃尔顿指出①,论证文献中公认的大多数型式都可以根据这种可废止的推理形式进行调整。在总共三个系统中,论据被建模为包含节点的图形,这些节点表示逻辑语言中的命题,以及节点到节点的边界。在这些系统中,一个论据可以被其他论据支持或攻击。在典型的论证案例中,论证结果是代表一系列支持论证的图表结构,攻击和反击序列可以使用的论据映射,也称为论证图。

CAS 可以将论证建模为,由语句节点连接到论证节点的论证图。论证图的前提和结论,代表图的边缘、连接语句和论证节点②。论证节点表示不同类型论证的不同结构,例如,链接或收敛论证。链接的论证,是两个或多个前提起作用以支持结论的论证。在下面的论证图中,论证型式的名称插入连接前提和结论的节点(圆)中。如图所示,节点中可以显示两种论证,pro(支持论证)或 con(攻击论证)。支持论证在其论证节点中用+表示,而反对论证在包含论证型式的节点中用-表示。支持和反对论证之间的冲突,可以使用证据标准来解决。例如,利用优势证据、论证图对受众进行评估,基于一组假设建模,并向论证节点分配权重。受众被定义为一个结构<假设,权重>,在其中,假设是一个一致的集合,文字被认为是可以被受众接受的,权重是部分函数映射对范围为 0.0—1.0 的实数,这些数字代表了观众分配给论点的相对权重。在 CAS 中,存在由图中的边连接在一起的若干论证节点,组成的复合论证。这种复合论证,表示从支持前提到要证明的最终结论的推理链,即所谓的有争议的陈述。该争议陈述,根据观众是否接受前提以及构成图表的各种论据的强度来评估论证。图 7-2 显示了论证评估在 CAS 系统中如何工作的一个简单示例。圆形节点表示论证型式,支持论证由节点中的+表示。反对论证在

---

① Walton D, Abductive Reasoning Tuscaloosa, University of Alabama Press, 2004, pp. 134–139.

② Gordon T, An overview of the Carneades argumentation support system. In C. Reed & C. W. Tindale(Eds.), Dialectics, dialogue and argumentation. An examination of douglas Walton's theories of reasoning and argument, London, College Publications, 2010, pp. 145–156.

论证节点中由-表示。绿色节点意味着其中的命题被观众所接受。红色节点意味着其中的命题被观众拒绝。如果节点是白色(没有颜色),则其中的命题既不被接受也不被拒绝。在印刷版中,绿色显示为浅灰色,红色显示为深灰色。

在图 7-2 所示的两个论证图中,最终结论陈述 1 显示在图的最左侧。首先,让我们考虑观众接受或拒绝的前提,如左侧的论证图所示。论证 2 是一个支持论证,支持陈述 1,而论证 3 是一个反对论证,反对陈述 1。观众接受命题 3 作为论证 2 的前提,但另一个前提,即陈述 2,既不被观众接受也不被观众拒绝。这个附加论证的两个前提,论证 1,都被观众接受。论证 a3 是一个反对论证,但它的一个前提,即陈述 5 不被接受。此外,这个前提受到反对论证的攻击,但这个反对论证中唯一的前提陈述 6 是被拒绝。

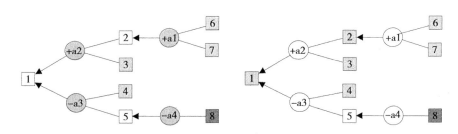

图 7-2 CAS 图对于论证的评估

要了解如何解决此冲突,请查看右侧的图表。由于陈述 6 和陈述 7 都被观众接受,因此 CAS 自动计算出结论 2 被接受,但是,对于底部显示的陈述 1 的反对论证,即论证 3 该怎么办?这种观点可以打败陈述 5,但其前提 8 被观众拒绝。因此,支持论证 a2 胜过反对论证 a3,最终结论 1 以绿色显示为可接受。

与 ASPIC +一样,CAS 有三种方式可以使一种论证攻击并击败另一种论证。反对者可以攻击一个或多个论证的前提。这被称为破坏性攻击。反对者可以通过提出一个论证来证明该论证结论是错误的或不可接受的。这种类型的攻击称为反驳。此外,反对者可以攻击链接前提到结论的推论连结,这种类型的攻击称为削弱。例如,如果推断基于规则,则攻击可以声称在当前案例中适用的规则存在例外情况。这种建模论证的方式是基于波洛克对于两种攻击论证,即反驳和削弱之间的区分①。在波洛克看来,反驳是一种反驳先前论证结论的反驳,而削弱则是攻击前提与结论之间的论证联系的反论证。例如,一个符合专家意见的论证型式的论证,可以通过询问专家是否有偏见而被批判性地质疑。在 CAS 中,这样一个关键的问题被塑造成一个削弱性论证,且该削弱者被建模成与原来相反的论证,只有当它得到一些支持它的额外证据时,它才会击败它所针对的原始论证。

接下来,我们用 CAS 来展示法律解释型式,说明在典型案例中是怎样使用一个大的论证图,将各个解释性论证连接起来,应用于扩展的论证序列。

(一) 教育资助实例

根据克罗斯(Cross)中描述的下列情况,②1962 年《教育法》第 1 节要求当地教育局向本辖区内的学生提供资助,以便学生可以参加高等教育课程。《教育法》的一项规定是申请入学前,学生必须在英国经常居住满三年。接下来的问题是:那些来英国接受教育的人,是否可以把在英国接受教育的时间算作普通居住时间,以获得《教育法》规定的强制补助,成为资助对象?

这个问题有两个方面,上诉法院认为不能把留学生的这段时期算作普通住宅,并提出以下论点。丹宁和埃弗雷法官对于该法案与 1962 年《联邦移民法案》及其后续的《1971 年移民法案》中的政策联系起来。根据后一项法令,仅来学习的学生有条件留在该国仅限于为日常生活的一般目的而不包括学习目的。丹宁和埃弗雷认为,与该法案的一致性要求相匹配,《教育法》中的"经

---

① Pollock J,Cognitive Carpentry.Cambridge,Mass:MIT Press,1995,pp. 40.

② Cross,R:Statutory Interpretation(J.Bell & G.Engle,Eds.),Oxford:Oxford University Press,2005,pp. 90.

常居住"应被解释为像社区普通人那样生活,不包括以学习为目的居住。

上议院对则有不同的解释,因此一致推翻这个观点。他们认为,上诉法院过于重视《移民法》中的条款,并提出了引自克罗斯的以下观点。[①] 英国议会在《教育法》中表达的目的,并没有暗示,除了在英国居住三年并取得令人满意的教育成绩,有任何获取强制性补助金资格的限制。《移民法》没有对《教育法》的解释提供任何指导。事实上,尽管自 1962 年以来采取了一系列移民措施,但是直到 1980 年,国籍才成为《教育法》规定的一部分。因此,《教育法》的一般含义是,如果学生为了学习而居住在英国,他们就有资格获得强制性补助金。

既然如此,得出的结论便是法官的作用不应调和立法规定(司法不干涉立法)。与之相反,有人建议解释的基础应该是"经常居住"一词的普通语言意义。

论证可以作为其支持者丹宁和埃弗雷对提出的论证性解释进行分析,并由被上议院提出的解释论证反驳。在这种情况下,我们使用三个论证映射图的序列来建模论证序列的结构。

如图 7-3 所示,第一个论证引用了 1971 年的《移民法》,该法案规定,留学生想留在该国是有条件的,并补充其条件,不涉及日常生活目的的普通居住。由于引用相关文献,作为得出支持法定解释结论的基础,因此作为论证基础的论证型式,是来自麦考密克和萨默斯认可的语境协调(CH)的论证型式。就当前目的而言,该型式被用来表示以下类型的论证:在文档中出现的某个表达式,最好被解释为与一组相关文档中的表达式相匹配。因此,本节将以同样的方式解释。换句话说,如果存在关于如何解释文档中的表达式(如法规)的问题,那么可以认为,解释它的最佳方式是,放在相关文档的上下文中,以便术语的解释在其他文件中也可以使用。

---

① Cross, R: Statutory Interpretation (J. Bell & G. Engle, Eds.), Oxford: Oxford University Press. 2005, pp. 91.

我们将语境协调(上下文协调)论证应用到本例的第一部分。在连接图 7-2 中间的两个前提和左边显示的最终结论的节点中插入了符号+CH,表示上下文协调中论证的支持使用。论证的文本表示和图 7-3 相对应。让我们先来看看丹宁勋爵的论点。

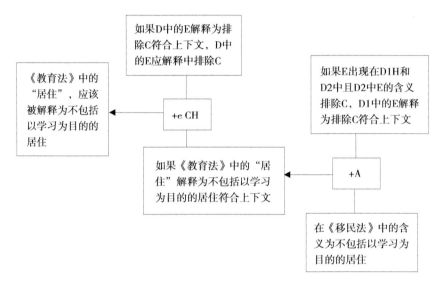

图 7-3　教育实例中的支持论证

大前提	e CH:如果 D 中的 E 被解释为排除 C 符合上下文,则 D 中的 E 应解释为排除 C。
小前提	《教育法》中的"居住"解释为排除有期限的学习目的而居住适合上下文。
结论	《教育法》中的"居住"应解释为排除为有限学习目的的居住。

支持性论证可能会吸引这样一个事实,即在其他立法中,"经常居住"确实排除了"为有限学习目的而居住"。最终的结论是非英国学生无法计算作为普通住所的时期。

接下来,我们来分析一下上面第二段引语的论证,在这种情况下,上议院的反对者提出了反对意见。

大前提	e CH:如果文件 D1 中的表达式 E 也出现在相关文件 D2 中,并且 D1 中 E 的含义排除了概念 C,那么解释 D2 中的表达式 E 排除 C 符合上下文。
小前提	《移民法》中"居留"的含义排除"学习目的的有期限居住"的概念。
结论	《教育法》中的"居住"的解释不包括为有限的学习目的而居住符合上下文。

英国议会在《教育法》中表达的目的,并没有暗示对除英国普通居民在英国居住三年并取得令人满意的教育成绩外的强制奖励资格有任何限制。

这个论证符合意图包含式论证的型式(+i AI)。

大前提	+i AI:如果 D 中的 E 解释为排除 S 与立法目的相冲突,则 D 中的 E 应解释为包括 S。
小前提	《教育法》中的"居住"解释为排除有限学习目的的居住与立法目的相冲突。
结论	《教育法》中的"居住"应解释为包括有限学习目的的居住。

小前提成立的原因是以下支持反事实的观点。

大前提	D 中 E 的语言含义包括 S,并且没有迹象表明立法者打算将 S 排除在 D 中的 E 的含义之外,则 D 中的 E 解释为排除 S 与立法意图相冲突。
小前提 1	《教育法》中的"居住"的语言含义包括有限的学习目的的居住。
小前提 2	没有迹象表明立法者将从《教育法》中"居住"的含义中排除"有限学习目的的居住"。
结论	《教育法》中的"居住"解释为排除有限学习目的的居住与立法意图相冲突。

我们把它作为一个开放的问题留下来,如何更充分地表达对权利的论证,将"没有提示"的陈述作为一个相反论点的前提,这将使右侧的论证更加复杂。提示:通过采用推理论证可以解决这个问题。

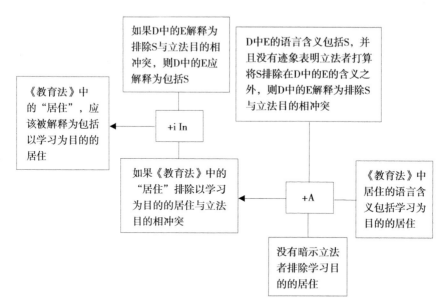

图 7-4 中的论证是对图 3 中论证的反驳

接下来让我们看看另一个论点,克罗斯提供了这部分案件的说明。① 丹宁勋爵和埃弗雷法官,将该法案与 1962 年《联邦移民法案》及其后续的《1971年移民法案》中的政策联系起来,让人印象深刻。根据后一项法令,来本国学习的外国学生留在该国,仅限于为日常生活的一般目的,而不涉及学习目的。丹宁和埃弗雷认为,与该法案的一致性要求相匹配,教育法案中的"普通居民"一词应被解释为像社区普通人那样生活,不包括以学习为目的的居住。

从文中引用的部分,我们得知丹宁和埃弗雷认为《教育法》案的一致性要求,申请留在该国的人,应作为一个普通的社区成员生活,而非以学习目的而居住。因此,我们将这两个命题表示为论证的前提,在相关论证中支持有条件不涉及经常居住的结论,如图 7-5 所示。最右边的论点可以作为支持左边论点的一个前提。在图 7-5 中,符号 +iPr 表示支持性论证,这个论证的结论与

① Cross, R: Statutory Interpretation(J. Bell & G. Engle, Eds.), Oxford: Oxford University Press, 2005, pp. 91-92.

图 7-4 所示的结论相反。

我们在图 7-5 中看到的是一个反驳,因为它提出了论据,以攻击图 7-4 所示原始论证的最终结论,图 7-5 所示的论证与图 7-3 和图 7-4 中的前两个论证存在冲突。

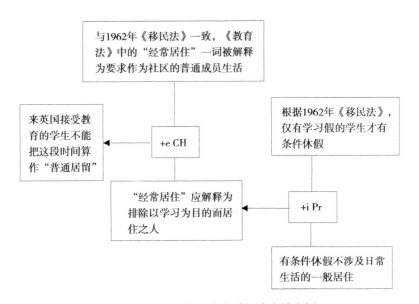

图 7-5　对教育资助案中前提攻击的实例

我们选择使用"解释"一词而非"语意",因为"语意"不仅含糊不清,而且本身容易受到许多有争议解释的影响。尽管如此,一般来说雕像的解释者所寻求的是一种他们认为代表他们所讨论的文本条目的,真实、精确或真实意义的解释。在被审查或解构的文本中,在变幻莫测的内容之下存在着所谓的真正意义的概念,却遭到了哲学上的一些滥用。因此,我们通常更倾向于使用"解释"一词而不是"语意"一词。

CAS 的评价体系,把一组支持的论证和一组反对的论证进行了比较,如果论据相互独立,则为一组反论证,但是,如果假设论据是相互独立的,那么只有在假设论证是独立的情况下,才有可能对论证的权值进行求和,以检查赞成论证的权值之和是否大于反对论证的权值之和。这可以通过 CAS 来完成,但它需要额外的评估。

正如自然语言文本中所有论点一样,通过提出更多的隐含假设,分析给出的文本,进一步深入精确的推论是有可能的。然而,建立以自然语言表达的真实论证图通常是一项困难的任务,需要学习专业技能,并且论证本身就具有许多文本解释的挑战。一般来说,人们发现案件的文本被更深入地分析,其隐含的前提和论点被提出时,会有不同的解释被发现。构建一个论证图,常常会提出一些重要的论证解释和问题分析,这些问题最初可能对试图处理论证,或找出如何处理它的人来说是不可见的。为了说明任务中固有的一些问题,我们需要回到唐纳奇的例子中。

(二) 将解释性论证型式适用于案件

唐纳奇在麦考密克的评论之后,提供了一个语境协调论证的案例①。语境协调的论证型式要求根据整个法规,和任何可用的相关法规来解释法规中的特定句子。根据上文介绍的解释性论证型式模型,情境协调的论证型式如下所示。

大前提	+CH:如果 D 中的 E 对 M 的解释符合上下文,那么 E 应该被解释为 M。
小前提	《就业关系法》中将"损失"解释为金钱损失适用于上下文。
结论	"教育法"中的"损失"应被解释为"金钱损失"。

这种解释适合上下文的原因是由以下支持论点提供的,该论点涉及同一表达式在文档中不同位置出现的情况(为了简单起见,在型式中不包括表达式在同一文档中多次出现的可能性)。

---

① MacCormick,N:Rhetoric and the rule of law:a theory of legal reasoning,Oxford:Oxford University Press,2005,pp. 144.

大前提	如果在文件 D 的位置 P1 处出现的 E 也出现在位置 P1,…,Pn 中,其具有含义 M,则 P1 中的 E 也应解释为 M。
小前提	"损失"除出现在《就业关系法》第 2 节外,还出现在第 4 节,其含义是"金钱损失"。
结论	《就业关系法》第 2 条中的"损失"应解释为"金钱损失"。

同样,继"麦考密克评论"之后,在唐纳奇案中,可以给出以下示例,用以说明 CAS 模型如何以一个案例中的支持论证来支持另一个案例的前提,如图 7-6 所示。关于"损失"一词应被解释为包括财务损失和情感损失的说法,部分是基于早先的一项声明。在本案中,约翰逊·霍夫曼法官曾表示,"损失"一词可以延伸到"情感损失"。因此,至少在最初阶段,从语句中得出的论证可以被归类为来自先例支持论证的实例。

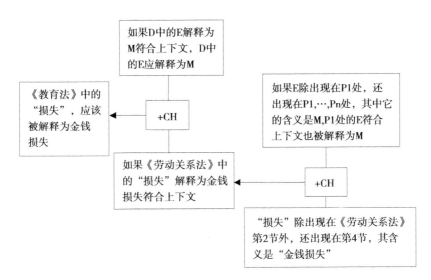

图 7-6　唐纳奇案例中情境协调论证型式的使用

由上文表述可知,根据麦考密克和萨默斯的描述①,符合先例的解释性论

---

①　MacCormick, N.& Summers, R.(Eds.): Interpreting statutes: a comparative study, Aldershot, Dartmouth, vol3, 1991, pp. 129.

证要求,如果一个术语在先前有相关的司法解释,那它的解释应当与之前的司法解释相一致。在先例诺顿工具有限公司诉特森一案中,便已经裁定仅将"损失"解释为经济损失。根据上文对解释性论证型式结构分析,得出先例论证可以采用以下包容性和排除性形式。

大前提	ePr 如果 D 中的 E 作为排除 S 的解释符合先例,则 E 应解释为排除 S。
小前提	将《就业关系法》中的"损失"解释为排除情感损害符合先例。
结论	教育行为中的"损失"应解释为排除情感损害。

支持论证表示如下。

大前提	如果 D 中的 E 在先例 P 中被理解为排除 C,那么将 D 中的 E 解释为排除 C 符合先例。
小前提	《就业关系法》中的"损失"在诺顿被理解为不包括情感损害。
结论	将就业关系中的"损失"解释为排除情感损害符合先例。

以下是先例论证的积极应用。

大前提	如果 E 在 D 中的解释为包含 C 符合先例,那么 E 应解释为 M。
小前提	《就业关系法》中对"损失"的解释包括情绪损害是先例。
结论	《教育法》中的"损失"应解释为包括情绪损害。

支持性论证如下。

大前提	如果 D 中的 E 在先例 P 中被理解为包括 C,那么 D 中 E 的解释包括 C 适合先例。
小前提	《就业关系法》中对"损失"一词的解释在 Johnson 和 Unisys 的先例中被理解为包括情绪伤害。
结论	对《就业关系法》中"损失"一词的解释是包括情感损害,这符合先例。

如图 7-7 中的论证图所示,通过指向支持这种对先例理解的线索,可以进一步发展这一论证。

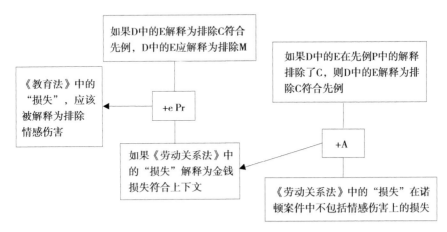

图 7-7　使用先前案例作为支持文本解释的先例

但是在唐纳奇案例中,除先例的解释性论证外,同样还存在着其他解释性论证。两种解释性论证之间存在着冲突,如图 7-8 所示。

如何解决这一冲突?答案在于,需要更仔细地审视从先例中提出论证的解释型式,以了解一个先例如何能够比另一个先例更有力地支持或攻击,关于如何解释一项法规或法律的主张。

麦考密克在对案件的评论中提出以下论证①,支持将另一个法院的陈述,视为先例论证中的约束性前提。首先,这项裁决已被多次遵循和批准。其次,它包含一个可接受的解释损失的理由,即仅作为经济损失。因此,麦考密克得出的结论是,对于之后的裁决而言,诺顿工具有限公司诉特森一案比约翰逊案更好。

相比之下,麦考密克的论点,提出了霍夫曼法官在约翰逊的陈述可能不构成约束力先例的几个原因。第一,这些判决理由对于约翰逊案的裁决来说并

---

①　MacCormick, N: Rhetoric and the rule of law: a theory of legal reasoning, Oxford: Oxford University Press, 2005, pp. 129.

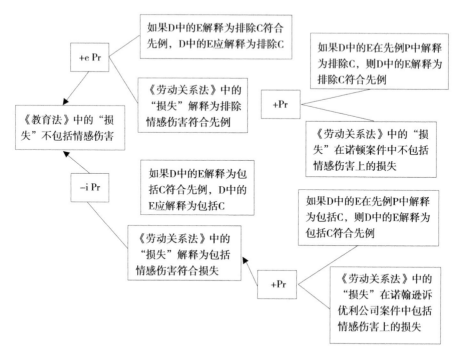

图 7-8　来自先例的相互冲突的正反解释性论证

不是必要的。第二,其他法院并未将其视为具有约束力的先例。第三,尽管推翻诺顿工具有限公司的裁决对上议院是开放的,但是诺顿工具有限公司案制定了一项新的裁决。这些观点被麦考密克用来质疑霍夫曼法官的言论是否构成对之后案件具有约束力。进一步的论证如图 7-9 所示。

假设在最右边的五个矩形中显示的所有命题都被大众所接受。这五个矩形是绿色背景。接下来,从顶部先例看一下赞成的论点,支持诺顿工具有限公司和特森案的两个论点都各只有一个前提,并且在这两个实例中都接受了该前提。因此,诺顿工具有限公司诉特森案,是一个自动显示为 CAS 所接受的先例案例。我们也假设这个论点的另一个前提是被接受的。由于论证的两个前提现都已被接受,因此图 7-9 左侧所示的最终结论自动显示为已接受。

现在让我们看一下底层论证,即先例中的反对论证。由于所有三个前提

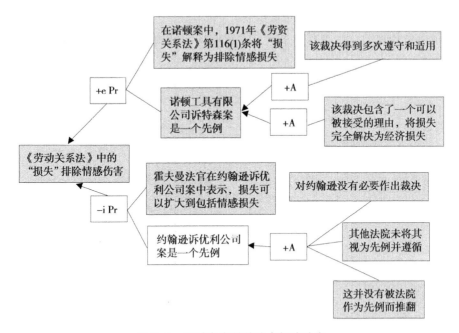

图 7-9 通过考虑其他论点解决冲突

都被接受,因此关于约翰逊诉优利公司一案,可以成为先例这一命题是成功的。然而,这个命题显示在一个带有白色背景的矩形中,表明它不被接受。实际上,图 7-9 右上方的两个支持论点所提供的额外证据,对于支持先例的论点来说是不需要的。因为欺诈论点的一个前提(在图 7-9 的底部用白色显示)被否决,这就足够了,所以上层先例中的支持论点占上风。

综上所述,顶层先例的支持论证优先于底层先例的反对论证,因为反对论证的一个前提是不可接受的。CAS 表示它不被接受,因为只有它被适用的反论点所击败,赞成的论点才能被接受,因此结论被接受,冲突得到了解决。还有一种方法可以模拟两个先例之间的冲突。利用上述所提出的先例论证型式,麦考密克的论证可以被塑造成一种批判地质疑。图 7-10 中最上面的论证表示是否符合判例论证的型式。用这种方式来解读麦考密克的评论,关于如何在这个例子中的论证是将他的论点作为依据,攻击在约翰逊案例中使用的论点,通过论证图 10 中所示的赞成论点是否是从先例中论证型式的适当实例是值得怀疑的。这种对麦考密克评价论证的解释如图 7-10 所示。

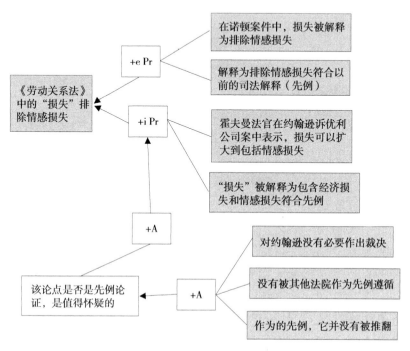

图 7-10 先例攻击的解释性论证

约翰逊的案子很有趣,因为从麦考密克的评论来看,还有另一种解释是可能的。也许有人会争辩说,尽管约翰逊关于如何解释损失的裁决没有约束力,是因为在这种情况下做出决定没有必要,但这一裁决仍然可以被认为具有一定的意义。麦考密克将有约束力的先例,和有说服力但没有约束力的先例区分开来。① 约翰逊对"损失"一词的解释可以被视为某种意义,根据这一论点,这两种论点之间的冲突不会陷入僵局。因为来自诺顿的强有力的先例,优先于约翰逊的先例。CAS 和 ASPIC+以及其他系统,会识别规则上不同类型的优

① MacCormick,N:Rhetoric and the rule of law:a theory of legal reasoning,Oxford,:Oxford University Press,2005,pp. 144.

先顺序,因此这将是 AI 系统在这种情况下对论证进行建模的另一种方式。

在这一部分,我们只提出了一些解释性论证型式,让读者了解这些型式最终应该是什么样子。然而,特别是在某些型式中,麦考密克和萨默斯对不同解释论点的描述本身,不足以形成明确的匹配型式。特别是判例论证的型式需要更多的研究,并将其应用于案例后,才能最终确定。

四、解释性论证型式的形式化构建

(一) 一般形式

我们将根据前面介绍和举例说明的解释性论证的方法,为解释性论证型式提供一般的形式结构。下面首先总结一下这种方法。

解释性论证型式可以根据两个不同的标准来区分:正面与负面和总体与局部。第一个区别,他们是否认为应该采用某种解释或者反对拒绝采用某种解释。第二个区别,它们是否涉及术语的整体解释,或者仅包含或排除术语含义中的子类。相应地,部分解释性论证,可以区分为排他性解释论证和包含性解释论证。

让我们从积极的和消极的解释性论证性型式开始。这两种结构都具有以下元素:在 D 文件(法规、法规、合同等)中的表达式 E(单词、短语、句子等),解释此类事件的意义是 M 满足某种解释型式(普通语言、技术语言、目的等)的条件。积极性规范说明,如果这些要素都满足,我们授权得出解释性结论:D 中的 E 被解释为 M。消极性规范说明,如果 I 解释,不适合该型式,则 D 中的不可解释为 M。在萨尔托尔等人看来,[①]我们将解释性主张建模为道义主张,以说明采取某种解释之义务。在此,我们采用一种不同的方法,把重点放

---

① Sartor,G,Walton,D,Macagno,F,& Rotolo,A:Argumentation schemes for statutory interpretation:A logical analysis.In R.Hoekstra(Ed.),Legal Knowledge and Information Systems:JURIX 2014,The Twenty-Seventh Annual Conference,Amsterdam:IOS Press,2014,pp.11-20.

在解释和解释的合理性之间的关系上,并作为一种元语言学的话语,探讨为什么意义是表达的最佳解释。从这个意义上讲,我们将解释性声明建模为术语性声明,它是关于法律文本中有争议或可能有争议的表达式的最佳解释。

所有规范都被建模为可废止之规则(在形式上表示为 $r:\varphi1,\cdots,\varphi n\Rightarrow\psi$)的形式表示,其中 r 是规则名称,$\varphi1,\cdots,\varphi1$ 和 ψ 是逻辑语言公式,$\varphi1,\cdots,\varphi1$ 是前因,ψ 是规则的结果。

我们将解释性结论表达为关于概念关系的主张,该主张在提出的意义 M 和对争议语言发生的最佳法律解释的结果之间,即文件 D 中的表达 E 之间①。这样的结果,用函数表达式 Best Int(E,D) 表示文档 D 中表达式 E 的最佳解释。概念关系用逻辑符号表示:$\equiv$ 表示等价概念,$\neq$ 表示差异,即不同观点,$\supseteq$ 表示结论。因此,Best Int(E,D)= M 意味着文档 D 中表达式 E 的最佳解释由 M 表示。

因此,积极解释标准的一般模式可以表示为如下所示。

C:表达式 E 出现在文档 D 中,D 中的 E 对 M 的解释满足积极 C 标准的条件$\Rightarrow$Best Int(E,D)$\equiv$M

这里有一个例子。

OL:表达式 E 出现在文档 D 中,D 中 E 的解释为 M,符合普通语言$\Rightarrow$Best Int(E,D)$\equiv$M

在本节中,我们的目标是展示如何制定一种解释型式,将它们可以合并到一个形式的和计算性的辩论系统,如 CAS 或 APSIC+中,然后应用于法律案件中的论证图所显示的论证正反结构之中。为此,我们分析了最常见的解释性论证类型,并揭示了它们的共同特征。我们已经展示了如何将解释的准则转化为论证型式,也区分了正和负以及整体和部分准则的一般宏观结构,并在此基础上对各种型式和反驳进行了分类。这个初步的分类,随后被用于解释性

---

① Bezuidenhout,A.Pragmatics,semantic undetermination and the referential/attributive distinction.Mind,106(423),(1997).pp. 375–409. http://doi.org/10. 1093/mind/106. 423. 375。

论证型式的建模,并同样声称,最佳解释不是消极规则所提议的解释,如下例所示,基于非冗余规范。

NR:表达式 E 出现在文档 D 中,D 中 E 的解释为 M 是多余的⇒

Best Int(E,D)≢M

现在让我们提供部分解释的例子,对于排他性的解释性主张可以考虑以下标准。

e SAC:表达式 E 出现在文档 D 中,文件 D 中表达式 E 的解释为包括 S 与通常含义的冲突⇒Best Int(E,D)c ⊇S

Best Int(E,D)C 是 Best Int(E,D)的补充。换句话说,该规范的结论是概念(类)S 是 D 中对 E 的最佳解释的补充,也就是说 S 超出了这种解释的范围。对于包含性能解释性声明,请考虑以下规范,其结论是将概念 S 包含在最佳解释中。

i SAC:文档 D 中的表达式 E 解释为排除 S 与通常含义冲突⇒Best Int(E,D)⊇S。我们还可以识别不同(实例)解释性规范之间的优先级论证模式(我们用符号来表示优先级)。

C:关于文献 D 中的表达式 E,根据 C1 规范解释为 M1,优先于根据 C2 规范解释为 M2⇒C1(E,D,M)≻C2(E,D,M2)。

其中 C(E,D,M)表示规范 C 的实例,其将 M 的含义归因于文件 D 中的表达式 E。例如,阿列克西和德雷尔认为,刑法中的普通语言优先于技术语言。

P1:文件 D 中的表达式 E 涉及刑法⇒OL(E,D,M1)≻TL(E,D,M2)。

其中 OL(E,D,M1)表示 OL 规范(普通语言)的实例,其将文档 D 中的含义 M1 表示为表达式 E,并且类推适用于 TL(技术语言)。从这个意义上讲,论证性解释可以根据具体的法律背景在层次结构中排序。

对于解释的推理,我们需要一个论证系统,包括严格的规则、可废止的规则,以及规则之间的偏好,例如,由普拉肯(Prakken)和萨尔托尔开发的系统,

ASPIC+系统①，或 CAS 系统②。我们表达可废止规则的形式 r:φ1,…,φn⇒ψ，严格规则的形式为 φ1,…,φn ⊢→ ψ。我们使用单向箭头→和双向箭头↔分别表示物质条件和(双态的)命题逻辑，我们也假设我们的系统包含经典逻辑的推论，对于经典逻辑 φ 和 ψ 的任何命题，如果 φ 可以从 ψ 导出，那么我们有一个严格的规则 φ ⊢→ ψ。

在这里，我们假设包含可废止规则的论证 A 可能被两种方式被击败。首先是成功地反驳 A，即通过一个不弱于被攻击的子论证论据，来反驳 A 的子据的结论(我们假设 A 本身也是一个子论证)。更准确地说，B 反驳 A 时，(a)B 的结论与 A 的子论证 A'的结论不相容，并且(b)B 不弱于 A'，即 A'≯B。条件(b)对应的如果是 A 强于 B，它会抵抗 B 的挑战。

关于比较强度，我们假设两者之间的比较，是根据两个标准来评估 A 和 B 的论点。(a)优先考虑严格的论证(仅包含严格的规则)而不是可废止的规则(规则中可能也包含可废止规则)：如果 A 是严格的且 B 是可废止的，那么 A>B。(b)根据最后一个关联原则在可废止论证之间的偏好：如果 A 根据最后一个关联原则优于 B，那么 A>B。

最后一个关联原则，假定对部分可废止规则进行严格的排序，并通过考虑以下因素，来比较具有不相容结论的 A 和 B。在两个论点中，支持这种结论的最后一些可废止规则的集合。

击败 A 论点的第二种方法是削弱 A，即产生一个拒绝应用论证 A 中包含的可废止规则的论证 B。我们通过否定规则的相应名称，来表达规则不适用的主张：声明¬r 否认名为 r 的规则适用。然后，我们可以概括地说，如果 B 有结论¬r，则 B 会削弱 A，其中 r 是最高的规则。例如，论证[→a;r1:a⇒b]削

①　Prakken, H:An abstract framework for argumentation with structured arguments, Argument & Computation, vol. 2, 2010, pp. 93-124.

②　Gordon, T & Walton, D:Proof burdens and standards. In I. Rahwan & G. Simari(Eds.), Argumentation in Artificial Intelligence, Berlin:Springer, 2009, pp. 239-258.

弱论证[→c;r2:c⇒¬ r1]。当我们想引用通过相对于实体 e 指定一般规则 r 而获得的规则实例时,我们使用表达式 r(e)。因此,表达式¬ r(e)表达规则实例 r(e)不成立的主张,或者声称规则 r 并不适用于实体 e。例如,命题¬ OL (123(1)ERA)表达了 OL 规范不适用于文本 123(1)ERA。

论证系统的语义可以基于扩展的思想,即一组兼容的论据,包括响应集合中所有论证失效者的资源。在这里,我们采用的方法是寻找最具包容性的扩展,称为首选扩展。① 如果论点包含在所有首选扩展中,则认为该论证是合理的。如果论点被包含在部分(但不一定是所有)扩展中,则被认为是可废止的。可废止但不合理的论证,仅出现在某些首选的扩展中:它们的状态仍然没有确定,因为它们被包含在首选扩展中,并取决于扩展中已经包含了哪些其他的论证,所以可能有不同的选择。

例如,考虑如下一组论证:{[a],[b],[a,r1:a⇒c],[b,r2:b⇒¬ c]}。我们有两个优选的扩展 E1 = {[a],[b],[a,r1:a⇒c]}和 E2 = {[a],[b],[b, r2:b⇒¬ c]}。每个扩展包括一个论证,该论证被另一个扩展中的论证击败,但也会被论证的其他扩展所击败,如 A1 =[a,a⇒c]为 E1,A2 为[b,b⇒¬ c] 为 E2。因此,这两个扩展中的每一个,都能够响应它所包含的所有失败的论证。A1 和 A2 仅仅是可辩护的,因为它们是不相容的,并且在给定的一组论证中,我们没有理由优先选择其中一个。

假设我们添加论点[r3:⇒r1≻r2]。然后,我们只有一个首选扩展,即 {[a],[b],[a,r1:a⇒c],[r3:⇒r1≻r2]},由此,根据偏好 r3:⇒r1≻r2,A1 不再被 A2 击败。

从论证到结论,我们有两种可能性来定义什么结论是合理的。一种选择是当结论是由合理的论证建立起来时,就认为它是合理的;另一种选择是在所有首选扩展中(可能通过不同的论证)支持结论时,将视为合理的。更精确地

---

① Dung P,On the Acceptability of Arguments and its Fundamental Role in Nonmonotonic Reasoning,Logic Programming and n-person Games,Artificial Intelligence,vol. 2,1995,pp. 321-357.

说,我们得到以下定义。

定义(可辩性和合理性)

● 可辩性。如果存在包含具有结论 φ 的自变量的 A 的优选扩展 S,则关于自变量集 A,权利要求 φ 是可辩性的。

● 强有力的合理性。如果 φ 是包含在 A 的所有首选扩展中的论证的结论,声明 φ 对于论证集 A 是非常合理的。

● 弱的合理性。如果 A 的所有优选扩展包含具有结论 φ 的论证,则关于论证集 A,则声明 φ 是弱的合理性。

请注意,弱辩护性定义比该强有力的定义更广泛,因为它允许通过包含在不同扩展中的不同不兼容的论证获得合理的结论,这一概念似乎更适合于解释。对此,我们将在下面讨论。

(二) 解释性论证型式的规范化

解释性规范与相应的解释性条件相结合,来构建解释性论证。例如,来自普通语言的论证可以有以下形式(为了简洁起见,在每个论证中,我们将一般规范,而不是它的实例化,放在手头的案例中)。

论证 A1

1. "损失"一词出现在文件 123(1)ERA 中

2. 对 123(1)ERA 中的"损失"解释为金钱损失符合普通语言

3. OL:表达式 E 出现在文档 D∧ 中

D 中 E 的解释为 M 适合普通语言⇒

Best Int(E,D)≡M

C.Best Int["Loss",123(1)ERA]≡财产损失

论证性解释可能会受到反论证的攻击。例如,以下基于技术语言的反论点,成功地反驳了上述观点。基于普通语言的论证,提供不同的不相容解释

(假设不能确定优先级,且不同名称表示的概念是不同的)。

论证 A2

1."损失"一词出现在文件 123(1)ERA 中

2.123(1)ERA 中的"损失"解释为金钱或情感伤害符合技术语言

3.TL:表达式 E 出现在文件 D∧中

D 中的 E 解释为 M 适合技术语言⇒

Best Int(E,D)≡金钱损失或情感伤害

Best Int["Loss",123(1)ERA]≡金钱损失或情感伤害

基于普通语言的解释,也可能通过直接否定其结论而受到攻击,例如,通过非冗余论证,声称"损失"不应以这种方式解释,因为这将使 123(1)ERA 变得多余。

论证 A3

1."损失"一词出现在文件 123(1)ERA 中

2. 对 123(1)ERA 中的"损失"解释为金钱损失使得规范显得多余

3.NR:表达式 E 出现在文件 D∧中

将 D 作为 M 的解释使得规范多余⇒

Best Int(E,D)(符号)≢M

Best Int["Loss",123(1)ERA](符号)≢金钱损失

反驳攻击也可以使用部分(包含或排他性)论证。

论证 A4

1."损失"一词出现在文件 123(1)ERA 中

2. 对 123(1)ERA 中的"损失"解释为包括情感伤害与通常意义相冲突。

3.e AC:表达式 E 出现在文档 D 中,

D 中表达式 E 的解释包括 S 与通常意义相冲突

⇒Best Int(E,D)C⊇S

Best Int("Loss",123(1)ERA)C⊇情感伤害

其中 Best Int("Loss",123(1)ERA)C 表示 Best Int("Loss",123(1)ERA) 的补充,换句话说,这一论点的结论表明,情感上的伤害包含在"损失"的最佳解释中,即它被完全排除在这种解释之外。

如果金钱上或情感上的损失与此相反,则包括情感上的损失,即:

4. 财产损失或情感伤害⊇情感伤害

我们可以得出结论,对"损失"的最佳解释不同于金钱损失或情感伤害

5. Best Int("Loss",123(1)ERA)≠金钱损失或情感伤害

这与上述论点 A2 的结论相矛盾。

可以对普通的语言论点进行攻击,通过论证"损失"一词在《就业权利法案》中使用的技术语境,例如,在工业关系的语境中,普通语言的论证是不适用的。因此,该准则是不适用与 123(1)ERA 中的损失的表达,而是使用上述形式表示为¬ OL(123(1)ERA)。

1. "损失"一词出现在文件 123(1)ERA 中。

2. 123(1)ERA 是技术语境。

3. TC:表达式 E 出现在文件 D 中,

D 是技术背景⇒¬ OL(E)

¬ OL(123(1)ERA)

(三) 关于解释性论证的偏好

我们可能对解释性论点有偏好,因为其具有参考性。例如,在意大利上诉法院,根据实质性原因(有益的宪法价值)修改了对意大利民法典(ICC)中的损失(danno)一词的解释:法院因此拒绝将传统解释视为金钱损害,并认为对

健康的损害也应包括在该术语的范围内(并因此得到补偿)。

论证 A1

1."损失"出现在文件 Art2043ICC 中

2. 对 Art2043ICC 中的"损失"解释为金钱损失符合法律史

3. OL:表达式 E 出现在文档 D 中,D 中的 E 解释为 M 符合法律史⇒Best Int(E,D)≡M

Best Int("Loss",Art2043ICC≡金钱损失)

论证 A2

1."损失"一词出现在文件 Art2043ICC 中

2. 将 Art2043ICC 中的"损失"解释为金钱上的损失或对健康的损害,是有实质原因的

3.SR:表达式 E 出现在文档 D 中,将 D 中的 E 解释为 M 具有实质性原因⇒

Best Int(E,D)≡M

Best Int("Loss",Art2043ICC)≡金钱损失或健康损害

这两个论点相互冲突(相互反驳),如金钱损失≠金钱损失或健康损害

为了解决这一冲突,法官们认为第二个论点优于第一个,因为在这种背景下,SR 有助于体现宪法价值。

论证 A3

1. 根据 SR 对 Art2043ICC 中"损失"一词的解释,解释为金钱损失或健康损害有助于宪法价值

2.SR:D 中表达式 E 的解释,因为根据 SR 的 M 有助于体现宪法价值⇒SR(E,D,M)≻(优于)LH(E,D,M)

SR("Loss",Art2043ICC,金钱损失或健康损害)≻(优于)LH("Loss", Art2043ICC,金钱损失或健康损害)

(四) 从最佳解释到个人主张

在个案中,我们必须能够从解释性主张转向结论,即从概念主张到个人主张。为此,我们可以采用严格规则的一般模式,规定从解释性主张到有关个人的主张的过渡。

1. $\text{Best Int}(E,D) \equiv M \longmapsto \forall x[ED(x) \leftrightarrow M(x)]$

2. $\text{Best Int}(E,D) \supseteq M \longmapsto \forall x[M(x) \rightarrow ED(x)]$

3. $\text{Best Int}(E,D)C \supseteq M \longmapsto \forall x[M(x) \rightarrow \neg ED(x)]$

其中 x 是概念 M 所需的变量序列,M(x)是谓词应于概念 M,ED 是表示在 D 中出现 E 的谓词。例如,考虑上述解释性权利要求

$\text{Best Int}(\text{"Loss"},125ERA) \equiv$ 钱损失

转换规则 1 的对应实例则是:

$\text{Best Int}(\text{"Loss"},125ERA) \equiv$ 金钱损失

$\longmapsto \forall x[\text{Loss ERA}(x,y,z) \leftrightarrow$ 金钱损失$(x,y,z)]$

可以这样理解:如果《劳动关系法》第 125 条中"损失"一词的最佳解释是金钱损失,那么在 y 事件中 x 的"损失"金额为 z(如《劳动关系法》第 125 条所理解),当且仅当 x 在 y 中损失了 z。

我们假设约翰在被汤姆不公正地解雇时损失了 100 欧元,金钱损失(John,Dismissal By Tom 汤姆解雇案,100)。让我们用以下内容扩展普通语言论证:后一种假设,上述转换规则 1 的实例,以及对应用于经典逻辑推理的严格规则。我们得到了如下论证(我们在论证中列出了前提和中间结论)。

论证 A4

1."损失"一词出现在文件 123(1)ERA 中

2. 对 123(1)ERA 中的"损失"的解释为金钱损失符合普通语言

3.OL:表达式 E 出现在文档 D∧中

D 中的 E 解释为 M 适合普通语言⇒

Best Int(E,D)≡M

---

a.Best Int["Loss",123(1)ERA]≡金钱损失(从1,2 和3)

4. Best Int("Loss",125ERA)≡金钱损失 ↦ ∀x[损失 ERA(x,y,z)↔

金钱损失(x,y,z)]

---

b.∀x[Loss ERA(x,y,z)↔金钱损失(x,y,z)](来自 a 和4)

5. 金钱损失(约翰,汤姆解雇,100)

C.Loss ERA(John,Dismissal By Tom,100)(按经典逻辑)(来自 b 和5)

法律结论所需要的解释和其他论据的混合,也可以包括额外的概念关系。例如,假设我们已经知道,约翰因为不公平的解雇,而蒙受了 100 欧元的经济损失。既然金钱损失的概念,包含在金钱或情感损失的概念中,那么我们可以推断他遭受了金钱或情感损失。这一结论将使我们能够得出这样的结论,即约翰在第 125 条[Loss ERA(约翰,被汤姆驳回,100)]中有损失,是金钱上的损失或情感上的伤害的解释,论证 A5 包括了这个解释。

论证 A5

1."损失"一词出现在文件 123(1)ERA 中

2.123(1)ERA 中 D 的"损失"解释为金钱损失或情感伤害符合技术语言

3.TL:表达式 E 出现在文档 D∧中,

D 中的 E 解释为 M 拟合技术语言⇒

Best Int(E,D)≡M

a.Best Int［"Loss",123(1)ERA］≡金钱损失或情感伤害(从 1,2 和 3)

4. Best Int("Loss",125ERA)≡金钱损失或情感伤害⟼

∀x［Loss ERA(x,y,z)↔.金钱损失或情感伤害(x,y,z)］

---

b.∀x［Loss ERA(x,y,z)↔金钱损失或情感伤害(x,y,z)］(从 a 和 4)

5. ∀x［金钱损失(x,y,z)→金钱损失或情感伤害(x,y,z)］

6. 金钱损失(约翰,汤姆解雇,100 John,Dismissal By Tom,100)

C.金钱损失或情感伤害(约翰,汤姆解雇,100)(从 5 和 6)

---

d.Loss ERA(约翰,汤姆解雇,100)(从 b 和 c)

论证 A4 和 A5 是不一致的,因为它们包括不相容的解释性结论(不相容子论点)。根据 A4 的结论(a),第 125 节对"损失"的最佳解释是金钱损失,而根据结论 A5 中的结论(a),最佳解释具有不同的含义,即损失包含金钱损失或情感伤害。然而,这两种观点,在约翰的案例中得出了相同的结论:根据《劳动关系法》第 125 条的理解,他损失了 100 英镑。

因此,尽管法律依据不充分,但是我们可以认为这个结论具有法律依据。即使我们无法在这两种不相容的解释(两种相互竞争的解释都是可废止的,而且都是不合理的)之间做出选择,但事实确实如此,因为这两种解释都得出了结论。这种观点对应于,在法律决策中只涉及相关问题的观点:"损失"是否是有限的或不经它们集成到计算系统和论证图解中。

解释性论证型式可以在构造论证时首先应用,以获得一个在有争议的法律解释案例中论证顺序的概述。这些型式的应用,可以帮助论证分析人员,显示子论证如何在一个案例的冗长论证序列中组合在一起,就像在教育补助金案例的主要例子中所指出的那样。下一步是放大论证序列的某一部分,这些论证序列构成了需要提出的关键问题或改进的问题。在这里,关键的问题可以被应用,以便通过提出可能被忽略,和可能被质疑的隐含前提,来找到论证中的弱点。

与论证型式相匹配的一系列关键问题的功能在于,给予想要攻击论证的攻击者一些启发。因此,关键问题可以为寻找可能受到挑战的弱点提供指导。然而,对于如何构建关键问题,也存在一些理论问题。如果关键问题,可以在论证图中建模为附加前提、普通前提、假设或例外,如在 CAS 或 ASPIC+中完成,那么它们可以在论证图中建模为削弱或反驳。在尝试以这种方式,将关键问题拟合到论证图中时,经常出现的问题之一是举证责任。仅仅问一个关键的问题就足以击败一个给定的论证吗? 或者,只有在有证据支持的情况下,才应该用一个关键问题来打败给定的论证。CAS 或 ASPIC+提供了一种处理此问题的方法,该方法已被证明适用于解释性型式。

论证者使用这些型式,构建关于最佳解释的假设的危险是,过快得出结论。这种危险,可以通过提出与型式相匹配的关键问题,并考虑对适合解释型式的论证可能的异议来克服。正如我们在例子中看到的,基于解释论证型式应用的一系列论证序列是可废止的,并且可以在相反的论证序列中受到削弱者和反驳者的攻击。事实上,我们研究的例子的特点正是使用一种解释论证序列被用来攻击另一种解释序列的情况,这也是一个法定解释的标准例子。

我们提供了一个新的推理逻辑形式与解释标准。正如萨尔托尔等人所做的那样,[1]我们不是将解释结论建模为道义主张,而是将它们建模为关于最佳解释的概念性(术语性)主张。然后,我们考虑了如何在论证系统中构建论证性解释,包括可废止的和严格的规则。我们认为,基于首选扩展的语义,可以

---

① Sartor, G., Walton, D., Macagno, F., & Rotolo, A: Argumentation schemes for statutory interpretation: A logical analysis. In R. Hoekstra (Ed.), Legal Knowledge and Information Systems: JURIX 2014: The Twenty-Seventh Annual Conference, Amsterdam: IOS Press. 2014, pp. 11-20.

为解释性结论提供适当的方法,并用于区分可辩护和合理性的解释性主张。关于合理性,我们认为弱的合理性(在所有扩展中的推导,也通过不同的论证)更适合在法律语境中解释推理。

第二节　论证—解释互补性——基于 非正式推理的结构

引　言

有能力的探究,需要直观地理解论证和解释之间的区别,两种形式的推理很容易混淆。掌握这种差异也可以看出论证和解释是如何相关的。在自然语言中,这些形式的推理倾向于一起发生,并且它们通常表现出有趣的互补性。这一事实并未得到广泛认可,也不是它的原因。

在本节中,我将简要总结论证和解释之间的区别,然后通过展示它在普通推理语境中的建模方式来说明它们的互补关系,特别是通用的社论。最后,我们的观点是要表明,在分析普通推理时,这样做是一个好主意,必须解开逻辑上不同但互补的论点和解释。当这种期望得不到满足时,它有时会指出所提供推理的根本弱点。

一、论证与解释的区别

论证和解释是两种不同的推理形式。推理只是制定某些陈述的过程,我们称为理由,支持其他陈述,我们称为结论。这种关系可以看作如下内容。

每当针对这些陈述产生某种问题时,我们都会被要求支持我们的陈述。论证和解释之间的区别,反映了产生的问题类型的差异,以及问题所需的支持类型。

考虑如下声明:

（1）狗的腿断了。

如果有人要在一个基本含义清楚的语境中做出这个陈述,那么基本上可能会出现两个问题。一方面,您可能很少或根本没有理由相信这一陈述是真实的。在这种情况下,您的认知反应可能是一个疑问,您将通过以下问题表达:您如何知道? 这是一个证据请求。证据是一种理由,提供证据支持结论的尝试通常被称为论证。因此,论证推理可以表示为:另一方面,您可能已经知道狗的腿被打破,因此不需要进一步证明该陈述的真实性。你仍然可能不明白为什么狗的腿被打断了。在这种情况下,您自然会问一些问题:它是如何发生的? 这是对事实追问的要求,是另一种原因,并且提供支持结论的原因的尝试,通常被称为解释①。

（1）解释推理可以表示为:狗的腿被打断的结论的普通语言论证。

（2）我认为狗断腿的原因是他不会对它施加任何重量。

这是一个普通的语言解释

声明:

（3）狗断腿的原因是它被车撞了。

这里还有一点值得注意的是,如果没有"原因"或其他各种可能的推理指标,就不可能将论证与解释区分开来。例如,考虑:

（3′）狗的腿断了,它被车撞了。

这可能是为了解释狗的腿被打断的事实。它也可能作为一个论据被提出,狗被车撞了,断腿作为证据。这意味着,推理是否被理解为提供证据或因果支持,主要取决于话语的背景。这些关系不像逻辑蕴含那样,是由相应陈述表达的命题之间的正式关系。

总而言之,论证是一种推理,其中的理由旨在提供接受疑问结论的证据。

---

① 在哲学的某些领域,尤其是心灵哲学,理解原因根据逻辑原理而不是因果原理来移动思想。我们在这里不遵循此用法。对我们来说,原因就是结论的支持。一些原因确定证据,另一些原因确定原因。

解释是一种推理,其原因旨在提供已经接受结论的原因。

有时候,理性探究的目的是两个方面:知识和理解。我们现在可以说,论证和解释,是我们用来实现这两个目标的推理工具。论证试图通过提供减少怀疑的证据来建立知识,解释试图通过提供已接受事实之间的因果关系来建立理解。

二、区别阐述

有几点值得详述。

第一,我们注意到单个结论可以给出几个不同的原因,以及原因本身的原因。例如,以下普通语言解释由下图表示。

(4)弗兰克心情不好,因为他上班遇到了烦心事,而且他的儿子迈克没有做家务。迈克昨晚参加了一个聚会,导致他睡了一整天。再加上,这个孩子自身懒惰。

第二,我们强调,由于论证和解释具有不同的功能,必须将它们视为单独的结构进行分析,考虑以下示例和建议的重建。

(5)因为生病,婴儿整天都在哭泣。她的体温是 103°。我想她一定有某种感染。因为我们已经将这种推理确定为婴儿哭泣这一事实的解释。上述重建中的每一个理由,都必须被理解为支持的理由或结论的原因,但请注意,这种关系在 R2 和 R1 之间不存在:婴儿的温度是婴儿生病的证据,而不是婴儿生病的原因。因此,这种重建是错误的。该论证被正确地重建为一个独特的论证和解释,这是几个可接受的重建之一。

第三,正如前一节中,简要指出的那样,重要的是要理解一个推理是否被正确地重建为论证或解释,取决于产生推理的个人的假设。为了进一步理解这一点的重要性,请考虑以下示例。

(6)全球贫困率上升的原因是全球经济使各国无法为其公民提供稳定的工作条件。任何不了解世界贫困普遍现象的人,都很容易认为这是一种解释。这个问题出现在那些做过的人身上。例如,如果你知道贫困在很长一段时间内已经在世界范围内衰退,那么你会自动怀疑贫困正在上升的结论。如果您怀疑这个结论,那么请求支持它的论证是合理的,但是,这并不意味着将上述推理解释为这样的论证是合理的。在上面的推理中,作者明确地(如果不正确地)接受了全世界贫困正在上升的结论,并且提供了这一所谓事实的原因。因此,即使您不接受结论,也可以将其理解为解释。

作者的假设,也决定了一条推理是否最好被解释为一个论证。尽管论证的作者,通常已经接受了论证的结论,但是论证的社会功能是说服其他人。因此,这里重要的假设是假设其他人不接受结论。当然,有时这种假设是错误的。正如人们经常不恰当地解释其他人不接受的结论一样,有时不必为其他人已经接受的结论提供论据。

由于人们通常不熟悉论证和解释之间的区别,有时候一个人可能认为他提供了证据,但事实上他并没有。我们将在下面对此进行更多说明。

第四,我们在论证和解释之间的区别是技术性的,它并没有捕捉到我们对这些术语含义的所有普通直觉。显然,它无意将普通的"论证"意义理解为辩论或口头争论。然而,更重要的是,它没有捕捉到在规范背景下使用"解释"一词的常用方法。例如,通常会说:

(7)莎拉向安妮解释说,她不应该和老师说话,因为这会让老师生气。

在这种情况下,很明显莎拉认为安妮应该避免与她的老师交谈的结论,莎拉为安妮提供了接受它的理由。我们将重构这个作为一个论点,即使术语解释在这里以直观可接受的方式使用。

第五,关于上述论述有几点,可能会让那些对形式逻辑或科学哲学有所了解的人感到不安。主要涉及我上面所说的,关于论证、解释、因果关系和逻辑含义性质的混淆。我不想在这里讨论任何这些问题,因为我认为它会让读者分心,但我在下面的脚注中处理了这些问题。①

三、功能相关的论点和解释

考虑下面的自然语言推理,并考虑如何重建它,是一个论点、一个解释,还是两者的某种组合?

(8)我的期末考试失败了。我知道这是因为昨晚只睡了三个小时。当我睡眠不足时,我从未在测试中表现出色过。

答案是,这是一个解释,然后是一个论点。如果我们将其重建为对话,这可能更容易看到。

瑟戈:我没有参加期末考试。

弗兰:真的吗? 为什么? 我不认为这很难。

瑟戈:这是因为我昨晚只睡了三个小时。

弗兰:你怎么知道这是因为那个? 也许你只是没有足够的学习。

瑟戈:不,不是那样的! 当我睡眠不足时,我从来没有做好过任何事。

我们可以将此推理表示如下。

塞尔德提出了一个原因,因此解释了他糟糕的测试表现。他也预见到弗兰的歪曲,特别是关于解释本身,并提供了一个归纳论证,支持他的陈述,即他的糟糕表现是睡眠剥夺的结果。

---

① 我们在这里指出了一些合理的问题,这些问题可能会让那些对逻辑知识和科学哲学有所了解的人感到不安。首先,我们在这里使用的推理图显然无意于代表演绎有效的推理模式。这种方法很容易通过将每个箭头表示为原则的存在(通常是巴巴拉式三段论的主要前提)可以确保理由与所支持的理由或结论之间的推论关系。我们将其排除在一般讨论之外是为了简单。其次,我们使用"原因"一词的方式有些含糊和"证据"。可以在形而上学和思维方面考虑证据语言术语。例如,我们也可以说烟雾是火的证据,而我们可以说"有烟"是"有烟"的证据。火",但是,这不适用于"原因"一词。我们可以这样说,火会引起烟雾,但是说"有火"是句子"有烟"的原因。不过,仔细阅读我们的阐明论点和解释之间的区别将表明我们正在以这种方式使用该术语。同样,这样做只是为了简单见。当我们说原因提供了结论的原因,我们的意思是说原因是结论所代表的事实的原因。第三,我们通常使用"原因"一词,而不是将其限制为它的时空意义。有多种同步说明我们的使用允许的数学、逻辑和科学中的关系术语。

在他们的结论中带有因果陈述的论据,被称为因果论证。它们不是解释,而是支持某种解释关系的论据。那些接受过训练以将推理视为本质上具有争议性的人,可能会倾向于认为上述因果论证,耗尽了本例中所有的推理,但这是一个错误,因为它使我们犯下了明显的错误,声称瑟戈在(8)的前两个陈述之间没有逻辑关系。现在考虑以下示例:

(9)我希望教练不再参加比赛,它几乎没有用。他这样做,是因为粉丝有喜欢他的原理。

我们也可以将此作为对话。

道格:我希望教练不再参加比赛。

布奇:是什么让你这么说的? 我喜欢。

巴伯:它几乎没有用!

布奇:那她为什么称之为呢?

巴布:因为喜欢你的粉丝喜欢它。

如前所述,将其描述为"道格解释为什么教练不应该参加比赛"是很直观的。然而,显然这种推理是一个论证,因为这个游戏不起作用,是作为证据表明它不应该不要跑。解释本身就是对问题实际产生的回答。教练为什么会参加不起作用的比赛? 由于对这个问题没有合理的答案,论证本身仍然是可疑的。

请注意,我所说的内容都不在于对这些示例中提供的推理评估,但是,重要的是,要看到在没有理解其结构的情况下,我们无法正确评估这种推理。考虑一下,如果我们人为地将自己局限于论证的概念,那么这种推理的重构可能会是什么样子。

在这里,我们将解释重新构建为因果陈述,并将此陈述表示为教练不应该参与比赛的证据。这并不是一种特别慈善的解释,因为因果陈述实际上并没有给论证的力量增添任何东西。是否应该使用比赛完全取决于其预期效果,而不是教练在使用比赛时的最终动机。所以这个重建,无法理解因果关系的实际目的,即回答由论证本身产生的问题。

这种关系得到了阐述。如上面的例子所示,有一个重要的意义,即论证和解释相互完成。要了解为何如此,请考虑以下示例:

(10)饮食饮料无助于预防肥胖。事实上,最近的研究表明饮食饮料的消费与体重增加呈正相关:饮酒越多,体重就越大。

这最好重建为一个论证,可以表示如下。

这个论点的有趣之处在于结论非常违反直觉。它违反了一个简单的因果模型,也就是体重增加是热量摄入的函数模型。但请注意当论证由相应的解释补充时会发生什么。

(10′)饮食饮料无助于预防肥胖。事实上,最近的研究表明饮食饮料的消费与体重增加呈正相关:饮酒越多,体重就越大。问题是,我们的卡路里相对较少来自我们喝的东西。那些食用饮食苏打水的人,认为他们正在通过这种方式显著降低他们的热量摄入量。这种解释采用了不同的因果模型,这使我们能够理解论证的结论。在没有这种解释模型的情况下,我们发现仍然对这一论点持怀疑态度,如想知道这些研究是否存在某些方面的缺陷,或者研究是否由对胖人有偏见的研究人员所做。

我们在此强调,解释不会(并且根据定义不能)为论证的结论提供更多证据,但它确实有助于我们接受这个论点,允许我们将结果纳入可理解的因果模式。还要注意,上面没有给出支持这种因果模型的论据。我们被要求从侧面来看待它,我们知道正确的解释是完全不同的(也许饮食饮料实际上增加了我们对甜食的胃口)。

令人信服的解释实际上是非常危险的,因为它们很容易被用来说服那些能够发现推理但却无法区分论证和解释的人。现在考虑以下示例:

(11)提高最低工资会损害雇员群体。为了重新获得利润率,雇主只需终止一定比例的最低薪雇员,并要求留下来的人更有效率。不可避免的结果是:失业率上升,工作条件比以前差。

对这个问题没有看法的人可能会发现自己被这种推理所说服，以支持最低工资法对穷人造成伤害的结论。毕竟，推理是明确和令人信服的。

允许这种推理使你相信结论的问题在于它不是一个论据。原因提供了因果链中的链接。它告诉我们为什么最低工资法实际上会导致失业和恶劣的工作条件。如果原因是作为证据，则必须提供数据显示最低工资上涨与低工资失业之间存在的正相关关系。

值得花一点时间充分理解这一点。试着将原因视为证据。最简单的方法是询问结论的证据问题："你怎么知道最低工资法导致失业和恶劣的工作条件？"现在想象你的对话者回答：

"我知道这一点，因为雇主只是通过解雇工人，并要求其他人提高工作效率来回应最低工资法。"如果我们认真考虑这一点作为证据，那么推理就完全是问题所在。如果你真的怀疑这个结论，你就会怀疑这个理由，因为它只是假定结论的真实性。另外，如果您已经倾向于在统计证据的基础上接受结论，那么这不是问题。假设结论的真实性正是解释的作用。因此，我们不应该说这只是一个问题论证。我们应该说这是一个试图做一个论证工作的解释。

因此，需要论证来完成解释，正如完成论证需要解释一样。请注意，上面示例中缺少的论证，不是将解释本身作为结论的论证（如示例（8）中所述）。相反，缺少的是解释的实际结论的证据。现在考虑另一个例子：

（12）总统不会承认美国入侵伊拉克是错误的，因为他是一个非常自信的人，不能承认他的错误。在任职两个任期后，我们有足够的证据证明他对批评过于敏感，并且不愿向可能不同意他的人寻求建议。

在这里，我们有一个解释和一个补充的论点。

上面的虚线双箭头仅表示解释中提供的原因与论证的结论相同。这不是支持因果索赔本身的论据。这一论点只表明总统感到自豪，并不是因为他的骄傲使他无法承认入侵伊拉克是一个错误。（也许阻止他承认错误的是令人信服的证据，证明这不是错误，或者认为承认错误会适得其反。）

描述论证和解释之间互补关系的最简单方法是回归知识与理解之间的区别。论证是我们产生知识的机制,解释是我们产生理解的机制。

因为即使极其引人注目的论据也容易出错,而且由于它们往往与我们已经持有的信念相矛盾,我们仍然对他们的结论持怀疑态度,直到我们对它们如何发生有所了解。提出的间接证据可能强烈支持史密斯犯下谋杀罪的结论,但由于没有动机(对史密斯行为的解释),我们有理由怀疑证据是否可靠收集。反对存在发光的以太的证据是令人信服的,但由于没有可接受的光波传播因果模型,科学界合理地想知道是否可以通过所采用的方法检测到以太。

同样,即使是巧妙的假设,所提供的理解也必须保持怀疑,直到我们在独立论证的基础上,得到一些证据证明这些假设实际上是正确的。达尔文的自然选择理论,是科学史上最令人难以解释的假设之一。几十年来,由于没有独立的证据证明地球已经足够年龄通过这种机制产生了复杂的生命形式,因此它被非常合理地怀疑。假设所提供的理解,可能是将其优先于其已知竞争者的理由,但在成功预测以前未观察到的现象之前,它不会被视为既定知识。

四、一个应用程序：社论的逻辑结构

我们在这篇文章中得出的结论是:论证和解释的互补关系在大多数社论的结构中是显而易见的。我们认为这是一个重要的观察,因为它意味着在大多数情况下,当你阅读一篇关于理解作者推理的社论时,你不应仅仅对作者提出的支持或提倡立的论点而感到满意。相反,你也应该能够说出作者提供了哪些补充性解释来修复论证。

社论通常从提供支持未被普遍接受的结论的论据中获得兴趣。它们通常是规范性结论,如:

· 医疗应该私有化。

· 毒品不应该是非法的。

· 不应允许同性恋者结婚。

·应该允许安排恐怖分子。

但有时它们只是有趣的经验主张,没有明确的规范性结论,如:

·科学家夸大了全球变暖的威胁。

·慈善捐赠有自私的动机。

·割伤可预防艾滋病。

·在 20 年内,机器人将完成大多数日常家务。

有趣的是,大多数作者都表现出一些意识,即如果不提供某些解释性问题,那么无论提供哪些证据,我们都不愿意接受结论。关于支持规范性结论的论据,出现的标准解释性问题,涉及其他受过教育的人不同意作者的事实,或者事实不是作者所说的那样的,如:

(13)气象服务应停止报告风寒因素。风寒应该是衡量由风引起的寒冷程度的一种衡量标准,而不是风自身的冷暖程度。风寒因素误导了公众对实际危险的看法。例如,它表明一天的温度在 35 华氏度和风寒是-20,它们应该比温度为 28 华氏度的无风日穿着更温暖。但无论感觉多冷,在温度高于冰点的一天你都不可能被冻伤。事实上,天气服务报告风寒,只是因为它加剧了天气新闻。一个寒冷的冬日几乎不值得一提,但是-20 的风寒令人兴奋。

社论的作者显然主张规范性的结论,即天气服务不应该报告风寒,风寒误导甚至危害公众,但作者也清楚地认识到,预测以下怀疑问题的重要性:如果它如此误导,为什么天气服务会报告呢? 当然,这是要求解释天气服务报告风寒的事实,这是因为提交人提出的论点,与我们普遍期望的相反,即新闻机构每天报道的数据,通常有一些实用价值,通过将这种现象解释为一种营销工具,他允许我们以一种不与这种普遍期望相矛盾的方式来构思这种现象。

同样,重要的是要强调,虽然提供补充性解释可能是一个重要的规范性要求,但通过提供似是而非的解释,很容易降低我们对不良论点的抵制,那么这个例子就是一个很好的例子。这里的关键问题实际上是所提供的证据只是对论证结论的非常微弱的支持。事实上,所提供的证据将更有力地支持这样的结论:气象服务应该只是告诉公众关于应对风寒的意义。所以这里的解释似乎是让一个相当差的论点看起来比实际上更合理(使用未经证实的解释提供似是而非弱论证的合理性是对"解释"的常用短语的一个很好的技术定义)。

现在考虑以下示例来获得另一个规范性结论:

(14)人们普遍认为合成代谢类固醇在职业体育运动中应该是非法的,他们认为这些类固醇对服用它们的运动员是危险的,因为他们认为它给运动员带来了不公平的优势,但这两个原因都存在严重缺陷。当然,在没有医疗监督的情况下服用药物是危险的,这也就是服用毒品时会发生的情况。在适当的医疗监督下,使用类固醇可以增强运动表现,保护运动员免受伤害,加速伤害恢复,并延长运动生涯。无论在医疗监督下服用类固醇存在何种轻微危险,都与运动本身的危险无关。当然,类固醇提供了一个优势,但基因、体能训练和良好的指导也是如此。遗传不公平是不可挽回的,它不会干扰我们对运动的享受。类固醇的不公平性和其他优点可以通过简单地将它们提供给每个人来消除。

这是一个值得考虑的有趣例子,因为它使我们能够强调论证与某人信仰的心理解释之间差异的重要性。首先,请注意,本段的作者明确认为类固醇应该是合法的,并且她为这一结论提供了明确的论据,我们在下面示意性地表示:

作者拒绝接受这一结论,她通过其他人给出的理由来开始这篇社论。显然,将其作为她自己创造的论点来表达是不正确的。那么,它是如何运作的?回答这个问题的一种方法是调用、使用、提及区别。作者提到这个论点是为了驳斥它,但实际上并没有自己使用它。然而,另一种方法是观察她对其他人的信仰提供了心理解释,我们表示如下:

这是一种解释,因为它代表了信仰之间的因果关系。人们认为合成代谢类固醇是危险的这一事实是他们认为它们应该是非法的一个原因。因为作者的论证包含的证据与这些信念的内容相矛盾,所以这种解释的作用是解释作为错误结果的对立观点的存在。与前面的例子一样,作者期待一个解释性的问题,特别是:"如果这是真的,为什么这么多人不相信?"作者明白,如果没有一些合理的解释,她的听众不会接受她的推理。

在推动经验主张的社论中可以观察到类似的模式。标准模式是为一个通常不为人所知的声明做出论证,然后提供一个解释它的因果模型(这实际上只是科学推理的标准理想模式:产生支持特定假设的实验数据,然后建议一个模型,允许人们解释数据,并预测未来实验的结果)。这是一个简短的例子:

(15)20 世纪令人惊讶的技术进步改变了普通人的生活。财富和预期寿命飙升。曾经有过诸如航空旅行和电话服务之类的东西,每个人都能负担得起。但现代生活的轻松和便利是否有助于我们的幸福? 令人惊讶的是,答案似乎是否定的。美国人在 20 世纪 40 年代报道的平均幸福水平与今天没有太大差别。事实上,自 20 世纪 50 年代以来,严重抑郁症的报告已大大增加,但是,有一些例外。一个特别有趣的是阿米什人。他们的抑郁率相对于社会其他人来说非常低,他们报告的一般幸福水平更高。当然,让阿米什人感到有趣的是,他们在拒绝现代技术便利方面是独一无二的。他们避开汽车、手机、电视和电脑。阿米什儿童没有 ipad、游戏男孩或 Play Stations。这表明一种非常有趣的可能性。也许现代技术的便利性,不是让我们更快乐,而实际上却可能是造成人类痛苦的原因。也许我们认为现代生活的所有选择和便利都是如此精彩,但技术最终只会破坏使人类生活真正有意义的社会纽带。

请注意,在没有对论证—解释互补性的情况下,人们可能会试图将其重建为一个论证,即技术对人类苦难的贡献如下。

这是一个完全可理解的论点,但它也是一个非常弱的论点,因为它基于简单的相关性推进了一个因果主张。人们确实做出了这种弱论点,但这篇文章的作者在这里没有这样做。相反,他提出了一个论点,即技术并没有让我们更快乐的结论,以及对这一事实的解释如下。

这一分析抓住了这样一个事实,即解释中包含的原因仅作为解释数据的假设,并且它阻止我们对谬误推理做出不合情理的指责。

我阅读社论的经验是,绝大多数都可以通过上述方式之一进行准确分析。我们很少在没有解释的情况下看到论证,反之亦然。当然,我没有在这里提出一个令人信服的论点,因为这需要检查大量随机收集的社论关系。另外,如果我是对的,我至少提供了对这一事实的解释:论证和解释具有互补的关系,并且当一个人在没有另一个人的情况下时,推理通常被认为是不完整的。

第三节　解释性论证在法律适用中的应用

引　言

适用法律,就是将个人案件归入一般的规范性前提(法律规则、法律标准、法律原则、法律先例等),以解决法律纠纷。为了找到这个规范的前提,人们通常认为我们需要去解释某些法律文本(宪法文本、法规、司法裁决)。因此,法律解释是确定公民的法律义务、权力和权利的通常方法,是通向法律内容的大门。

另外,法律理论也阐述了一系列的论点(类推、对比、强化等)。这些论点可以帮助我们理解法律的要求。它们就像通向法律内容的道路。也许正是出于这个原因,有人提出,法律推理是一种特殊的推理,具有适当和不同的逻辑。然而,就目前而言,我们将假设对事实适用规范只需要古典逻辑,也许扩展到包含道义逻辑。因此,我们将法律推理视为一种(经典的)演绎推理。法律推理不限于司法推理,因为任何理性的存在都能产生法律论证。例如,如果国内法承认每个成年公民在大选中都有投票权,NN 是成年公民,那么她就有权在大选中投票。然而,司法推理的相关性是无可争议的。在法律背景下,争议往往是从司法角度进行推理,司法推理具有法律效力,消除了争议。这是 Reiudicata 的法律原则。因此,在这里,我们将法律推理主要理解为司法推理。

一种独特的法律解释方法—"交际—法律内容理论（CT）：（communicative-con-tenttheory of law），最近被一些语言哲学家提出和捍卫，其出发点是法律解释可以解释为话语模型。在本节中，我们将为其修改版本辩护，该版本不依赖于交流理论的某些有争议的方面，而该理论的支持者通常诉诸于此。为此，第一我们评估一项针对一般法律解释理论怀疑性程度反对意见，并指出如何容易克服这一问题；第二，我们阐述了 CT 与法律的传统性质之间的张力，来揭示其缺陷的论点。因此，我们得出的结果表明，如何修改这一理论，以适应反对引发的批评。在整个过程中，我们澄清了 CT 的主张和假设，并通过实例介绍了它们的部分后果。据我们所知，到目前为止，我们还没有详细的型式，因此，我们认为调查的描述性方面具有独立的理论兴趣。与此相关的是，我们使用了明示，即排除其他原则规范，用于解释处理上述任务的目的，也最终是为了论证以下结论：解释性论点在法律中所起的作用，为我们提供了理由去拒绝接受，CT 为支持该理论的最低版本而辩护的法律内容的说明。

正如注意到的那样，法律推理是从前提推断到一般演绎论证的结论。论证的大前提，概括了适用的法律规范的内容，即本身需要解释的内容。作为满足这一需求的一种努力，法律解释意味的是一种揭示和展示适用法律内容的活动，从而提供了最终得出法律决定的一般规范前提。相互竞争的解释法律来源的方法，在确定内容的方式上有所不同。如果谈论的来源和内容不是空洞的，那么可论证的选择就不会太多。一些人认为，立法者的意图本身就决定了原文的命题内容，而另一些人则会对此提出异议，认为文本句子的字面意义是独一无二的，再加上两者之间的一些混合词。混合体将根据意图，在多大程度上被视为决定法律内容的程度，以及这些意图的性质而有所不同。与之相关的是，解释理论有时会根据对解释对象的不同分析而形成分歧。这导致了对来源的同一性的不同概念，分别侧重于话语意义（意向性）、句子意义（文本主义）和话语意义（混合）。因此，为了识别法律的内容，解释必须指定他所要表达意思的对象，并进一步需要对其内容所依据的事物进行说明。这样就可以说明解释是否正确。

法律交流理论认为,与语言性质有关的事实,或者与法律性质有关的事实,可以告诉我们什么法律解释理论一般是正确的,而不管所考虑的特定法律制度的特点如何。走向外在主义是当今认知哲学发展的重要趋势,它表现在两个方面:一是把辩护还原为可靠性,二是采用一种"弱"规定的知识标准。①

在本节中,我们认为,在 CT 和理论之间存在着一种张力。承认规则——这是实证主义的核心要素——意味着 CT 实际上是有问题的。这种紧张源于两种观点,在法律解释中赋予解释性论点的作用。我们认为,解释论点在法律解释中的作用和地位应符合三个要求。

第一,只要立法是通过制定文本来进行的,由此产生的法律规范的内容就不能完全脱离权威声明的语言含义。这是因为承认立法行动和话语,具有某种类型的演替性言语行为的性质。②

第二,意义和交际的性质,限制了确定法律内容的方式。通过制定以自然语言为框架的规定,特别是阐明语言意义、语境、作者意图以及可能的其他因素在确定不同程度的话语内容方面所起的作用(如果有的话),有助于确定内容水平与法律事实之间的关系。

第三,将权威话语的某些特征,映射到有关法律内容的事实原则,在很大程度上取决于相关社区的法律代理人,一贯和系统地遵循社会实践。如果没有规范要素的话,前两个原则是许多学者的共同点,当然也是交流学理论家们的共同之处。我们赞成的第三个原则的解读——根据这一原则,映射原则(相对于某一特定时间的系统)取决于法院所遵循的解释规则(一次在一个系统中)——将被证明与传播法律理论不符。深入分析法律解释性论点的性质及其在法律解释交流理论中所起的作用,将是理解法律解释的关键所在。

本节的结构如下:第一部分接受怀疑论点所提出的挑战,即不可能通过标

---

① 杨宁芳:《走向外在主义的认知哲学》,《哲学研究》,2016 年第 6 期。
② Marmor 强调了这一点,并进一步以劝诫的类比方式对立法进行了分析。

准解释方法确定法律上有效规则的内容;第二部分首先简要介绍 CT,然后阐述它所支持的解释理论;第三部分分析 CT 对法律规范的有效性和内容的解释,认为如果不提出进一步的理由,就无法经得起审查;第四部分探讨了一种试图通过某种方式扩大其资源来挽救这一理论的尝试,并指出了它的一些关键方面。最后,得出结论认为,该分析只需对 CT 予以最低程度认可。

一、关于法律规则的普遍怀疑

当我们使用解释方法和在法律解释的基础上,我们总是在处理好几种方法和彼此处于紧张关系并产生不同的和矛盾的结果。这显然是在美国法律的背景下对传统解读观念的现实主义批判。在一个著名的文章中,指出了二十六个案例,其中我们有至少两个案例提供不兼容的解决型式的结构。为此,在这个系统中的主要缺陷是许多律师都有的。这种想法本身加上正确的规则处理案件,为有争议的法律问题提供了一个单一的正确答案。问题是:哪些是可用的正确答案? 法院是否选择以及为什么选择? 因为总是有一个以上可用的正确回答,法庭总是要选择。在欧洲法律理论中,有时也采用这种方法。例如,在所谓的意大利法律现实主义,提出了同样的概念:[1]在大多数情况下,一个相同的规范性句子可以表示不同的含义,这取决于他的解释技术。举个例子,一个意大利宪法规定论证一个问题,人们可以得出这样的结论:这种规定适用于任何种类的规约和仅适用于法规。以类推的方式论证,人们可得出有关规定适用于法规和行政法规的结论。(因为两者都是"法律渊源")通过区分技术论证,可以得出结论。既然"法规"类包括不同的子类(一方面有宪法和普通法律;另一方面包括全国性法律和区域性法律)根据它的比率——这个条款仅适用于此类子类中的一个。事实上,一系列的解释方法(在法律团体中被普遍接受的),足以保证处理竞争的良好结果。如果怀疑的反对意见是

---

① 有时,从事批判法律研究的学者利用这一论点作为所谓的法律根本不确定性命题的一部分辩护。

有说服力的,那么所提供的理论将非常令人不满意。在几乎所有的法律案件中,解释方法不能使我们得到正确答案。然而,可以回答反对意见。辛克莱正,在详细说明中来反对攻击意见,这表明并非所有准则都是适用的。因为应用的背景决定了一个准则在个案中的准确性,并因此比其他准则有优先权。

一条准则从其应用条件的发生规律和与其相关的推理的稳健性中获得它的地位。人们可能会将准则视为一条管道:它收集一组可适用的条件并聚焦它们,得出一个结论。当然,如果不能得到适用的条件,那么该准则就不会适用,也不可能得出结论。不注意其应用的必要条件而去应用一项准则是错误的,正是这种错误,常常在其他兼容的准则之间产生不相容的表象。

此外,解释方法不应被视为单独的分析要素:它们应被视为我们用来确定法律内容的综合方法的一部分。在对法律解释最重要的历史贡献中,弗赖德里卡勒·萨维尼在每种解释中都区分了四个要素:语法、逻辑、历史和系统,他进一步认为,这些要素不是我们可以随意选择的四种解释,相反,它们是四种不同的操作,它们只能共同解释法律法规,即使在某些情况下,其中一种可能比另一种更为相关。因此,这样说似乎是公平的,如果将解释的方法和准则结合起来并根据上下文加以调整,就不可能产生像怀疑性反对者主张那样普遍的不确定性。

二、法律传播理论

根据法律交流理论,法律内容的确定方式与普通语言文本或话语的内容确定方式相同。基于这一观点,立法者在为制定书面文本和投票时,采取了一种言外行为,将他们被赋予事实上的法律权威,与他们通过语言声明表达实质性指令的结合本身,解释了为什么他们所说的"这样那样"在他们的法律体系中形成了这样和那样的法律。关于这一理论,为了确定法律制度的规范并对其内容作出充分解释,我们所需要的唯一要素,可以是一种权威说明,它告诉我们谁是当权者、正在审议的制度中法律规定的颁布程序、已颁布的案文以及制定其规定的人的意图。

从这些观点出发,CT 采用了认知不对称的原则,该原则将普通言语描述为直接适用于法律领域的原则。尼尔以以下方式呈现了认知不对称。

生产者(说话人和作家)和消费者(听者和读者)的认知情况基本上是不对称的。生产者有一个信息要传达给另一个人(具体的或非特定的)。在某种场合下,生产者展示这些词来表达他希望做的事情,以某种方式表达这些词,表达了生产者的某些意思。如果消费者成功地识别了生产者的意思,那么消费者就正确地理解了生产者。

假设法律产生的方式,没有什么特别之处,可以阻止认知不对称,来支配"法律对话"中当事人之间的关系。这一理论延伸了法律内容,是立法者所传达的结论。当然,还需要做进一步的工作,以适应一般模式中法律言论结构中继承的那些独特特征。这可能包括解释一种通常是集体的、通过战略性的—非合作的行为进行的交流,找出说话人到底是谁,并从发言者在颁布文本时可能具有的各种意图中,选择那些在制定新法律时应该被视为相关的意图。

据 CT 说,截至目前,我们对何种程度的话语内容被视为与确定法律内容有关的问题保持沉默。在这方面,主要有三种观点:(A)说话人在某一特定情况下说 X 句是什么意思;(B)说话人在某一场合说或断言 X 是什么意思;(C)听话人合理地认为说话人在某一特定场合上说 X 是什么意思。① 至少有两个理由说明这些区别是重要的。第一,有一种不用说就意味着某件事的方法,即通过暗示它的方式。第二,一个通情达理的读者,可能理性地认为作者指的是她没有的东西,也可能认为作者不是她实际拥有的东西。第三,虽然更有争议的是,说话人在说 X 句时所说的话可能不是她的意思。② 第四,仍然有争议的

---

① 我们把理论(A)、(B)和(C)称为对应于这些意义层次的三个版本的 CT 理论。

② 除非有人同意,S(话语者)说 p 导致 S 做了某件事 x,而 S 意味着 p。

是,理性听众认为他的意思与她所说的话不同。

该理论的(A)、(B)和(C)变体之间的分歧,反映了我们在斯蒂芬·尼尔和斯科特·索阿姆等人的著作中发现在解释目标方面的差异。理论(A)已得到尼尔的明确认可,他认为在司法裁决中,应当寻找的是适用条款的作者本身所指的法规,就像我们在进行普通对话时试图检索对话者的含义一样。事实上,正如他对成文法则中会话含义的讨论所表明的那样。他认为,就立法者而言,含蓄传达的命题应该具有权威地位。索姆斯也采取了类似的立场,他声称"法律的内容包括在通过相关法律文本时所主张和表达的一切",虽然他赞同的立场,未能完全明确地表明,在含蓄和明确的内容不一致的情况下,正确的解释是否应忠实于前者或后者?此外,在后来的一篇论文中,他似乎采纳了另一种观点—实际上是一种理论(C)—根据这一观点,法律被认为是"任何通情达理的人所能理解词语的语言含义、可公开获得的事实、立法语境中的近代史,以及预期新条款将纳入其中的现行法律背景。

鉴于由此产生的复杂情况,有必要暂停考虑该理论的确切含义和暗含含义①。考虑 CT 的主张和未解决的方面,我们开始研究它需要什么样的法律解释模式,它赋予解释性论点什么作用,以及它认为解释论用了什么,并酌情接管了哪些方面。

(一) 法律解释的沟通理论

根据法律的沟通理论,我们现在可以陈述什么是法律解释。它是一种活动,通过这种活动,译员在需要时形成一个关于(A)②、(B)、或(C),取决于

---

① 如此一来,比较理论(A)和(B)的分析范围变得很严格,部分原因是(C)理论的确切含义仍然不清楚。

② 理论(A)由 Neale(2008)提出,在法律解释中为意图主义者辩护,并由 Endicott(2012)预设。

CT 的首选变体）的假设,以确定（A）、（B）或（C）到底是什么（A）、（B）
或（C）。①

　　类似于在处理问题的构成方面时所注意到的问题,在 CT 的认识论上也
没有什么特别的东西可以区分法律解释和话语解释。② 识别法律内容的证据
工具可以包括建构规范、作者和读者共享的背景知识、话语的语言和语言外语
境、会话主题、先前的评论、词汇选择,假定说话人的操作符合某些格言等。值
得注意的是,任何有用的东西原则上都可以作为解释的辅助手段,但这并不意
味着通信理论家无法理解权威规定对可用解释学证据的限制。例如,CT 承认
在某些法律制度中,可能禁止将立法史作为一种工具来理解法律的规定。只
要这是一种认识上的限制,不会改变立法行动与法律内容之间的相关构成关
系（然而,这种行动和内容可能是不透明的或无法获得的）。

　　截至目前,我们一直关注的是提供法律传播理论的形而上学和认识论的
示意图。现在,让我们来探讨和评估一个法律论点,这是法学家通常所说的
"明示其一,即排除其他原则",我们将把它作为一个案例研究。

　　假设一个指令:

　　(16)章程 φ 规定的要求必须由 a 级的科目来满足。

　　假设一个法院被要求决定除了 φ 以外的法律文本中是否有 A 类所包含
的主体应该满足的任何要求。进一步地想象一下,先前为同一类别制定的法
规 μ 规定了满足一些附加要求 R1、R2。这个问题有三个相互关联的方面:我

---

① 　Marmor(1992)、Endicott(2012)和 Neale(2008)似乎同意(我们也同意他们的看法),当
法律的内容很明显时,谈论"解释"是毫无意义的;法学家通常用不适合解释的格言来表达这一
思想。因此,在这种情况下使用不同的术语可能是有用的(Marmor 和 Endicott 的用法集中在理
解上)。

② 　为了简单起见,我们忽略了法律实践的一些方面(如先例),这些方面在普通会话上下
文中没有对应的内容(但这并不是说 CT 不能解释它们)。但是,我们仍然可以这样说,根据 CT,
由于认知不对称原则也适用于法律领域,因此这里的解释与意义的关系与会话上下文是一样
的。在这方面值得注意的是,在否决和撤回的现象之间,可能有有趣的相似之处。非常感谢
Eliot Michaelson 和 Chiara Valentini 敦促我们解决这个问题。

们是否应该将表达统一的规范和 R1、R2 排除在外？适用于 a 的条件是什么？这样做的理由是什么？回答第一个问题涉及解释权或更确切地说是自由裁量权。

下面我们的目的是按照法律交流理论中的变式（A）和（B）的标准来回答它们。每个变体将适用于三种假设情景中的每一种，因为这将使我们能够了解它们之间在处理这些案件时的不同行为表现，以及它们在处理这些案件时如何对待表达统一的规范。

型式 1：在立法中，立法机关对 φ 与 μ 的关系缺乏任何意图；立法者根本不知道 μ 的存在。让我们首先考虑（B）理论如何处理这一案件。根据它，法律的内容是立法者在颁布可适用的法律规范的条款时所说的内容。在 p 的情况下，立法机关所作的声明（所说的话）是由有条件的人掌握的。P（b）如果法规 φ 中规定了一项要求，则该要求必须由 a 来满足。

与此相关的一点是，即使有另一项法规或条例规定要满足 φ 所列条件以外的其他条件，该条件也是成立的，因此，p（B）将使 φ 与 μ 兼容，从而为 r1 及其额外应用留出空间。在这一观点上，将表达式统一应用于本案中 p 的解释是完全错误的，因此必须放弃。（b）在回答第三个问题时，理论（b）声称导致这一解决办法的推理纯粹是解释性的，因此不使用裁量权。

至于（a）项，如果没有所述言论行为背后的有关意图，议员在考虑关键方面时是没有事实依据的。因此，现有的法律解释是无法解决问题的，因为我们缺乏有关以往的制度行为的事实。如果他们获得以往的制度行为的事实话，单靠他们自己便可以解决问题，所涉意义的行为，无法确定唯一正确的结果。因此，我们将有必要诉诸自由裁量权①。每一种可用的解决型式适用或阻止适用 μ 所载标准都必须诉诸道德论证来为其辩护，在这种情况下，通过表现主义统一进行辩论，我们仍将从事解释先前存在的法律的工作，这就等于在利

---

① CT 理论的一个中心特征就是，文本的语义需要立足于语境，即一个句子的语义内容加上说话人的意图，在给定的情况下不能产生一个正确的结果。

用法律手段来掩盖伪装的司法立法的表现。

型式2:我们不知道立法机构在制定 p 中与 μ 有关的意图是什么。

在本案中,理论(B)所产生的结果与型式1中得出的结果是一致的。出于同样的原因:由于立法者的意图是无关紧要的,我们对他们的无知也是如此。a 与型式1的不同之处就在于,不知道立法者的意图,这些证据与许多科学调查中通常发生的情况类似,低估了解释的结果。然而,就所有实际目的而言,型式1与型式2之间不会有任何差异,因为在后一种情况下,得出的结论必然与我们在前者中看到的一样。

型式3:在题词 p 中,立法机构打算制定一项法律规范,规定适用于 φ 中所列主体的唯一条件,从而防止 R1、R2 被计算为满足与他们有关的要求。

鉴于立法者的意图,通过 p 的设定传递广义会话含义的意图无关,(b)理论家就会从这一假设,推理到我们处理型式1与型式2时发现的解释性结论。因为法律只是立法者所说的,含意并不是其中的一部分。进一步说,在目前情况下所使用的推理,在性质上与以前的法律一样具有解释性,因此,将表现性统一规范应用于案件就等于犯了解释错误。(a)相反,理论(a)对本案法律规范的正确理解。

P(a)一项要求必须由一个综合框架来满足,而且只有在规约 φ 规定的情况下才能满足。

这是(P)的含蓄表达,因为这是作者想要传达的命题。根据(A)理论家的说法,对话的含意确实可以是法律,因为对他们来说,法律就是立法者的意思,因为说话者的一种方式是暗示某事。在特定的情况下,我们处理的是一种广义的会话含义,指的是说话人用特别系统的方式产生的含意,其中含有逻辑术语,例如:和、或者、如果,或者别的什么。现在,我们正在处理的如果,就是涉及一个条件的,所谓的二元论的情况。促使听者从前者到后者的非演绎推理的是,假定说话人的操作符合一定的会话准则—相关性的准则。也许还有第二条量的准则(不要做出更多的贡献)。在法律案件中缺乏上下文要素,在法律案件中,类似的解释结果,由 p(a)通过诉诸 ExpressioUnius Canon 来达到目的。这将有助于支持一个论点,根据这一观点,ExpressioUnius 是一种解释性的启发式方法,起着推理引擎的作用,它将读者从文本的意义转移到作者最有可能通过文本的颁布来传达的内容。语言解释在法律解释中起着重要的作用。总之,在这种情况下的推理是明确的解释性的,而表达统一规范,是解决所涉及问题,唯一可以正确运用的论证形式。

第一,我们注意到(A)和(B)所持有的,关于解释性目标的不同意见。既影响它们在我们想象的假设情景中所达到的解释结果,也影响在解决出现的问题时需要自由裁量权的程度。

第二,我们看到,根据(A)和(B)两种理论,表现性统一,不只是被认为是律师在解释法律时有权援引的辩论形式之一。法官在解释法律时,只有在有理论认为,具有法律效力的(水平)内容的情况下,才有理由诉诸表达统一。在概括他们对这一特定规范的处理时,人们可能会说,根据他们的看法,只有当规则对他们认为相关的内容水平作出正确的预测时,才能用来解释法律。这显示了一种对法律论证的修正态度,而根据法律从业者的共同自我理解,在司法纠纷的语言游戏中,论点和规范作为战略行动无论是由实证法授权许可的,还是通过社区的解释实践而被传统接受时,CT 认为它们是一种解释启发法,其作用是假定文本的阅读显示了法律内容。根据他们的标准,作为一种解释性的启发,一个准则也不会比立法者在为某一特定条款制定和投票时遵守其标准的假设更好。这就提出了一个问题,即他们所做的保证实际上构成了好的假设吗?

这个问题给我们带来了关于理论(a)在解释和意义之间的关系的第三次观察,特别是结构规范和立法之间。根据理论(a),尽管在构成上决定说话人意义的只是一个适当限定的交际意图的子集。这些意图的真正形成,在很大程度上取决于发言者,对口译员识别这些意的能力的期望。因此也取决于,是否有可能在执行某一特定言语行为时,取得言外吸收或成功。斯蒂芬·尼尔明确指出了这一点,有可能获得言外吸收或成功。

尽管认知不对称,但是(说话人)和b(听者)的观点并不是独立的。这种不对称是相互的或互补的,就像在相邻的拼图一样。在产生他的话语时,a依赖于b的能力来确定他想表达的内容;b假设a是如此相关的,等等。a和b的方式,在这种程度上,在不理解a利用该能力的能力时,根本不可能理解b解释a的能力,反之亦然。

其中心思想是,为了使说话人的意思是某一特定内容(如q通过说x),他必须认为听话人,有可能在X的基础上认识这一内容。这就是为什么说话人意思意图的形成,更多地受到关于他的听众和交际语境的事实制约。一般来说,更准确地说,在规划任何一个特定的演讲时,演讲者会考虑听者的能力,去理解他想要传达的信息。在这样做的时候,他将依赖于他自己对听众和话语语境一些特征的看法。其中之一是说话人对听者,在多大程度上可以假定听者会遵守某些指导谈话的规范(如格雷斯格言)。这样,通过说话人对听者对某些会话规范的依赖的推定—这反过来又是听话人假定说话人的话的结果。依赖听者遵循某些解释规范的事实,间接地影响了说话人对其话语的规划,从而影响到他的意义意图的形成。说话人对听者解释他的话语的方式的信念,将影响他发出x来传达那个Q的选择。

CT认为参与"法律对话"的代理人—立法者和司法解释员的立场类似地相互依存,因此假定立法与通过解释规则进行的法律解释之间有着类似的联系。在这方面,我们可能认为,法院在解释法律时越是依赖某一特定的规范,就越容易产生这种联系。立法者将(或至少应该假定他们是理性代理人)制定条款,如果按照该准则产生的标准加以解释,就会产生与他们想要传达的内容相对应的结果。反过来,这将增加法官们诉诸于这一典章的可能性,从而能够理解立法者在颁布"公约"时所指的含义。这最终将确保该规则是一个好的或可靠的规范。

三、交流理论面临的四大挑战

作为交际理论基础的激励思想既简单又直观地吸引人。其观点是,法律文本是语言文本,因此法律与权威法律渊源的关系问题是"什么决定普通语言文本内容的更普遍问题的一个实例"。有证据表明,通信理论家认为,立法过程中的规定的颁布是会话交流中句子的普通话语的一个特例,这是因为考虑到为辩护而提出的论点很少。然而,简单和直观的上诉都与"显而易见"的意思是一样的。因此,让我们仔细研究一下法律和语言之间的关系是否如交流学理论家所认为的那样,如果不是,为什么。在下面的文章中,我们借鉴了格林伯格对 CT 的深刻描述,以说明为什么它对立法的解释并不明显。我们进一步发展了一个论点,部分灵感来自约瑟夫·拉兹(Joseph Raz)的研究。对于形而上学的决断,CT 假设它在法律领域起作用,比它看起来更有问题。

根据格林伯格的观点,交流理论的核心主张是,权威性声明的语义和语用含义,直接关系到制定文本所产生的法律要求的内容。

在最近的一系列论述中,马克·格林伯格对 CT 的中心论点提出了质疑,试图证明立法行为者,所做的任何话语的语言(语义和语用)导入与部分由于话语而获得的规范的内容之间,始终存在差距。他提出的论点首先指出,"沟通理论是从对立法机关所传达的内容理解,转移到关于法规对法律内容的贡献中来的",只要"从文本的意义转移到某些法律义务的存在就需要辩论",任何有关的论点,都不能单凭语言上的考虑而提出。立法者传达给法规对法律内容的贡献的批判性段落往往被该理论的支持者没有充分阐明该段落本身所掩盖。然而,格林伯格指出,要使这一段落成为可行的一段,必须有一些关键的前提。他在解释直截了当的论点(EDT)的标签下总结了这一点。

在获得法律规范的完整构成说明中:1)声明的权威性优先于法律规范的

获得;2)声明的权威性独立于声明的内容和后果;3)在作出权威声明和获得规范之间没有解释性中介。

以上三个要素共同阐明了 CT 对获得法律规范的解释。在此基础上,所传达的内容仅仅是通过权威就具有法律效力,权威话语决定了法律内容。根据格林伯格的说法,被称为语言内容论题(LCT),凭借权威的话语而获得的规范的内容必须与所作话语的含义相对应。

我们现在可以用更好的形式重新表述 CT 的中心主张:

(17)对于任何主管机关 a 和任何条款 x,如果一项法令-通过 EDT-一些法律规范 n1,n2,…,nn 通过 LCT 获得,n1,…,nn 的内容与 x 的某些命题(题词)是一致的。

针对(M)的一系列批评,是基于候选法律规范的多样性,任何言论都可能被认为是支持的。格林伯格本人提出了这一反对意见:由于许多话语表达了多个内容,(M)由于未能确定某一特定级别的内容具有独特的法律相关性,从而产生不确定性。在呼吁一个话语可能被用来使用的多个层次的内容时,它会产生不确定性。格林伯格的想法主要是(A)、(B)和(C)。

现在,CT 理论家的自然回答是选择一个特定级别的话语内容作为相关内容,从而消除这种不确定性。

在下文中,我们对这个答复策略提出了反对意见,为此,我们首先讨论了(M)的两个后果,然后从关于法律某些本质特征的前提出发,论证了它们的不可靠性。

分担异议的另一条途径。

让我们首先强调一下法律的一些核心方面。法律的一个中心特征是,有关其内容的事实部分,由某些社会实践决定。其中一种方式是立法者的颁布行为能够在较低层次的实体中发现,而更高层次的法律内容是通过这些行为而获得的。在现代法律体系中,相关的社会事实通常包括立法者的行为、言语和精神状态等方面的事实。其结果之一是,在任何看似合理的情况下,具有权

威的主体及其所发表的声明都将在解释法律规范的内容方面发挥一定作用,
这些规范是该制度的一部分,但即便如此,我们仍然需要帮助。关于这个问题
的答案:是什么决定了立法行为对法律内容的贡献? 在这一点上,CT 的回答
将是令人不满意的。考虑 CT 的以下两项承诺。

蕴含:如果 a 是法律体系中的权威 l(在 t 时),而 u 是其话语的类别,则关
于 l(At T)中关于法律内容的所有真理都由关于 a 和 u 中所包含的话语内容
的真理所包含。

不变性:如果 a 和 u 同时存在于 l 和 l1 中,则 l 和 l1 中的规律的内容是相
同的。

这两项原则的要点是,在解释权威性声明对法律内容的贡献时,它们假定
相关法律界的解释做法与其无关。这些做法并不重要,因为对法律事实的解
释将完全取决于它们以外的其他因素(因此包括在内)。改变一个系统的官
员成功解释的标准,不会对该系统的法律来源,或者对法律内容的影响产生任
何变化(因此是不变的)。此外,这也意味着我们可以不知道该系统的官员遵
循什么解释准则,就可以知道某一系统中有哪些义务。正是这使我们能够确
定(A)和(B)理论家给予规范表达统一的地位,而不考虑在我们假设的情况
下,法律代理人赋予它的作用。

现在,即使抛开这一结果,在许多法律从业人员看来,它仍是非常违背直
觉的事实,它的问题在于它与法律的社会依赖性之间的紧张关系。因为法律
的社会依赖性绝不是通过承认法律事实通过立法者的行为和精神状态获得的
事实而被耗尽的。解释性公约的重要性不亚于这些。最重要的是,正是这些
原则网络决定了法律来源(如权威言论)对法律内容的贡献。这就是为什么
解释社会实践和它所包含的解释性论点,既有认识论又有部分构成性的原因
和方式。我们可以通过想象一个分层结构来思考它们的双重性质。从表面上
看,它们是我们了解法律的关键,因为我们利用它们来确定或至少形成关于管
理特定案件的法律要求的假设。在更深层次上,参照某些解释规则和标准进

行的法律承认活动,决定了法律内容的方式。事实的产生是制度制定法律的行动和态度的结果。当然,法律解释者不会(也不能够)从宪法上决定他们所解释的词语和句子的含义,他们也不能确定立法者用这些句子来断言什么,但问题是不同的,根据习惯规则,或根据参照某些标准解释法律的做法,解释人员构成了一套真正的原则,绘制出权威的地图、相应的法律事实的话语及其语言和心理内容。

这一思路,得到了一位实证主义者对法律地进一步支持和证明。根据这一观点,在每一种可能的法律制度中都有一条传统的承认规则,其中规定了该制度规则的有效性标准。有效性标准为在某一特定时间加入与某一制度有关的法律有效规范类别提供了必要和充分的条件,因此,如果 n 满足 t 中官员所遵循的承认规则所规定的标准,对于每一个范数 n,n 都是系统 l 中的一个有效范数。由于承认规则的存在和性质,是官员做法的一个函数,官员们通常会根据时间和管辖权而有所不同。说它们是官员做法的一个函数,意味着它们依赖于官员的趋同行为模式,再加上官员本身采取的是一种对规则的批判性反思态度、一种被哈特称为"接受"的态度。根据哈特自己对有关现象的表述,"说某项规则是有效的,就是承认它通过了承认规则所提供的所有检验,因此也是该制度的一项规则。"此外,他还明确表示,在他看来,承认规则是"司法习惯规则的一种形式,只有在以下情况下才存在。它在法院的法律识别和法律适用中得到接受和实践"。把这些因素结合起来,很可能是承认规则填补了权威性言论行为的内容与法律内容之间的空白,而且,如果这是真的,那么包含和不变性都是有问题的。

四、复杂的 CT

我们在上一节中提出的论点表明,从立法者的有意义行为到凭借这些行为所具有的规范的内容没有直接的途径。例如,在一种制度中,法院根据规则从法律来源中选出有效的规范。同时,在 L1 中,作为一种固定的做法,官员们

383

可能只将法律效力归因于立法者明确主张的那些命题,或者是他们所说的单词和句子的字面意义。在这种情况下,我们认为,假定立法者是 L 和 L1 的立法者。在 L1 中,以相同的文本和相同的意图(假设两个系统中的法官都有完全的认知途径),认为属于 L 或 L1 的法官,错误地理解了法律所要求的东西。毫无疑问,它可能是一个偶然的事实,由相同的承认规则遵循的代理人在 L1 中获得的规范是有效的。这并不仅仅是因为两个政权的当局,进行了相同的交流行为,两种制度中的法律内容是相同的。要做到这一点,就需要进一步确定次要规则的身份,因为这些二级规则,以及法院遵循的规则,决定了在他们的系统内部是什么法律。

我们在反对 CT 时所呼吁的考虑,是完全普遍的,必须考虑到法律的基本特征,即法律的传统特征,其结构是初级规则和次要规则的结合以及法律内容与语言事实的本质联系方式,即通过次要承认规则提供的渠道。这两个要素对语言有一个限制,对话语和规范之间关系的描述,要求任何理论都是关于某一系统的,并且它要看那个社会的次要实践,如果它声称对该系统的关系是正确的,那么换句话说,这个约束一般要求该理论部分是狭隘的。

或许出于满足这一需求的需要,最近一种新的形式重新构建了他的解释理论的基础。用索姆斯自己的话来说,这里有两个关键的创新之处:第一,它的范围现在被视为仅限于美国的法律体系;第二,为了使这一理论描述正确,他提出了进一步的理由。

当法律解释,被理解为被授权的法律行为者对特定案件的事实适用法律时,人们期望这项任务受到法律规则的约束。这些规则决定了,负有法律责任的人的责任。正是这种深层次和普遍接受的准则,从根本上构成了任何法律体系的权威。

我们对理解这段话感到困难,是因为我们对责任一词的理解方式。如果意思是规定法官的职责和后果的规则,在民事责任方面,,就这一问题寻求法律规则的期望将是相当合理的,而且往往是令人满意的。但这类规范不太可能得到满足。事实上,他所说的法官的"法律责任"是完全不同的。

法院不是要立法,而是要将立法当局通过的法律适用于特定案件的事实。为了这样做,法院必须确定某一案件的立法者在通过相关法律文本时所主张或规定的是什么,并将这一内容适用于案件的事实,以得出法律结果。

第一句是司法相对人对立法至上原则的简明表述,即法官在解释法律材料时应作为立法机关忠实代理人的原则。第二句第一部分概括了索姆斯主张的解释理论——原创性,其解释对象是明确的内容。

首先,OJR 有几个问题,虽然肯定有可能有这样一种法律规则,在某些文件中得到肯定,并被那些受其约束的人视为具有约束力。这在一般情况下是不可能的,对 Theus 系统来说也是如此。特别是,虽然立法至上原则可能有书面表述,但原创性主义肯定不是——这正是法庭内外论证的对象。论证普遍采取程序性结构。① 在这方面,索姆斯的出路可能是承认,严格来说,原创性不是一项法律规则,而是法官最常用的解释方法。这将是一项社会规则。为了证明理论(B)的真实性,它将成为满足我们的本体论约束所需的进一步基础。但是 OJR 是否如此普遍地被接受? 这是一项经验性的主张,应参照现有的判例法进行检验,因为我们目前对此缺乏足够的知识,但我们认为仍有怀疑的余地。第一,由于解释方法论的问题,倾向于产生广泛的分歧,一些关键案例证明了这一点,其中一些案例是在不尊重原始规则的情况下作出决定的。第二,即使原始主义路线上的某些东西被证明是流行的方法,索姆斯辩护的具体版本也很难得到普遍认可。这是因为索米斯和整个语言哲学所使用的断言的概念是高度技术性的。因此,很难指望法学家在法官面前诉诸于它。

也许我们可以尝试一种不同的策略。人们可能会说,原创性是某一制度中正确的解释方法,是该制度中的立法至上原则的直接后果。这听起来像一条更有希望的道路,因为它似乎为处理分歧提供了一个强有力的工具。实际

---

① 杨宁芳,何向东:《图尔敏论证理论探析》,《哲学研究》,2014 年第 10 期。

上,几乎没有人会否认,在我们的制度中,制约立法者和司法机构之间分工的分权规则需要某种立法优势。

这条推理是有趣的,虽然可能太快了。首先,(A)、(B)和(C)都涉及对原始来源的某种尊重,在这方面,规则本身似乎并不是特别倾向于其中任何一个,这可能引起与先前讨论过的不确定问题类似的担忧。其次,至上原则不仅是我们制度核心的唯一普遍原则,即公平、平等和法治,再加上属于特定法律领域的公平、平等和法治也很重要。因此,即使OJR得到立法至上原则的支持,它也可能被基于其他原则的相互竞争的解释方法所超越。

最后,至高无上原则本身是可以解释的。这里的问题与哈特在法律概念第七章的最后一节描述的情况有些相似:承认规则的不确定性。人们可以想象一个制度,法院把"只要议会颁布的就是法律"作为确定有效规则的最终标准,仍然需要解决这样的问题:"议会的立法使哪些建议成为现实?"正如哈特所指出的那样,所要给出的答案和确定的程度通常会因问题的时间和地点而异。同样,对指导解释过程的原则,包括立法至上原则的解释本身也可能会受到这种变化的影响。当然,在我们的系统中,法院如何才能真正解释已颁布的文本是有限度的。因为,正确的解释必须基于文本本身的某些特征—文本背后的交际意图或其词汇和短语的内容。然而,由于承认规则本身可以是开放的,所以在它的边缘,这个问题可能没有一个确定的答案。

小　　结

本节的目的是对法律交流理论进行较为详细的探讨,以充实其理论主张和含义,在此过程中,我们运用建构表示法的规范及其在法律解释中所赋予的作用来揭示法律理论本身和解释论证在法律解释中的作用。

我们认为,我们得出的结论与罗森在以下段落中表达的观点是一致的:本节我们试图认真对待这一观点,并表明一个强大版本的法律交流理论实际上是不相容的。如果我们的主张是正确的,语言哲学将对法律理论家和解释者极为有用,为他们提供一个健全和语言上适当的框架,以检测不同层次的话语内容和法律内容之间存在何种候选关系。然而,法律理论仍然需要具体说明某一特定系统(特定时间)的关系是真实的,以及什么是真实的且由谁来负责维持这种关系的事实。

第八章 语用论辩的型式及应用

第一节 语用论辩的型式化——
演绎主义的进路

引 言

演绎主义可以粗略地描述为这样一种观点:所有的论证都应该被理解为演绎论证的尝试。在当下的讨论中,关于演绎主义的论证起源于戈维耶(Govier)拒绝他与兰伯特(Lambert)和乌尔里希(Ulrich),诺希克(Nosich)和托马斯(Thomas)的演绎主义。根据他的描述,任何信奉演绎主义的理论家都陷入了站不住脚的两难境地:要么没有解释许多普通的非演绎的论证,要么通过添加内隐的前提来人为地重建这些论证,这些前提任意地把它们变成演绎的论证。在对戈维耶的回答中,格罗克(Groarke)和格里特森(Gerritsen)认为演绎主义是站得住脚的,他们将演绎主义中未表达的前提加入普通的论证中,为论证的重构提供了一个可信的基础。

在本节中,我们将为演绎主义辩护。由于它经常被误解,我们首先讨论围绕演绎有效性概念的普遍误解。除其他事项外,我们强调演绎有效性,超越了演绎形式系统所特有的(形式)有效性的相对狭窄的概念。我们认为演绎主义是一种似是而非的自然语言论证理论,具有明显的理论优势。

在赞成演绎主义的辩论中,我们强调需要在对论点做更一般性说明的范围内理解这一点。从这个角度来看,演绎主义并不是一个全面的论证理论,前提/结论关系的观点,需要嵌入更广泛的关于批判性讨论的性质和目的的理论中。由于许多原因,我们将继续阐述,一个实用—辩证的观点非常适合这个目的。最重要的是,它已经包含了一个关于论点重建的演绎主义解释。它可以有效地扩展、明确地回答由"归纳"论点的常见解释,所构成的对演绎主义的挑战。

从实用辩证法(或任何其他一般辩证法)的观点来看,我们可以把这篇论文提出的问题作为这样一个理论:是否应该包含演绎主义或"归纳主义"的问题。我所说的演绎主义,是指自然语言论证应该被理解为试图表述演绎论证的观点。所谓"归纳主义",是指一种更普遍的观点,即论证理论应该区分演绎的和非演绎的"归纳"论点(要留下的问题是,在其他地方是否存在既非演绎也非归纳的论点).我们反对归纳主义(和归纳/演绎的区别)的标准推定。我们认为演绎主义的方法可以解释归纳论点,而且它能够以一种具有显著理论优势的方式做到这一点。

一、一些标准的错误

因为推理主义是根据演绎有效性来定义的,所以我们需要从它开始。首先,我们可以有用地区分推理有效性和"形式有效性",后者包括演绎有效性。因为它在常见的正式系统中形式化命题和谓词演算。这些系统代表了对演绎有效性进行严格考虑的重要尝试,但它们本身定义的有效是错误的。简言之,如果(并且仅当)前提是不可能的,并且结论是错误的,则论证仍是演绎有效的。在许多情况下,即使没有形式逻辑系统可以证明这一点,这个条件也能得到满足。正如伍兹(Woods)所指出的那样,可能无法为自然语言论证制定正式的有效性理论,因为当一个人试图"翻译"普通语言的论点("活着的论点")时,就会产生巨大的困难。① 伍兹得出结论认为,我们必须将我们对有效性的兴趣,限制在形式上的有效性,但人们可以很容易地得出结论,我们应该开发一种有效性的自然语言说明,而不是与正式系统紧密相关的说明。重要的是,我们不能将演绎有效性与形式有效性混为一谈。在目前的背景下,需要强调的是更广泛的有效性概念,是推理主义的核心。

那么,对于这种宽泛的有效性概念,我们应该说些什么呢?

在"归纳"论证中,它与前提/结论关系之间差异的标准是什么?阅读大多数教科书可以很容易地得出结论,演绎和归纳论证之间的区别,在于与不确定结论的论证之间的区别。考虑关于归纳/演绎区别的描述,例如,以下四个逻辑/批判性思维文本。

1. 在街头,人们并不那么小心[当他们区分演绎和归纳推理时]………查尔斯·达尔文他的演绎是,他推断海洋中的圆形环礁实际上是在刚刚淹没的火山顶部,但确切地说,他进行了归纳,而不是演绎。②

2.【与演绎结论相反】归纳结论总是只有可能,充满了不确定。

3. 归纳论点的结论【与演绎论点的结论相反】必须超越前提所包含的信息。因此,我们的结论永远无法确定。③

4. 演绎推理得出了我们已经拥有的知识的含义,而归纳推理使我们的知识超越了前提所包含的信息。④

根据这些说法,一个论证是归纳的还是演绎的问题,意味着它的结论(假设前提为真)是肯定的还是仅仅是可能的。

我们需要注意,只有在它的前提必然包含它的结论的意义上,才有必要提出一个否定的论点。这意味着,如果这些前提是真的,那么结论就不可能是假

① Woods J,'Fearful Symmetry',in Hansen and Pinto,eds,1995,p.76.
② Dowden B.H,Logical Reasoning,Wadsworth Publishing,Belmont,1993,p.201.
③ Engel S.M,With Good Reason:An Introduction to Informal Fallacies,New York:St.Martin's Press,1994,p.87.
④ Kelley D,The Art of Reasoning,W.W.Norton,New York,1988,p.125.

的。我们所指出的说法,将这种必然概念与这样一种概念相混淆,即如果前提是真的,则演绎论证的结论必然是正确的。

如果我们让 P 代表一个论证的前提,而 C 代表它的结论,如果我们用 box (#)来表示必要性,旋转门(C)来表示蕴含,从#(pcc)的意义上说,演绎推理是必要的。我们注意到的演绎推论的叙述,使这一原则与 P C#C 这一原则相混淆,即 P 演化论证的前提,需要得出必要结论的原则。这是一个简单的逻辑错误。

特别是在自然语言辩论主题不确定问题的背景下,重要的是要记住#(PCC)仅暗示#PC#C。更一般地说,它意味着演绎论证的结论必须和它的前提一样。因此,演绎论证应该被描述为"确定性保留"而不是"确定性确定"。在自然语言论证中,这意味着一个好的演绎论证的结论,往往是可能的或似是而非的。因为这种论点的前提很少是确定的。

用下面两个例子来说明,一般语言演绎论证所具有的不确定性,可能是有用的。示例 1. 加拿大的 2700 万人口将在未来 10 年内增加 1000 万,因此将达到 3700 万。示例 2. 将全球化视为机遇而不是威胁的欧洲国家将会繁荣昌盛。荷兰认为全球化是一个机遇而非威胁,因此它将繁荣昌盛。

很明显,断言这两种论点的前提的人,不需要致力于声称它们是确定的。作为一种言语行为,这种断言只承认某种陈述可能或似乎是真实的。在例子 1 和例子 2 中,一个理性的人,会认识到对未来发生的事情的预测,本质上是不确定的,但仍然可能是合理和有用的。由此可见,所提出的演绎推论,仅仅使发言者认为拟议的结论与提议的前提一样,可能或似乎是合理的。

我们可以很容易地用大量的例子来说明同样的观点。值得注意的是,在亚里士多德的《尼各马可伦理学》中,人们发现了许多很好的例子。这些例子承认任何对美德和道德的描述,都必然是不准确的开始。正如亚里士多德所说的那样,在推理这些事情的过程中,我们必须满足于"粗略地表明真相"和

"大部分都是真实的"的前提。在这个过程中建立"不是更好的结论"。① 演绎论证仍然是尼可马赫道德规范中的常态,但其演绎有效的推论,建立了根本不确定的结论。因为这是其前提的固有性质。一个很好的例子是,荣誉"似乎太肤浅,不是我们所追求的东西"。因为它被认为是依靠那些给予荣誉的人,而不是那些接受荣誉的人,而善,相反地,是一种适合于一个人的东西,不容易从他那里夺去。

认为演绎论证具有一定结论的误解,似乎根源于当代演绎有效性与用来证明逻辑和数学定理的演绎系统的联系。例如,当戈维尔(Govier)声称推理主义不可信时,他坚持认为所有好的论据都像数学证明一样紧密和坚定。所有男人都是凡人,皮埃尔·特鲁多是个男人,因此皮埃尔·特鲁多是凡人。该前提真实并为结论提供令人信服的、结论性的支持。如果这是真的,那么我们将得出演绎主义是非常有限的结论。因为"在法律、伦理、行政管理、实证科学、文学批评和日常生活中的论证,看起来不像是无懈可击的数学证明"。②

戈维尔的观点混淆了演绎有效性和形式有效性的狭义概念,这反映在形式逻辑和数学上(尽管她自己有时会区分它们)。在自然语言论证的背景下,推理主义很少暗示,普通论证和结论与数学论证一样确定。因为普通论证的前提,很少以数学论证前提的方式确定。由于这些前提可能是确定的,不确定的,合理的,难以置信的,可疑的或不容置疑的,因此必须对它们所推论的结论,提供同样的支持。

另一个与演绎主义相关的误解是,演绎主义认为论证是有价值的,就像数学或逻辑证明是非常有价值的。推理主义认为,只有当我们在评估论证性话语,对应该使用的唯一标准,是决定论证有效还是无效的产生疑问时,这种说

① 亚里士多德,廖申白译:《尼各马可伦理学》,北京商务印书馆 2003 年版。
② Govier T, Problems in Argument Analysis and Evaluation, Foris Publications, Dordrecht-Holland/Providence RI, 1987, p. 158.

法才是真实的。但是,推理主义认识到,前提/结论关系的领域,只是良好论证的一个要素。它是一个成分,需要放在一个更全面的论述中,包括观点的不同,立场的不同,内隐和间接论点的不同等。一个简单的事实,一个有效的论点必须有似是而非或可能的前提,才能算作一个好的论点。这表明演绎主义使论点的价值,成为一个比有效性判断更复杂的问题。我所概述的推理主义,也认识到良好的论证必须遵守批判性讨论的规则,因此它适用于各种其他方式。其中良好论证的标准,超越了有效性问题。因此,推理主义承认,从价值的角度考虑,论证和结论可以有一系列的价值观,判断论证的意义不仅仅是判断有效性和无效性。

二、论点重建

关于推理主义的常见误解至少表明,它不能像大多数论证理论家所假设的那样被轻易驳回。在论证它作为自然语言论证理论,提供进一步观点时,区分论证分析的两个方面是有用的。它与任何其他论证的论述一样,必须解决这两个方面的问题,第一个是论证重构,第二个是论证评估。前者识别论点及其组成部分,并为论证评估做好准备。

在许多情况下,自然语言论证显然是演绎的,识别其前提和结论是一件简单的事情。在论证不是透明演绎的情况下,推理主义者通过识别未经表达的前提来尝试进行推理性推理。最初,这听起来可能是随意的,但它在处理明显的韵律方面与日常实践保持一致,如下所示。

例3:琼斯是一位政治家,所以他不值得信任。

面对这样的论证,我们可以毫不费力地认识到它包含了未经表达的前提,"没有政治家可以信任"。

在语用辩证法的背景下,这种未表达前提的增加,在其"间接"言语行为的叙述中被认可。正如爱默伦和荷罗顿道斯特所说,从字面上看,在一个前提未被表达的论证中,有关的论证是无效的。然而,如果将其分析为传达间接言语行为,则可以将缺失的前提添加到论证中,以便有效地解决"无效"①。

在分配未表达的前提时,我们可以区分不同的可能性。"逻辑最小值"是确保有效推理所必需的最小前提。在某些情况下,它是最合理的未表达的前提,但在许多情况下,背景或普通实践明确表明,论证者致力于更强烈的主张。在实用主义辩证术语中,是"实用的最优"。在上面的例子3中,逻辑上的最小值是"如果琼斯是一个政治家,那么他就不能被信任"的主张。一种不等于"没有政治家可以信任"的主张声明(第一个但不是例如,如果琼斯一直否认他是一名政治家,那么第二个是真的,如果他是这样的话。)这就是他不能被信任的唯一原因。如果没有一些明确的迹象表明,这种特殊的假设是所提出的结论的基础,那么可以合理地假设,它是推动推理的一种概括。因此,它可以被指定为实用的最佳选择。

我们可以看到,总是有可能通过注意任何论证者致力于"如果我的论证的前提是真的,那么结论是正确的"这一陈述来演绎地重构一个不透明演绎的论证。这直接来自言论行为,"论证"和"断言"的含义。对于一个辩论者来说,他在一些前提的基础上,论证一些结论,认为C既是真实的又是她提出的前提证明了这一信念的合理性。② 从这个意义上说,他们的论证宣称他们这些前提意味着结论,如果前提是真的,则结论是正确的。

在很大程度上,这种演绎主义论证重构的论述,只是对实用辩证法的一个方面进行了概括和辩护。这并不意味着它不是新的消息,因为语用辩证法的这一方面在很大程度上被其他理论家所忽视,并且从根本上与大多数以英语为母语的关于自然语言论据的讨论相左。为了说明这一点,我想证明演绎主

① Van Eemeren,F.H and R.Grootendorst:'The Pragma-dialectical Approach to Fallacies',in Hansen and Pinto,eds,1996,p.87.

② Van Eemeren,F.H.and R.Grootendorst:'The Pragma-dialectical Approach to Fallacies',in Hansen and Pinto,eds,1996,p.106.

义的论点,它所暗示的重新解释,可以解释那些通常被视为不可约归纳的论点。我将通过康威和曼森最近用于介绍非演绎论证概念的一系列例子做到这一点。空间限制 不允许我讨论他们的所有例子,但是对以下六个演绎主义分析,可以很容易地扩展到我不讨论的例子。

例4. 百分之九十六的美国成年人,每周看电视的时间超过十个小时。戴维斯是一名美国成年人。因此,戴维斯每周看电视超过十个小时。

例5. 百分之五十五的美国成年人观看有线电视。法瑞尔是一名美国成年人,因此法瑞尔看有线电视。

例6. 迄今为止人类遇到的每一只狼獾都是不友好和有侵略性的。因此,所有的狼獾都是不友好和有侵略性的。

例7. 劳伦斯因其去年两部电影中的表演而受到广泛赞誉。这两部电影都有巨大的票房收入。劳伦斯从未因工作而获得过重大奖项。劳伦斯将赢得今年的"好莱坞年度女性奖"。

例8. "号叫"是肤浅和过时的。"再来"具有深远的社会意义。因此,"再来"是一首比"号叫"更精彩的诗。

例9. 国会议员史密斯将是一位优秀的参议员,因为他出生在独立日。

对未表达的前提的解释并不是一门精确的科学,特别是当论证的背景(如例子4—9中)不清楚时,我们可以通过为他们分配我所放置的未表达的假设来合理地重建康威(Conway)和曼森(Munson)的论点。

例4. 百分之九十六的成年美国人每周看电视的时间超过十个小时。戴维斯是一名成年美国人。戴维斯属于百分之九十六。因此,戴维斯每周看电视超过十个小时。

例5. 百分之五十五的成年美国人看有线电视。法瑞尔是一名成年美国人。法瑞尔是百分之五十五其中的一个。因此法瑞尔看有线电视。

例6. 迄今为止人类遇到的每一只狼獾都是不友好和有侵略性的。所有狼獾都像人类迄今遇到的狼獾一样。因此,所有的狼獾都是不友好和有侵略性的。

例7.劳伦斯因其去年两部电影中的表演而受到广泛赞誉。这两部电影都有巨大的票房收入。劳伦斯从未因工作而获得过重大奖项。如果可以说这是一个女演员,那么她就会赢得这个年度"好莱坞年度女性奖"。劳伦斯将赢得今年的"好莱坞年度女性奖"。

例8."号叫"是肤浅和过时的。"再来"具有深远的社会意义。一首具有深刻社会意义的诗歌,比一种肤浅而过时的诗歌更精美。因此,"再来"是一首比"号叫"更精彩的诗。

例9.国会议员史密斯将是一位优秀的参议员,因为他出生在独立日,独立日出生的人将是一位出色的参议员。

如此理解,所有这些论点都是演绎有效的,因为在每种情况下(表达的和未表达的)前提都是不可能的,结论是错误的。

我们可以把例8的重建与康威(Conway)和曼森(Munson)的描述进行对比,因为他们是归纳的。一首肤浅的诗,可能(尽管不太可能)具有科技价值,使它优于具有深刻社会意义的诗。问题是,这是武断地将未阐明的保留意见解读为提出者可能不相信的论点(如,如果他们坚持认为社会意义是一首诗最重要的方面)。因此,对这一保留做出承诺的人,有义务明确表达这一保留。通过重申结论,可以很容易地实现这一结论。因为"再来"可能是一首比"号叫"更精细的诗,但这对于推理主义而言,没有任何困难。这种情况会将未经证实的前提视为声明。我们对康威和曼森的例子的重建,展示了演绎主义重建如何处理许多被认为是不可约归纳的论点。因为它的原则可以应用于所有非演绎论证的例子,所以它提出了为什么我们应该引入一种新的论证来解释它们的问题。这是我们将要回归的一点,但首先,我们必须考虑推理主义对论证评估的意义。

第二节　作为语用论辩策略的论辩风格研究

引　言

　　论辩者为自己的立场进行辩护的方式,常常会导致旁观者和分析者对于论证式言说的"风格"发表评论。从论辩者的论辩行为的特征、显著性质的描述到对其恰当性的判断,各种评论不一而足。尽管风格的概念也适用于视觉资料和其他非语言交流方式,但关于论辩风格的评论往往集中在口头和书面语篇中。通常,文献中的特征和其他结论都是来自特定的语言背景。在"文体学"中,作为二十世纪进行修辞学研究的演说家的继承者,这无疑是占据主导地位的观点。威尔士在她的《文体学词典》中指出"文体特征是语言的基本特征"①和法内施托克在她的著名研究《修辞风格》中重点关注"语言的特征可能增强其对观众的影响力"。②

　　所有人都认为"风格"是一个难以界定的概念。正如威尔士在她的词典中所说的那样,"虽然风格在文学批评中使用非常普遍,特别是在文体学,但是仍旧很难定义"。"最简单的",她认为,"风格指的是在写作或说话时的表达方式,就像是一种做事的方式,如打壁球或绘画"③。克莱斯和赫尔森在他们的修辞词典中,观察到过去的风格被视为文学修饰,后来作为一种偏离常规的语言使用④。现在作为语言变体(language variants)之间的选择。文学作品中涉及的文体变化的因素,包括用于表达自己的媒介、场合的正式程度,所使

---

　　① Wales K, A dictionary of stylistics, 1st ed 1989. London: Longman, 1991, p. 436.

　　② Fahnestock, J, Rhetorical style. The uses of language in persuasion. New York etc.: Oxford University Press, 2001, p. 231.

　　③ Wales K, A dictionary of stylistics, 1st ed 1989. London: Longman, 1991, p. 435.

　　④ Claes P and E Hulsens: Groot retorisch woordenboek. Lexicon van stijlfiguren, Grand rhetorical dictionary. Lexicon of figures of style] Nijmegen: van Tilt, 2015, p. 129.

用的规范和商谈发生的语境(或"语域"的情况)。有时对风格的讨论集中在特定演讲事件中所使用的风格(如特朗普在 2017 年 1 月 20 日的就职演说),有时是某个演讲者或作家(如肯尼迪或纳博科夫)的个人风格,有时是某种类型的交际活动(如情书)或特定时期(如十九世纪的社论)——通常与其他交流活动类型或时期相比较。

这些一般性的观点可能同样适用于我所关注的"论证风格"的概念,但是仍然需要从不同的视角来处理论辩风格的问题。当然,论证式言说的表现方面应该被赋予应有的地位。在我看来,我们应该对论辩风格进行分析,因为它在试图通过论证式言说,说服特定的听众或读者相信所争论的问题是可以接受的,从而在解决意见分歧方面发挥着作用。这意味着我对风格的讨论,主要集中在它的论辩功能上。与总体论证思路的主旨相一致,我的讨论将同时具备语言意义上的语用性以及哲学意义上的论辩性。在处理论证风格时,我将运用由论辩引申出的语用论辩理论(范艾默伦 2018)①所提供的理论见解。特别是在关于策略操控、论辩话步的使用、论辩路线的选择以及策略思考的实施决定方面。

从论证风格是一个复杂的概念这一观点出发,它有助于有效地说服听众接受某一观点。本文的目的,是从一个有效的定义中捕捉论辩风格的概念,将论证风格与论证式言说的属性联系起来,并在论证式言说中表现出来。为了得到这个定义,我将在第二节中讨论在描述这些属性时,需要从理论角度考虑的概念、所使用的论辩话步、所选择的论辩路径、所实施的策略思考。在这种背景下,我将在第三节中,把论证风格的概念,放在语用论辩学的框架中,从而提供一个定义。这个定义涵盖了从理论视角来看相关论辩风格的所有维度,并将论辩风格与刚才所提到的论证式言说的属性联系在一起。在第四节中文章的结尾处,我将简要思考在论证理论中充实论证风格概念需要采取的步骤。

---

① van Eemeren, F. H: Argumentation theory-A pragma-dialectical perspective. Argumentation library 33. Cham: Springer, 2018, p. 42.

一、论证风格在论证式言说中的表现

（一）论证的动作

与确定其论证风格相关的论证性话语的第一个属性包括在话语中提出的论证性动作。在语用辩证法中，各种各样的论证动作，对于解决是非曲直的意见分歧时都是有用的。论证动作，可以用批判性讨论的模式来表示。[①] 在这个理论模型中，对于言语行为表示的批判性讨论的每个阶段，论证性动作的类型可以对解决过程做出贡献。[②] 由于它们在解决过程中，具有潜在的建设性作用，这些议论性的举动，在话语中被认为是"分析相关"，在"辩证的概况"中详细描述了持不同意见的每一当事方，有哪些选择进行这种辩论。

在论证话语中，话语的每一点都进行了特定的论证动作。在所有这些案例中，论证动作都涉及论述者对论证话语方式的某些选择。这一原则，适用于在现实生活中，任何一个与批判性讨论的四个阶段相对应话语中的每一个论证步骤：对抗阶段、开始阶段、论证阶段和结束阶段。

在语用辩证法中，基于对话语的系统重建，在"分析概述"中，提供了一种在论证语篇中，进行分析相关的论证动作的调查[③]。分析概述，给出了描述话语中与适当评价相关的所有的论证动作。

在论证语篇中，一个复杂的、对于解决意见分歧至关重要的论证步骤就是使用论证来支持论证中的观点，通过各种类型的论证提高立场的可接受性。每个论证的特点采用特定的论证型式。在语用辩证法中所区分的"症状式"、

① van Eemeren, F.H and R.Grootendorst: A systematic theory of argumentation, The pragma-dialectical approach, Cambridge: Cambridge University Press, 2004, p. 121.

② van Eemeren, F.H: Argumentation theory. A pragma-dialectical perspective. Argumentation library 33, Cham: Springer, 2018, pp. 22–50.

③ Van Eemeren, F.H and R.Grootendorst, Argumentation, communication, and fallacies. A pragmadialectical perspective. Hillsdale, NJ: Lawrence Erlbaum, 1992, pp. 93–94.

"比较式"和"因果式"的论证型式。在论述者的人类经验中，有一个语用基础，即论述者将接受从构成论证的论点转变为被辩护的论点时，所诉诸的正当性原则合法化。在"症状式"论证中，论证型式用于建立有关论证与支持观点之间的伴随关系，在比较论证中建立可比性关系，并在因果论证中建立因果关系。① 区别的辩证理论基础在于不同的种类，采用各种论证型式时，要处理关键问题所引发的相互作用的后续行动。区分三种主要论证类型的基本原理是语用辩证法，也包括语用学和辩证法。

特定类型论证的第一个相关批判，包括"基本"关键问题，即论证型式所采用的关系是否确实存在。因为诉讼原则，根据所采用的论证型式而有所不同，所以每种论证的基本关键问题都会有所不同。与专题论证相关的基本关键问题是，在观点中陈述的内容是否确实是论证中提到的内容的标志或标记。与比较论证相关的基本关键问题是，在观点中陈述的内容是否确实与论证中提到的内容相关；与因果论证相关的基本关键问题是，论证中提到的内容是否确实导致了观点所陈述的内容。其他相关的关键问题，可能涉及具体所使用的特定论证子类型的理由，对前提的某些特性进行预设。

在论证中提出的论点和论证的立场之间建立关系时，为了促进接受的转移，论述者根据佩雷尔曼和奥尔布莱希茨—泰特卡的观点采用"联想"的论证技巧。他们区分的另一种可以用来进行论证动作的论证技巧是"分离"。分离性包括区分论述者认为缺乏的某个词或表达（"词"）的用法和他或她认为恰当的用法，并用表示后者的概念取代该词的批评意义。在语用辩证法中，涉及解离使用的相关论证动作是，通过（语言）使用声明来实现的。其目的是通过提供定义、缩写等来澄清生词的意义②。正如李斯所强调的那样，为了解决

---

① Van Eemeren, F.H and R.Grootendorst: Argumentation, communication, and fallacies. A prag-madialectical perspective.Hillsdale, NJ: Lawrence Erlbaum, 1992, pp. 94-102.

② Van Eemeren, F.H, Argumentation theory, A pragma-dialectical perspective, Argumentation library 33, Cham: Springer, 2018, p. 23.

矛盾或不相容性,通常会进行分离。

在解构主义中,现有的使用问题是,通过拆分使用某个词或表达式所传达的问题概念来解决的,并在新概念的基础上再引入一个新概念。这样的分离,可能会给新概念、旧概念甚至两者都带来新的名称,但这既不必要也不典型。在"最纯粹"的分离案例和解离案例中,原来的术语没有任何意义(如"那个"不是"民主"的意义,"民主"就是"这个")。① 分离可能意味着,与其相比原始含义,术语的含义减少了,因为给出了规范或预先规定,以便在该术语的新用法中仅保留原始含义的一部分,②但是赋予术语的新含义,也可以比被批评者的批评,更广泛或更丰富。因此,在其新用途中,该术语是指更精细或其他不同的概念。我们可以将以下四种不同类型的分离进行区分③:①一个术语所谓的"扭曲"含义被其"真实"含义所取代;②赋予某一术语的"模棱两可"含义被其所称的"单义"所取代;③一个术语所谓的"扩大"含义被其"确切"含义所取代;④术语的所谓"缩小"含义被其"确切"含义所取代。

论证风格体现在论证话语批判性讨论的四个阶段的经验性对应物中。表现在介绍论证的观点和界定意见分歧、确立话语的物质和程序起点的论证动作中,提出构成论证的论点以支持论证的观点,并提出论证过程的结果。在确定话语的论证风格时,以及考虑话语中分析相关的议论性动作的表现时,必须考虑议论性动作的联想和分离用法。有关论证性话语的分析性概述,是这一努力中最合适的出发点,因为它提供了在话语中被充分利用的各种论证性动作的实施情况的调查。

---

① 在所有分离的情况下,这个术语的含义在原则上保持不变(即使它可能并不总是非常清楚这个意思到底是什么)。如果这样做有助于避免混淆,各方也可能决定在这种区别被接受后放弃该词的旧用法("我们不要再称它为民主的,因为这是我们想要的民主一词的含义")。

② 有时可以通过在原词后面添加限定表达来表示(如她是一名速度滑冰者,而不仅仅是一名滑冰者)。

③ Wu,P. Confrontational strategic maneuvering by dissociation. Argumentation 33(1):2019, p. 21.

(二) 选择的辩证路线

在论证话语中,根据所涉及的论证型式,使用各种类型的论证,开辟了不同类型的"辩证路径"。通过指定与已激活的论证型式相关的关键问题,可以在辩证的概况中,使用特定(子)类型论证的辩证路径。这种辩证的概况,描述了在捍卫争议的立场时,选择特定(子)类型的论证,所引发的解决意见分歧过程的潜在方式。在话语中选择辩证路径,是论证性话语的第二个属性,紧接着是所提出的论证性动作,这与确定话语中使用的论证风格有关。

在论证话语中,选择一种(子)类型的论证,而不是其他类型的论证时,可用的辩证路径将不同于在其他情况下,成为可能选择的辩证路径。主要论证的论证型式,在立场辩护的第一个层次提出,将主要取决于所讨论的立场的类型。辩证法路线,在辩护的下一层次中被选择,并取决于论证中用于捍卫立场的论证型式相关的关键问题。伴随着可以选择的各种类型的论证一起出现的不同的关键问题集,将促使论证者做出不同类型的议论性动作,来预测或回应不同类型的批评反应。在论证话语的选择中,选择一种辩证的路径。总是在这种方式中,形成一种在话语中表现出来的特定的"论证模式"。因此,表征话语的论证模式,提供了在辩论性话语中选择的辩证路径的描述。

论证模式由一组特定的论证性动作组成。在处理一种特殊的观点分歧,以捍卫一种特殊的观点时,一种特殊的论证结构使用了一种特殊的论证型式或多种论证型式的组合。① 在不同类型的话语实践中出现的各种论证模式,可以借助于分析语用辩证法中发展的论证话语的理论工具来确定,包括立场的类型学(描述性/评价性/规定性),意见分歧的类型(单一/多重;非混合/混合),论证型式的类型学(症状/比较/因果关系)和论证结构的类型学(单一/多重/协调/辅助)。在这些类型中区分的类别和子类别,可以很好地用于

---

① Van Eemeren,F.H,Argumentation theory.A pragma-dialectical perspective.Argumentation library 33. Cham:Springer,2018,p. 189.

描述论证模式,如何在特定的言语事件中以特定的论证动作表现出来。①

　　由于论证型式中的每一种,都提出了自己的一系列批评性问题,因此症状论证、比较论证和因果论证的使用与解决,意见分歧可以采取的不同辩证路径相关联。其中一种论证型式的论证,所引发的辩证路线之间的差异,首先取决于与所涉论证类型相关的基本关键问题。在使用不同类型论证的特定子类型的情况下,其他差异是由于需要回答与相关子类型相关的补充基本问题的附加问题。在不同的情况下有关前提或重要前提的批判性问题,还会产生进一步的分歧。对这些批判性问题的回应在话语中系统地表现出来,特别是在各种论证模式中。

　　因为它部分取决于论证发生的宏观背景,究竟哪些关键问题是相关的,哪些是需要回应的,在某个领域建立的各种交流活动类型的具体惯例在某种程度上决定了哪些关键问题将在话语中处理。因为在交际活动类型中,某些关键问题的答案在某些情况下已经从一开始就已经达成一致,因此处理这些问题是多余的。② 例如,这适用于一场政治辩论,在这场辩论中提出了实用主义的论点以结束失业问题。因此,对于解决失业问题是否确实可取这一关键问题的(积极)回答,已被假定为交换的出发点。换句话说,在检查使用某种(子)类型论证的可接受性时,需要处理的关键问题不仅需要指定、补充或以其他方式修改,以使它们适用于特定的(群集)交际活动类型,而且它们也需要根据交流活动类型(群集)的特定制度前提条件实施。

　　当论证话语中产生的论证模式,来自使用战略模式,这些模式在实现某种交际活动类型的制度方面,具有突出的实用性。这种战略机动模式直接反映了制约战略机动制度前提条件的影响,在这种(集群)交际活动类型中,这些

---

　　① Van Eemeren, F.H, Argumentation theory. A pragma-dialectical perspective. Argumentation library 33. Cham: Springer, 2018, p. 199.

　　② 在一些论证实践中,不仅要在开题阶段的决定(或默默同意)哪些论证方案可以被利用,还需要回答哪些关键问题,以测试所使用的论证方案是否被正确应用。

论证模式可以被认为是"典型的"。它们是典型代表的事实,意味着这些论证模式是在特定的交际活动类型,或交际活动类型集群中进行的论证话语的特征。由于战略机动中要实现的制度点以及要考虑的制度惯例和前提条件都与各种制度化的宏观语境有关,因此在各种交际活动类型中形成的典型的论证模式或多或少会因不同的交际活动类型而有所不同。

虽然可以预期,作为交际活动类型原型的论证模式,将经常发生在言论事件中。这些事件是有关论证实践的标本,但它们不需要经常发生,更不用说总是存在。某些原型论证模式,可能会在某些论证性实践中频繁发生,而其他原型论证模式则可能不会。只有当它的出现频率相对较高时,原型论证模式才能被视为"陈规定型"。它是陈规定型的这一事实意味着它是一种典型的论证模式,它比其他一些论证模式更频繁地出现在同一(集群)交际活动类型中,或者它在这个(集群)中的出现频率交际活动类型高于其他交互活动类型的(群集)——或两者兼而有之。

在论证话语中,除了基本的论辩模式外,在第一层次上对论辩的观点进行辩护时,扩展的论辩模式也会在下一层次上进行辩护时提出批评性的问题,为支持主要论点做出回应。原则上,话语的基本论证模式代表了辩护的主要防线,但这条主线有时可以通过扩展的辩论模式中包含的次要论证来加强。在这种情况下,话语的论证风格可以在话语的基本论证模式和扩展的论证模式(某些部分)中表现出来。在研究话语使用的论证风格,在话语中表现的方式时,不仅必须考虑表明主要防线的基本论证模式,有时也要考虑扩展的论证模式。

(三) 战略考虑的实施

从假设开始,原则上,倡导者可能被期望在论证话语发生的宏观背景下,为他们的观点提供最强有力的论据。我现在将关注论证话语进行的战略合理性。充分利用论证话语,意味着在每一个论证动作中,他们都可以假定论者的存在,以确保这一动作不仅被认为是合理的,而且能够有效地获得他们想要争取的听众接受。由于同时追求这两个目标时不可避免地存在紧张关系,论证者在进行论证行动时,必须始终采取战略性策略来保持平衡。

论证者的战略机动,将体现在三个不同但相互关联的每一个论证性举动中。① 首先,战略机动涉及从可获得的"话题潜力"中进行特定选择,这些"话题潜力"是指在话语的某个特定点上可以采取的辩论性行动。例如,话题潜力的选择,可以导致选择特定起始点或特定(子)类型的论证。其次,战略机动涉及对"观众需求"的具体适应,论述者想要达到的听众或读者的参照系和偏好。例如,对观众需求的适应可以归结为使用特定的起点或(子)类型的论证,而这些论证可能是预期的受众所接受的。最后,战略机动涉及利用特定的"表现装置",即选择一种表达自己的特定方式来进行有关的议论性举动。例如,对表现装置的利用,可以正式的方式,明确地制定一个关键的起点,或恰恰相反——使论证的结论隐含。在论证现实中,战略机动的三个分析是相互依存的,并且在每个议论性行动中同时出现。

辩论者在论证话语中,所提出的论证性举动,旨在实现他们辩证和修辞目的,以便为自己的利益解决意见分歧。因此,可以预期论证者在话语中进行的各种战略机动,应尽可能以实现这一目标最有利的方式进行协调。这种战略机动的协调既可以在个人演习的三个方面的层次上进行,也可以在话语中各种演习的连续性的层次上进行。如果协调是以这样一种方式实现的,即所涉及的战略演习系统地凝聚并构成一种共同努力,以实现论述者在话语中所追求的辩证和修辞目的,所涉及的论证动作可被视为"论证策略"。论证战略考虑的实施是论证性话语的第三个属性,它与确定话语中使用的论证风格

---

① Van Eemeren, F.H, Strategic maneuvering. Extending the pragma-dialectical theory of argumentation, Argumentation in context 2. Amsterdam-Philadelphia: John Benjamins, 2010, pp. 93—96.

有关。①

一些论证策略仅涉及解决意见分歧的特定阶段,并且仅在该阶段进行。②首先,"对抗战略"旨在影响对抗阶段意见分歧的定义。例如,一个公认的对抗性策略暂定名为"笨重的垃圾堆",其中包括在可用的分歧空间中任意选择立场,并将其视为话语中要处理的观点。"开放战略"旨在影响构成辩论交换的出发点的选择。例如,创造烟幕的开放策略,包括为假定的出发点添加不相关的起点,以模糊"协议区域"的轮廓,并分散对方的注意力,使其偏离真正相关的起点。③ "论证策略"在论证阶段进行,创建决定解决过程方向的防线或攻击线。所谓的解决问题的论证策略,用于捍卫关于推荐行为的规范性观点,还存在"一般"的论证策略。他们的目标是通过在整个讨论中协调使用类似对齐的战略机动来实现论证者的一般辩证和修辞目的,也被称为"讨论策略"。在所有讨论阶段,使用的这种一般性论证策略的一个熟悉的例子是击败对手。例如,这种策略可以通过不真正承认对方在对抗阶段的疑虑来实施,在开题阶段忽略他们提出的一些出发点,在论证阶段诋毁他们的反对意见,无视他们在总结阶段可能得出的任何偏离结论。④

论证策略的概念是在语用论辩法中发展起来的,这种辩证法是作为揭示议论话语的"战略设计"的工具而发展起来的。战略设计解释了在有关话语中如何努力处理现实生活论证话语的论证性困境,即必须将有效性与保持合理性相结合。论证性话语的战略设计的构成要素,是所提出的论证性动作,所选择的辩证路线以及所实施的战略考虑因素。战略设计解释了在选择某种辩

---

① 如果战略策略的协调只涉及一个方面,则可能采用主题、适应性或表象策略,而不是全面的辩论策略。

② Van Eemeren, F H, Strategic maneuvering. Extending the pragma-dialectical theory of argumentation, Argumentation in context 2. Amsterdam-Philadelphia: John Benjamins, 2010, p. 261.

③ Van Eemeren, F.H, Argumentation theory. A pragma-dialectical perspective. Argumentation library 33. Cham: Springer, 2018, p. 177.

④ 这种辩论策略很难说服实际的对手,但可能在说服被辩论者视为主要观众的第三方方面是有效的。

证路线时,如何在做出某些论证性动作时,考虑某些必然的战略因素。首先,战略设计的战略考虑因素,涉及主角如何期望在有关的交流活动类型中,有效地采取特定的辩证路线,以合理的方式获得对抗者对所讨论的立场的接受。论证性动作涉及使用特定论证型式和特定的单一或复杂论证。

在论证性话语的重构中揭示话语的战略设计是什么,可以发现"战略型式"在论证性动作运用的辩证路径选择中,推动了战略考量的实施。话语的战略型式解释了论证者对论证话语的战略设计的理论基础。因此,可以认为它构成可以归因于论证者的论证性话语行为的战略型式。在我看来,论证性话语中使用的论证风格旨在实现论证者的战略场景。

二、论证风格的运用

风格表示做某事或处理某事的特定方式。在语言学中,这个概念被最深入地讨论。由于学科的性质,术语风格获得了语言特定方式的有限含义。当风格以修辞的角度出现时,这种意义也被采用了。① 然而,利用某种论证风格意味着在更广泛的意义上,赋予一个人的辩论行为的特定形式。由于这个原因,在处理论证性话语时,它具有启发性,而不是将"风格"仅视为与特定口头表达的选择有关。在这种情况下,以更加包容的方式定义风格的概念会更有成效。

论证话语意味着,制定旨在帮助解决意见分歧的论证性举动,并且在追求这一目标时,不仅仅是以特定的方式使用语言的表达方式(或其他一些交流方式)。因此,在我看来,有必要发展一种论证风格的概念,不仅包括表现方面,还包括论证性话语的其他重要方面。这种更复杂的论证风格概念一方面应该更广泛,另一方面应该比语言风格更具体。首先,它应该更加具体,因为

---

① 在现代早期的辩证法和修辞学的学科划分之后,形成了形式与内容的严格分离,形成了一种只包含形式表现方面的乏味的修辞风格概念。

它必须特别关注话语的传导方式,旨在通过论证来解决意见分歧。因此,它应该更广泛,因为在使用论证性话语来解决意见分歧时,所涉及的话语的不仅仅是表达方式。

从风格的基本观点出发,作为完成或处理某事的特定方式,我们可以提供的论证风格最短定义是:用一种特定的方式,进行论证性话语以帮助实现解决争议者所针对的争议意见分歧。通过使用论证理论的概念和术语工具,在理论上证实这一定义,需要使这一定义更适合于处理论证话语。这可以通过利用语用论辩的观点来实现,即制定论证性的动作以解决意见分歧,总是涉及战略机动,使得我们可以从可利用的话题潜力、适应观众需求和使用表现手法三个方面进行选择的实质内容。因为论证风格的不同维度,使得利用某种论证风格,来描述论证话语的三个维度成为可能。

在论证话语的行为中,识别论证风格的关键在于,观察在构成话语的论证性动作中,已经制定了关于论证风格的某些选择,其中论证者可以对其负责。① 第一个前提条件,需要满足的是为了能够说出一种完全成熟的论证风格,这些选择与所使用的表现方式相关,也包括主题潜力和适应性的选择以及观众需求。第二个前提条件,是为各种论证行动提供实质内容,选择与这些论证行动在解决过程中有着内在联系的目标。第三个前提条件,论证做出的选择具有战略性,有助于在话语中保持合理性和有效性之间的平衡。图尔敏扩展有效性思想给我们的方法论启迪是:有效性概念作为一个逻辑的概念是可以扩展甚至变异的。与有效性概念相关的是保真性概念。② 第四个前提条件,是在一致形成的意义上,选择是系统性的,是类似的方式。第五个前提条件,是在论证话语的连贯和实质部分中做出选择,以便可以认为它们是持

---

① 如果涉及的论述者不能对在辩论中所做的选择负责,他或她就不需要对所使用的辩论风格负责,然后辩论风格就不会被故意用作解决意见分歧的工具。在这种情况下,作为一门旨在促进议论文实践改进的学科,研究这种议论文风格在议论文理论中并没有起到重要的作用。

② 杨宁芳:《逻辑有效性概念:一元还是多元——图尔敏的逻辑有效性思想评析》,《自然辩证法研究》,2009 年第 7 期。

续的。

在论证话语中运用某种论证风格,需要将特定形式赋予议论性动作中,使这些论证性动作适应观众需求,以及使用表现手段进行辩论时所做出的选择。论证性风格的三个维度的形成,在论证的话语分析概述,以及论述的论证模式和战略的实施辩证路径的选择中进行了论证。论证话语中使用的论证风格的识别应始终从分析概述,论证模式和话语的战略设计的充分重建开始,并以其为指导。只有这样,才能确保被暂时确定的论证风格被认为是通过在话语的战略设计中的实施,在话语中实现论述者的战略情景的指示性与在所选择的战略路线上进行的辩论性行动有关的战略考虑。

利用这些关于论证风格的构成维度的观察,以及论证风格在话语中表现出来的方式,现在可以提供以下与论证风格相关的理论定义。

论证风格是一种特殊的形式,系统地和一致地给予主题选择,适应观众需求,以及在论证话语的代表性部分中对表现手段的利用,并在论证动作中表现出来。论证风格,在对话语的分析综述包含的论辩动作中,指出所选择的辩证路线的论证模式以及反映战略考虑实施的战略设计。

通过使用某种论证风格赋予话语的特定形式,有时被称为话语的"音调"或唱出的"曲调"。用于捕捉议论风格的其他隐喻表达方式,如风格以特定方式话语进行"着色"或"将其置于特定的光线中"。无论这些隐喻表达的使用可能带来何种启示,它们都会使论证风格更容易表征或识别。无论如何,在以论述方式谈论论证风格时,通常以有限的表现形式来看待风格。另外,当论证风格被认为是论证性话语体现出来的形式时,在使用论证动作的所有三个维度中,辩证路线的选择和战略考虑的实施,使得这种论证风格的表征和识别将变得相当容易。即使是一种突出其平凡性的风格,也将被明确标记为用于实现某种战略型式的工具。

目前还没有一份令人满意的议论风格清单。一个源自古代的最古老的划分,区分了"低"、"中"和"大"的风格。哈里曼①基于经验主义的"现实主义","共和主义","宫廷"和"官僚"风格之间的区别,是一种众所周知的风格分类,特别适用于政治话语。从一般的角度来看,这种类型学听起来很奇怪。原则上,它当然取决于分类的目的,哪种分类和命名方式是适当的。然而,当涉及议论风格时,在我看来,分裂和命名在任何情况下都应与(如果可能的话)这些风格在其所有维度中表示的方式相关联,以努力实现战略情景,即基于对所采取的辩论性行动的分析性概述,论证模式的发展和话语的策略设计,可以归结为论述者。被纳入这种分类的可能的候选人可以是诸如"两极化"和"和解"之类的论证风格,但在做出任何最后决定之前,需要进一步考虑这些候选人和其他候选人是否合适。

然而,为了说明我对揭示论证风格的主要观点,我将简单讨论一下,暂时称之为超然的论证风格,和参与式论证风格的一些独特特征。在论证的现实中,这两种风格在几个方面相互对比,可以在各种论证实践中经常遇到。我将说明如何从主题潜能的选择,对观众需求的适应,以及如何利用表现手法来塑造将在辩论中实现的战略情景。运用这两种论辩风格的话语,可以在现实生活中的论辩话语中体现为三个阶段的经验性对应,即批判性讨论中论证动作的运用、辩证路径的选择和战略思维的实施。

在最初对抗阶段的情况下,在独立的辩论风格的情况下,使用辩论动作的话语中,表现出来的特殊方式可能包括:例如,以公事公办的方式陈述所要讨论的问题,在一系列的问题的选择中,作者采用了一种积极参与的论证风格,显示了作者的密切参与。在第一种情况下,观众适应的需求可能仍然存在。因此,在第二种情况下,可以通过强调与观众的利益相联系,来展示一种积极的辩论风格。这符合超然辩论风格对客观性的准中性保护。如果在表现手法中做出相同的选择,分别在朴实无华的公式和充满感情的措辞中表现出来。

---

① Harriman R,Political style-The artistry of power,Chicago:University of Chicago Press,1995, p. 57.

那么用于实现对抗战略情景的论证风格,可以说是在第一种情况下具有被分离的特征,并且在第二种情况下具有被接合的特征。

在批判性讨论的其他三个阶段的实证对应物中,在实际的论证话语中可以检测到两种论证风格的类似指标。在与开放阶段相当的话语部分中,一种独立的论证风格可以表现为自己。例如,在主题选择的形式中,很容易被证实的事实组成,并且一种积极的辩论风格可以在评价中表现出来,证明论述者参与了相关的问题。在一种超然的论证风格中,观众的适应性,可能会通过非显眼选择,被观众认为不可解决的起点而脱颖而出,而在一种参与的论证风格中,起点的选择可能会证明论证者的身份认同。用于塑造出发点的表现手段可以采用独立的议论风格,包括简单的事实概述和相关统计的枚举,而在参与式议论风格中,可以通过修辞问题或其他语言工具进行展示。

在论证阶段的经验对应物中,一种超然的论证风格可以表现为自己。例如,在语用论证的主题选择中,表明某些具体的优点,这些优点从推荐的度量和使用类比的参与式论证中自动产生。在这一观点中,将观点中提到的仍然被接受的事态与已经熟悉或易于识别的事态进行比较。在第一种情况下,受众可能涉及准中立地,从而争取一种对观众产生无可争议的积极影响的措施;而在第二种情况下,将观点中提到的情况,与对受众完全接受的情况进行比较。用一种超然的、论证式的、形式主义的专家语言,作为一种表达手段,来增加论证的成功率,而在一种介入式的论证风格中,通过使用个人语言来展示论述者的承诺,则可以提高论证的有效性。最后,在结论阶段的实证对应中,使用一种独立的论证风格来确定解决过程的结果,可能涉及将主题选择的形成而变得不同。比如绘制正式达成的非主观结论,并将其留给听众或读者自己,得出不可避免的结论。例如,使用一种参与的方式可以包含强调的结论,作为讨论的有利结果。在第一种情况下,适应观众需求可能意味着以一种非突兀的克制方式向观众表明结论是他们起点的逻辑结果,而在第二种情况下,使他们认识到结论是基于关于双方共同进行的议论程序。举例来说,可以通过得出的结论,措辞成一种分离的风格来塑造陈述手段。采用非对抗性的方式,并遵循参与式的风格,通过使用迷人的隐喻,使得出的结论听起来很有吸引力。

虽然某些论证风格的使用,在某些情况下,可能仅限于话语的特定部分,仅涵盖解决过程的特定阶段,但是通常会在整个话语中使用所采用的论证风格。当已经确定在各种讨论阶段中,在所提出的论证动作中,在所有三个维度中系统地使用了同一种论证风格,有必要检查这种风格是否一致和持续的使用。那些论证动作,构成了表征这种话语的论证模式,最重要的是在基本的论证模式中所做出的举动,包含了辩护论证立场的主要论证。① 如果在第一种情况下已经确定的论证风格,被证明已经在论证模式的最相关部分中使用,接下来要考虑的是论证的因素,结合论证动作和论证模式,确定话语的策略设计。只有当已经确定的论证风格与可能应该激发话语战略设计的战略场景一致时,假设的论证风格才能是在话语中使用的论证风格的结论。

本节提出的观点,是论证风格代表了在论证性话语中策略性地操纵选择的具体方式。从可用的主题潜力、对观众需求的适应和对表现方式的利用中做出的选择处理,论证风格的这三个维度的形成方式在语篇中得到了系统而一致的体现。具体体现在议论文的运用、辩证路径的选择和战略思维的实施上,这些都是语篇战略设计的构成要素。在试图解决分歧时,论证性话语的观点所采用的辩论风格,应该反映出在话语的战略设计的基础上,归属于论述者的战略情境。

目前,对论证风格研究的贡献范围有限,我们试图创造一个充分的理论起点,将论证风格的概念纳入论证理论的研究型式,并运用这一概念分析论证现实中的论证语篇。我为这个目的而提出的论证风格的定义,是通过该理论发展起来的一些相关概念,嵌入语用辩证法的理论框架中。通过这种方式,论证风格这一术语被赋予了与理论相关的含义。坦率地说,在普通用法中,"论证

_____

① van Eemeren F.H, Argumentation theory A pragma-dialectical perspective, Argumentation library 33, Cham: Springer, 2018, p. 142.

风格"一词有时也可以赋予更普遍、更广泛,或用得更具体、更狭义的含义。

不言而喻,即使以这种方式为研究和分析中论证风格的处理,提供了充分的理论起点,这并不意味着为所有涉及论证风格的问题提供了解决型式。除了仍然需要解决的其余的理论问题外,还必须进行进一步的分析和实证研究,以便为拟议的论证风格处理提供实质内容。在这些努力中,不仅需要注意在特定言语事件中使用的论证风格(如塞尔的"中国房间论证"),还需要关注特定个体的论证话语特征(如总理特蕾莎·梅)或团体(如人权活动家)的论证风格,这些风格是特定交际活动类型(如学术讨论或报纸编辑)或领域(如法律领域或医学领域)的论证性话语的特征。

在解决最紧迫的理论问题时,首先,应该将论证风格系统地分类为适当的类型学,这种类型学适用于各种论证风格的命名。为了找出如何对论证风格进行明智的划分,我们需要仔细思考一下,本节所区分的三个维度是如何在分类中得到适当考虑的,以及它们在实际的论证风格的形成中是如何相互作用的。在我看来,主题选择的形成,适应观众需求的形成,以及表现手法选择的形成,都是类型学的重要组成部分。其他因素,在必要的时候,对于更牢固地确定分类和进行细化方面发挥作用。正如我们在塞尔的《言语行为分类法》①中所看到的那样,这些因素中的一些因素,在确定一些辩论风格时比在区分其他风格时更为相关。

与分类问题相关的理论研究的一个主题,是如何确定关于论证性动作的确切时间,辩证路径的选择和战略思考的实施,是将观察到的性质归属于一种特定的论证风格,并赋予其特定的名称。所涉及的研究,不仅需要对各种论证风格的精确特征进行更详细的理论反思,同时要求在实证现实的各个领域,对与这些特征相对应论证话语的特征进行理论支持的实证研究。这些研究,本质上是分析性的和经验性的,实际上被认为构成了在论证理论领域发生的论

---

① Searle J R, Expression and meaning Studies in the theory of speech acts, Cambridge: Cambridge University Press,1979,p. 89.

证风格研究的核心部分。

虽然在某些情况下,论证性话语中使用的论证风格,可能完全取决于论证者的战略偏好,但是论证风格,也可以是特定个体、特定群体或特定交际活动类型或领域的典型甚至定型。这意味着这种论证风格的使用,并不完全取决于论证者的偶然倾向,在某种程度上也受到了与论述者的个性或论述所处的制度或文化—意识形态环境相关的更持久的"结构性"前提条件的影响。论证风格的特征的形式,在很大程度上可以通过存在更多永久性结构先决条件来解释。① 由于在与它们相关的话语中突出显示某些或多或少固定的论证性质,使用这种议论风格可以被视为——广义上——个人、群体、交往活动类型或相关领域的"原型"。在一个有代表性的案例中,这种论证风格的使用,被证明是相对频繁地重复出现,相关的典型论证风格也被证明是这类案例的"固定模型"。论证风格与各种结构性制度先决条件之间的关系成了迫切需要进一步研究的课题。

三、推理论据型式

这不是制定一套全新的演绎论证型式的时机。尽管如此,一个例子可以说明这种发展可能带来什么。所谓的"两个错误"的推理,尝试通过诉诸另一个错误来证明,通常被认为是错误的行为或政策是正当的。在许多情况下,"两个错误并不是正确的",但同样清楚的是,有些情况下可能存在两个好的错误论点。因此,格罗克(Groarke)、廷德尔(Tindale)和费希尔(Fisher)在他们的良好论证中,认识到一个好的两个错误的论点作为一个论证,来证明某些行为或政策 X。

1. X 是对某些不公平或不公正(Y)的回应,它试图减轻

2. X 比 Y 错误少

① 中国外交部新闻发布会上的发言人使用的是一种议论式的风格。其特点是在处理作为发言人的对手的新闻记者所引用的权威消息来源时,使用了敏锐的疏离感。

3. 没有道德上更好的方式回应 Y①

在处理自然语言论证时,重要的是要认识到两种错误型式。当今认识哲学的发展趋势,主要是两个方面,一是把辩护还原为可靠性,二是采用一种"弱"规定的知识标准。② 推理在道德辩论中发挥着核心作用,这种辩论经常出现在我们必须平衡相互竞争的权利和利益的情况下,并选择通过以下方式避免更大的恶承认较小的一个恶。

例如,两种错误推理,是用于证明自卫,军事行动,与肯定行动相关的反向歧视,贸易制裁等的标准辩论模式。

就我们的目的而言,重要的一点,是一个好的两个错误论证是一个演绎论证。例如,如果(i)这是企图阻止恐怖分子引爆将杀死无辜人民的公共汽车的炸弹,那么就没有办法避免警察在射击恐怖分子方面的合理性。(ii)这种射击错误较少(显然是这样);(iii)没有道德上可行的方法来处理这种情况。在任何情况下,满足良好的两个错误推理的三个条件(或简单地(i)和(iii),这意味着(ii)),因此较小的错误是合理的。③

良好的两个错误推理为我们提供了一个演绎论证型式的范例,虽然它在道德话语中起着重要作用,但它并没有被广泛认可(甚至被视为谬误)。错误的两个错误推理的实例,往往是这样一种情况,即论证者声称两个错误推理的条件得到满足,或论证者从根本上误解了这种推理所要求的情况。

请考虑以下示例,该信息取自致编辑的一封信,回答了多伦多城市政策对警棍使用的担忧。

---

① Groarke,L.A,'What Pragma-dialectics Can Learn from Deductivism,and What Deductivism Can Learn from Pragma-dialects',in F.H.van Eemeren and R.Grootendorst(eds.),Analysis and Evaluation,1995,p.53.

② 杨宁芳:《走向外在主义的认知哲学》,《哲学研究》,2016 年第 6 期。

③ Groarke,L.A,In Defense of Deductivism:Replying to Goveri,in F.H.van Eemeren,R.Grootenddorst,J.A.Blair and C.A.Willard(eds.),*Argumentation Illuminated*,International Society for Study of Argument,Amsterdam,1992,p.41.

例11. 回复:9 月 3 日报道警察局长杰克阿克罗伊德的一些警官在处理 300 人至 500 人参加的斯卡伯勒家庭聚会时的行为感到"惭愧和震惊"。

似乎有一个非常重要的事实被忽视,即邻居必须度过一个可怕的傍晚。普通人有权在家中享受和平与安宁。

我们不要忘记,警察有充分的理由。

这封信的作者确实认识到两个错误推理的可能性,并且必须确定一些错误是对另一个错误的回应。他的论点仍然失败,因为他没有证实他所讨论的错误—警察使用警棍是在家庭中主张邻居享有和平与安宁的权利的道德优选方式。换句话说,他没有认识到有效的两个错误论证所要求的条件。

正是通过认识演绎论证型式,我们可以发展一种允许更好地解释自然语言论证的推理理论。研究论证的学生,可以很容易地被教导一种论证型式。在很多方面他们可以被教导不那么复杂的论证形式,如思维方式。在这个过程中,人们可以教他们如何构建好的两个错误的论点,如何批判坏的论点,以及道德话语的方面。令人遗憾的是,没有一致的努力,来确定这种类型的论证型式。尽管它们指出了一种可行的推导主义议程,可以通过将它们添加到更为基本的演绎推理形式中来加深我们对自然语言论证的理解。

一套在推理主义背景下,值得特别评论的论证型式,通常被认为是不可简化归纳的型式。它们是许多尝试教授批判性思维技能的基石。我们有必要从一个教育主义者的角度来处理它们。详细讨论了这一方面的推理主义,超出了本节的范围,但我们可以通过考虑论证形式归纳推广和权威论证来概述问题,我们可以简洁地定义如下。

归纳推广:这些 X 是 Y 因此所有的 X 都是 Y。

来自权威的论据:X 表示 Y,X 是权威。因此 Y。

像其他形式的论证不是透明的演绎(因果论证、无知论证等),这些形式可以是演绎的重建。在这个过程中,这些论证形式可以通过添加我在下面指出的斜体未表达的前提来重新定义。

归纳推广:这些 X 是 Y,其他 Y 就像这些 X(相对于 Y),因此,所有 X 都是 Y。

来自权威的论证:X 表示 Y。X 是权威。该当局是对的(关于 Y),因此 Y。

如此理解,这些论证型式是演绎型式。它们明确表达的未表达的前提仅仅是这种推理通常依赖的假设。例如,在归纳概括的情况下,除非人们认为其他 Xs 与已经检查过的 Xs 相似,否则不能合理地得出所有 X 都是 Y 的结论。同样,除非有人认为当局对辩论问题是正确的,否则不能以提出上诉为由,诚实地提出意见。

正如我们之前所考虑的个别论点一样,这种处理方式为解决辩证交换中提出的问题,提供了有用的基础。因为它确定了必须解决的关键假设。例如,在处理归纳概括时,它邀请我们询问其他 X 是否与已经检查过的 X 相似。这自然会引发一个问题,即我们的样本是否太小(我们的结果是偶然的),或者某种方式偏向于特定结果。在权威论证的情况下,提出了一个问题,即我们是否应该接受当局在有关案件中是正确的主张。我们可能会对他们的意见提出质疑,忽略了一些重要证据等。

人们可能会对我们已经进一步认识到的未表达的前提,提出问题,并提出关于归纳一般化和权威论证的哲学问题。即使没有理由相信,当局错误或样本有偏见,人们也可能会问我们如何证明这种推论是正确的。在目前的情况下,所谓的归纳原则和对有关当局的依赖定义了良好的推理。虽然我们如何能够证明理性原则的合理性,使我们超出了本节的范围,但值得注意的是,人们可能(如维特根斯坦,1969)比较非矛盾律的作用,即法则。排除中间的,以及规范地定义推理的其他原则。在这里,有人可能认为普通论证对演绎论证的范式实例比通常想象的更具亲和力。

四、演绎主义 VS 归纳主义

尽管提出推理主义的描述必然是试探性的,但它表明推理主义可以解释普通推理,并且它可以通过推动批判性讨论的目的来实现。这些结论使我们回到了最初的问题,即一般的论证理论是应该采用一种推论主义,还是采用一种归纳主义的观点。在这里,重要的一点是,奥卡姆的观点有利于推理主义。因为它取代了两种推理的概念,并且在此过程中,可以大大简化我们对自然语言论证的描述。既然我们可以将所有论点都视为演绎,那为什么要遵循我们在康威和曼森等作者中看到的标准实践,并引入一个独特的归纳论证概念?

自然语言论证的推理主义方法,要求我们更加重视未表达的前提,但论证理论,已经认识到它们的存在,并且在这个基础上建立起来。尤其值得注意的是,在语用语言学的情况下,人们已经建立了间接言语行为,其中包含了一个容易适用的未表达场所的概念。

与之形成鲜明对比的是,我们对归纳推理的逻辑没有很好的解释。我们已经看到,对它们的描述通常是对演绎/归纳区别的基本误解。在普通语境中,诱惑主义尤其成问题,因为正如塞德布卢姆(Cederblom)和保尔森(Paulsen)以及穆尔(Moore)和帕克(Parker)所指出的那样,演绎和归纳论证之间的区别难以辨别。①戈维尔很好地解释了这个问题的原因。

论证的人(至少保守地)将结论与前提区分开来,并且"声称"后者提供了前者的理由,但他们通常不会,甚至没有保守地声称在这些前提和他们的结论之间应该保持什么样的联系。造成这种情况的一个主要原因是,大多数论证者没有反思演绎蕴含与可能性之间的区别。一个进一步的问题是,即使普通辩护人确实希望表明是否存在必要或可能的联系。教科书作者有时会敦促,诸如"因此"和"必须"等指标来表明演绎论证,但同样自然地在传统将其标记

---

① Cederblom, J. and D. W. Paulsen, *Critical Reasoning: Understanding and Criticizing Arguments and Theories*, Wadsworth, New York, 1996, p. 72.

为非演绎的论据中找到。

也许鉴于戈维尔提出的解释问题,许多评论家根据对论证者意图的困难和任意的诉求,对演绎论证和归纳论证进行区分。因此,康威和曼森写道,"非理性论证的第一个一般特征是,它们不是有效的,但它们是为了使它们的结论可能。"①正如爱默伦和斯特所指出的那样,这些定义很难确定一个普通的论证是否具有演绎性或诱导性。论证内部的状态,无法获得或者至少不是直接的,对于外部检查而言,这是非常难以理解的。特别难以看出,那些不了解演绎论证和归纳论证之间理论上区别的普通辩护人,是否可以明确地将他们的论点视为归纳。在这种情况下,当戈维尔试图阐明演绎主义的可能优势时,我们可能会考虑什么是对错。

演绎主义的优势在于它是一种极其简单的论证理论。在这个理论上,只有一种论证,因此没有必要对论点进行排序或分类,并制定这样做的标准。由于只有一个类别,因此不会出现不适合的分类类别的示例问题。另,在形式逻辑系统中,有明确的正式演绎有效性标准。因此,如果演绎主义是正确的论证理论,我们就可以确保在论证的评估中,使用已建立和公认的非常精确的知识体系的相关性。此外,任何关于哪种"类型"论证最强,或最具说服力的争议,都将不复存在。我们已经看到,推理主义确实提供了一个更为简单的论证理论。话虽这么说,但戈维耶大大低估了它的复杂性。成熟的推理主义并没有声称"只有一种类型的论证",而是区分了许多不同类型的演绎论证。虽然它将为更正统的正式和非正式推理说明提供基础,但其有效性和良好论证的规则将远远超出普通正式系统中非常有限的基本推论目录。与后者不同,对普通论证的推理主义方法最符合辩证性话语的辩证论述,因为它将关键假设确定为需要评估的未表达的前提。

最后,必须指出的是,嵌入语用辩证法等更广泛理论中的演绎主义并不能

---

① Dowden, B.H, Logical Reasoning, Wadsworth Publishing, Belmont, 1993, p. 166.

唯一地阐述好论点(演绎有效性)的"一个标准",而是为批判性讨论规则、传统谬误、支配前提可接受性的原则所隐含的不同标准留出了空间,等等。

关于自然语言论证的推理主义方法更完整的说明超出了本节的范围。尽管如此,我仍然试图提出一些方法。在这种方式中,这种发展可能会使推理主义超越它在重构未成熟的前提中所扮演的角色——语用辩证法。逻辑学不仅要关注逻辑系统的语形和语义方面,而且要关注其语用方面,域理论的提出就是逻辑学的语用转向的产物。① 在我们明确地决定或反对推理主义之前,需要更全面地描述一种推理主义理论,但仍然可以说:①对于推理主义和演绎有效性的标准理解,是建立在对后者的误解之上的;②作者认为不可简化的归纳,可以演绎最重要的论点;③演绎主义论证可以促进辩证交换;④迄今未发现的演绎论证型式的发展有助于我们理解普通论证;⑤可以识别传统上被理解为归纳为演绎的型式;⑥归纳论使论证理论与不必要的理论区分相混淆,后者由于自然语言无法区分演绎和非演绎论证而加剧。② 鉴于外在语用辩证法之外的归纳论,已成为一种几乎总是在没有讨论或辩论的情况下被假设的教条,这些结论要求我们重新思考当代论证方法的基本特征。

五、论据评估

证明像4—9这样的例子,可以理解为演绎论证是一回事,证明这是一件有用的事情是另一回事。我们可以先通过概述演绎主义论证评价来更好地评价后者。首先,我们可以注意到,演绎主义论点重建的效用是由论点的方法所突出的,这些方法与实用辩证法一样,是辩证法和"以解决为导向"的。这种观点强调了我们应该发展论证理论的观点,可以帮助确定辩证交换中需要解决的问题。演绎主义很好地实现了这一目标,因为它所标识的未表达前提,往

---

① 杨宁芳:《图尔敏论证逻辑的策略、局限及前瞻性思考》,《哲学动态》,2009 年第 6 期。

② Thomas, S. N, Practical Reasoning in Natural Language, Prentice-Hall, Englewood Cliffs, 1981, p. 83.

往暴露出一些假设,这些假设需要在我们决定是否接受某个论证时成为讨论的焦点。

例如,在论证4—9的例子中,通过询问隐含在未表述前提中的假设是否可接受、真实或似是而非,可以有效地促进议论文的交流。在例6的情况下—其结论是所有的狼獾都不友好和具有攻击性—论证者应该问的问题是,假设所有的狼獾都像人类迄今遇到的狼獾一样是否合理。在论证7的情况下,我们需要问一个女人的两个票房热门歌曲是否真的被她广泛称赞,她从来没有因为她的作品获得过大奖,是否可以指望赢得"好莱坞年度女性奖"的称号。通过将这些假设视为未表达的先例,一种推理主义的方法进一步推进了辩证交换,这是解决意见分歧的关键。也许具有讽刺意味的是,康威和曼森默认了演绎主义策略的有用性。他们建议我们试着评估"非演绎"论点,方法是"寻找额外的前提,明确地将原始前提与结论联系起来",并考虑"这些前提是否可接受"(他们强调的重点),但这正是演绎主义在面对不透明演绎的论点时所规定的。

这些考虑说明了一种方式,即推论主义认识到论证评估,超出了对有效性的评估。因为一个好的演绎论证,必须从一个可接受的起点开始,这意味着其表达和未表达的前提必须是可接受的。在评估特定论点的过程中,这将意味着从属性要求我们考虑拟议定义、经验主张、目击证人报告、逻辑原则、道德准则等的可接受性。

在评估例4和例5时,这个过程意味着我们必须评估,戴维斯在观看电视的美国人中有96%的可能性,而法瑞尔是观看有线电视的人的55%之一。假设论证中的其他前提是真的,他们提供的证据表明,第一次索赔的概率是0.96,第二次索赔的概率是0.55。虽然这两个论点都不允许得出某个结论,但是这使我们得出论证4是更强论证的结论。

重要的是,我们要认识这种推论主义的论证评估,需要强调对前提的评估,特别是对未经处理的前提的评估,但这并不意味着它不会为论证评估的其他方面留下空间。特别重要的是,实用主义中的推理主义,认识到论证可能不好,因为它不遵守批判性讨论的规则,或者因为它是一个无效推理形式的实例。在这种情况下,我们可以将这些失败视为错误的前提。这反映了论证者关于良好论证性质的假设,但更直观地说,这些是论证者试图制定好的,演绎论证却失败的情况。那些依赖者,有时候失败并不奇怪。特别是在最常见的演绎推理案例中,反对者经常错误地将两个数字加在一起。举例来说,演绎主义者仍然认为,人的行为是不尊重对手提出观点和质疑观点的权利。我们可以用来自底特律自由报的以下论点,来说明推导主义与传统谬误的关系。

例10. 航空公司很有趣。他们确保你没有携带破坏性的武器,然后卖给你酒。

我们可以合理地将这一论点标准化为:

前提1:航空公司确保您没有携带破坏性武器。

前提2:他们卖给你酒。

前提3(未说明的):酒是毁灭性的武器。

结论:航空公司不一致("有趣")。

很容易理解为什么人们可能认为这是一个演绎有效的论证,因为这个论点的形式是"航空公司确保你没有X,然后给你X,所以航空公司不一致"。更深入的调查发现,论证似乎只有这种形式。因为(最重要的是)它将"毁灭武器"这一术语,所包含的两种不同含义混为一谈。根据第一种用法,在前提1中,它意味着炸弹或武器。根据第二点,在未表达的前提下,它意味着长期的健康和社会弊病。一旦我们认识到模糊性和随之而来的模棱两可,这意味着违反批判性讨论的第十条规则,我们就会发现我们试图制定一个错误的演绎论证。

像肯定结果和否定先行这样谬误形式的例子,为论证者提供了不能理解的良好演绎论证机制等其他明显的例子。这种错误更常发生在更复杂的推理链中。在这方面,演绎主义因其与形式逻辑的联系而受到影响。因为论证理论家认为,普通论证的演绎方法只承认简单的论证形式,如模式推理,假设三段论等。

为自然语言论证创造一种推理主义,需要认识到更复杂的论证型式,作为演绎论证的实例。除此之外,这意味着识别有效论证的形式,这些形式在常见的正式系统中经常得不到承认。

第九章　论证型式在人工智能中的运用研究

第一节　日常推理论证型式与人工智能的实现

引　言

随着科学技术的不断发展,人工智能(Artificial Intelligence)被人们越来越多的了解和应用,关于人工智能的理论和实践应用已经得到了人们的普遍认可。人工智能的应用必然离不开对大数据的处理及计算,在人工智能领域有着自己的一套推理系统,然而,通常这种推理系统不仅必须与外界相互作用,还必须与人类相互作用。要做到这一点,就需要对这些系统提出进一步的要求:不仅必须进行论证推理,还必须以适合人类的形式,或许是以对话方式提出。这再次证明,论证理论提供了灵活、现实和关键的可实施技术。因此,人工智能的两个要求即推理和随后用语言表达推理反映了哲学中论证的双重视角。与论证型式在论证的两种观点中都发挥作用的方式相同,人们已经认识到论证型式可以在人工智能领域发挥重要的作用。论证型式在人工智能中的应用还需要考虑诸多问题,要特别考虑的是:如何将型式定性为自然语言生成等领域的规划操作指令,其中操作型式表示实现特定方法目标;如何在人工智能领域利用型式,通常以演绎为基础,如智能媒介之间的沟通;如何将型式用于批判性思维,以及如何在 AI 教学软件中对其进行表达等。

一、运用论证型式的优势

(一) 论证证明力的提高

在不同的论证中合理地使用不同的论证型式可以提高论证的效率,增强证明力。论证型式可以用来支持自己主张的成立,使得自己的主张具备合理性和可接受性。在论证或者论辩的过程中,对于自己主张的一系列批判性问题,论证者需要通过反驳来为自己的主张进行辩护,通过论证型式去支持某个主张。在主张没有被反驳的情况下,将合理性从主张的前提中传递到结果中,增强整个论证过程的合理性。例如上述提到的专家意见论证。诉诸专家意见是一种容易出错的论证形式,但往往具有证明力。正如逻辑教科书过去经常强调的那样,存在一种有时候太容易相信专家的倾向,这种倾向会增强专家意见的信服力。辩护者常用的诡辩策略就是试图利用被调查者对专家意见的尊重,压制被调查者在对话中提出的合法的批评。我们深知专家拥有我们所缺乏的专业知识和丰富的经验,因此愿意承认专家的权威并接受专家的意见,在诉诸专家意见的论证中我们会自觉假定他们尊重了科学并且遵循了行业标准和程序,因此增强了论证的可接受性。此外,论证型式的多样性以及各种论证型式的分类组合的使用也可以增强论证的证明力和可接受性。在论证的过程中,一个论点往往需要多个论证的支持,若只是用一个论证型式,可能很难达到强有力的论证效果,这时候就需要有多种论证型式来支持。由此可见,有说服力的论证的产生需要使用多种论证型式,如此得出的结论才更具合理性和可接受性。

(二) 证明责任的转移

论证型式是所谓的假设性推理结构,在对话中,这种推理具有生成假设的力量,因此具有转移证明责任的功能。按照沃尔顿的观点,使用论证型式的目的是在对话中转移证明责任,而不是证明一个带有特定概率或似真性的命题。一个型式在转移证明责任上是否成功,取决于该型式在其适用的场合是否有效,并且与它相联系的批判性问题是在对话的早先阶段给予肯定的回答,还是在之后的阶段被提出。利用论辩型式转移证明责任是一个循环往复的过程。在对话中,使用一个论证型式相当于使用初步的证据,从而暂且得出一个合乎情理的假设作为结论;如果对方不接受这样的结论,他就负有提出批判性问题的责任,而问题提出来以后,原来的论证者又负有回答这些批判性问题的责任;如果论证者满意地回答了这些问题,另一方还不接受增强的假设,就又负有证明责任。需要注意的是,只有当满足了论证型式正确且恰当地适用于当时的情境,并且与之相对应的批判性问题也得到了合理的回答,只有这些制约性条件都满足时,论证型式才能发挥其转移证明责任的功能。①

(三) 论证谬误的减少

论证型式有其缜密的逻辑结构和严格的运用规则,若不遵循论证型式的规则或者运用不满足批判性问题的论证型式,就可能会导致自然语言论证中的谬误,但论证型式本身并不是一种谬误,而是作为一种中性结构存在,正确运用论证型式不仅不会产生谬误,还可以减少论证中的谬误。这种中性的型式具有谬误论证与合理论证在基本模式上相似性的外观,而二者的区别在于是否满足保证论证合理性的各种约束性条件,这些约束性条件可以用批判性问题表现出来。因此,论证型式的一个重要功能就是能够通过其制约和保障条件来辨识论证过程中的各种谬误。

在辨别谬误的基础上,通过合理地利用论证型式,可以减少谬误的出现,这也是论证型式一个重要的功能。合理的适用论证型式需要满足论证型式适

---

① 张斌峰,侯郭磊:《论证型式的特征及功能》,《湖北大学学报》,2018 年第 6 期。

用规则,也就是要满足其适用的制约和保障性条件。例如诉诸言辞论证的论证型式,言辞证据的运用要满足其论证规则,如对于证人证言的论证,要辨别哪些是对权利人有利的正确论证,哪些是对权利人不利的错误论证,对错误论证的排除过程就是一个减少论证中出现谬误的过程。一个好的论证离不开论证型式的正确适用,这也正是识别谬误和减少谬误的一个关键步骤。

二、人工智能对日常推理的处理

人工智能,简称 AI(Artificial Intelligence),它是一门以计算机科学为基础研究和开发新的理论、方法、技术等来扩展人类智能的新技术科学。随着计算机科学技术的迅速发展,人工智能已经成为当今社会先进的技术之一,成为现代人类文明的重要组成部分。科学家以及各个领域的学者也开始越来越多地关注人工智能,人工智能也因此成为现代社会备受关注的领域。计算机技术为人工智能的发展提供了动力和可能性,人们对人工智能的认识最初体现在AI 机器人的问世,这种可以同人类一样独立思考并且可以与人类交流的机器人是人工智能领域的一项重大成就。如今的人工智能机技术已远远超出了机器人领域,其内容更加丰富广泛。人工智能领域是一个跨学科的领域,通过对人工智能的分析,可以了解到人工智能的研究包括两个方面:一是自然科学,二是人文和社会科学。基于对计算机技术的人工智能的研究可以深入信息学领域,人工智能在司法实践中的应用又可以延伸到法学领域,可见人工智能所涉及的领域十分广泛,内容也非常丰富。

(一) 人工智能中的多智能体推理

推理是进行思维模拟的基本形式之一,是从一个或几个已知的判断推出新判断的过程。推理、搜索和约束满足(Constraint Satisfaction)并称为人工智能问题求解中的三大方法。与单智能体"感知—行动—目标"的推理过程不同,多智能体(Multi-Agent)推理的核心是通过明确规则和激励机制,对智能体之间的交互进行管控,并在改变单智能体行为的过程中实现多智能体群体目标。在每个智能体"感知—行动—目标"具有一致理性的假设前提下,如何达到多个智能体协同决策的平衡,是多智能体推理研究的关键问题。将深度强化学习(Deep Q-Network)扩展至多智能体,通过"利用和探索(exploitation and exploration)"机制可实现智能体的自适应交互。同时,在通信协议(Communication Net)的辅助下,可在去中心化模式下形成更完善的多智能体推理策略。① 因此,智能体交互语言和通信协议的形成过程开始引起关注。例如:对"行为者—评判家"算法进行向量化扩展,形成可伸缩的通讯协议(Bidirectionally Coordinated Net);或者面向不完全信息环境中的局部可观测性,整合每个智能体的碎片信息,通过强化或者可微分跨智能体学习(reinfoced/differentiable inter-agent learning)对多智能体交互形成更全面表达,从而提升推理的效率和准确率。②

(二) 人工智能推理的优势

1. 对信息智能化、自动化与管理层次化的影响

人工智能是现代信息化技术,是现代新型的技术手段,属于信息化科学技术范畴。人工智能的应用可以提供智能化的技术手段,创造出智能的机械设备。人工智能的研究主要围绕智能机器人、专家系统设备、语言信息识别、处理技术等展开,人工智能使机械设备更加智能化、自主化、自动化。例如在电气工程方面,人工智能的应用能够有效避免传统系统的问题,使电气自动化设备具有更高的精确度,对数据进行更加准确的控制和操作。此外,人工智能具有管理的层次性的优势。管理的层次性主要体现在信息网络系统处理的层次

① Woold ridge,M.& Jennings,N.R."Intelligent Agents:Theory and Practice"Knowledge Engineering Review,1995,pp.115-152.
② 吴飞,韩亚洪,李玺,郑庆华,陈熙霖:《人工智能中的推理:进展与挑战》,中国科学基金,2018年第3期。

性,根据不同的层次特征对信息网络系统进行优化管理。人工智能的层次化管理不仅可以提升管理的有效性,也可以对不同层次关系进行分类约束和优化管理。①

2. 提高数据采集的效率

提高工作效率是人工智能在运用过程中最显著的优势之一。例如利用人工智技术进行数据的采集和分析,可以对大量信息进行系统的采集和处理,同时还可以保存信息的多样性,防止信息遗漏偏差。在大数据时代下,信息采集是一个非常繁杂且艰巨的工作,特别是对需要采集后的数据进行对比、分析和反馈,人工智能的应用可以节省大量的人力和物力资源,将繁杂的工作通过智能化的系统来简化,有效地提高工作效率。人工智能的应用在提高工作效率的同时也增强了推理的准确性。人工智能的应用可以有效地克服人脑的局限性,对收集到的大量信息进行智能化的处理和科学的分类,明确论证的目标,更快地得出准确的推理结果。

三、论证型式在人工智能中的应用

(一) 论证型式对人工智能中自然语言处理具有重要意义

20 世纪末期,论证理论在计算机与人工智能领域开始引起关注,相关研究者逐渐认识到,论证作为解决人们所面临的各种矛盾的一种不可或缺的方式,在人工智能方面有很大的应用潜力。非形式论证是论证理论实践转向的成果之一,弥补了形式逻辑在自然语言论证中的缺陷。它主要是从语言学、修辞学和日常推理的角度来研究自然语言论辩的构造、比较与评价等。论证型式是非形式论证的主要表现,关于论证型式具有代表性的研究包括:图尔敏(Toulmin)的论证型式、沃尔顿(Walton)等人的论证图式、佩雷尔曼

---

① 刘汝元:《数据挖掘在人工智能中的应用分析》,《信息与电脑(理论版)》,2019 年第 11 期。

(Perelman)等人的关于论证评估的修辞标准等。① 论证型式研究的特点在于对自然语言论辩的形式进行一定的概括和提炼,建立对单个论证状态的评价机制。在当今社会大数据背景下,论证型式的研究对于处理大规模的文本信息并从中找到有价值的论证,以及评估这些论证的可接受性,有着非常长远和重要的意义。非形式论证的优点是与自然语言论证直接关联,在人们日常生活及各类信息处理领域有着非常广泛的应用,而自然语言的处理同时也是现代人工智能技术重点研究方向之一,通过论证挖掘对自然语言系统进行收集,为人工智能在自然语言处理方面提供了动力。

(二) 论证型式在论证挖掘中的应用

论证型式应用于论证挖掘的研究正在成为人工智能领域的研究热点之一。现在人们已经认识到型式对于论证挖掘的重要性,并且认识到有太多型式可以提供使用。随着计算机语言文学领域的发展,配置它们的集群之间的关系以及每个集群内部结构将有助于将研究型式作为工作工具应用于更广泛的问题。论证挖掘侧重于从自然语言文本中自动提取论证结构的算法和技术的开发。自 20 世纪 90 年代后期以来,许多从无限制的自然语言中挖掘句法和语义结构的方法都是基于统计分析。基本上,通过检查和比较许多不同的例子,对语言的规律进行建模。例如,最强大的句法分析器不是基于理论语言分析,而是基于通常包含数百万个例子的语料库的统计模型。② 虽然这些技术所依赖的机器学习机制各不相同,但是它们共同的一个特征是需要这样大的数据集来绘制规律。因此,如果论证挖掘能够部署相同的技术,那么它需要足够大型的数据集,而不仅仅是论证本身的数据集,还有已经通过针对其结构进行分析的论证。任何参与批判性思维技能教学的人都会证明,对论证结构

① 武宏志,张海燕:《论非形式逻辑的特性》,《法律方法》,2009 年第 1 期。
② Hastings, A. C. A Reformulation of the Modes of Reasoning in Argumentation, Evanston, Illinois, Ph. D. Dissertation, 1963, p. 166.

的这种分析既苛刻又耗时。直到最近也几乎没有这样的数据集,而那些确实存在的数据集也会以特殊的表示语言提供出来,所以研究团队和项目之间几乎没有重复使用,因此,在数据收集和分析方面投入的费用经常不能得到合理的利用。数据是否具有可用性以及语言理解的统计方法存在的局限性使得论证挖掘变得十分困难。

为了克服论证挖掘中的上述困难,人们提出两种方法去改善:第一种方法,是建立网络论证语料库(IAC),收集专门的数据集。IAC 面临的问题是它主要是从文本处理的角度设计的,很少有论证理论可以用来支持它。因此,它所包含的论证概念非常单薄,并且或多或少地无法识别研究者的论证理论和论证的计算模型。第二种方法,是提供专门用于收集、发布、共享和重用语料库的基础设施。虽然现在有几个平台用于在线分析论证,但是在由论证网站提供的基础设施中,没有一个是以机器可处理的方式提供对数据的开放访问,除非我们不知道。① 论证网络是一个相互关联的论证和辩论网络的愿景,不管用什么软件创建、分析或提取它们,也不管它们可能被用于学术、社会或商业等用途。例如,该愿景支持对政治广播中提出的论证进行学术分析,在社交媒体上自动分析对它的反应;为在线用户部署自动对话的游戏,与原创进行回应和互动;向政府政策部门自动汇总辩论情况,并且在辩论中向研究人员提供包含辩论的语料库。论证型式作为提供丰富的推理形式本体论的一种方式,构成了论证网络的基石。

虽然我们可能期望以统计学为导向的技术在论证识别简单且具有高度概括性的方面为我们提供良好的结果,但通常对于向批判性思维课程的学生讲授的分析类型,需要更多。越来越有可能的是对论证、对话和论证型式明确一个强有力的、良好的概念,能够提供指导机器学习过程中所需的额外信息,这些信息的作用本质上是这个过程的先驱。这种统计和结构方法的结合看起来

---

① Josephson, J. R. and Josephson, S. G. Abductive Inference: Computation, Philosophy, Technology, New York, Cambridge University Press, 1994, p. 79.

很有希望,特别是我们在此提供了一些专门用于论证型式提供的结构的示例。

(三) 论证型式在 AI 教学中的表达

计算机技术的飞速发展使得人工智能应用的领域越来越广泛,随着社会的发展,教育事业的完善需要人工智能的应用。AI 教学正在逐渐成为新时代引领潮流的教学方式。在教育领域,AI 教学不仅可以大幅提高教学的质量,降低教育成本,减轻师生负担,而且可以做到因材施教,实现精准化教学。论证型式可以应用于 AI 教育,教导学生如何通过论证进行辩论和学习。论证的兴趣和代表自然论证的模式正在增长,已经应用于科学教育,可以代表学生的论证并提高其质量,检索隐含的前提,并以系统的方式评估和反驳他们的推理,或评估论证的质量。将论证型式作为论证分析的一个组成部分的优点是可以向学生教授批判性思维技能。论证型式在 AI 教学中的应用优势体现在以下几个方面。

第一,论证型式提供的结构可以缩小学生所要接纳的选项范围,帮助学生识别可能忽略的前提。例如,如果针对某人的间接论证①是解释某一特定文本的强有力方式,那么分析者可能会更详细地查看适当的前提:包括发言者声称每个人都应该采取特定的行动、方式,等等。然后分析者被引导识别该型式指定的但不存在于文本中的前提,例如通常留在间接论证中的前提,如果任何发言者声称某些东西应该适用于每个人,那么它也应该适用于该发言者。第二,与每个型式相关的关键问题可以发挥多种作用。在初始识别中如果在特定情况下关键问题不合适,则论证型式可能也是不合适的。当然,关键问题对于指导分析者评估论证也是至关重要的,并且在某种程度上支持所提出论证的关键方法。在更正式的方法中,学生可用的唯一工具就是具有健全性和有效性的关键问题,它能提供丰富的上下文提示来支持分析过程。第三,论证型

---

① Parsons,S.and Jennings, N.R.“Negotiation through Argumentation-a preliminary report”, in Proceedings of the International Conference on Multi Agent Systems,ICMAS'96,1996,pp. 45−57.

式的使用及其与谬误的密切关系也引入其另一个关键优势,即灵活性。通过接受可能存在从好的论证到坏的论证的事实,可以使学习者具备进行论证所必需的灵活性。第四,教学背景下论证型式的另一个优势是它们可以运用到传统的图表技术中,并用软件工具支持这种图表。例如邓迪大学目前正在进行的合作研究,构建一个软件工具,将传统的论证重建和图表与论证型式的规范相结合。该软件的一个关键特征是选择型式允许学生查看关键问题并提供适当的遗漏前提。实际上,该软件也是为便携性而设计的。它可以在,Windows Mac 和 UNIX 上运行,并使用 XML(Extensible Markup Language)保存论证,XML 是一种常见的中间语言,可以轻松转换为网页。该软件的原型可用于 OSSA(Ontario Service Safety Alliance)2001 的演示目的。

小　　结

人工智能及相关领域的论证型式的重要性和潜在用途已被简要探讨。即使在黑斯廷斯(Hastings)、金泡因特纳、沃尔顿和其他人的工作之后,论证型式仍然不明确,还有许多问题需要解决。人工智能的研究人员渴望在论证理论的基础上开展工作,因此,为了促进论证型式在人工智能领域得到更好的应用,本节最后总结出对论证型式理论的理解尚需解决的一些问题。首先,虽然目前的工作及其构建的研究试图在某种程度上阐明论证型式的内部结构,但仍需要更全面和更有原则的解决型式。比如是否应将所有关键问题视为隐含前提? 型式的所有前提是否始终相关? 其次,相关性问题在哲学中与在 AI 中一样具有实质性和紧迫性,论证型式在多大程度上构成或有助于定义计算上易于处理的相关性? 再次,组织型式之间的许多关系似乎暗含了分类学的层次结构,但是这个层次结构有多严格,以及型式下层的属性如何从上层继承? 层次结构沿着多少维度运行? 最后,也是最重要的任务是确定论证型式的定义。这种描述需要足够正式以支持计算的实现,同时需要保留型式所具有的独特优势,即型式具有不简洁、不符合实际的论证所必需的灵活性。

第二节 人工智能视域下的论证挖掘

引　言

本节的目的是探索项目可用的资源,以建立一个准确的方法,来帮助识别自然语言话语中的论证,并提出一些在这个过程中需要克服的特定问题。这种方法被认为是一种工具,可以帮助非正式逻辑学生识别他们在报纸、杂志和互联网等自然语言文本中遇到的论证的类型。所提出的方法是基于使用代表可废止论证常见类型的论证型式。① 这个想法是每个型式都与一组标识符(位于前提和结论的关键词和标记)相关联,并且如果正确的标识符组位于文本中的某个位置时,论证挖掘方法就会将其定位为某个特定的可识别类型的论证的实例(来自型式列表)。

该项目涉及人工智能论证系统的发展。第 7 节中概述的其中一项技术举措是为论证挖掘构建自动论证工具的项目。这个想法是这个工具可以上网并收集特定指定类型的论证,例如来自专家意见的论证。这些技术举措的目的是找到一种在非正式逻辑中进行论证识别的精确方法,因为最强大的方法可能会结合两个任务。最强大的方法是让人类用户应用自动化工具在文本中进行初步的识别论证,然后纠正自动化工具所犯的错误。不难看出,即使是这种半自动化程序对非正式逻辑课程的教学也非常有帮助。

正如逻辑课程的老师所熟知的那样,判断一个特定的话语文本中的论证是否适合某种抽象形式的推理是一项复杂的任务,很多在论证和非正式逻辑课程中的初学者都会出现重复的问题。这些课程的基础是识别,分析和评估杂志,报纸和互联网上的论证,或者其他任何文本资料来源。为了充分教授非

---

① Douglas Walton, Chris Reed and Fabrizio Macagno, Argumentation Schemes, Cambridge：Cambridge University Press. 2008, pp. 1-2.

正式的逻辑课程,有必要获得常用论证的例子,特别是与常见谬误相关的论证类型,如专家意见的论证、原始论证、诉诸武力和威胁的论证等。为了改进非正式逻辑方法,我们需要有一个系统的标准来识别特定类型的论证,如来自专家意见的论证,再如在话语的自然语言文本中找到的那样。众所周知,自然语言话语充满了模糊性和含糊之处,并且很难确定某些文本的真实实例,看它是否适合任何抽象结构,如一种形式的论证。有助于协助完成这项任务的程序只是在非正式逻辑领域教授课程和编写教科书中每天进行的工作的延续,但是,更精确的方法可以让我们更容易地找到新的例子,并记录和存储它们,以便可以很容易地重复使用。

一、识别论证型式

一开始,有两个特定的任务需要分开。一个任务是将论证识别为与自然语言话语中出现的其他类型实体不同的实体,如解释。这是区分论证和非论证的任务。这项任务远非烦琐,因为口头指标通常不足以区分某些本应作为解释的东西的论证。[①] 另一个任务是识别特定类型的论证。早期关于论证型式的书确定并描述了二十九种常用的型式,这些型式代表了所有具有初学者非正式逻辑知识的人熟悉的论证类型[②]。

1. 类比论证

2. 言辞分类论证

3. 规则论证

4. 从例外到规则的论证

5. 规则例外论证

---

① 　Frans H.Eemeren,Peter Houtlosser and Francisca Snoeck Henkemans,Argumentative,2007,pp.21-24.

② 　Douglas Walton,Argumentation Schemes for Presumptive Reasoning,Mahwah,New Jer-sey:Erlbaum.1996,p.4.

6. 实践推理的论证

7. 缺乏知识论证

8. 来自后果的论证

9. 诉求恐惧和危险的论证

10. 代替和对抗论证

11. 寻求帮助和原谅论证

12. 构成和分裂论证

13. 滑坡论证

14. 一般可接受的论证

15. 承诺的论证

16. 不一致的论证

17. 普遍的针对人身攻击的论证

18. 环境中针对人身攻击的论证

19. 偏见的论证

20. 针对个人反击的人身攻击策略论证

21. 因果关系的论证

22. 从效果到原因的论证

23. 相关与原因的论证

24. 从证据到假设的论证

25. 让步推理论证

26. 根据知情地位的论证

27. 专家意见的论证

28. 根据耗费论证

后来的工作提出了 96 个论证型式的纲要,取决于子类型如何分类。

例如,来自专家意见的论证是我们经常对论证研究感兴趣的一种常见论证。它由两个独特的前提和结论组成。基本上它说:某某是位专家,所以说某

些命题是正确的,因此(可以说是)这个命题是正确的。确定这种特殊类型的
论证似乎很简单。例如,该方法可以使用关键字,如"专家"一词。然而,从向
学生传授非正式逻辑方法的经验来看,有些学生在被要求查找这类论证的例
子时会立即上网,并选择他们找到的第一个包含"专家"的例子。当然,其中
很多都不是专家意见的论证。标准化形式的论证中出现的关键词,如"专家"
一词,可以帮助学生找到特定类型论证的例子,但它们是粗糙的工具,因为它
们没有进一步细化的使用结果会导致许多错误。

　　这种工作代表了在论证或非正式逻辑教学课程中实施的那种实践的更系
统的延续。经过多年的这种类型的教学课程,我们总是使用基本相同的方法
来使用这些示例教授学生。通过杂志,报纸和互联网,或其他任何可用的媒体
来源进行搜索,从专家意见,针对人身的攻击论证,模棱两可的案例等中找到
有趣的论证。建立这些案例的库存,并在我们的课程中讨论和分析它们,建立
每种类型的论证,它们拥有的前提种类,以及它们的不同种类的账户。

　　我们没有以任何系统的方式收集这些信息。我们发现的例子最初来自经
常阅读的新闻杂志,或者来自使用这些例子的许多逻辑教科书中的非正式逻
辑部分。最终,研究这些例子带来的丰富经验导致了论证型式的形成,这些型
式用于表示每种论证的基本结构。当我们继续教授论证课程时,这些型式非
常有用,因为它们为学生提供了一些可用于识别、分析和评估论证的指导。

　　在这些课程中,我通常给学生提供两种作业。在一种类型中,我给了他们
每个相同的话语文本,其中包含一个有趣的论证,比如一页杂志的意见社论。
在另一种类型的任务中,我要求学生自己找到一个有趣的例子,以说明我们在
课堂上关注的一个论证,比如来自专家意见的论证,并分析和评估他们的例
子。这些任务对应于此项目中要构建的方法,因此很容易看出这种方法如何
有助于这类教学课程。然而,它也会有更广泛的用途。例如,对于像论证和非
正式逻辑这样的领域的研究人员来说,它将是一个非常强大的工具。他们可
以收集大量关于特定类型论证的有趣数据,这些论证长期以较为传闻的方式

进行研究,并使论证研究领域的研究结果更加强大,因为它将基于全面记录的数据分类。

另一个说明项目如何工作的例子是针对个人类型的论证。我们定义这种类型的论证并为其制定论证型式的方式,不仅仅是个人攻击。要想成为真正的针对人身攻击论证,必须满足四个要求。第一,必须有两个论证者彼此进行某种论证。第二,其中一个论证者必须提出一个论证。第三,另一个论证者必须攻击第一方的论证。第四,另一个人必须为此目的使用人身攻击。我们发现,如果问的话,让学生去收集一个有趣的针对人身攻击论证的例子,他们会发现一些名字或个人攻击的例子,"小明是个骗子",并将其标记为针对人身攻击论证的一个例子,但是,如果辱骂的实例没有被用来攻击某人的论证,那么根据人身攻击谬误的论证型式,这样分类就是不正确的。当然,人们可以讨论分类系统,并且在非正式逻辑领域已经有很多这样的事情,但是为了能对任何一个领域进行系统的研究,必须从一些初始假设,定义和正在研究的事物的分类开始。因此,最有用的,在我看来甚至是必要的,从一套明确定义的论证型式开始,即使它们的定义仅被视为暂定的假设,随着项目处理越来越多的给定类型的论证示例,这些假设也会得到修订和完善。

二、论证型式的介绍

专家意见的论证是知情者论证的一个次种,其适用性是基于知情者的假设,因为她是专家,假设认为专家处于知情的地位。在尝试将这些型式应用于真实的论证案例时,有时很容易将它们混淆。以下是知情者论证的典型例子。

如果一个人想要找到一个在不熟悉的城市到达市政厅的最佳方式,那么问一个过路人可能会有所帮助。如果看起来这个过路人对这个城市很熟悉,并且说市政厅位于东边 12 个街区,那么接受市政厅向东 12 个街区的结论是合理的。

这种推理形式被称为知情者论证。

如果 a 是信息来源,则以下论证型式解释了什么是知情者论证。

知情者论证的论证型式①

- 主要前提:来源 a 有能力了解包含命题 A 的特定主题域 S 中的事物。
- 次要前提:声明 A 为真(假)。
- 结论:A 是真的(假)。

在许多情况下,这样的论证是合理的,但也是不可行的。通过提出对这两个前提的真实性的怀疑,或者通过询问一个是否是诚实(可信赖的)信息来源,可能会受到严厉质疑。以下关键问题与知情者论证的论证型式相匹配。

关键问题

CQ1:a 是否有能力知道 A 是否为真(假)?

CQ2:a 是一个诚实(值得信赖,可靠)的来源吗?

CQ3:a 断言 A 是真的(假)吗?

第二个关键问题涉及来源的可信度。例如,允许在审判中交叉审查证人的律师(在受控制的范围内)提出关于诚实证人性质的关键问题。如果知道证人在以前的案件中撒谎,则允许交叉检查员通过攻击被告的道德性质来提出这样的针对人身攻击问题,作为反对损害陪审团的一般规则的例外。

让我们再次考虑向路人询问市政厅位于一个不熟悉的城市的情况。这种情况显然是知道推理的立场的一个例子,但它也是专家意见论证的一个实例吗? 处于批判性思维过程中的学生往往倾向于这么认为,因为在他们看来,将路人当作城市街道的专家进行咨询似乎是合理的。毕竟,如果路人对城市非常熟悉,可以说她对城市有一种专业知识。

来自专家意见的论证型式不同于知情者论证,因为要求有能力知道的来源是专家。例如,弹道学专家和 DNA 专家经常需要提供专家证词作为审判的

---

① Douglas Walton,Chris Reed and Fabrizio Macagno,Argumentation Schemes,Cambridge:Cambridge University Press. 2008,p. 309.

证据,但他们必须具备专家资格。专家意见论证的这一型式的基本版本①如下。

- 主要前提:来源 E 是领域 S 的专家,该领域包含提案 A。

- 次要前提:E 断言命题 A 为真(假)。

- 结论:A 是真的(假)。

将专家视为一种绝对可靠的知识来源并不是明智之举,采用这种方法使得论证容易受到专家意见的谬误而误用。一般来说,这种论证型式最好被视为可防御的,但在严格质疑下也会失败。与专家意见②相匹配的六个基本关键问题如下。

1. 专业问题:E 作为专家来源的可信度如何?

2. 领域问题:E 是 A 领域的专家吗?

3. 意见问题:E 断言暗示 A 是什么?

4. 可信赖性问题:E 个人作为来源可靠吗?

5. 一致性问题:A 与其他专家断言的一致吗?

6. 备份证据问题:E 的断言是基于证据吗?

如果被访者询问六个关键问题中的任何一个,则举证责任会转回到支持者的一方以做出适当的回应。

根据一种解释,市政厅案件中的论证符合专家意见论证的主要前提,但是在这种情况下,或者在没有进一步证据的情况下,可以正确地说她是专家吗?除非她是制图师,或城市规划方面的专家,或具有某种类似的资格,否则她不具备在法律中使用该术语的意义上的专家资格。简言之,我们可以区分只是在某个领域有实践经验的人是具备专业知识的专家。

---

① Douglas Walton, Chris Reed and Fabrizio Macagno, Argumentation Schemes, Cambridge: Cambridge University Press. 2008, p. 310.

② Douglas Walton, Appeal to Expert Opinion, University Park, Pennsylvania: Penn State. 1997, p. 223.

在这里也可以注意到,在真实的论证文本中出现的许多论证,无论是在法律上还是在日常会话论证中,都有隐含的前提或结论。① 考虑一下这个例子,"乔住在里斯本,并说那里的天气晴朗,因此天气晴朗"。一个隐含的前提是,乔能够根据他居住在那里的明确前提来了解里斯本的天气。另一个隐含的前提是可行的条件,即如果一个人住在一个地方,他就能知道那里的天气。该论证的隐含结论是里斯本天气晴朗的说法。目前,这种隐含的前提和结论只能通过让人类分析师将其挖掘出来作为对文本含义的最佳解释来找到。应该指出的是,在许多情况下,论证型式对此目的非常有帮助。在里斯本的例子中,可以应用知情者论证的论证型式来提取缺失的前提。

乔能够了解里斯本天气这个缺失的前提的显示得到另外两个前提的支持。一个是乔住在里斯本的明确前提,另一个是隐含的前提,即如果一个人住在一个地方,他就能知道那里的天气。该论证展示了可废止的假言推理的论证型式。假言推理可以采取两种形式,即严格的假言推理和可废止的假言推理。可废止的假言推理有一个对例外开放的条件前提。可废止的假言推理具有以下形式:从 A 到 B 是可废弃的条件,那么因为存在前提 A,因此 B 也成立。例如,一般情况下,鸟会飞,特威蒂是一只鸟,因此特威蒂会飞。如果我们发现特威蒂是一只企鹅,那么原始的可废止的假言推理的论证就是错误的。

无知或缺乏证据推理的论证,通常被认为是另一种使用起来很常见和自然但很难识别的论证型式。我们一直使用它,但却很少意识到。这种型式很难让学生一开始就掌握并在自然语言话语中识别,因为它是细微的,并且包含着否定。无知论证的型式既基于已知的,又基于论证序列中不为人所知的某些方面。② 大前提是反事实的。

---

① Douglas Walton and Chris Reed, "Argumentation schemes and enthymemes", Synthese: An-ternational Journal for Epistemology, Methodology and Philosophy of Science, 2005, pp. 339-370.

② Douglas Walton, Argumentation Schemes for Presumptive Reasoning, Mahwah, New Jer-sey: Erlbaum1996, p. 254.

- 大前提：如果 A 是真的，A 将被认为是真的。

- 小前提：A 没有被认为是真的。

- 结论：A 是错误的。

主要前提是基于这样的假设，即已经通过知识库进行搜索，其中包含的 A 应该已经足够深，以至于如果有 A，就会找到它。关键问题包括(1)搜索有多深，以及(2)搜索需要多深才能证明 A 对于调查中所要求的证据标准是错误的结论。在无知论证的典型情况下，论证的大前提没有被明确说明，必须通过应用论证型式从文本中提取它。也许正是由于这个原因，学生往往忽视这种类型的论证，并且很难在给定的文本中识别出来。

三、实践推理和结果论证的型式

实践推理的变种型式有许多种，但最简单的(下面的)称为实践推论。在下面的型式中，第一人称代词"我"代表了伍德里奇(Woodridge)①描述的那种理性代理人：一个具有目标的实体，了解(虽然可能是不完整的)自身的情况，有能力采取行动改变这些情况，并能感知(某些)行为的后果。最简单的实践推理形式是既快又省的启发式实践推论。②

- 大前提：我有一个目标 tt。

- 小前提：执行行动 A 是实现 tt 的一种方法。

- 结论：因此，我(实际上)应该采取这一行动 A。

以下是与实践推理型式相匹配的一组关键问题。

CQ1：我应该考虑哪些其他可能与 tt 冲突的目标？

CQ2：除了我执行 A，考虑还有没有别的可以实现 tt 的替代行动？

---

① Michae Wooldridge, Reasoning about Rational Agents, Cambridge, Mass.: The MIT'Press. 2000, p. 124.

② Douglas Walton, Chris Reed and Fabrizio Macagno, Argumentation Schemes, Cambridge：Cambridge University Press. 2008, p. 323.

CQ3:在 A 和这些替代行动中,哪一个是最有效的?

CQ4:有什么理由认为我实际上可以做到 A?

CQ5:我做到 A 后可能会带来其他的后果吗?

最后一个关键问题 CQ5 经常被称为副作用问题。它考虑了行动方针潜在的负面后果。只是询问正在考虑的行动可能会带来的后果,就足以将基于实践推理的论证置于怀疑之中。

另一种可能性,是基于实践推理的论证可能会被答辩者攻击,声称所提出的行动会产生负面影响。论证中的这一举动比仅仅询问 CQ5 更强,因为它是对原始论证的尝试性的反驳。有一种特定的论证型式代表了这种类型的论证。来自消极后果的论证引用了拟议行动型式的后果,作为反对采取这种行动方针的理由。这种论证也有一种积极的形式,其中一种行为的积极后果被引用作为实施它的理由。这些是来自后果的论证的两个基本论证型式①,其中 A 代表了可由代理人带来的状态。

来自正面后果的论证

•前提:如果产生 A,可能会产生良好的后果。

•结论:因此应该实现 A。

来自负面后果的论证

•前提:如果带来 A,则会产生不良后果。

•结论:因此不应该带来 A。

从后果论证提供了暂时接受行动建议的理由,但需要视新情况可能出现的例外情况而定。来自后果的论证的实例可能更强或更弱,这取决于其最初的合理性和用于攻击它的关键问题。

---

① Douglas Walton, Chris Reed and Fabrizio Macagno, Argumentation Schemes, Cambridge: Cambridge University Press. 2008, p. 332.

来自正值的论证型式①采用以下形式

- 前提 1:由代理 A 判断,V 为正值。

- 前提 2:如果 V 为正值,就是 A 实现目标 tt 的一个原因。

- 结论:V 是 A 实现目标 tt 的原因。

来自负值的论证型式②采用以下形式

- 前提 1:由代理 A 判断,V 为负数。

- 前提 2:如果 V 为负值,则这是撤回目标 tt 的一个原因。

结论:V 是撤回目标 tt 的一个原因。

来自消极后果的论证是一种反驳形式,它引用了拟议行动型式的后果,作为反对采取这种行动的理由。

在论证中广泛使用的另一种论证是实践推理的变体,称为基于价值的实践推理。③ 以下型式来自这个版本④。

- 前提 1:我有一个目标 tt。

- 前提 2:tt 由我的一组值 V 支持。

- 前提 3:做到 A 对我实现 tt 来说是必要的(或足够的)。

- 结论:因此,我应该(实际上应该)做到 A。

基于价值的实践推理型式的另一个版本⑤将目标的概念解打包为三个要

---

① Douglas Walton, Chris Reed and Fabrizio Macagno, Argumentation Schemes, Cambridge: Cambridge University Press. 2008, p. 321.

② Douglas Walton, Chris Reed and Fabrizio Macagno, Argumentation Schemes, Cambridge: Cambridge University Press. 2008, p. 321.

③ Trevor Bench-Capon, Persuasion in practical argument using value-based argumentation frameworks, Journal of Logic and Computation, 2003, 13: pp. 429-448.

④ Douglas Walton, Chris Reed and Fabrizio Macagno, Argumentation Schemes, Cambridge: Cambridge University Press. 2008, p. 324.

⑤ Katie Atkinson, Trevor Bench-Capon and Peter McBurncy, Justifying practical reasoning, in Floriana Grasso, Chris Reed and Giovanni Carenini(eds.), Proceedings of the FourthInternational Workshop on Computational Models of Natural Argument(CMNA 2004), Valencia: Spain, 2004, pp. 87-90, pp. 88.

素:行动带来的事态,目标(在这种状态下所需的功能)和价值(需要这些功能的原因)。

在目前的情况 R 下,应该执行行动 A,这样出现的新情况 S 会带来目标 tt 的实现,并且提升价值 V。

注意,基于价值的实践推理可以被归类为将价值的论证与实践推理相结合的混合型式。

在某些情况下,可能很难确定论证的类型,因为它适合的型式并不明显,因为论证的某些元素没有明确说明。但是,在这种情况下,对话背景下的线索可以提供帮助。考虑以下关于血压的对话。①

- 支持者:您是否检查过血压?

- 受访者:没有必要。

- 支持者:不受控制的高血压可导致心脏病发作,心力衰竭,中风或肾衰竭。

被访者的答复"没有必要"可以被视为一种攻击的最简单版本的型式的第二个前提,即从实践推理中进行论证。他认为检查血压实际上并不是保持健康的必要手段。这一举动说明了反驳的类型,即对论证前提的攻击。如上所述,第五个关键问题与消极后果的论证有关。

有可能通过使用这条线索重建支持者在他第一次行动时的反应。如果我们插入一个隐含的前提,它可以被解释为实践推理型式的一个实例。② 在示例中虽然没有提供有关论证背景的进一步信息,但假设支持者关心被访者的健康状况似乎是合理的。如果是这样,人们可以插入作为隐含前提的声明,即

---

① Angelo Restificar,Syed s Ali and Susan W.McRoy,"ARGUER:Using argument schemas for argument detection and rebuttal in dialogs", in Judy Kay (ed.) , UMP99: International Con-ference on User Modeling,New York:Springer-Wien,1999,p. 3.

② Angelo Restificar,Syed s Ali and Susan W.McRoy,"ARGUER:Using argument schemas for argument detection and rebuttal in dialogs", in Judy Kay (ed.) , UMP99: International Con-ference on User Modeling,New York:Springer-Wien,1999,pp. 315-317.

被访者的目标是他的健康。如果这是一个合理的假设,支持者的论证可以重建如下

- 隐含前提:您的目标是保持健康。
- 明确的前提:检查血压是保持健康的必要手段。
- 结论:您应该检查血压。

在这种解释中,实践推理的型式可以帮助重建论证序列,如下所示。支持者从实践推理中提出了一个论证。被访者质疑这一实践论证的主要前提。他怀疑为了保持健康,检查血压并不是必要的。支持者并没有提供论证支持他实践论证的主要前提。出于说明的目的,上述对该示例的分析很简单。更全面的分析应当显示如何涉及另一种基于价值的实践推理型式,以及它如何成为所涉及的实践推理型式的必要条件变体。

四、沉没成本论证的型式

从废论证是一方准备放弃她进行了一段时间某种行为,而另一方反对说,"如果你现在停止,你以前所有的努力都将被浪费"。它在经济学中也被称为沉没成本论证,在传统上它被认为是一种谬误,尽管最近,它在许多情况下被认为是合理的。它的典型代表是以下几种情况。①

有人在股票或业务上投入了大量资金。价值下降和业绩不佳表明,这可能是退出并将剩余资金投到其他地方的好时机,但是因为这个人已经在这次冒险中投入了太多,并且现在因为退出而失去这么多,她觉得必须坚持下去而不是承担损失。考虑此时已陷入其中的所有资金,放弃投资将是太大的浪费。根据沉没成本的推理,该人得出结论,认为即使她确信其价值上升的前景不佳,也必须坚持这项投资。

不难看出为什么沉没成本论证在经济学和商业决策中通常被认为是错误

---

① Douglas Walton,"The sunk costs failaly or argument from wastc",Argumentation,16:2002, pp. 473-503.

的,投资者需要考虑未来,并且一旦情况发生变化,就不应该在情感上与先前的承诺挂钩。然而,在其他情况下,沉没成本论证可能是合理的①,特别是那些人们对某事物做出了很多努力的承诺是基于一个人的价值观。沉没成本论证似乎是一种实践推理,也是建立在后果和价值论证的基础之上。它是根据这些更简单的型式构建的复合论证。因此,这是一个典型案例,提出了如何在论证型式的分类系统中构建这种型式集群的问题。

沉没成本论证是来自消极后果的论证的子类型,可以通过将其置于这种形式中看出。

- 如果你现在停止做你正在做的事情,那将是一种浪费。

- 浪费是一件坏事(负面后果)。

- 因此,你不应该停止做你现在正在做的事情。

更确切地说,沉没成本论证具有以下论证型式,其中 A 是行动的结果,来自 a 的论证和 a 是一个代理人。②

- 前提 1:如果现在停止尝试实现 A,所有 a 以前要实现 A 的努力将被浪费。

- 前提 2:如果以前尝试实现 A 的所有尝试都被浪费了,那将是一件坏事。

- 结论:因此,不应该停止尝试实现 A。

在上述的推理中,证明了沉没成本论证可以是一种合理的论证型式,但它也是可以废除的,并且对以下关键问题持开放态度。

CQ1:实现 A 可能吗?

CQ2:如果过去的损失无法挽回,是否应该重新评估从这个时间点开始试

---

① Douglas Walton, "The sunk costs failaly or argument from waste", Argumentation, 2002, p. 16.

② Douglas Walton, Chris Reed and Fabrizio Macagno, Argumentation Schemes, Cambridge: Cambridge University Press. 2008, p. 326.

图带来 A 的成本和收益？

由于对先前的承诺和努力的依附，未能在变化的情况下适当地解决一个关键问题，这与沉没成本的论证有关。

如上所述，沉没成本论证需要建立在消极后果和负值论证的论证之上。这就把我们带到了分类型式的问题，通过构建分类树，显示一个型式是另一个型式的亚种。这个问题将在第6节中讨论。

我们现在需要解决的另一个问题是完全不同的部分，尽管它也与分类有关。它与在给定的话语文本中识别自然语言论证中的型式实例有关。在某些情况下，给定的论证可能看起来应该被归类为从废论证型式的一个实例，但关于这种分类可能存在一些问题。可以在西方信使报于 2008 年 10 月 25 日的一篇观点文章中找到一个例子，该文章主张使用胚胎干细胞来推动医学进步，并声称这种技术可用于衍生人体胚胎干细胞而不会破坏胚胎。这一观点的立场与保守派是相反的，保守派不愿意支持任何类型的胚胎研究，无论是否会破坏胚胎。文章中的一个主要论证似乎是从废论证的一个例子，如下文引用文章部分所示。

"这个[立场]是短视和顽固的。事实是，无论保守派喜欢与否，胎儿都会被抛弃。堕胎后，胚胎在可以用于拯救生命的医学研究时被扔掉。这已经成为宗教和个人信仰的问题，也是那种被误导的问题。如果只允许科学家使用原本被丢弃在垃圾中的胚胎，那么生命就可以得到拯救并得到极大的改善。"

本节中的论证可以重新格式化，使其看起来符合从废论证的型式。

- 前提 1：胚胎可用于挽救生命的医学研究。
- 隐含的前提 1：挽救生命的医学研究是一件好事。
- 前提 2：胚胎被扔掉了。
- 隐含的前提 2：任何可以使用的东西被丢掉都是浪费[一件坏事]。
- 结论：胚胎应该用于医学研究。

将论证放在这种格式中会使它看起来像是从废论证的实例。但真是这样的吗？这个问题令人费解,正反方面的意见都可以找到。使用"浪费"这个词,浪费被认为是一件坏事。此外,某些行为被归类为"浪费"会被视为反对它的理由。然而,似乎缺少的是,根据该型式的前提1,在适当的从废论证中,代理人正在做一些先前的努力,如果他现在停止,他的努力将被浪费。在干细胞的例子中,以前没有这种努力。相反,被称为浪费的是被"扔掉"的胚胎。从废论证型式的前提2还要求,如果以前尝试实现某些东西被浪费,那将是一件坏事。在干细胞的例子中似乎没有任何情况适合这个前提。以前没有人对干细胞做任何事情,也没有为实现某事做出任何努力或承诺。

这种情况的问题在于将型式的前提与话语文本中给出的论证的前提相匹配。如果在话语的论证中找不到该型式的必要前提,我们需要查看是否有证据表明它是一个隐含的前提。如果没有这样的证据,我们需要得出结论,给定的论证不是这个特定型式的实例。在本示例中,我们可以得出结论:给定的论证不是沉没成本论证的型式的实例。

五、滑坡论证型式

最后,我们需要考虑滑坡论证的型式,这是一种高度复杂的论证型式,由我们迄今为止研究的其他更简单的型式组成。向学生传授批判性思维技能是一个常见的问题,一旦他们被教授了滑坡论证的结构,他们倾向于将其应用于证据不足以证明将其归入这一类别是正当的情况中。例如,他们通常会从负面后果中找到论证案例,并跳到必须是一个滑坡论证的结论,因为一些不良结果被当作不执行特定行动的理由。然而,严格来说,要成为滑坡,一个论证必须满足一些要求。

滑坡论证的型式①

● 第一步前提:AO 可以作为一项似乎最初应该带来的提案。

---

① Douglas Walton,Chris Reed and Fabrizio Macagno,Argumentation Schemes,Cambridge:Cambridge University Press. 2008,p. 339.

- 递归前提：A0 可能会导致（据我们所知的给定情况下）A1，这反过来可能导致 A2，以此类推，通过序列 A2，……An。

- 糟糕的结果前提：An 是一个可怕的（灾难性的，坏的）结果。

- 结论：不应该带来 A0。

这种型式的一个重要要求是存在递归前提。没有这个前提，这个论证显然只是来自消极后果的论证实例。正是这种递归前提的存在使我们能够区分任何给定的情况，即论证是否是滑坡论证以及是否存在消极后果的论证。

以下示例是一个真正的滑坡论证。格雷戈里·李·约翰逊（Gregory Lee Johnson）在达拉斯举行的政治示威活动中焚烧美国国旗，以抗议里根政府的政策。约翰逊被判"亵渎受尊敬的对象"，但得克萨斯州刑事上诉法院推翻了该判决，辩称约翰逊的行为是"表达行为"，受第一修正案的保护。在得克萨斯州的案件中，最高法院重审了这一得克萨斯州诉约翰逊案（1989 WL 65231（美国），57 U.S.L.W. 4770）。威廉·布伦南（William Brennan）大法官在提出法院意见时引用了沙赫特（Schacht）诉美国案的先例，裁定一名演员可以穿着美国武装部队的制服，同时通过反对越南战争来诋毁那些使该武装部队失去信誉的人。

"我们认为没有理由认为在沙赫特（Schacht）的判决所依据的原则不适用于这个案件。可以得出结论，政府可以允许使用指定的符号来仅仅传达有限的一组信息，即进入没有可识别或可防御边界的领土。根据这个理论，政府能否禁止焚烧国旗？总统印章的副本？宪法？在根据第一修正案评估这些选择时，我们如何确定哪些符号足够特殊以保证这种独特状态？为此，我们将被迫查阅自己的政治偏好，并按照第一修正案禁止我们这样做的方式将其强加于公民身上。"

本节中的论证可以被确定为滑坡论证的一个例子。据说第一步导致一系列不明确的决定（是否禁止焚烧国旗，总统印章副本，宪法等），这反过来会导致个人强加自己的结果对公民的政治偏好。据说这是一个自由国家无法容忍的结果,违反了第一修正案。在这种情况下,显然存在递归前提。

许多例子的问题在于,论证看起来似乎是滑坡类型,但从前提到结论所需的一系列干预步骤并未明确。以下摘自 1965 年 10 月 29 日理查德尼克松(Richard Nixon)在"纽约时报"上写的一封信,这被作为逻辑教科书①中一个错误的滑坡论证的例子,但很难告诉它是否真的适合这个滑坡试验的型式。尼克松的信件以下列方式警告越南沦陷的后果。

"……最终意味着所有人不仅在亚洲而且在美国都会破坏言论自由。千万不要忘记,如果越南战争失败了,言论自由也将在全世界范围内消失。"

这个论证看起来似乎是滑坡论证的经典案例,但递归前提在哪里? 干预步骤也是缺失的。据推测,尼克松声称,越南的垮台将导致其他邻国沦为共产主义,而这些事件反过来又会引起连锁反应,最终导致整个世界被不民主国家接管的灾难性后果。问题是尼克松没有填写所有这些干预步骤,那么怎样才能证明递归前提要求实际上是由上述例子中所述的论证所指向的呢? 需要考虑的一个选择是这些介入的主张是否可以被视为隐含的前提。换句话说,这些主张是一种三段论吗? 因此通过整理文本证据,可以证明论证应该被归类为滑坡。然而,需要论证这个符合滑坡论证型式的论点。如果不能通过整理本案文本和上下文证据来维持这一论点,那么论证应该只被归类为来自负面后果的论证,而不是一个滑坡论证。

滑坡论证确实发生在日常生活和法律论证中,但它并不像上面提到的其他型式那样普遍,比如来自消极后果和实践推理的论证。如上例所示,在给定情况下正确识别论证是滑坡型式是一项重要任务,因为该型式非常复杂,具有如此多的先决条件,并且是由其他更简单的型式组成的复合论证。有人认为,滑坡型式可以分析为一个复杂的子区域链,每个子区域都有 DMP(data-management-platform)结构,但这里没有足够的空间来讨论这个有趣的分析。

---

① Douglas Walton,Slippery Slope Arguments,Oxford:Oxford University Press. 1992,p. 97.

六、论证型式的分类

使用型式自动识别文本中论证的项目将极大地受益于分类系统,该分类系统显示哪些型式是其他型式的子型式。分类型式在上面研究的型式和例子中具有十分重要的作用。到目前为止,还没有被普遍接受的论证型式分类系统。沃尔顿、里德和马卡尼奥调查了几种不同的方法,并得出结论,在目前的型式发展状态下,下面概述的一般系统最容易应用。其中,有三个主要类别,每个类别下有各种型式。

推理

1. 演绎推理

演绎假言推理

析取三段论

假言三段论

归谬法

等等。

2. 归纳推理

从随机样本到总体的论证

等等。

3. 实践推理

来自后果的论证

选择论证

从废论证

沉没成本论证

诉诸威胁的论证

诉诸危险的论证

4. 溯因推理

来自标志的论证

从证据到假设的论证

5. 因果推理

从原因到效果的论证

相关与原因的论证

因果滑坡论证

基于源头的论证

1. 从立场到知识的论证

从见证到证明的论证

专家意见的论证

来自无知的论证

2. 来自承诺的声明

来自不一致的承诺的论证

3. 攻击个人信誉的争议

普遍的针对人身攻击的论证

环境中针对人身攻击的论证

针对人身的论证

等等。

4. 一般接受的论证

全面接受意见的论证

普遍实践的论证

等等。

将规则应用于案例

1. 基于案例的论证

来自示例的论证

来自类比的论证

来自先例的论证

2. 可行的基于规则的论证

来自既定规则的论证

来自例外案件的论证

来自辩诉理由的论证

3. 口头分类论证

言语分类的论证

从言语分类的模糊性论证

4. 连接规则和案例的连锁论证

来自渐进主义的论证

来自先例滑坡的论证

滑坡论证

这种分类型式对于指导学生参加非正式逻辑课程非常有帮助,因为它有助于将一些最常用的型式分组,但正如滑坡论证和沉没成本论证所示,这些更复杂的型式与构成它们的简单型式之间的关系,如实践推理,后果论证和价值观论证,需要进行更深入的分析。

普拉肯(Prakken)①给出了另一个例子,说明如何以一种有趣的方式对型式进行结构上的关联。他研究了专家意见与论证之间的结构关系,并表明前一种型式可以归类为后一种型式的一个特例。他还展示了如何以一种表明它是一种诱导性推理的方式来分析从证据到假设的论证,这种推理通常被称为对最佳解释的推论。这些发现证实了这样的假设,即许多最常见的型式与其他型式具有联系关系,因此一种型式可以被分类为另一种型式的亚种,但只能以复杂的方式进行分类。这种复杂的方式需要考虑型式之间的结构关系。

------

① Henry Prakken,"On the nature of argument schemes",in Chris Reed and Christopher W.Tindale(eds.),Dialectics,Dialogue and Argumentation:An Examination of Douglas Walton'sTheory of Reasoning and Argument,London:College Publications,2010,pp. 167-185.

这里展示的内容不仅对于开发精确的型式分类系统非常重要,对于开发论证挖掘系统的总体项目也非常重要。已经展示的是有一些简单和基本的型式,并且有一些高度复杂的型式是由更简单的型式构建的。最重要的简单型式包括实践推理,从知晓的位置进行论证,从承诺中得出的论证,以及从价值观中得出的论证。后果的论证也是一个简单的型式,但它与实践推理型式有着有趣的关系。来自负面后果的论证对应于与实践推理型式相匹配的关键问题之一。

七、论证挖掘在人工智能中的研究

令人鼓舞的是,已经有一些系统将论证型式应用于法律文本,并且到目前为止,这些实验工作的结果非常有趣。① 话语理论假设结构文本是图形或树的文本,复杂文本结构的基本单元是非重叠的文本跨度。进行了一些实验,旨在开发对法律文本中的论证进行分类的方法,以便访问和搜索此类文本中的论证类型。它们建立在最近的法律论证理论和修辞结构理论的基础上。他们寻找由连词和某些状语群表达的修辞结构的显著指标。② 他们识别单词,连续单词对,三个连续单词的序列,副词,动词和模态辅助动词。修辞结构理论定义了二十三种修辞关系,可以在文本的跨度之间进行。大多数文本跨度称为核心,即作者目的最重要的单元,以及与核相关的卫星。例如,证据关系将像"鲍勃射杀了艾德"以及类似"鲍勃的指纹在枪上找到"之类的卫星联系起来。他们的实验提供了对识别法律论证和单个句子的特征类型的初步评估。在未来的工作中,他们也希望专注于不同类型论证的分类。

---

① Raquel Mochales and Aagje Leven, Creating an argument corpus: do theories apply to real arguments?, Proceedings of the 12th International Conference on Artificial Intllience and Law, New York: Association for Computing Machinery, Inc., 2009, pp. 21–30.

② Marie-Francine Moens, Raquel Mochales Palau, Erik Boiy and Chris Reed, Automatic detection of arguments in legal texts, Proceedings of the International Conference on AI and Law (ICAIL 2007), Stanford, California, 2007, pp. 225–230.

这项工作已经应用于法律论证文本。在这项研究中,句子根据论证型式进行分类,目的是建立一个自动检测和分类法律案件的系统。该项目已经在欧洲人权法院的文本中建立了一个语料库,该文本在一位法律专家的监督下由三位注释者注释。这项任务因以下事实而变得更容易:提供其案件的法院文件已经使用副标题分类为具有不同功能的文本的不同部分。因此,例如,文本的一部分中提出了法官的论证。使用有限数量的论证型式,例如①中确定的 26 个左右,将是一种开始识别不同类型的论证的方法。这项研究为将人工智能研究应用于非正式逻辑提供了机会。

值得注意的是,在语料库中没有对无知论证的实例的识别,并且确定了很少有来自承诺的论证。在这项研究中,实践推理没有被用作型式。找到了 80 个从根据知情地位的论证实例。发现了 2099 例针对此人的间接论证。发现了从证据到假设的 10744 个。发现了专家意见的 2385 个论证。发现了 12229 个来自先例的论证。找到 1772 个不符合型式的论证实例。

这些结果很有意思,但摩卡莱斯(Mochales)和列文(Leven)指出了一些问题。为了提高系统在自动化论证文本挖掘中的实用性,一些研究课题急需探索。这些观察结果表明,除了用于自动化论证检测②的型式本身的更精确定义之外,还需要提供额外的标准,这些标准可以帮助确定型式是否有效,在问题案例中与论述文本中的给定论证相对应。收集此类标准的来源已经可以在 AI 和论证理论的工作中找到。血压的例子表明,在检测话语的型式的任务中,需要考虑案例中对话的背景以及指示词。在这种情况下,确定实践推理是适合论证的型式的线索是与支持者使用实践推理相匹配的关键问题。

一段时间以来,阿姆斯特丹学院一直在研究使用所谓的"因此(thus)",

① Douglas Walton, Argumentation Schemes for Presumptive Reasoning, Mahwah, New Jersey: Erlbaum. 1996, pp. 7-9.

② Iyad Rahwan, Bita Banihashemi, Chris Reed and Douglas Walton, Avicenna: argumentation support on the semantic web, Knowledge Engineering Review, to appear. 2011, p. 78.

"因而(therefore)"和"因为(because)"之类的议论指标来识别话语文本中的论证。① 本研究的重点是区分话语文本中可以恰当地用来表示论证的项目,而不是其他一些言语行为,如提出解释或做出陈述。到目前为止,只研究了一些论证型式,包括类比论证、符号论证和因果论证。

　　另一种方法根据辩论型式重建了基于案例的法律推理。该方法使用一组案例,因素和案例之间的比较的实例化论证型式,从中可以得出有关案件结果的理由,包括来自先例的论证和来自类比的论证。案件中有原告,被告,案件中存在的一系列因素,以及原告或被告的结果。他们在案件中确定并定义了他们所谓的主要型式,包括它的前提和结论。② 这个主要型式的一个前提被称为因素偏好前提,它指出在对原告有利的先决案件中,一个因素优先于另一个因素。然后,他们引入了一种新的论证型式,他们称为先行优先型式,用于支持主要型式的因素偏好前提。在关于辩论型式的一般文献中,这种法律型式将属于被称为先例论证的型式的特定种类。他们也确定了其他型式,显示了如何利用双方拟合方案的论证来支持或攻击相关案例中使用的其他论证。其中的方法有一些特别重要的特征。他们使用了适用性假设,因为可能有很多理由说明为什么案例中提出的论证不适合该案例。他们还区分了型式中的三种不同类型的前提、称为普通前提,假设和例外。③ 这种方法特别重要,因为它显示了如何在法律案例推理的框架内使用型式,特别是因为它显示了如何使用因子来定义法律型式并将其应用于论证法律案例。

　　拉万等通过在描述逻辑中构建论证型式的第一个本体论,对特定型式的

---

　　① Frans H.van Eemeren, Peter Houtlosser and Francisca Snoeck Henkemans, Argumentative Indicators in Discourse, Dordrecht: Springer. 2007 pp. 34–39.

　　② Adam Wyner and Trevor Bench-Capon, Argument schemes for legal case-based reasoning, in Arno R Lodder and Laurens Mommers(eds.), Legal Knowledge and Information Systems: JURIX 2007, The TwentiethInternational Conference, Amsterdam: IOS Press, 2007, pp. 139–149.

　　③ Thomas F.Gordon, Henry Prakken and Douglas Walton, The carneades model of argument and burden of proof, Artificial Inellgence, 2007, 171: pp. 875–896.

自动识别进行了深入研究,展示了描述逻辑推理技术如何用于推理自动论证分类①。基于 OWL(Ontology Web Language)的系统被实现用于语义网上的论证支持。在最高级别,确定了三个概念,称为语句,描述由语句组成的论证的型式,以及语句的作者。确定了不同种类的型式,包括规则型式,其描述了论证类别、冲突型式和偏好型式。这些型式通过对其组成部分进行分类:普通前提、假设、例外和结论。声明可分为声明性或命令性。例如,在从位置到论证的型式中(参见上面的第 1 节),语句有知识的职位的类被定义为与属性形式描述相关联的一种声明性语句,"代理 a 有能力知道是否声明 A 是真或假",它描述了它的典型型式。② 使用这些类别,可以通过陈述完全描述一个型式,如从根据知情地位的论证型式。一个实例被归类为属于这种类型的必要和充分条件,确定了称为冲突型式的特殊类型的型式。识别型式的方法是在一个名为阿维森纳的基于网络的系统中实现的。③ 用户可以根据关键词、结构特征和其他属性搜索论证。即使从对计算领域的论证挖掘的当前工作的简要描述中也可以清楚地看出,该技术型式将从改进论证型式的更多工作中受益匪浅。同样清楚的是,虽然这项技术工作只是开发有用的论证挖掘技术的第一步,但是目前使用的方法如何适应非正式逻辑的需要已经有了有趣的含义。

八、论证挖掘——一种非形式逻辑方法

我们如何利用这些结果来开发可以用来帮助非形式逻辑学生识别论证的论证挖掘方法,例如,他们在报纸、杂志或互联网上的自然语言文本中遇到的

---

① Vad Rahwan, Bita Banihashemi, Chris Reed and Douglas Walton, Avicenna: argumentation support on the semantic web, Knowledge Engineering Review, to appear. 2011, p. 11.

② Thomas F.Gordon, Henry Prakken and Douglas Walton, The carneades model of argument and burden of proof, Artificial Inellgence, 2007, pp. 23-24.

③ 同上。

那种论证,如何分析使用非正式逻辑的标准方法? 我们已经有一些方法可以帮助完成这类任务。例如,使用论证映射工具来识别论证的前提和结论,并显示一个论证如何在论证链中与另一个论证相关联。第二个更雄心勃勃的项目是为论证挖掘开发一个自动化的论证工具。这个想法是这个工具可以上网并收集特定指定类型的论证,例如来自专家意见的论证。当然,这两个任务是相互关联的,因为最强大的方法可能是通过让受过训练的人类用户应用自动化工具在话语文本中暂时识别论证来组合这两个任务,然后纠正自动化工具产生的错误。

这项工作有六个不同的任务。第一个任务是识别话语文本中的论证,而不是其他实体,如陈述,问题或解释。执行这项任务需要对论证的定义进行一些定义,而不是通常与提出论证混淆的言语行为,如提供解释。这项任务的一部分是识别广泛类型的论证,如演绎和归纳论证,而不是第三类,有时称为合理的论证。第二个任务是确定具体的,已知的论证型式。识别特定论证型式的主要方式是能够识别构成该型式的前提和结论。所需要的是一种解析器,它不仅可以识别这些前提或结论中的单个语音单元,如名词和动词,还可以识别出现在型式中的特定名词,如"专家",或特定的短语,如"已知的位置"。第三个任务是对论证型式进行更深入的分类。第四个任务是更精确的型式制定。这可以通过多种方式实现。其中一种方法是制定可以应用于特定领域的型式。例如,专家意见论证的型式需要在法律上以比分析普通会话论证更精确的方式制定,因为专家意见作为一种证据的论证的具体标准已经通过法律判例和法院判决在法律上建立。第五个任务是制定标准,以便区分彼此相似或彼此密切相关的型式。第六个任务是开发技术,以最大限度地减少在自然语言文本中识别型式中的错误。如上所示,在某些情况下,很容易将一种型式相与另一种型式混淆。这里的部分任务是开发这种边缘问题案例的语料库,并研究可用于解决问题的标准。第五个任务的一个重要部分是为论证型式开发更深入的分类系统。

在基于论证挖掘的任何有用的论证识别系统可以在非形式逻辑设置中实现之前,所需要的是鼓励非形式逻辑领域的人们就这一主题开展研究项目。建立这种研究项目的任何人的初始问题是决定应该使用什么样的自然语言文本作为数据库。非形式逻辑中的教科书经常以杂志和报纸文章为例,但有时也有法律论证的例子。第一个项目是采取特定的新闻杂志,并尝试识别其中发现的论证的实例,以及尝试识别论证的类型。第二个项目是使用某种法律论证的例子。第三个项目是使用贬低媒体中的论证数据库,或者在任何给定时间包含许多有争议问题的有趣论证的类似在线资源。

小　　结

在法律语篇中使用论证挖掘型式的工作表明,除了型式本身之外,引用特定要求的附加信息必须满足以作为特定型式的实例才有资格,这将非常有用。例如,为了帮助判断文本中的论证是否应该最好归入从根据知情地位或从专家意见论证的标题下,一些要求告诉论证的注释者什么样的源有资格可以作为专家来源,如在第 1 节中的那些讨论将是有用的。建立这样的额外资源的方法是更好地将型式的理论研究与测试其应用于话语文本的工作结合起来。

尽管人工智能的研究工作为使用型式进行自动论证检测项目的可行性提供了理由,但是上面提出的问题案例涉及从位置到知识的论证,专家意见的论证,沉没成本论证和滑坡论证是引起关注的原因。需要指出的是,这项任务与另一个问题,即三段论问题或在话语的自然语言文本中发现的具有隐含前提或结论的论证有关。正如我们在解决区分滑坡论证和论证与否定后果之间的问题所看到的那样,往往取决于论证分类需要的隐式前提,如递归前提,但在给定的范围内没有明确说明话语文本。这是论证研究的核心问题。是否有可能建立一个自动系统,可以检测到三段论并填补遗失的前提或结论,以便通过论证视觉工具提供对缺失前提的论证的分析? 简短的回答是,构建这样一种有用的工具可能比最初想象的要困难得多,①但作为工具的一部分,型式的使用肯定会有所帮助。因此,该项目值得为非形式逻辑目的而做,并且与为论证型式开发更深层次分类系统的根本问题密切相关。

_____

① Douglas Walton and Chris Reed,"Argumentation schemes and enthymemes",Synthese:Ann-ternational Journal for Epistemology,Methodology and Philosophy of Science,2005,145:pp. 339-370.

第十章　论证型式在政经与教育领域的应用

第一节　基于论证型式的论证评估——面向政治论辩的分析与评估

引　言

19世纪60年代,在美国北方报纸使用醉酒、狒狒、太慢、愚蠢和不诚实的词语攻击林肯的政策,攻击他的性格。从那时起,随着政治论证的不断增加,人身攻击论证已被精心改进为公共关系专家的"反对策略"和"消极"工具,他们现在正在国家层面开展政治运动。在过去几年的主要的政治运动、辩论和广告中得到了如此明显的使用,甚至有人对此有了反应。他们在这个方向走得太远,需要一些限制,但是,在最近的运动中使用的论证中没有证据表明存在这种限制。也许可能有用的是选民和竞选者能够更好地理解如何批判性地评价人身攻击。针对人身攻击的论证如何真正起到塑造公众舆论的作用,为什么它常常如此有效,以及如何防范? 如何通过某种客观标准,以一种可以应用于特定情况的方式,将其作为一种明确可识别的论证进行评估? 这些问题似乎很棘手,但最近的研究取得了一些不可忽视的进展。

本节的目的是通过一个新的案例研究，探讨政治话语中常用的一种论证。在这个案例研究中，我们利用辩证的规范框架，来识别和评估沃尔顿发展的针对人身的论证。这个特殊情况虽然是当前在政治话语中使用的众多针对人身论证的典型特征，但它具有一些特殊的特征，这些特征不仅在于展示辩证框架如何应用于案例，而且在推进我们的知识发展和增量方面也非常有趣。

一、分析和评估的框架

尽管论证和人格攻击论证一直被视为逻辑上的谬误，但如上所述，最近的论证研究在许多情况下，包括在谈话论证中使用的政治论证中针对人身的论证并非谬误。研究表明，虽然一些针对人身的论证肯定可以判断为谬误，但其他许多论证如果在适当的背景下进行评估的话，则是非常合理的，所以这些论证应该被评估为未得到充分支持，而不是归为谬误。如本案例研究所示，针对人身的论证在得到正确的使用情况下，能够发挥它真正的功能，也就是攻击论证者本身的可信度，以此来批评他主张的论点。

在进一步讨论之前，有必要定义一些在上述研究中使用的术语。针对人身的论证是在两方之间的对话交流中进行人身攻击，其中一方在某些方面攻击另一方的角色是不好的，然后以此攻击为基础批评对方的论点。如果一方在对话交流中以某种方式使用了一种特殊的可被识别的论证①，从而阻碍或干扰了双方均应参与的对话类型的目标的共同实现，那么该论证是错误的。因此，弱的论证、易受批判性质疑的论证以及错误论证之间是有区别的。谬误性的论证必须比弱的论证或者未完成举证责任的论证更糟糕。一个谬误的论点是一种棘手的、欺骗性的、诡辩的策略，过去常常以一种并不合适作为对话

---

① Johnson, Ralph. "The Blaze of Her Splendors: Suggestions About Revitalizing Fallacy Theory." Argumentation 1:1987, pp. 239–254.

交流协作手段的方式来获得言语伙伴的最大价值。格里斯(H.Paul Grice)①
提出应当在礼貌准则的指引下促进协作对话,以评估对话中暗含的行动建议。
卡尔布(Krabbe)②强调了对应用逻辑特别重要的不同类型对话的目标,以及
常用论证的评估。这两种方法建立了一个可用于评估通常与谬误相关的论点
的规范框架。

在二十世纪下半叶的政治话语媒体报道中,针对人身的论证已成为一个
特别受关注的主题。针对人身的论证经常被证明是如此有效,例如,在竞选活
动中,即使在谴责它们时,政客也无法停止使用它们。如果候选人开始觉得他
在民意调查中远远落后于对方,那么针对人身的舆论往往会被保留下来,因为
这是可以留下的唯一一个提供最后机会的手段。克拉更和库特波斯提供了一
个关于竞选活动的揭示案例研究③,其中针对人身的论证是"弱势"候选人胜
利的决定性工具。然而,从那个时候开始,政治家更加有效地使用针对人身的
论证,引起了对"负面竞选"和"针对人身"的极大关注。尽管针对人身的论证
已经存在很长时间,但是如何以一种平衡的方式处理它们的问题现在比以往
任何时候都更受关注。我们需要的是一种方法或规范框架,以使政治修辞的
消费者用它来批判性地评估针对人身的论证。

在克拉更和库特波斯描述和分析的案例中,在总统候选人阿德莱·史蒂
文森的儿子史蒂文森参加伊利诺伊州州长竞选活动时,他被批判的理由是他
属于一个全男性的芝加哥俱乐部。史蒂文森抱怨说他被视为"某种懦夫",对
批评过度反应;但是一旦这个评论出现在印刷品中,当时在比赛中落后于他的
对手充分利用了所谓的"懦夫因素",并将史蒂文森描绘成一种挑衅的爱国

① Grice,H.Paul."Logic and Conversation."In The Logic of Grammar,ed.Donald Davidson and Gilbert Harman,1975,pp.64–75.

② Walton,Douglas N.,and Erik C.W.Krabbe.Commitment in Dialogue:Basic Concepts of Inter-personal Reasoning.Albany:SUNY Press.1995,pp.29–34.

③ Cragan,John F.,and Craig W Cutbirth."A Revisionist Perspective on Political Ad Hominem Argument:A Case Study."Central States Speech Journal 1984.,pp.228–237.

者。他声称自己属于俱乐部只是因为他找不到任何其他体面的地方吃午饭。史蒂文森失败了,根据克拉更和库特波斯的观点,针对人身的论证中的"懦夫因素"的论点是导致他失败的工具。

　　针对人身的论证的历史起源一直是一个神秘的东西,它作为一种明确认定的论证类型的开始通常归因于卢克(John Locke)或盖里列(Galileo Galilei)①。然而,最近的历史研究 ②通过中世纪对亚里士多德的论述追溯了它的根源。一个通道是通过对被访者持有的观点进行检验来提及测试或探究受访者知识的参考。"针对人身攻击的论证"的历史发展的另一个根源是在"论证反驳"中更常被引用的段落,其中亚里士多德将反驳中的反驳引导反驳,反驳提出反对的人③。然而,由于有两个根源,因此对针对人身的论证的教科书处理模糊不清并且令人困惑。

　　本案例研究关注的针对人身的论证的类型是上面定义的个人攻击类型。另一种类型是洛克式,由洛克在他的"关于人类理解的论文"中描绘,在汉波林④完全引用的一段被忽视的段落中。洛克将这种论点描述为"一个从他自己的原则或让步中得出结果的人"。这种类型的论证我们在其他地方称为"承诺论证"。巴斯和马顿斯⑤认为针对人身的论证的谬误是对洛克模型的最佳分析,与承诺的论证基本相同,但我们认为这些是两种不同类型的论证,虽然承诺的论证是针对人身论证的个人攻击类型的一个子部分,但它并不是整个论证。在任何情况下,关于针对人身论证的混淆一直是并且仍然是一个严重的问题。

---

①　Finocchiaro,Maurice.Galileo and the Art of Reasoning.Dordrecht:Reidel. 1980,pp. 56-61.

②　Nuchelmans,Gabriel."On the Fourfold Root of the Argumentum Ad Hominem." In Empiri-cal Logic and Public Debate,ed.Erik C.W.Krabbe,Renee Jose Dalitz,and Pier A.Smit,37-47. Amsterdam: Rodopi. 1993,p. 9.

③　亚里士多德,E.S.Forster 翻译:《辩谬篇》,哈佛大学出版社,1928 年版。

④　Hamblin,Charles L.Fallacies.London:Methuen. 1970,pp. 78-88.

⑤　Barch,E.M.,and J.L.Martens. "Argumentum Ad Hominem:From Chaos to Formal Dialec-tic."Logique at Analyse. 1977,pp. 76-96.

想要真正理解针对人身的论证是一种明确定义的,并且具有独特结构的论证类型,必须首先将品格分析作为一种道德概念,在论证的对话结构中发挥作用,一方制造对另一方的道德品质进行人身攻击,以批评对方的论点。我们对人物在推理中扮演的角色的最佳分析可以追溯到亚里士多德的叙述,通过实践推理或实践智慧(实践证据)的概念,如亚里士多德的修辞学:一种讽刺艺术①。因此,在多种方式中,针对人身的论证的起源可以在亚里士多德中找到。

在上述的研究中,针对人身论证的子类型有:滥用(直接)人身攻击论、间接人身攻击论、偏见人身攻击论、并底投毒论。每个子类型都有一个明确定义的形式,作为可识别的论证类型②。在针对人身的论证的讨论中提出的识别和评估针对人身的自变量的方法,对识别出的针对人身的自变量的每个区别子类型都使用了一套论证型式(论据形式)以及一套适当的方法,符合每个型式的关键问题。以下是关于针对人身的论证的直接或所谓的滥用形式的论证型式:"即布林顿(Brinton,1985)③和我本人(沃顿,1998)所称的人种论证的伦理学类型。"变量 a 代表论证者,变量 A 代表论证。

针对人种的论证

a 是性格不好的人。

因此,不应接受 a 的论证 A。

关于间接针对人身的论证型式,或"你不实践你所宣讲的"论证,其内容如下。

情形

① Garver,Eugene. Aristotle's Rhetoric:An Art of Character. Chicago:U of Chicago P. 1994,pp. 21-33.

② Walton,Douglas N.Ad Hominem Arguments.Tuscaloosa:U of Alabama P. 1998,pp. 97-101.

③ Brinton,Alan."A Rhetorical View of the Ad Hominem." Australasian Journal of Philosophy,1995. ,63:50-63. "The Ad Hominem." In Fallacies:Classical and Contemporary Readings,ed.Hans V Hansen and Robert C.Pinto,pp.1985,213-222.

1. a 主张论点 A。

2. a 已经采取了一项行动或一系列行动，暗示 a 个人承诺与 A 相反。

因此，a 是一个坏人。

因此不应接受 a 的论点 A。

在一个特定的案例中，一个针对人身的论证首先要评估它是否符合型式的要求，其次要评估关键问题的处理方式。谬误的案例是进一步对话交换中的批判性质疑受到抑制的案例，但是，在原则上，这两种类型的针对人身的论证都是合理的，正如在某些情况下所使用的那样。

针对人身的论证可以通过对他的性格（特别是真实性）来质疑论证者的可信度，并使用该指控来怀疑他的论点否在支持其结论方面有很大的分量，但是，如果论证的论点完全错误（或不可原谅），那么这种类型的论证可以被错误地使用，而不是较弱的主张，即论证者对他的结论的论证是对批判性质疑的开放。换句话说，针对人身的论证是一个关于论证者论证的相对论证，但是，一旦它成为一个绝对主张，论证者提倡的命题是假的，就会遇到困难。在评估案例时，批判性思考者必须注意诸如肯定和必须的词语，这些词语绝对排除了主张是错误的可能性。

当最初进行任何特定案例研究时，关键是要立即注意到，环境类型与直接或所谓的"滥用"类型不同，但也与之相关。间接类型主要涉及一种指控，即受到攻击的一方犯下了一种事实上的不一致，这种不一致的特征可以用"你不实践你所宣讲的东西"这一表达为特征。然后，不一致的指控被用作发起直接或针对人身的论证的基础，以致被针对的人具有不良角色，因此，她的论点是坏的，或者——不应该是认真对待。因此，区别在于直接针对并不要求对环境类型所做的那种间接不一致的指控。

二、案例介绍

我们将要研究的案例来自时代杂志 1996 年 11 月 18 日的"选举笔记本"，

时间周刊发布了"竞选96奖",以"表彰政客,他们的亲戚及其骇客的杰出成就"。其中两个奖项直接引用如下。

轻微不和谐的奖章:戈尔(Al Gore)在民主党大会上描述他妹妹死于吸烟引起的肺癌时,在众议院没有一个人不流下眼泪,但是戈尔没有提到,在她去世后的几年里,他的家人继续种植烟草,并继续接受来自烟草利益的竞选资金。最令人作呕的反转是:戈尔解释了上述情况,他说:"我感到麻木,使我无法融入生活的各个方面,这些悲剧真正意味着什么。"

"选举笔记本"的作者没有得到证实。该页面只是一个编辑专栏,附带一张戈尔演讲姿势的照片。

为了对本案的论证所针对的对话类型进行分类,不得不说它是一种编辑页面,与新闻故事相对应。页面上条目的意图可以被描述为具有讽刺性,但每个条目肯定都具有政治内容,因为它是表达特定观点的论据。每个条目都是一篇社论评论,其中表达了特定的"转变"或意见。因此,话语的功能可以被归类为政治评论之一,它本质上是党派性的,与信息寻求或新闻报道类型的对话相对应。例如,上述案例提出了一个观点,在一个问题的一方的论证中表达。它的类型与报纸上的政治报道不同,在报告中,双方应该提出或者无论如何报告报道不应该是单方面的。

在这种情况下使用的论证是论证型式的一个实例,可以通过检查其组成部分以及如何将它们组合在一起以支持结论来显示。首先,戈尔关于他的妹妹死于肺癌的演讲被引用,表明他主张吸烟是一件非常糟糕的事情,以最强烈的方式表达了他反对吸烟的情感立场。其次,论证指出戈尔"没有提到"两个关键事实。一个是他的家人在他的妹妹去世后继续种植烟草。另一个是戈尔继续接受"烟草利益"的资金。这两项陈述中引用的行动与戈尔在演讲中所说的内容形成了冲突。这种冲突采取了务实的不一致的形式,读者从中得出结论,戈尔不能真诚地表达他(如此含泪)在他的演讲中所说的话。结论表明,戈尔一定是一个伪君子,因为在某种程度上他所说的话并不是他真的认为的,即他说的不是真话。换句话说,他极力地倾诉他的个人情绪反对某些事情,但是,他在演讲中"未提及",他实际上支持并有助于制造他强烈谴责的这件事。

这样的矛盾会有解释吗? 社论实际上给了一个解释,但这让戈尔听起来甚至更加不真诚。因此,针对人身的论证型式的第三部分已经确定。读者得出结论,戈尔必定是一个"坏人",也就是说,在这种情况下,一个伪君子会在自己的政治演讲中主张与自己的个人政策直接相反的价值观和政策,正如他自己的行为所揭示的那样。在许多情况下可以解释这种不一致性。然而,在这种情况下,这一论证似乎是无懈可击的。为了进一步证明这一点,戈尔(假定)的回答进一步证明了他的不真诚。最终得出结论:针对人身的论证型式的第四阶段可以由社论的读者绘制。有人提出,戈尔泪流满面的言论仅是一种修辞的蓬勃发展,因为他是一个真诚的人,你不能真正信任或接受他在政治中所说的任何东西。

三、案例分析

为了分析这种情况下的论证,第一步是确认案例中论证的分类,作为环境类型的针对人身的论证类型的一个例子。在这个案件中提出的指控是,戈尔的行为和他的论点实际上是不一致的,因为这两件事发生冲突,一件是另一件事的反面。如上所述,格里森(Gricean)提出的这种不一致含义的进一步暗示是,戈尔反对使用烟草制品的论点并非毫无疑问。他的想法是,他说了一件事,但做了另一件事,所以"行动胜于雄辩"。该论点针对人身的论证的要素是暗示戈尔是虚伪的——他的论证只是政治姿态,并没有表达他真正接受的结论。从这个意义上说,针对人身的论证可以引入并建立在伦理学类型的人身攻击之上。

格里森的针对人身的论证究竟是如何从论证所带来的间接矛盾中得出的呢? 所谓的实际不一致产生于以下两个命题之间的冲突。

1. 戈尔在演讲中泪流满面地描述了他妹妹死于吸烟引起的肺癌。

2. 在他妹妹去世后的几年里,戈尔的家人继续种植烟草,他继续接受烟草利益的资金。

从命题 1 中可以看出,戈尔强烈反对吸烟。他对他妹妹死亡的含泪描述是政治言论的一部分,这一事实表明,这种描述在政治上具有相关性。换句话说,据推测,戈尔将其纳入这样的公开演讲中,因为他向美国公众宣传吸烟是一种坏习惯,他反对吸烟,而且公众通常应该反对吸烟。然而,从命题 2 来看,我们知道,在他的妹妹死于吸烟引起的肺癌之后(时机对针对人身的论证的论点非常重要),戈尔个人接受了烟草利益的资金,他的家人从种植烟草中获益。这种联系究竟是如何暗示一种揭示虚伪的矛盾呢?

当然,烟草的种植与吸烟习惯之间有着众所周知的联系。种植烟草是吸烟的必要手段:我们都知道卷烟是由烟草生产的,制造卷烟的正常方式是种植烟草作为其最重要的部分之一。因此,如果有人真诚地反对吸烟,那么同一个人不反对烟草的种植将是非常值得怀疑的。吸烟与烟草之间的密切联系使得同一个人对命题 1 和命题 2 的提倡非常值得怀疑。它迫切需要一个解释。暗示(通过暗示)的结论是,这个人是最糟糕的伪君子,甚至可以利用他妹妹的死亡来吸引观众获取政治利益。不一致的含义使得戈尔不仅是最糟糕的傻瓜,而且是荒谬的。因此,作为一个针对人身的论证,这个论点确实是一个强大的论点。

戈尔(Gore)的照片以一种夸张的姿势出现,脸上有明显的关怀和热情的表情,这增加了论点所表达的嘲讽。一个演讲者看上去如此真诚,却以如此虚伪的方式行事,暗示着一种粗鄙的机会主义和荒谬的虚假姿态,这是一种可笑的讽刺,就像伏尔泰(Voltaire)和莫里哀(Molière)所嘲笑的讽刺一样可笑。一个无赖,他可以通过说出一些他根本不相信的荒谬的话,并且以最大的诚意,将他的产品和想法卖给那些对他荒唐的表演大加关注、容易受骗的买主,这对人们来说是非常讽刺和有趣的。无论在底层是什么,针对人身的论证中的幽默都是其有效性的有力部分。

四、案例评估

现在分析了本案例中使用的针对人身的论证,并揭示了论证为何以及如何具有说服力,下一步是从批判的角度评估论证的弱点或强点。论证中最薄弱的部分涉及命题 2 的一个方面。这个命题是两个命题的结合。其中之一就是戈尔的家人在他妹妹去世后的几年里继续种植烟草的指控。这里需要质疑的是为什么戈尔要为他的家人所做的事情负责。例如,戈尔可能不喜欢其家庭中的其他人种植烟草,或者他对此提出抗议,或者甚至他不了解烟草,等等。对家庭成员行为的个人控制可能非常少,甚至根本不存在。谁是这些家庭成员,他们与戈尔有什么关系? 戈尔在家庭烟草种植企业中拥有哪些经济利益? 在询问和回答这些问题之前,我们不知道戈尔与烟草种植有什么联系,或者是否可以采取任何方式表明他以某种方式支持或倡导烟草种植。

因此,这一特定部分至多是非常弱的,并且,就目前而言,它可能具有误导性和谬误。与命题 2 中其他部分结盟,即戈尔接受了来自烟草利益的竞选资金,关于戈尔家族的指控确实给针对人身的论证提出了额外的推动,因为它引用了戈尔和烟草之间的另一种联系。然而,经过仔细研究,这是论证的一个薄弱环节,应该仔细审查和对其进行批判性质疑。

那个命题的另一部分,戈尔从烟草利益中接受竞选资金的指控呢? 在这里,联系更紧密,因为这些天我们期望政治家至少做出合理的努力来了解他们的竞选资金是否来自特殊利益。最大的问题是戈尔是否知道这些资金来自烟草的利益。如果他这样做了,那么根据他关于吸烟罪恶的言论,他接受这些资金而没有进一步评论这些资金的来源似乎令人怀疑。这种明显冲突所带来的假设是,戈尔并不是他在演讲中所说的那个意思,而这一假设所暗示的含义是,戈尔是一个伪君子,他利用家庭悲剧为政治言论增添了悲伤,无疑效果很好。因此,通过暗示,戈尔不是一个真诚的人,可以信任他"发自内心地讲话"并告诉我们他对政治演讲的真正信念。这种间接性的针对人身的论证是用来构成直接(滥用)针对人身的论证,特别是在间接攻击的情况下,对语用不一致的指控导致了被攻击的论证者是一个性格不好的人。通过这种方式,可以通过攻击这个论证者的可信度来攻击对方的论点。

在这种情况下,需要提出的另一个问题是这个论点是否真的是一个针对人身的论证,或者只是对戈尔角色的诽谤。对于一个论证的要求是针对人身的论证,它是一种人身攻击,用来贬低被攻击方的论点。例如,将某人称为"笨蛋"或"谄媚者"并不一定是针对人身的论证。针对人身的论证并不仅仅是对某人角色的任何诽谤,它必须是用来试图反驳或攻击该人的论点(通过攻击论证者为此目的的可信度)这样的诽谤。这不是攻击者的实际意图问题,而是在特定情况下如何使用该论证的问题。

那么,在这种情况下,我们问一下戈尔对他的角色的攻击(通过所谓的间接冲突)被用来反驳的论点。据推测,这是戈尔热情洋溢的演讲,如果与政治有关,那就是向人们传达反对吸烟的信息。那么,时间段(如上所述)是否意味着要攻击反对吸烟的论点?你能说这是一种支持吸烟的消息吗?可能不是。这似乎不是社论的内容。如果是这样,问题在于社论是否真的包含针对人身的论证的论点。

我相信这个问题比起最初许多评论家可能想起的问题要多得多。在某种程度上,我认为,这篇社论是一种针对人身的伪论证,它的娱乐价值与其作为论据的严肃政治内容都在发挥作用。尽管如此,还是有足够的反驳因素可以作为证明社论分类合理的依据。实质性的针对人身的论证。这种分类的基础使戈尔的整个言论受到社论中的论点的攻击,尽管在社论中没有给出演讲的细节,但是这个演讲是最近的新闻,社论的读者大概都知道演讲的内容。因此,将上面引用的时间段作为针对人身的论证进行分类有一定的基础,但是,此基础仅允许将其分类为条件分类和部分分类。对这一论点进行的微妙分析是,它被用来攻击戈尔的个人精神。一种为编辑评论制作有趣材料的方式,同时冒充针对人身的论证的论点,从而使社论作为政治论点看起来更加合理。所以有趣的一点是,论证是一个边缘针对人身的论证,它具备所有此类论证的要素,但(可以说)有争议的除外。

间接的针对人身论证在对话中起作用,方法是将推定的重心转移到响应者上,以回应攻击,通过否认指控或以其他方式适当地回应论点。在没有这样的答复的情况下,或者在没有提出关于针对人身的论证的论点的批评性问题的情况下,由于支持它的推定的重要性,它具有强大的力量,但是,如果给出不充分,失败或难以置信的答复,那将使得针对人身的论证更加强烈。

这个案例的一个有趣的特点是,时代周刊的编辑实际上打印了一个归因于戈尔的回复,在社论中被描述为"最无懈可击的旋转",但是,一种对读者来说太熟悉并且被广泛认为是荒谬的政治心理障碍表达的回答,是一种能够更加重视针对人身的论证而不是解除它的压力的重要因素。回复的效果是更多地支持戈尔被他自己的情感言论带走的原始针对人身的指控,他不仅不诚实,而且深感困惑,并且不能信任他直截了当的回答。这句话不是通过质疑它来回复针对人身的论证,而是将论证密封到位,使任何可能的进一步回答更加困难,而且更不可信。言语措辞的时髦性使它看起来不真实。这种不诚实的证据为原始的针对人身的论证提供了更多的支持。

小　结

这个案例看起来像是政治话语中使用的间接针对人身的论证的一个典型例子,并且,在某些方面确实如此。那里存在着确实不一致的指控,并利用它来对政客的性格进行人身攻击,但是,需要观察使用该论证的对话背景等一些因素。在政治辩论中攻击另一位政治家的政策或论点并不是一种很典型的情况,例如,在竞选活动中使用"负面针对人身的论证",迈克尔·普福(Michael Pfau)和迈克尔·伯根(Michael Burgoon)研究①的那种情况,并不是一种典型的案例。相反,本案中的论点是由一位匿名作者撰写的一篇重要国家新闻杂志的编辑页面上的具有讽刺意味的评论。目的有点不清楚,它可能更多的是试图挑起争议,或者让那些对政治家持怀疑态度的读者感到高兴,而不是企图攻击戈尔的政治立场,或者他已经提出的一些具体论据,但它肯定有一个强大的针对人身的论证的组件。总的来说,上面已经论证过,这个案例应该被归类为一个间接性的针对人身的论证的例子。

这个特殊情况的另一个特别有趣的方面在于它的紧凑。在给定的话语文本中虽然说得很少,但暗示了很多。反复使用格里森式意味(Gricean implicature)来暗示命题是论证很巧妙的一个方面,表明在很少的证据的基础上建立针对人身的论证同意论是多么容易,但是这种攻击又会带来多么可怕的"蒙蔽"影响。因此,要防止这种论点是非常困难的。如果受害者过于激烈地攻击这一论点,他就会显得很内疚,但如果根本没有回复,或者只是弱回复,那么损害可能同样糟糕或更糟。在这种情况下,挑战对前提支持的通常策略似乎是有限的使用。

本案所展示的棘手且因此特别有趣的策略是将两个命题结合,作为支持所谓的语用不一致性的一方的双重基础。该连接点由以下两个命题组成:

(P1)在他妹妹去世后的几年里,戈尔的家人继续种植烟草。

(P2)戈尔继续接受烟草利益的资金。

如上所示,(P1)中提出的指控对于针对人身的论证而言是一个相当薄弱且可疑的基础。我们不会因为家庭成员(如他们的父母)所做的事情而责怪他人。因此,除非在这里建立一些进一步的联系,否则(P1)并不是一个强有

---

① Pfau, Michael, and Michael Burgoon. "The Efficacy of Issue and Character Attack Message Strategies in Political Campaign Communication." Communication Reports. 1989, pp. 53-61.

力的针对人身的论证的基础,这表明戈尔是一个坏人。针对人身的论证的真正基础是(P2)。虽然很多其他政客也可能在戈尔被指控这样做的时候接受了"烟草利益"的资金,但是,他这样做确实与他关于他妹妹的言论发生了冲突,这种言论强烈支持用针对人身的论证来对付他。

因此,在这种情况下的诀窍是将一个弱而有说服力的基础与更强的基础结合起来。更强大的基础本身似乎并不那么令人印象深刻(可能是因为当时所有的政治家都有几乎相同的做法)。然而,当与较弱的一个(在某种程度上看起来更令人印象深刻,特别是当与较强的一个相结合)结合时,效果是可以考虑的。作为一个整体,这个论点成功地使戈尔看起来非常荒谬。尽管从临界角度来看,这个针对人身的论证被认为是非常弱的,但是一旦被分析,它在第一次遇到并且很少考虑时会非常有说服力。至少,对于那些一开始就对政治家持怀疑态度的人,或那些已经怀疑戈尔正在出售一种表面化的言论来支持他自己及其盟友利益的人来说,这当然是有说服力的。如果读者具有这些愤世嫉俗的态度,就很可能会发现在这种情况下使用的针对人身的论证同义词容易接受。

第二节　论证型式在金融领域的应用研究——通过论证重新获取金融信任

本节通过关注瑞银集团保留利益相关者信心的尝试,考虑在经济金融危机背景下的论证。以我们分析一份新闻稿为例,该文本包含一个明确的议论性目标:说服利益相关者,特别是客户,以保持他们对银行的信心。这个信息利用并强调了可能成为主席的积极品质,并间接地对有关受众的利益和情感进行了杠杆作用,将论证的推理结构带入了使其"信任"的共同价值观(endoxa),使之有说服力。

引　言

在危机情况下,沟通起着至关重要的作用①,特别是如果组织必须在利益相关者面前重建形象和可信度②。当沟通旨在为过去的行动辩护或寻求对未来行动(提案、政策)的支持时,论证就会受到威胁。一般来说,论证是一种交际互动,其中论证者试图说服他的对手接受某种主张③。这种说法或立场可能指的是一个事实命题(例如"安然股票定价过高")或一个务实的,以行动为导向的命题(如"你应该投资国债")。

危机情况可能涉及两种类型的立场:组织者可能需要说服利益相关者,例如,它不对发生的某种不良情况负责,或者它已设法解决某一特定问题;但它也可能旨在维持或重新获得利益相关者的支持,特别是通过说服客户和投资者继续购买产品和服务并分别为公司的业务活动提供资金。

在本节中,我们将讨论论证在经济金融危机背景下重建信任的作用,特别是银行业。作为一个例子,我们考察瑞银银行发布的一条消息。第一部分讨论了信任的概念及其与论证和金融的关系。第二部分回顾了危机和使瑞银(UBS)陷入困境的主要事件银行。第三部分描述了瑞银的信息,即尝试恢复信任,并分析证明选择新主席的论证。第四部分是总结。

一、作为尊重的美德：信任

牛津英语词典将信任定义为,"对某人或事物的某些质量或属性的信心

---

① Grunig, *Managing Public Relations*. New York: Knopf. 1984, pp. 65－69. Grunig, J. E. & Repper, F. C. Strategic Management, Publics and Issues. In: J. E. Grunig (ed.). *Excellence in Public Relations and Communication Management*. Hillsdale, NJ: Lawrence Erlbaum Associates Inc. 1992, pp. 117-157.

② Benoit, W. L. Image Repair Discourse and Crisis Communication. *Public Relations Review* 23 (3): 1997, pp. 177-186.

③ Eemeren, F. H. van & Grootendorst, R. *A Systematic Theory of Argumentation. The Pragma-Dialectical Approach*. Cambridge: Cambridge University Press. 2004, pp. 66-67.

或依赖,或陈述的真实性……对某事有信心的期望;希望对买方未来支付货物的能力和意图的信心……"

有趣的是,这个定义表明信任与金融("买方的意图支付""信用")有关,也与辩论有关("对陈述的真实性的信心")。亚里士多德和其他古代学者使用"毗斯缇斯"①来指代这种信心、可信度,毗斯缇斯的语义区域阐述如下。

"毗斯缇斯是尊重一个人承诺的美德",因此,如果承认他具有这种美德,那么这也是一个人获得的信用。毗斯缇斯是论证中古代研究的关键词,属于建立在印欧语根 bheidh 上的 Wortfamilie,意思是"说服",并且,由于只有可靠的才能说服,它还具有语义价值信任和信用。"毗斯缇斯"所涵盖的基本论点是:值得信赖的人可以说服。

因此,信任受到代理人间交换的承诺及其可信度的约束。请注意,在金融交易和沟通中都进行了承诺交换。交易金融工具,比如债券,需要交换承诺:借款人承诺偿还所获得的资本和利息;类似地,在交流中,正如言语行为理论(Speech act theory)所揭示的那样,每一个言语行为,显然像承诺一样承诺,甚至是纯粹的主张,意味着对话者的承诺②。例如,做出主张的人承诺遵守所陈述的命题的真实性;任何做出承诺的人都会致力于在未来实现某些目标。债券通常被描述为金融理论中的承诺,即承诺在未来的某个时间以特定利率偿还一定数量的资金。

现在,当信任不够时,对另一方尊重承诺的能力就会缺乏信心。对于银行而言,这意味着客户不愿意将其财富委托给银行。在这种情况下,论证可以成为说服客户银行仍然能够履行其承诺的工具,例如:偿还存款利息并成功管理客户的投资组合。亚里士多德区分了修辞学的三个维度,通过这些维度,论证

---

① 毗斯缇斯代表信任、诚实和善意的神。

② Searle,J.R.Speech Acts.Cambridge:Cambridge University Press.Austin,J.L.(1977).How to do Things with Words.In:J.O.Urmson & M.Sbisà(eds.). 2nd edition.Cambridge,Mass:Harvard University Press. 1969.

者可以说服观众,从而获得活力。这三个维度源于希腊哲学家不断采用的传播三角:说话者—受试者—受众(speaker-subject-audience)①:"口语所提供的说服方式有三种。第一个取决于说话者的个人特征;第二个是将观众置于某种心境;第三个证据,或明显的证据,由演讲本身的话语提供。首先,说话是通过说话者的个人性格来实现的,这样可以使我们认为他是可信的。其次,说服可能来自听众,当讲话激起他们的情绪时……最后,当我们通过适当的说服论证证明了真理或明显的真理时,说服是通过言语本身来实现的。有问题的案例。"

总而言之,我们可以说,必须考虑三个方面,并且可以利用这三个方面来使话语具有说服力(创造活力):话语本身的论证健全性(标志),说话者(精神)的质量(如权威性、声誉、能力),以及在听众中引起的情感和感觉(悲痛)。

二、因缺乏信任而引起的金融危机

房地产泡沫和不恰当评级的抵押贷款证券的巨大复杂性是导致上次危机的主要原因②,其主要后果由联邦储备委员会主席波那克充分描述:

"金融危机是大萧条以来最严重的一次,严重影响了家庭和企业的信贷成本和可用性。信贷是市场经济的命脉,由信贷流动限制造成的经济损失已经很大。由于投资者对金融业失去信心并且对经济前景感到沮丧,股价大幅下挫。"

对公司来说,对金融部门失去信心是一个问题,因为他们无法筹集资金来为其业务活动提供资金。对于像银行这样的金融公司来说,这个问题更加严重,因为银行的核心业务恰恰是向投资者和储蓄者借款以资助商业企业。在过去的两年里,世界各地多家银行宣布破产,其中有些银行获得了政府的救

---

① Braet, A.C. Ethos, Pathos and Logos in Aristotle's Rhetoric: A ReExamination. Argumentation 6:1992, pp. 307–320.

② Mizen, P. The Credit Crunch of 2007 – 2008: A Discussion of the Background, Market Reactions, and Policy Responses. Federal Reserve Bank of St.Louis Review 2008, 90(5): pp. 531–567.

助。在瑞士,瑞银尤其受到危机的影响。由于其次级抵押贷款市场的巨大风险,它在过去两年中弄得巨额亏损。瑞银的股价,即公司市值的指数,已从2007年6月的约60瑞士法郎下降至2009年8月的约15瑞士法郎。2008年10月,瑞士政府决定向瑞银提供60亿瑞士法郎。

期间瑞银发起了一场名为"我们的客户有发言权"的针对人身的论证活动,其中真正的瑞银客户,以第一人称发言,证实了他们与银行的财务关系,为他们重新获得信任提供了理由。例如,其中一个人说:

"当犯错误时,批评比表现出团结更容易,但我们当然不是唯一对瑞银提供的咨询服务和优质产品完全满意的客户。我们国家需要瑞银,客户需要在这种困难的情况下支持银行。"

这一活动显然回应了公众对银行的攻击,最重要的是,应对那些担心银行可能倒闭的用户的逃逸行为。

三、卡斯帕尔·维利格的提名及其理由

瑞银的问题是瑞士争议最大的问题之一,也是因为其他严重事件正在影响银行,特别是与美国之间的纠纷,涉及美国司法部要求披露的数千名拥有瑞士账户的美国客户的名字。

瑞银周围的动荡影响了银行过去几年的管理结构(CEO 在过去三年中已经改变两次),董事会也发生了变化。被公众舆论强烈批评的马塞尔奥斯佩尔(Marcel Ospel)于 2008 年辞职,而他的继任者彼得库勒(Peter Kurer)仅维持了一年的职位。事实上,在 2009 年春季,卡斯帕尔维利格(Kaspar Villiger)当选董事会新任主席。维利格以前是瑞士联邦委员会的成员,八年来一直担任财政部长。

（一）公告

瑞银通过 2009 年 3 月 4 日发布的新闻稿宣布了对维利格的提名。附录 1

报道了全文。第一个声音是匿名的,可归因于瑞银作为一家上市公司做出重要声明。然后,彼得库勒发表讲话,在他任职一年后终止他的服务,并结束了奥斯威尔德的首席执行官职务。之后以董事会副主席马科尼为主要人物,他将危机描述为不可预测("没有人能够合理预见影响金融服务业的市场状况恶化的程度和速度")和瑞银作为其中一个受害者("对瑞银的影响很大"),承认库勒在如此困难的背景下所发挥的重要作用。

随后,有匿名声音宣布了维利格的提名,将他介绍为前政治家,他就金融经济领域(洗钱、监管金融市场、欧盟储蓄税收指令)做出了关键决定。然后,董事会治理和提名委员会主席加布里埃尔·考夫曼·科勒强调了维利格的积极品质(杰出的公共服务职业,领导能力和诚信,作为商人和跨国公司董事会成员的丰富经验),这应该证明他的提名是合理的。最后,维利格本人讲话,这些激励他决定接受这个职位。

(二) 论证分析

我们将集中讨论案文专门宣传维利格的提名的第二部分。当组织需要向公众发布重要信息时,他们会发布新闻稿。实际上,瑞银的新闻稿不仅是通知。在卡斯帕尔维利格的声明中可以找出明确的论证。

答:(A.1)"在公共服务领域有着杰出的职业生涯,他的领导能力和诚信得到了高度尊重。(A.2)此外,他还带来了作为商人和跨国公司董事会成员的丰富经验。(A.3)董事会认为,他的存在和贡献将发出一个明确的信号,并且在银行努力重申其对所有利益相关方的承诺以寻求保持高标准的可信度和可靠性时将证明其有价值,以及可持续的表现。"

首先,我们注意到在利益相关者面前恢复可信度的必要性是明确的(A.3)。因此,这个消息可以被视为使用论证来重获信任的一个很好的例子。我们可以将以下内容视为案文的主要问题(至少是我们将关注的第二部分):投资者和客户应该信任瑞银吗?投资者和客户是公司的主要利益相关者,其范围包括瑞士公民,工人和小企业,瑞士国家,瑞银股东和债券持有人。

关于这个问题,瑞银是在提到的利益相关者构成的观众面前捍卫"投资者和客户应该信任瑞银"的立场的论证者(在实用主义辩证术语中的主角)。

A.1 和 A.2 是支持这一观点的论据。这个论证可能粗略地用一个词来解释:"维利格"。的确,瑞银应该被信任的原因是维利格将成为新的主席。

可以重建以下论证

Z.主要前提:在董事会中有维利格,投资者和客户应该信任瑞银。

Y.小型前提:维利格将担任瑞银集团主席。

X.结论:投资者和客户应该信任瑞银。

然而,主要前提是值得怀疑的:为什么维利格应该加强瑞银的信任度? 在 A.1 和 A.2 中,维利格作为领导者的能力以及他作为商人和董事会主管的经验似乎都是支持质疑前提的论据。因此,维利格是一位具有卓越精神的人,由他过去的成功,声誉和经验保证。我们可以说,在这个例子中,"这个人就是论证"。维利格一定不能表现出能力,因为他已经证明了这一点,但是,他的专业和熟练度可能还不够。特别是在公司治理方面,获得信任需要另一个条件:可靠性,代理问题,例如,管理者不愿意和缺乏以委托人的最佳利益行事的动机,而不是缺乏专业知识①。

在新闻稿的以下几行中,维利格的可靠性似乎是他自己论证的。

2.(B.1)我们认为这对瑞银和瑞士来说是特殊时期,我们认识到仍然存在的困难。(B.2)正是出于对这个国家及其人民的服务意识,我们才接受担任瑞银董事会主席的任命。

让我们看看这个声明如何支持维利格将成为可靠和忠诚的导演的说法。

首先,维利格证明他决定接受提名作为对瑞士的服务意识(B.2)。他已经在瑞士担任政治家;现在他打算为他的国家担任瑞银集团主席。

---

① Ross,S.A.Forensic Finance.Enron and Others.Fourth Angelo Costa Lecture.Rivista Di Politica Economica 2002,92(11-12):pp.9-27.

　　这里可以提出一个关键问题:为什么主持瑞银董事会应被视为授予瑞士的服务?答案似乎隐藏在 B.1 与"和"这个单词的战略用途中。萨拉·格雷科·莫拉索(Sara Greco Morasso)在一篇致力于这一现象的论文中讨论了"和"的论证功能,也是其谬误的用法,该论文专门论述适应现象及其为操纵目的的可能利用①。在她的论文中,作者将"和"视为谓词,并通过应用一致性理论提出的方法提出了语义分析②。遵循一致性理论,谓词强加于它的论证,一些条件命名为预设,其尊重对文本的一致性至关重要。因此,必须将预设与蕴含区分开来,后者只有在谓词发生时才是这种情况。

　　例如,让我们考虑动词"合并(to merge)(进入)"和"巩固(to consolidate)(进入)",这两个动词是指两个相似但不同的公司收购过程,分别是法定合并(statutory merger)和合并(consolidation)③。合并的谓词(如"上海航空公司并入东航")预先假定存在两家公司 X 和 Y 并导致 X(合并公司)的消失以及 Y(现存公司)吸收其所有资产,继续存在。相反,巩固的谓词预先假定两个公司 X、Y,并且需要它们消失和创建一个新的公司 Z,X 和 Y 合并。

　　通过举几个例子④,评论谓词"和"在其论点上强加了两个分类预设:①它的论证不能属于同一范式(它是无意义的,例如,说这家餐厅是开放和关闭的);②这两个论点的范式本身必须属于更高层次的范式,如在"她作为一名

----

　　① Greco,S.When Presupposing becomes Dangerous.How the Procedure of Presuppositional Accommodation can be exploited in Manipulative Discourses.Studies in Communication Sciences 3(2):2003,pp. 217-234.

　　② Rigotti,E.La sequenza testuale.Definizione e procedimenti di analisi con esemplificazione in lingue diverse.L'analisi linguistica e letteraria 1(2):1993,pp. 43-148. Rigotti,E.& Rocci,A.Sens-Non-sens -Contresens.Tentative d'une Définition Explicative.Studies in Communication Sciences 1:2001,pp. 45-80.

　　③ Clarkson,K.W.et al.West's Business Law(11th Edition).Cincinnati,OH:South Western Educational Publishing. 2009,pp. 56-71.

　　④ Greco,S.When Presupposing becomes Dangerous.How the Procedure of Presuppositional Accommodation can be exploited in Manipulative Discourses.Studies in Communication Sciences 3(2):2003,pp. 217-234.

教师有很长的经历并且她非常了解孩子"的句子中,共享的范式是专业的范式教师的技能;而"她有一个美丽的微笑,她打网球"显然没有更高层次的范例。

为了展示预设与适应之间的关系,格雷科·莫拉索讨论了罗伯托·贝尼尼的电影《生活是美好的》中的一个例子,该电影于1939年在托斯卡纳拍摄。在电影的一个场景中,一个犹太家庭被阻止进入限制犹太人进入的商店,写在大门上,对着狗和犹太人("Vietato l'ingresso a ebrei e cani")。通过连接"和",将作者和"犹太人"联系在一起,以明显的操纵意图,假设这两个类别属于同一类别,即(非理性)动物,要求读者适应这种预设。

以下示例引用"和"用于组合属于同一类的实体(实体用斜体表示,括号中的共享类)。

我最喜欢的是意大利面和比萨(食物)。

约翰可以弹吉他和钢琴(乐器)。

玛丽正和丽萨和莎拉(玛丽的朋友)交谈。

本研究了论证理论和金融经济学(学术科目)。

上届世界杯的决赛选手是意大利队和法国队(国家足球队)。

在维利格的"和"中,填补论点的两个实体是"瑞银"和"瑞士"。如果为瑞银服务使他能够为瑞士服务,那么瑞银与瑞士之间必然存在某种关系。这种关系,以"和"为前提,作为维利格决定担任瑞银董事会主席的合理理由,正如"这正是为什么"这一指标所示:正是因为瑞银与瑞士有关("瑞银和瑞士")维利格认为为瑞银提供的服务是对该国的服务。

现在,"属于同一类"的财产显然不足以使判决成为维利格决定担任瑞银董事会主席的合理理由。相反,维利格似乎指出了更严格的关系,这使得瑞银和瑞士特别相关。

我们假设维利格要求读者适应的前提是瑞银与瑞士之间存在条件(因果关系)关系,因此瑞银的情况对瑞士产生了重大影响。一个更精确的表述是

"这对瑞银而言是非常特殊的时期,因此瑞士也是如此"。这样的"因此"将导致瑞士对瑞士所做的工作也是如此。或者,同样地,使瑞银受益意味着使整个国家受益,同时损害瑞银意味着损害整个国家。(请注意,第二部分中报告的针对人身的论证文本中提出了类似的含义)

这种解释似乎最能澄清 B.1 和 B.2 之间的明确论证关系。将因果值归因于"和"使得 B.1 成为维利格决定的理由。根据这一解释,瑞银良好状态与瑞士良好状态的联系将导致关注瑞士国家的维利格关注瑞银的状况。简单来说,为瑞银服务是他继续为瑞士服务的一种方式。瑞银瑞士条件的预设可以被视为共同论证者或至少大多数人共同拥有的前提。事实上,瑞士一直强烈认为,瑞银破产会严重损害瑞士经济。联邦政府的最终救助进一步表明存在这种担忧。

在论证理论中,一个特定术语通常用于指代这样一个预设的前提:endoxon①。这个概念是由亚里士多德引入的,他将 endoxa(在社区内被认为是什么)定义为"每个人或大多数人或者智者(所有人或大多数人,或者最值得注意的人)所接受的意见,并且杰出的他们……"。

如果服务瑞银与瑞士服务相吻合,很明显,无论谁被证明致力于瑞士,也将致力于瑞银。让我们通过格雷科·莫拉索②提出的论题的论证模型(AMT)来分析这个复杂的论证,以分析论证的推论结构(论证型式)。

AMT 通过一个本体关系系统工作,名为 loci15,它产生推理连接,命名为格言。为了使从前提到结论的通道具有合理性,格言必须与材料前提(endoxa和数据)交叉,并且与观点相对应。Y 结构(所谓的因为它的形状看起来像字

① Rigotti, E. Relevance of Context-bound Loci to Topical Potential in the Argumentation Stage. Argumentation 20 (4): 2006, pp. 519 - 540. Tardini, S. Endoxa and Communities: Grounding Enthymematic Arguments. In: M. Dascal et al. (eds.). Special Issue Studies in Communication Sciences: Argumentation in Dialogic Interaction: 2005, pp. 279-293.

② Rigotti, E. & Greco Morasso, S. Topics: The Argument Generator. Argumentation for Financial Communication, Argumentum eLearning module, www.argumentum.cn. 2006, p. 47.

母 Y)是用于表示 AMT 重构论证型式的图形工具。

　　我们可以看到,最终的结论符合这一观点,在我们的案例中,"维利格致力于支持瑞银"这一观点应该被接受的原因是"维利格致力于瑞士的良好状态"作为基准面呈现出来。对于那些了解维利格,以及他过去的政治生涯和他的精神的人来说,这是显而易见的。通过联合"和"的战略使用暗示,数据与众人之意相结合,以推断出第一个结论:"维利格致力于实现一个目标,其实现必须支持 UBS。"

　　现在,从第一个结论到最后一个结论的许可是什么,与观点一致?在众人之意中,我们注意到"支持 UBS"是实现目标的必要手段,即保持瑞士的良好状态。因此,在这个论点中,目标与手段关系正在起作用。

　　由于支持 UBS 是实现维利格服务瑞士目标的必要手段,可以推断维利格致力于支持 UBS。值得注意的是,通过将瑞银的情况与瑞士的命运联系起来,观众的情绪与悲情的维度相对应。瑞士公民、储户和投资者应关心瑞银,因为其良好的国家是瑞士良好状态的决定因素。瑞士公民也特别关注纳税人,即那些已经通过救助支持瑞银并期望银行采取已经收到的信托(信贷)相应行为的人。通过这一战略举措,维利格还触及了外国客户和投资者的利益,他们的财富被委托给瑞士金融业。简单来说:关心瑞士的人必须关心瑞银,最重要的是,应该欢迎维利格的提名,维利格也明确表示将致力于瑞士及其经济的发展。通过证明维利格不仅能够完成任务,而且他也是可靠的,主要前提 Z 是其支持"维利格在董事会中,投资者和客户应该信任 UBS"。最终,Z 保证结论 X 符合主要观点:"投资者和客户应该信任瑞银。"

小　　结

　　本节表明了上下文和共享前提在语境中构建论证性话语的重要性。已经举出了一个例子,它指的是瑞银在与当前危机相关的麻烦之后保持和恢复信任的企图。该分析侧重于论证的推理维度(标识),将道德的组成部分(维利格的个人品质)和悲惨(瑞士与瑞银)的相关性相结合。

从论证理论的角度来看,共同的前提,指的是被观众认为相关的价值,从而激起其悲惨的情绪,对应于 endoxa,它们是植根于共同参与者群体的命题,因此可以通过争取获得信任和同意的论述者。

通过 AMT,我们已经看到了在论证的推理结构中如何激活 endoxa。对整个论点的评价不仅取决于场所的可接受性,还取决于它们对格言强加的条件的实际适用性。本节重构的格言属于语用论证的论证型式(轨迹),具有其特定的适用条件,这些条件可以作为确定这一具体论证和类似实用论证的可靠性的标准。例如,必须根据可能造成的潜在不良反应以及实现相同目标的可能替代手段来评估公开营救银行的决定。此外,由于实践推理与面向行动的决策有关,因此决策者(本案例中的公民、储蓄者和投资者)也可以利用这些标准来评估向他们提出的行动(如救助,资本增加、新投资和维护关系等)。

第三节　论证型式在教学领域的运用——
揭示论证的背景信念结构

引　　言

越来越多的文献强调论证在科学教育中的作用,强调在考虑学生先前信念的基础上学生知识的建设问题。根据这种观点,教学可以被视为旨在说服对话者的对话,为他们提供接受新的或不同的科学观点的理由。为了实现这种概念上的改变,学生的先前信念不能简单地被新思想所取代。相反,这种先前的理解成为教师论点的基础和目标,旨在引导学生接受(新的)科学思想,并且承认这种思想比他们的经验更具预测性和说服力。

信念、论证和教学之间的这种关系构成了本节的框架。由于教育可以被认为是一种争议性的对话,因此论证技巧和论证结构的分析变得至关重要。

特别是在科学教育中,由论证理论提供的最著名和最常用的工具是由图尔敏开发的分析工具,它们被用于增强学生的论点和他们的互动程序。这些研究表明,学生支持科学问题可预测性主张的论据如何能够揭示出比推论技巧更多的东西。通过明确地论证其论点的不同组成部分,学生可以揭示他们科学思想的重要依据,这些理论可以在以后解决,调查和质疑。从这个角度来看,对学生推论结构的分析可以成为揭示其背景信念的工具,这是学习过程的基础,但是,如何从学生的论点所代表的证据出发,识别和重建这些信念?

本节的目的是介绍和说明在论证理论中发展起来的一种工具,即论证型式如何用于科学教育领域,以揭示学生论点背后的背景信念结构。论证型式是论证的抽象模式,它概括了前提的语义和逻辑结构以及最常见的论证类型的结论。① 出于这个原因,它们可以用于检索默认的前提和未说明的概念和论点的假设。特别是,我们的理论目标是展示这些隐含成分的重建如何揭示学生推理的先前信念,即他们的科学推理,特别是他们对科学问题的预测性主张的基础。

该立场从理论角度解决了准逻辑和论辩路径以及信念和概念变化的认知理念之间的关系。出于这个原因,我们将首先研究信念如何与概念变化联系起来,表明它们说服和教学的重要性。在第二步,信念与默示前提之间关系的关键问题将得到解决,特别是后者作为基本先前概念的宝贵标志的作用。需要解决的第三点是解释问题:同一论点可以用不同的方式解释,导致其隐含前提的不同构造。② 通过指定前提和结论之间的具体物质关系,论证型式概述了隐含的元素的结构,因此,可以提供隐藏前提的最合理的重建。最后,为了说明这种工具如何应用于实际案例,我们将通过分析一些学生的论点,概括前

---

① Walton,D.A pragmatic theory of fallacy.Tuscaloosa and London:The University of Alabama Press.1995,p.27.

② Van Eemeren,F.H.,K.van de Glopper,R.Grootendorst,and R.Oostdam.Student performance in identifying unexpressed premises and argumentation schemes.Argumentation and Advocacy 31,1994 pp.151-162.

提重建的过程,检索可能的背景信念以及对一场论证中隐含层面的批判性质疑来说明我们的理论建议。

一、教学中的先前信念

教育中的一个关键问题是检索以前的信念。学生在他们的一生中,已经发展了他们对科学概念和现象(如速度、力量、热量)的"个人理解"。这种理解往往意味着有与科学不同的含义的概念,以及通常是不完整,支离破碎和"充满先入为主"的信念。这些先入之见可能并且经常与科学概念相冲突,需要加以解决。教学中,教师对学生先前信念的了解格外重要,美国《科学教师培养标准》对教师教育科学类知识的要求一般隐含在相应的技能标准中,如"教学的一般技能"标准中要求教师"理解学生先前的信念、知识、经历、兴趣,并以此作为学生发展的基础"等。① 可以看出,美国教育中非常注重教师对学生先前信念的理解。

(一) 先前信念的重要性

对于先前信念的处理非常重要。首先,先前的信念会影响对科学文本的理解和解释。就像《鱼就是鱼》的故事一样,②这条鱼以鱼的形式诠释了陆地上生活的所有描述,学生听到的每件事都有被纳入他先前观点的风险。其次,背景信念③,即使是支离破碎和不完整,也是基于使它们难以被科学文本或论

---

① 李中国:《综合实践型教师培养模式研究》,山东人民出版社,2013 年版。

② 故事讲的是有那么一条鱼,他很想了解陆地上发生的事,却因为只能活在水中而无法做到。后来,他跟一个小蝌蚪交上了朋友。小蝌蚪长成青蛙之后,便可以跳上陆地。鱼儿请小蝌蚪帮忙到陆地上看看,看看都有些什么东西。于是青蛙跳上了陆地。几个星期以后,青蛙回到池塘,他向鱼描述了他在陆地上看到的那些东西:鸟、奶牛和人。鱼儿听完青蛙的描述后,脑子里呈现了鸟、奶牛和人的画面:每一样东西都带有鱼的形状,只是根据青蛙的描述作了些微的调整——人被想象为用鱼尾巴走路的鱼,鸟是长着翅膀的鱼、奶牛是长着乳房的鱼。

③ 美国科学哲学家夏佩尔使用的术语,指对科学研究过程中,预先假定的前提、存在的背景知识理论的信念。

点改变或修改的原因。这些证据在科学界尚未被接受,或者仅仅是弱或不足,需要通过更强大的科学证据进行分析和反驳,以便学习者被说服并发生概念上的变化。

正如前面所强调的两个原因,在教育中需要考虑学生的背景概念。根据休森的观点①,如果一个新的概念与先前的信念相冲突,那么直到学生对背景信念不满意,并且背景概念被更具说服性的观点反驳时才能被接受。由于这些原因,学习可以被认为是发展和解决先前信念的过程。例如,科学理念不仅需要被理解,还需要被接受为对现象和最具预测性模型的最佳解释。背景信念及其所依据的原因需要被检索和考虑,以便它们可以被削弱并且面对更易理解,更合理或更具预测性的科学概念。

基于对话者背景经验以及之前的信仰和兴趣,教学过程,或者更确切地说是修改对话者的背景信念的过程,应该被认为是实质上的论证。由于两个原因,教学可以从观念上被视为具有论证性的说服性对话。首先,它旨在修改和形成对方的"个人理解",显示其限制或建立在其上,以便解释新现象。其次,用于实现这一目的的关键手段之一是论据从两个层面进行干预。一方面,可以鼓励学生的论点,以揭示他们所依据的背景信念;另一方面,它们可用于为显示其不完整性和支持科学观点提供原因。

由于这些原因,教学活动从根本上属于论证研究的框架,特别是在分析旨在说服对话者的对话的模型中。正如古代理论所指出的那样,说服的特点是选择的自由,并且是一个人的信仰修改过程的结果,或者更确切地说是他所致力于的命题。当我们的对话者发现一个具有说服力的论点时,通常是因为他们认为这是合理的,并且它来自他们接受或承诺的前提。因此,教师论证的有

---

① Hewson,P.Conceptual change in science teaching and teacher education.Paper presented at a meeting on"Research and Curriculum Development in Science Teaching,"National Center for Educational Research, Documentation, and Assessment, Ministry for Education and Science, Madrid, Spain. 1992,pp. 90-99.

效性和说服力取决于学生认为可接受或合理的内容。因此,重建学生以前可能的信念的过程变得至关重要。这种重建只能通过辩证活动进行,这是一种说服对话,其中说话者检索对话者论点的基本假设。

然而,教师(或者更一般地说是讲话者)如何重建对话者所依据的背景信念呢? 论证之间,特别是其默示的前提和信念之间有什么关系?

(二) 背景信念的检索

论证理论对教学中先前信念的分析和重构的贡献取决于辩证承诺观与信念认识论概念之间的重要关系。隐含前提①如何导致一种认知状态?

1. 承诺和信念

在论证理论中,对话的论辩和推理结构是基于承诺的概念。论证被认为是推理的模式,转移了前提的可接受性,或者更确切地说是对话者对某些命题,对结论的承诺的强度。这种对话模式基于两方:讲话者和听众。每一方都试图通过使用论证来说服另一方接受结论。对话者打算改变另一方的承诺,这可以是对事态的描述(小明偷牛奶)或判断(小明是小偷)。引导对话者改变立场的工具是基于属于他所共有的隐含基础的前提的一系列论据。这种辩论性对话模式不是建立在信念之上,因为信念是无法被知道或检索的,而是基于承诺,对话者可以根据他所说和理所当然的事情来对其负责。

论证理论中使用的对话概念不同于信念的心理学概念,这在教育中至关重要,但是,这两个概念是相关的。承诺可以被视为说话者信念的标志。根据这种观点,对承诺的可能解释之一就是信念。在具体的对话式教学活动中,这种解释可以被认为是最好的。例如,当要求学生提出预测性主张并根据他们的观点证明其合理性时,显性或隐性承诺通常被视为揭示背景概念。在这种情况下,其他可能的解释,例如学生赢得论证的愿望,与假设他相信他所承诺

---

① 隐含前提是在论证中没有被陈述出来的前提,但该前提对于结论的得出不可或缺,因而有时也称为论证的必要假设。

的主张相比,具有次要意义。

在承诺和信念的关系中的另一个关键问题是,信念的多样性可以解释承诺。例如,我们可以考虑以下可预测性主张:

漂浮在水中的冰的融化导致水位上升。

这种承诺可以用不同的信念来解释。学生可能不知道浮力;或者他可能没有考虑过冰的淹没部分;或者他可能不知道冰的一部分被淹没,等等,但是,学生的教育水平可能会排除某些选项并赋予特定解释权限。此外,教师和学生之间的对话的目的可以导致选择一种信念解释,更侧重于潜在的缺乏或不完整的概念。

论证对话的模型强调了背景信息的关键作用。这种对话所针对的态度的转变是基于对话者分享的知识。他们可以相互说服,因为他们从一套普遍接受的命题出发。论证性对话模式面临的问题是制定一个揭示对话者隐藏承诺的程序。克拉贝(Krabbe)将元对话(metadialogue)的思想作为对话的条件进行了讨论。在这个阶段,对话者解决了深刻的、非明确的承诺问题。在沃尔顿的说服对话中,说服过程不仅基于当事方的明确承诺,而且基于所谓的隐性(或暗面)的承诺。这些承诺没有透露,但在对话期间被使用,以建立有说服力的论点。例如,在前面提到的论点中,发言者不仅仅致力于明确的前提,而且还致力于支持结论的有条件的,隐藏的前提,即"如果小明窃取公款,那么他就是小偷"。这种主张是对话者共同点的一部分,是论证具有说服力的基础。

2. 隐性承诺的重建

隐性承诺的重建过程在论证型式中起着重要作用。一方面,听众可以通过重建他或她的论点及其理由来了解对方立场的隐含基础。另一方面,说话者可以通过分析理所当然且不被另一方接受的命题来解释一个推理的成功或失败。在这些情况下,隐含的承诺可以明确提出、讨论和谈判或纠正。通过揭露、捍卫和收回隐含的承诺,各方发现了他们意见分歧背后真正的深刻分歧。

从这个角度来看,隐含承诺的调查是一个对话过程,导致对问题的重新定义,使其更容易被另一方理解或接受。

论证理论的工具可以应用于对话教学过程。如上所述,教学作为一个整体可以被认为是一个有说服力的过程,在某种程度上需要解决学生的背景信念。当学生需要证明预测性主张,或者教师需要支持特定观点(如解释中的特定概念)或反对他的对话者的立场时,教学的论证维度就出现了。此外,正如现代方法所指出的,教学活动需要考虑学生的先前信念。出于这个原因,重建隐含前提的过程对于识别概念或现象的可能"个人理解"变得至关重要。

鉴于教学与先前信念之间以及信念与承诺之间的这种关系,用于分析和评估论证的论证理论工具可以成为教育研究的有用资源。特别是在论证中的关于前提重建最重要的工具之一——论证型式也可以成为分析和对话的教学工具。论证推理模式可以揭示学生论证和预测中最合理的缺失前提和概念,并且可以用作教学的分析和对话工具。尽管这种"隐性承诺"并不代表学生的信念,但它们可以被视为可以追究其责任的论证性立场,即可以在对话中解决的问题,并且是进一步讨论的目标或主题。

二、检索隐含前提的工具——论证型式

学生通过提出由显性或隐性前提证明的论点,或多或少是完整的论点,提出预测性主张或证明自己的观点。他们的论点可能有两种隐含的信息。结论所需的前提之一可能是缺失的,或者更确切地说是隐藏的。论证本质上通常很有吸引力,因为它们留下了一些没有表达的前提。在前提和结论之间重建这种隐含的联系,可以让人理解支持特定观点的原因或原则。然而,"逻辑"隐含前提使结论得以遵循,但通常不代表概念之间的语义关系,这可以揭示学生关于特定问题的背景信念。例如,在论证"冰融化,因此,它漂浮的水位增加",前提"如果冰融化,水位增加"可以是重建的隐含的"逻辑"前提。然而,这并没有揭示关于论证背后的材料,语义关系的任何内容,例如因果关系、相

关性、定义等。在下面的部分中,我们将展示如何使用抽象和推理的固定模式(论证型式),可以用作揭示这种双重类型隐藏信息的工具。

(一) 论据的重建

论证理论为论证的结构分析提供了一个至今仍然很著名的框架。图尔敏的框架[1],被科学教育领域的研究广泛地引用,为研究者提供了一个论证的理论视角,包括概念化论点有关的组成部分。采用这种框架研究的优势在于可以用来评估论证的质量,确定组件的数量,从而使用复杂的论证。

在图尔敏之后,一个论证可以表示为一组相互关联的主张(claim)(C),事实(data)(D),联系主张和事实的正当理由(warrants)(W),必要条件(backings)(B)证明该理由,以及反驳(rebuttals)(R),表明在何种情况下所支持的结论是正确的。限定词(qualifiers)(Q)描述推论的强度以及它们的普遍应用和有效性。

例如,学生可以争辩说,冰的融化将导致水位增加(C),因为极地冰的融化导致海平面上升(D)。在这种情况下,缺少理由和支持的事实。基于这种结构的大多数现有模型旨在通过教导他们使所有结构元素明确化来改善学生的论点。例如,在这种情况下,学生应该提供支持其主张的所有要素,并表达他们隐含的前提。

根据杜施尔(Duschl)[2]、西蒙(Simon)[3]等人的研究结果,我们认为,教学的论证方法也可以用于论证分析和前提重建的目的。换句话说,论证结构不仅仅作为规范工具,而且作为解释性工具。我们的研究将集中在论证型式如何帮助我们找到一个分析框架,以探索学生的科学思想,并发现他们隐含的前

① Toulmin,S.The uses of argument.Cambridge:Cambridge University Press. 1958,pp. 49-55.

② Duschl,R.A.,K.Ellenboger and S.Erduran.Promoting argumentation in middle school science classrooms:A project SEPIA evaluation.Concept formation,Boston,1999,pp. 99-112.

③ Simon,S. Using toulmin's argument pattern in the evaluation of argumentation in school science.International Journal of Research and Method in Education. 2008,pp. 277-289.

提和信念。这种重建过程可以成为进一步对话和论证活动的起点,旨在破坏以前不完整的概念,并引导学生评估和改变他以前的信念。

(二) 论证型式

构建良好且完整的论证可以帮助学生加深对科学的基本信念的理解。然而,就像每一个日常论证一样,支持结论的原因(或者说具体意见)往往是隐藏的。为了揭示这些原则,有必要深入研究论证分析,考虑其中的组成部分和推理结构。

从论证分析到推理的途径及理由分析可以在图尔敏的《论证的使用》中找到,他将保证(warrant)定义为"一般的,假设的陈述,它们可以充当桥梁,并授权我们特定论证所承诺的步骤"。这些理由的性质可能不同,因此可以法律、分类原则、统计、权威、因果关系或道德原则为根据。通过根据可能的方式对论证进行分类,进一步发展了这种通用思想保证的种类(图10-1)。

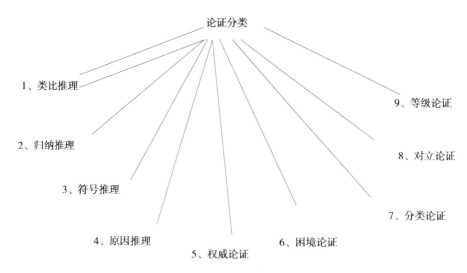

图10-1 图尔敏的论证型式分类

图尔敏的保证概念对于描述论证的类型至关重要,但是,它没有提供构建它们的工具。在图尔敏的理由概念的基础上,黑斯廷斯(Hastings)提出了论证模式的概念,即根据担保类型组织的原型论证模式。论证模式(或型式)被分析为一组抽象前提,导致基于授权论证中的步骤的通用语句得出结论①。每个论点都可以根据某些类别的权证(如分类、定义、符号、原因、环境、比较、类比、证词)进行分类,并适合其中一种模式,从而可以通过指定型式的抽象变量来重构隐含的前提。

沃尔顿发展了黑斯廷斯的理念,探讨了推理原则与前提之间的语义关系。论证的模式被标记为论证型式,抽象结构合并推理关系,或规则,推理系统和逻辑规则。每个论证型式都有一系列的关键问题,指出了推理的潜在弱点。关键问题是用于测试论证强度或其所基于的前提的辩证工具。此外,它们可被视为指导对话者明确其论点的深层理由的指导原则。例如,我们可以从因果关系和类比论证中考虑这一论点,这种论证通常用于科学教育。第一个论证表示两个事件之间的因果关系。

1. 论证型式 1:因果关系的论证

因果关系:通常,如果发生 A,则会发生 B。

事实前提:在这种情况下,A 发生。

结论:因此,在这种情况下,B 将(似乎合理地)发生。

在该型式中,我们注意到两个事件 A 和 B 之间的相关性表示为因果关系。例如,如果我们考虑论证“当水中的冰融化时水位会上升,液体需要更多的空间”,我们可以找出因果关系并重建缺失前提的结构(如果液体比固体占用更多的空间,融化的冰将导致水位升高)。在这种情况下,因果关系是由所提供的理由提出的(融化导致体积增加)。论证结构的重建经常揭示更深层次的背景知识。为了显示因果关系及其与前提相关的方式,有必要重建进一步的因果关系。

论证型式不仅可以用作解释对话者推理的工具,而且可以用作攻击它或

---

① Hastings, A.C.A reformulation of the modes of reasoning in argumentation. Evanston, IL: Ph.D. Dissertation, Northwestern University. 1963, pp. 87–94.

引导听者提供进一步论证的工具。每个论点都有一系列关键问题,这些问题都集中在该型式的关键方面。例如,我们可以考虑以下与原因论证相关的问题。

关键问题

CQ1:因果归纳有多强?

CQ2:引用的证据(如果有的话)是否足以保证因果归纳?

CQ3:在给定的情况下是否还有其他可能影响效果产生的因果因素?

在上面提到的例子中,所有上述问题都可以用来引导对话者明确支持他的推理的默认理由。听众可以提供对论证的初步解释,例如推进论证的因果重建和调查可能的基本假设。例如,可以要求学生确认、支持或证明冰融化与水量增加之间的因果关系(第一个问题)。他或她可以确认或拒绝解释,并推进其他因果律或从他或她的经历中得出的例子。对于第二个问题,讲话者可以调查对话者是否知道归纳失败的情况。第三个问题可以用来引导对话者考虑其他因素,例如浮力,这会引发不同的影响。论证型式及其关键问题并非如此单方面的文本分析工具,而是用于发现和表达在学生论证中的默认前提和概念的一种对话工具。

2. 论证型式2:类比论证

归纳:通常,情况 C1 类似于情况 C2。

相似点:命题 A 在情形 C1 中为真(假)。

结论:在 C2 情况下,命题 A 为真(假)。

关键问题

CQ1:C1 和 C2 之间是否存在差异,这会破坏所引用相似性的力量吗?

CQ2:C1 中是真(假)吗?

CQ3:还有一些其他案例 C3 也与 C1 类似,但其中 A 是假(真)?

类比的论证型式可以有助于重建类比的归纳的本质。例如,我们可以考虑这样的说法,即浸入水中的冰块融化将导致水位增加,因为冰盖的融化导致海平面上升。在这种情况下,重建的前提是冰盖类似于冰块,但是,无法检索这种相似性的性质以及建立它时考虑的因素。关键问题可以成为引出隐性知识的有用工具,但它们预示着进一步的对话活动。

论证的抽象模式为前提重建提供了指导,但是,它们如何应用于实际案例? 什么样的型式的语义和逻辑维度的组合可以告诉我们学生可能的先前信念? 为了说明论证型式如何用于分析学生的论点并揭示他们未阐述的科学概念,我们将上述因果关系和类比型式应用于从课堂活动中获取的关于漂浮和沉没的预测性结论的真实案例。

三、论证型式在教学实例中的运用

论证型式可以是发现影响学生学习过程的隐含信念的资源。为了说明这种工具如何成为一种解释工具,以及一种调查和揭示背景信念的工具,展示它如何应用于实际案例是有用的,提出了重建不同组成部分的不同步骤以及学生推理的基本概念。特别是论证型式可以分三个阶段使用。首先,使用论证型式重建论证。其次,将检索学生推理背后的背景概念。最后,将列出每种情况下可以使用的关键问题,显示重建过程如何与对话和辩证活动联系起来。

表 10-1 任务的描述

任务	描述	问题
冰块融化	有一大壶水里面漂浮着一些冰块	当冰块融化,水的高度会发生什么变化? 为什么?

样本论据来自巴塞罗那大都市区一所公立学校的一项活动,该活动是针对 44 名义务教育学生的两类群体(12—13 岁和 14—15 岁)提出的。要求学生以书面形式回答有关浮和沉的问题,这两个问题与表 10-1 中总结的任务有关。

该任务遵循预测(predict)—观察(observe)—解释(explain)(POE)的策

略,用于测试学生关于事件之间科学关系的假设。首先,学生必须预测并证明某些事件的结果。其次,他们必须描述他们看到的事情。最后,他们必须调和预测和观察之间的所有冲突。这些论证中最具代表性的将在以下小节中用于说明两种论证型式,即类比论证和因果论证。

(一) 因果论证

1. 因果论证 1

应用的第一个型式是本活动中最常用的,即因果关系论证。前提和结论之间的语义关系是因果关系,从更广泛的意义上构思这样的范畴,包括因果关系或关于物理后果的直觉。

学生:我认为冰融化时水面会上升。随着冰融化,它会增加水的体积,从而增加水位。

该活动的目的是引出学生关于物理事件的假设。在这种情况下,学生从冰融化和水位增加之间的关系推进强有力的预测("水将上升")。这种相关性的语义关系可以假设地重建为因果关系(融化导致额外的水)。

论证型式的应用

> 事实前提 1:在这种情况下,冰在一壶水中会融化。
> 隐含前提 1:冰的融化导致现在水的体积增加。
> 结论 1:因此,在这种情况下壶里的水会增加。
> 隐含前提 2:如果水加入了其他的水,水位会上升。
> 结论 2:因此,水壶里的水位上升。

从这种结构中,可以促进学生背景信念的可能重建。隐含的前提 1 假设了两个额外的隐含前提:冰的融化导致冰在水中的转化。

漂浮在水中的冰融化导致额外的水。

这种关系导致了隐含的前提 3:冰被"添加"到水中(或者更确切地说,冰在水中不占任何体积)。

显然,这只是一种重建,即使合理的或最合理的重建并不能揭示学生真正相信的东西,而只能揭示他们在论证中认为的理所当然的东西。这种隐含的前提可以作为调查学生实际持有的内容的起点。例如,我们可以注意到"添加"概念的分析如何进一步揭示可能的隐含前提,它可能源于对冰的本质的误解。例如,冰从固态变为液态的事实可以被解释为质量差异而不是体积差异。提出这个论点的学生可能没有考虑到冰是浮动的,因为它的密度较小,也就是说,它的质量是相同的,但它的体积更大。这些关于学生信念的假设可以在讨论阶段通过关键问题或反驳来评估。

可能的关键问题

CQ1:冰的融化会导致额外的水吗? 那么当冰变成液体时会发生什么? 是否会占用更多或更少的空间?

CQ2:为什么浮冰部分位于水外? 状态的变化会导致更多的质量吗? 质量变化了吗?

CQ3:如果质量保持不变,水位怎么可能升高?

2. 因果论证 2

在前一种情况(因果关系论证 1)中,因果关系是隐含的,可以基于观察。在下面的例子中,学生从他明确的物理定律中获得并用于得出结论:

学生 1:"我认为当冰融化时,水位会上升,因为冰不但是固态的。固体比液体更紧凑,当它变成液体时,原子越来越分散,然后……它们占据更多的空间,水位也会升高。"

即使归纳的认知本质不同,推理的本质也与因果论证 1(从原因到效果)相同。可以通过应用因果论证来重构该论证的结构,显示可以从文本中检索的事实和因果前提。

论证型式应用

事实前提 1:在这种情况下,发生融化。
因果联系 1:如果发生融化,然后原子会进一步分离,因为固体比液体更密集。
结论 1:在这种情况下,原子进一步分离。
因果联系 2:如果原子进一步分离扩散,它们会占据更大的空间。
结论 2:因此,在这种情况下,原子会占据更大的空间。
隐含前提:如果水中的原子占据更大的空间,水位线会上升。
结论 2:因此,水壶中的水位线会上升。

499

这种重建一般可以揭示学生认为理所当然的隐含前提。然而,如果我们根据论证结构批判性地分析重建的前提,我们可以揭示学生推理背后的可能背景信念。例如,因果关系 1 预先假定以下可能的隐含假设:

如果固体材料融化,它们的原子将更加分散(融化总是导致原子之间距离更宽)。

此外,第二个因果关系预先假定以下前提:

原子之间的距离越大,物质的体积就越大。

可以从重建的场所暂时检索学生的背景信念。他实际上认为所有固体材料都比液体更紧凑,使用普遍的概括和概念,其意义可能是有争议的(它是否意味着更密集)。关键问题可以用来调查学生的信仰,导致他指出他正在使用的概念和推进普遍法的理由。根据这种观点,从学生的明确前提的含义中开始的论证重建,展示了可以讨论和深入研究的关键概念。以下关键问题可为进一步对话提供指导。

可能的关键问题

CQ1:当固体变成液体时,它们的原子彼此之间的距离更大吗? 冰和液态水会发生同样的情况吗?

CQ2:你观察到的哪些事实可以支持这种归纳?

（二） 类比论证

在类比论证中,比较概念或相关性之间的关系是隐含的,需要重建。当因果原则未知时,可以使用类比论证,根据经验而不是先前的知识得出结论。例如,我们考虑以下论证。

学生:"我认为当冰融化时,水位会上升一点,我在看新闻时,他们总是说海平面正在上升,之所以发生这种情况,是因为气候温暖,南极的冰融化,所以我把它们联系起来了,我想是这样的"。

论证型式应用

> 归纳:两极融化(气候变化)类似于壶中的冰融化。
> 相似点:极地的冰融化导致海平面上升。
> 结论:因此,壶中的冰融化将导致水位上升。

这种情况下,隐含的前提是比较条件所依据的通用质量。在这种情况下,相似性是可能的,因为水壶中的冰和极地的冰被视为"融冰"的特定情况,或更简单地称为"冰",没有任何限定。对于"水位上升"后果相关且必不可少的两个实例之间的差异是学生没有考虑到的。这是因为当冰融化时,南极洲的整个冰盖并没有浮在水面上,海平面升起。

根据类比论证的重建,学生认为冰的融化是造成水位增加的唯一原因,而不考虑冰的位置或是否浮动。这种承诺可以通过提出关键的问题来揭示可能需要探究的背景信念。例如,高级类比推理可以通过假设学生不知道(或者,取决于学生的教育水平,没有考虑)浮力来解释。为了评估隐含信念的重建,可以提出以下关键问题。

可能的关键问题

CQ1:从融化效果的角度来看,这两种情况(由于气候变化融化的冰和水罐中融化的冰)是否相当?

CQ2:两种情况之间是否存在差异,例如冰的起源或位置?

CQ3:地球上所有的冰都漂浮了吗?

CQ4:浮冰融化的效果与地球上的冰一样吗?

这些关键问题可以指导有关此类推理的讨论过程。学生的回复可以揭示其他隐含的前提和背景信念,可用于进一步的讨论。

小　　结

近年来,关于科学教育的论证方法的研究有所增长。特别是作为提高教学效果和学习能力的工具,强调理解和改进学生推理的重要性。然而,最近的方法集中在结构上,特别是论证的完整性,而没有调查它们的性质、它们的逻辑属性以及它们的内容。此外,到目前为止,还没有研究推理(物质)联系的重建。在本节中,我们从理论的角度展示和说明了——如何将论证型式用作重建学生论证中隐含的前提的工具。

可以将论证型式视为用于指定前提之间可能的准逻辑关系的工具。它们提供了抽象结构,代表了可以推进的可能前提和结论。它们可以被视为推理分析和重建过程的指南,概述了明确前提的作用和隐藏前提的模式。通过简单地提供构成逻辑最小值的缺失前提,不能揭示论证的先验信念。论证型式是实现语用优化的工具,发现语义关系和它所预设的信息。但是,它们只能提供试探性的解释,需要通过关键问题引导的讨论进行测试。在这种观点中,教师的解释成为重建论证的默认维度的对话活动的起点。这种论证和前提重建的过程,导致对旨在概念变化的隐含信念和活动的研究,如图 10-2 所示。

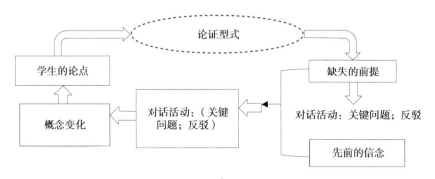

图 10-2　论证型式在教育中的角色

在本节提出的理论观点下,论证型式被视为检测、检索和评估学生先前信念的工具和指南。它们在分析论证和产生论证或反驳的工具意义上作为论证工具提出。它们可以是有用的分析工具,但鉴于这些型式的推定性质,需要通过对话活动来确认和发展这种分析。这两个维度可以使论证型式成为教学的潜在资源,在教学活动中发挥重要的作用。

参考文献

一、国内参考文献

（一）著作类

[1]蔡曙山:《言语行为和语用逻辑》,中国社会科学出版社 1998 年版。

[2]蔡曙山:《语言、逻辑与认知——语言逻辑和语言哲学论集》,清华大学出版社 2007 年版。

[3]陈望道:《修辞学发凡》,上海世纪出版集团、上海教育出版社 2001 年版。

[4]陈波:《逻辑哲学导论》,中国人民大学出版社 2000 年版。

[5]陈波:《逻辑学是什么》,北京大学出版社 2007 年版。

[6]焦宝乾:《法律论证:思维与方法》,北京大学出版社 2010 年版。

[7]晋荣东:《逻辑何为:当代中国逻辑的现代性反思》,上海古籍出版社 2005 年版。

[8]江怡:《〈逻辑哲学论〉导读》,四川教育出版社 2002 年版。

[9]罗仕国:《科学与价值:作为实践理性的法律推理导论》,中国社会科学文献出版社 2008 年版。

[10]廖备水:《论辩系统:不一致情境中的推理》,浙江大学出版社 2012 年版。

[11]马玉珂主编:《西方逻辑史》,中国人民大学出版社 1985 年版。

[12]索振羽:《语用学教程》,北京大学出版社 2000 年版。

[13]王维贤等:《语言逻辑引论》,湖北教育出版社 1989 年版。

[14]王洪:《法律逻辑学》,中国政法大学出版社 2008 年版。

[15]王路:《亚里士多德的逻辑学说》(修订版),中国社会科学出版 1991 年版。

［16］王建芳：《论证结构：表达和理论》，中国政法大学出版社 2014 年版。

［17］武宏志：《论证型式》，中国社会科学出版社 2013 年版。

［18］武宏志，周建武、唐坚：《非形式逻辑导论》（上、下册），人民出版社 2009 年版。

［19］武宏志，周建武：《批判性思维——论证逻辑视角》，中国人民大学出版社 2010 年版。

［20］武宏志，马永侠：《谬误研究》，陕西人民出版社，1996 年版。

［21］武宏志，刘春杰：《批判性思维——以论证逻辑为工具》，陕西人民出版社 2005 年版。

［22］熊明辉：《诉讼论证——诉讼博弈的逻辑分析》，中国政法大学出版社 2010 年版。

［23］余继田：《实质法律推理研究》，中国政法大学出版社，2013 年版。

［24］夏卫国：《非单调司法论证模式导论》，山东人民出版社 2013 年版。

［25］徐梦醒：《语用学视野下的法律论证》，中国政法大学出版社 2014 年版。

［26］杨宁芳：《图尔敏论证逻辑思想研究》，人民出版社 2012 年版。

［27］杨士毅：《逻辑与人生：语言与谬误》，台北书林出版有限公司 1998 年版。

［28］张斌峰等：《法律推理新探——语用学与语用逻辑的视角》，中国政法大学出版社 2014 年版。

［29］张斌峰：《法律逻辑学导论》，武汉大学出版社 2010 年版。

［30］张忠义，光泉，刚晓主编：《因明新论：首届国际因明学术研讨会文萃》，中国藏学出版社 2006 年版。

［31］张南宁：《事实认定的逻辑解构》，中国人民大学出版社 2017 年版。

［32］张志铭：《法律解释操作分析》，中国政法大学出版社 1999 年版。

［33］［古希腊］亚里士多德：《工具论》（下卷），中国人民大学出版社 2003 年版。

［34］［德］康德：《纯粹理性批判》，李秋零译，中国人民大学出版社，2004 年版。

［35］［加］沃尔顿：《法律论证和证据》，梁庆寅、熊明辉等译，中国政法大学出版社 2010 年版。

［36］［美］欧文·M. 柯匹，卡尔·科恩：《逻辑学导论（第 13 版）》，张建军等译，中国人民大学出版社，2014 年版。

［37］［美］詹姆斯·B. 弗里曼：《论证结构——表达和理论》，王建芳译，中国政法大学出版社 2014 年版。

［38］［美］苏珊·哈克：《逻辑哲学》，罗毅译，商务印书馆 2003 年版。

[39][英]斯蒂芬·里德:《对逻辑的思考》,李小五译,辽宁教育出版社 1998 年版。

[40][英]阿蒂亚、[美]萨默斯:《英美法中的形式与实质:法律推理、法律理论和法律制度的比较研究》,金敏、陈林林、王笑红译,中国政法大学出版社 2005 年版。

[41][英]哈克:《证据与探究——走向认识论的重构》,陈波等译,中国人民大学出版社 2004 年版。

[42][荷]巴特·维赫雅著:《虚拟论证:论法律人及其他论证者的论证助手设计》,周兀译,中国政法大学出版社 2016 年版。

(二) 期刊、论文类

[1]杜国平:《反证法和归谬法的现代分析》,《自然辩证法研究》,2005 年第 3 期。

[2]焦宝乾:《论题学及其思维探究》,《法学论坛》,2010 年第 3 期。

[3]晋荣东:《当代逻辑科学实践转向的理性观维度——以沃尔顿的非形式逻辑为例》,《思想与文化》,2008 年 10 期。

[4]晋荣东:《辩论过程中论证的建构与评估》,《南通师范学院学报》2001 年第 4 期。

[5]晋荣东:《论非形式逻辑的现代性特征》,《延安大学学报》,2006 年第 3 期。

[6]晋荣东:《权衡论证的结构与图解》,《逻辑学研究》,2016 年第 3 期。

[7]金立:《逻辑视域中的论辩》,《哲学研究》,2012 年第 8 期。

[8]高伟伟:《论可废止性推理的理论证成》,《哲学分析》,2018 年第 3 期

[9]李延梅,武宏志:《非形式逻辑的合法性》,《求索》,2004 年第 7 期。

[10]李杨,武宏志:《佩雷尔曼新修辞学的论式系统》,《政法论丛》,2014 年第 1 期。

[11]李杨,武宏志:《论构建法律逻辑新体系的观念前提——对"天然逻辑"理念的一个发挥》,《法学论坛》,2015 年第 4 期。

[12]刘汝元:《数据挖掘在人工智能中的应用分析》,《信息与电脑》,2019 年第 11 期。

[13]梁彪:《不同历史时期谬误研究的特点》,《现代哲学》,2002 年第 4 期。

[14]马永侠,武宏志:《诉诸权威的论证及其评估—以批判性问题为工具》,《社会科学辑刊》,2002 年第 4 期。

[15]宋旭光:《法律可废止性理念的思想渊源》,《法律方法》,2016 年第 2 期。

[16]舒国滢:《论题学:从亚里士多德到西塞罗》,《研究生法学》,2011 年第 6 期。

[17]舒国滢:《"争点论"探赜》,《政法论坛》,2012年第2期。

[18]舒国滢:《决疑术:方法、渊源与盛衰》,《中国政法大学学报》,2012年第2期。

[19]舒国滢:《走近论题学法学》,《现代法学》,2011年第4期。

[20]舒国滢:《西塞罗的〈论题术〉研究》,《法制与社会发展》,2012年第4期。

[21]舒国滢:《亚里士多德论题学之考辨》,《中国政法大学学报》,2013年第2期。

[22]舒国滢:《论题学:修辞学抑或辩证法?》,《政法论丛》,2013年第2期。

[23]孙培福:《逻辑现代化:从天然渐变为人造》,《山东社会科学》,2005年第5期。

[24]王建芳:《基于论辩的论证结构研究——弗里曼模型与图尔敏模型的比较》,《逻辑学研究》,2016年第3期。

[25]王建芳:《当代西方"组合与收敛结构之分"的三大疑难》,《哲学动态》,2017年第9期。

[26]魏斌:《非形式逻辑形式化研究的三个问题》,《湖南科技大学学报》,2018年第4期。

[27]魏斌:《约翰·波洛克可废止推理观的省察》,《自然辩证法研究》,2015年第9期。

[28]魏斌,郑志峰:《刑事案件事实认定的人工智能方法》,《刑事技术》,2018年第6期。

[29]武宏志:《论式:法律逻辑研究的新方向》,《政法论丛》,2011年第6期。

[30]武宏志:《非形式逻辑或论证逻辑》,《榆林学院学报》,2008年第1期。

[31]武宏志,张志敏:《非形式逻辑或论证逻辑:论证型式》,《榆林师范学院学报》,2008年第1期。

[32]武宏志:《法律逻辑与论证逻辑的互动》,《法商研究》,2006年第5期。

[33]武宏志:《逻辑实践转向中的非形式逻辑》,《重庆工学院学报》(社会科学),2008年第10期。

[34]武宏志,张海燕:《论非形式逻辑的特性》,《法律方法》,2009年第1期。

[35]杨宁芳:《走向外在主义的认知哲学》,《哲学研究》,2016年第6期。

[36]杨宁芳,何向东:《图尔敏论证理论探析》,《哲学研究》,2014年第10期。

[37]杨宁芳:《逻辑有效性概念:一元还是多元——图尔敏的逻辑有效性思想评析》,《自然辩证法研究》,2009年第7期。

[38]杨宁芳:《图尔敏论证逻辑的策略、局限及前瞻性思考》,《哲学动态》,2009年

第 6 期。

[39]吴飞,韩亚洪,李玺,郑庆华,陈熙霖:《人工智能中的推理:进展与挑战》,《中国科学基金》,2018 年第 3 期。

[40]王妞,袁影:《亚里士多德"人品诉诸"的当代阐释》,《外国语言文学》,2014 年第 4 期。

[41]熊明辉:《非形式逻辑的对象及其发展趋势》,《中山大学学报(社会科学版)》,2006 年第 2 期。

[42]熊明辉:《论法律逻辑中的推论规则》,《中国社会科学》,2008 年第 4 期。

[43]熊明辉:《基于论证评价的谬误分类》,《河南社会科学》,2013 年第 5 期。

[44]徐国栋:《从"地方论"到"论题目录"——真正的"论题学法学"揭秘》,《甘肃社会科学》,2015 年第 4 期。

[45]徐国栋:《佩雷尔曼与提特卡的地方理论和论式理论》,《学习与探索》,2015 年第 7 期。

[46]谢耘,熊明辉:《图尔敏的逻辑观述略》,《哲学研究》,2013 年第 8 期。

[47]杨宁芳:《试论言辞证据的逻辑结构及其适用价值》,《湖北大学学报》,2017 年第 2 期。

[48]於兴中:《人工智能、话语理论与可辩驳推理》,《法律方法与法律思维》,2005 年第 1 期。

[49]于斌,石纯一:《可废除推理研究》,《计算机科学》,1996 年第 23 期。

[50]袁影:《修辞三段论与寓义的语用推导》,《外语教学与研究》,2010 年第 2 期。

[51]袁影,崔淑珍:《修辞学"争议点"理论的认知解析与应用》,《外国语言文学》,2009 年第 2 期。

[52]袁影:《西塞罗"争议点"系统与博克"戏剧五元"》,《当代修辞学》,2012 年第 2 期。

[53]张春泉,陈光磊:《因明:一种言语博弈理论——兼析陈望道之语用逻辑观》,《华东师范大学学报(哲学社会科学版)》,2008 年第 5 期。

[54]张保生:《事实、证据与事实认定》,《中国社会科学》,2017 年第 8 期。

[55]张斌峰,侯郭磊:《论证型式的特征及功能》,《湖北大学学报》,2018 年第 6 期。

[56]周兀,熊明辉:《如何进行法律论证逻辑建模》,《哲学动态》,2015 年第 4 期。

二、国外参考文献

（一）著作类

［1］Chaïm Perelman and L.Olbrechts-Tyteca, The New Rhetoric：A Treatise on Argumentation, Notre Dame：University of Notre Dame Press, 1969.

［2］Chaim Perelman：The rational and the reasonable.In The new rhetoric and its applications.Dordrecht, Holland：D.Reidel Publishing. 1979.

［3］CH. Perelman, The New Rhetoric and Humanities, D. Reidel Publishing Company, 1979.

［4］Chaim Perelman：The realm of rhetoric.William Kluback.Trans.Notre Dame：University of Notre Dame Press. 1980.

［5］Chaïm Perelman.（William Kluback, Trans.）The Realm of Rhetoric, Notre Dame：University of Notre Dame Press, 1982.

［6］C.Perelman and L.Olbrechts-Tyteca.The new rhetoric：A treatise on argumentation. Notre Dame, IN：University of Notre Dame Press. 1996.

［7］D. Walton, C. Reed, and F. Macagno. Argumentation schemes.Cambridge：Cambridge University Press, 2008.

［8］Douglas N.Walton, Informal Logic：A Pragmatic Approach, 2nded., Cambridge, University Press, 2008.

［9］Douglas Walton.Question-Reply Argumentation.New York：Greenwood Press. 1989.

［10］Douglas Walton.Types of Dialogue and Burdens of Proof.P.Baroni, F.Cerutti, M.Giacomin and G.R.Simari（eds.）, Computational Models of Argument：Proceedings of COMMA 2010, Amsterdam：IOS Press, 2010.

［11］Douglas Walton, Argumentation Schemes for Presumptive Reasoning, Mahwah, New Jersey, Erlbaum, 1996.

［12］Douglas Walton, Alice Toniolo, and Timothy J.Norman.Missing Phases of Deliberation Dialogue for Real Applications.Proceedings of the 11th International Workshop on Argumentation in Multi-Agent Systems, 2014.

［13］DouglasWalton, Finding the Logic in Argumentation.Inside Arguments：Logic and the Study of Argumentation, H.Ribeiro, ed., Cambridge Scholars Publishing, 2012.

［14］Dale Hample.Arguing：Exchanging Reasons Face to Face.New Jersey：Lawrence Erlbaum Associate Publishers. 2005.

[15] David Hitchcock. The Generation of Argumentation Schemes, In Chris Reed and Christopher W. Tindale (eds.), Dialectics, Dialogue and Argumentation: An Examination of Douglas Walton's Theories of Reasoning and Argument, London: College Publications, 2010.

[16] David Matsumoto asgeneral editor. The Cambridge Dictionary of Psychology. Cambridge University Press. 2009.

[17] Eveline T. Feteris. Fundamentals of Legal Argumentation. Kluwer Academic Publishers, 1999.

[18] F. H. van Eemeren & R. Grootendorst. A systematic theory of argumentation: The pragma-dialectical approach. Cambridge, England: Cambridge University Press. 2004.

[19] Fans H van Eemeren (ed.) crucial concepts in argumentation theory, ameterdam university press 2001.

[20] F. H. van Eemeren et al., *Handbook of Argumentation Theory*, Dordrecht: Springer, 2014.

[21] F. H. van Eemeren & R. Grootendorst. A systematic theory of argumentation: The pragma-dialectical approach. Cambridge, England: Cambridge University Press. 2004.

[22] Giacomin and G. R. Simari (eds.), Computational Models of Argument: Proceedings of COMMA 2010, Amsterdam: IOS Press, 2010.

[23] H. L. A. Hart. Essays in Jurisprudence and Philosophy. Oxford University Press. 1983.

[24] Hamdan, W. Croitoru, M., Gutierrez, A., Buche, P., & Rebdawi, G. On Ontological Expressivity and Modelling Argumentation Schemes Using COGUI. Research and Development in Intelligent Systems XXXI. Springer International Publishing. 2014.

[25] John R. Searle and Daniel Vanderveken. Foundations of Illocutionary Logic. Cambridge University Press. 1985.

[26] J. Anthony Blair. What Is Informal Logic? In Bart Garssen, David Godden, Gordon Mitchell and Francisca Snoeck Henkemans (eds.), The Proceedings of The Eighth Conference of the International Society for the Study of Argumentation. CD ROM, Amsterdam: Rozenberg Publishers, 2014.

[27] J. A. Blair. Informal logic and its early historical development. Studies in Logic, Grammar and Rhetoric, Vol. 4, No. 1, 2011.

[28] J. Anthony Blair, Groundwork in The Theory of Argumentation: Selected Papers of J.

Anthony Blair, New York: Springer, 2012.

[29] John Woods, Errors of Reasoning: Naturalizing the Logic of Inference. London: College Publications, 2013.

[30] James Klumpp, "Warranting Arguments, The Virtue of Verb", in Arguing on the Toulmin Model: New Essays in Argument Analysis and Evaluation, D. Hitchcock and B. Verheij(eds.), Dordrech: Springer, 2006.

[31] James B. Freeman. Acceptable Premises: An Epistemic Approach to an Informal Logic Problem. Cambridge University Press, 2005.

[32] Kent Sinclair. Legal Reasoning: in Search of an Adequate Theory of Argument, California Law Review, 1971.

[33] Lawrance R. Horn and Gregory Ward. The handbook of pragmatics. Blackwell Publishing. 2006.

[34] Macagno, F. Walton, D & Reed, C. Argumentation schemes. history, classifications, and computational applications. Social Science Electronic Publishing, 2017.

[35] Maurice A. Finocchiaro, Meta-argumentation: An Approach to Logic and Argumentation Theory, London: College Publications, 2013.

[36] Marianne Doury. Argument Schemes Typologies in Practice: The Case of Comparative Arguments. In Frans H. van Eemeren and Bart Garssen(eds.). PONDERING ON PROBLEMS OF ARGUMENTATION: Twenty Essays on Theoretical Issues. Dordrecht: Springer, 2009.

[37] Olaf Tans. The Fluidity of Warrants: Using the Toulmin Model to Analyse Practical Discourse. In David Hitchcock and Bart Verheij(eds.). Arguing on the Toulmin Model: New Essays in Argument Analysis and Evaluation, Dordrecht: Springer, 2006.

[38] Penelope Maddy. Second Philosophy: A Naturalistic Method, Oxford: Oxford University Press, 2007.

[39] Ralph H. Johnson. Manifest Rationality: A Pragmatic Theory of Argument. Mahwah, NJ: Lawrence Erlbaum Association, Inc. 2000.

[40] Stephen Toulmin. The Uses of Argument, Cambridge: Cambridge University Press, 1958.

[41] Stephen E. Toulmin, Return to Reason, Stephen E. Toulmin, "Reasoning in Theory and Practice", in David Hitchcock and B. Verheij(eds.), Arguing on the Toulmin Model: New Essays in Argument Analysis and Evaluation, Dordrech: Springer, 2006.

[42] Stephen Toulmin, Richard Rieke and Allan Janik. An Introduction to Reasoning, New York: Macmillan Publishing Co., Inc. 1979.

[43] Thomas, Stephen Naylor. Argument Evaluation. Tampa, FL: Worthington Publishing Company, 1991.

[44] Toniolo, A. Norman, T. J. & Sycara, K. Argumentation Schemes for Collaborative Planning. Agents in Principle, Agents in Practice. Springer Berlin Heidelberg, 2011.

[45] T. F. Gordon and D. Walton, AN OVERVIEW OF THE USE OF ARGUMENTATION SCHEMES IN CASE MODELING. In Carole D. Hafner(ed.). 12th International Conference on Artificial Intelligence and Law, New York: Association for Computing Machinery, 2009.

(二) 期刊、论文类

[1] Aberdein, A. Argumentation schemes and communities of argumentational practice. Science, 2008.

[2] Bart Verheij, Dialectical Argumentation with Argumentation Schemes: An approach to legal logic, Artificial Intelligence and Law, Vol. 11, No. 2-3(2003).

[3] Barbara Warnick and Susan L. Kline. The New Rhetoric's Argument Schemes: a rhetorical view of practical reasoning, Argumentation and Advocacy, Vol. 29, No. 1(1992).

[4] Blair J. A. Walton's Argumentation Schemes for Presumptive Reasoning: A Critique and Development. In: Tindale C. (eds) Groundwork in the Theory of Argumentation. Argumentation Library, vol 21. Springer, Dordrecht, 2012.

[5] Carlos Bernal. Legal Argumentation and the Normativity of Legal Norms. *COGENCY* Vol. 3, N0. 2(53-66), Summer 2011.

[6] Douglas Walton. Defeasible reasoning and informal fallacies. *Synthese*, Vol. 179, No. 3 (2011).

[7] D. Walton. N. Case study of the use of a circumstantial ad hominem in political argumentation. Philosophy & Rhetoric. 2000.

[8] D. Walton. Argument Mining by Applying Argumentation Schemes. Studies in Logic, Vol. 4, No. 1(2011).

[9] D. Walton. & Sartor, G. Teleological justification of argumentation schemes. Argumentation, Vol. 27, No. 2(2013).

[10] Douglas Walton, Christopher W. Tindale and Thomas F. Gordon. Applying Recent

Argumentation Methods to Some Ancient Examples of Plausible Reasoning. Argumentation, Vol. 28, No. 1(2014).

[11] D. Walton, F. Macagno and G. Sartor, Interpretive Argumentation Scheme. In R. Hoekstra(ed.). Legal Knowledge and Information Systems(Proceedings of JURIX 14), 2014.

[12] D. Walton, G. Sartor and F. Macagno: An Argumentation Framework for Contested Cases of Statutory Interpretation. Artificial Intelligence and Law, Vol. 24, No. 1(2016).

[13] D. Walton & Fabrizio Macagno: A classification system for argumentation schemes, Argument & Computation, 2016.

[14] Douglas N. Walton and Giovanni Sartor, Teleological Justification of Argumentation Schemes, *Argumentation*, Vol. 27, No. 2(2013).

[15] Dowell, J & Asgari-Targhi, M. Learning by arguing about evidence and explanations. Argumentation, Vol. 22, No. 2(2008).

[16] Deanna Kuhn and Wadiya Udell. The Development of Argument Skills. Child Development, Vol. 74, No. 5(2003).

[17] Dov M. Gabbay, R. H. Johnson, H. J. Ohlbach, J. Woods (eds.), Handbook of the Logic of Argument and Inference: The turn towards the practical, Amsterdam: Elsevier, 2002.

[18] Fabrizio Macagno and Douglas Walton. Classifying the Patterns of Natural Arguments. *Philosophy and Rhetoric*, Vol. 48, No. 1(2015).

[19] Feteris, & Eveline, T. Prototypical argumentative patterns in a legal context: the role of pragmatic argumentation in the justification of judicial decisions. Argumentation, Vol. 30, No. 1(2016).

[20] Goddu, G. C. Walton on argument structure. Informal Logic, Vol. 27, No. 1(2008).

[21] Groarke, L. Deductivism within pragma-dialectics. Argumentation, Vol. 13, No. 1 (1999).

[22] Hans V. Hansen, Studying Argumentation Behaviour. *COGENCY*. Vol. 7, N0. 1 (2015).

[23] Hans V. Hansen and Douglas N. Walton. Argument kinds and argument roles in the Ontario provincial election, 2011. *Journal of Argumentation in Context*. Vol. 2, No. 2(2013).

[24] Hornikx J. Relative occurrence of evidence types in Dutch and French persuasive communication. In: Neuendorff D, Schmidt C. M, Nielsen M. Markt kommunikation in Theorie und Praxis, 2004.

[25] Hornikx, J. Comparing the actual and expected persuasiveness of evidence types:

how good are lay people at selecting persuasive evidence?. Argumentation, Vol. 22, No. 4 (2008).

[26] Jean H.M. Wagemans, The Assessment of Argumentation from Expert Opinion, Argumentation, Vol. 25, No. 3(2011).

[27] J. Anthony Blair. Informal Logic and its Early Historical Development. Studies in Logic, Vol. 4, No. 1(2011).

[28] J. A. Blair. Informal logic and its early historical development. Studies in Logic, *Grammar and Rhetoric*, Vol. 4, No. 1(2011).

[29] Joel Katzav and Chris Reed. A Classification System for Arguments, Department of Applied Computing Technical Report, Dundee: University of Dundee, 2004.

[30] Katzav, K. & Reed, C.A. On argumentation schemes and the natural classification of arguments. Argumentation, Vol. 18, No. 2(2004).

[31] Keplicz, B. D. & Strachocka, A. Computationally-Friendly Argumentation Schemes. 2014 IEEE/WIC/ACM International Joint Conferences on Web Intelligence(WI) and Intelligent Agent Technologies(IAT). ACM. 2014.

[32] Macagno, F. & Konstantinidou, A. What students' arguments can tell us: using argumentation schemes in science education. Argumentation, Vol. 27, No. 3(2013).

[33] Macagno, F. & Walton, D. Classifying the patterns of natural arguments. Social Science Electronic Publishing, Vol. 48, No. 1(2015).

[34] Macagno, F. & Walton, D. Arguments of statutory interpretation and argumentation schemes. International Journal of Legal Discourse, Vol. 2, No. 1(2017).

[35] Macagno, F. & Walton, D. Practical reasoning arguments: a modular approach. Argumentation, 2018.

[36] Mauro Maldonato, Between Formal Logic and Natural Logic: Prolegomena for a Middle Way, American Journal of Psychology, Vol. 125, No. 3(2012).

[37] Mauro Maldonato, Between Formal Logic and Natural Logic: Prolegomena for a Middle Way, American Journal of Psychology, Vol. 125, No. 3(2012).

[38] Mayes, G. R. Argument-explanation complementarity and the structure of informal reasoning. Informal Logic, Vol. 30, No. 1(2010).

[39] Mehlenbacher, A.R. Rhetorical figures as argument schemes-the proleptic suite. Argument and Computation, Vol. 8, No. 3(2017).

[40] Mochales, R. & Moens, M.F. Argumentation mining. 2011.

[41] Ouerdane, W, Maudet, N., Tsoukias, A.: Arguing over actions that involve mul-tiple criteria: A critical review. In: Proc. of the European Conference on Symbolic and Quantitative Approaches to Reasoning with Uncertainty(ECSQARU), 2007.

[42] Ouerdane, W. Maudet, N. and Tsouki as, A. Argument schemes and critical questions for decision aiding process. Pro. COMMA, 2008.

[43] Palmieri, R. Regaining trust through argumentation in the context of the current financial-economic crisis. Studies in Communication Sciences, Vol. 9, No. 2(2011).

[44] Prakken, & H. Analysing reasoning about evidence with formal models of argumentation. Law, Probability and Risk, Vol. 3, No. 1(2004).

[45] Reed, C. & Walton, D. Applications of Argumentation Schemes. Conference of the Ontario Society for the Study of Argument, 2011.

[46] Reed, C. & Walton, D. Towards a formal and implemented model of argumentation schemes in agent communication, Vol. 1, No. 2(2005).

[47] Reed, C. & Walton, D. Argumentation schemes in dialogue. In H. V. Hansen, et. al. (Eds.), Dissensus and the Search for Common Ground, CD – ROM. Windsor, ON: OSSA, 2007.

[48] Rigotti, E. and Rocci, A. From argument analysis to cultural keywords(and back again). In F. H. van Eemeren & P. Houtlosser(Eds.), Argumentation in Practice, 2005.

[49] Rigotti, E. & Morasso, S. G. Comparing the argumentum model of topics to other contemporary approaches to argument schemes: the procedural and material components. Argumentation, Vol. 24, No. 4(2010).

[50] Robert Anthony and Mijung Kim, Challenges and Remedies for Identifying and Classifying Argumentation Schemes. *Argumentation*, Vol. 29, No. 1(2015).

[51] Sadler, T. D. Informal reasoning regarding socioscientific issues: a critical review of research. Vol. 41, No. 5(2004).

[52] Song, Y. & Ferretti, R. P. Teaching critical questions about argumentation through the revising process: effects of strategy instruction on college students'argumentative essays. Reading & Writing, Vol. 26, No. 1(2013).

[53] Tindale, C. W. Fallacies, blunders, and dialogue shifts: walton's contributions to the fallacy debate. Argumentation, Vol. 11, No. 3(1997).

[54] Toniolo, A. Norman, T. J. & Sycara, K. An empirical study of argumentation schemes for deliberative dialogue. Frontiers in Artificial Intelligence & Applications, 2013.

［55］Ulrike Hahn and J.Hornikx.A normative framework for argument quality：argumentation schemes with a Bayesian foundation.Synthese，online，2015.

［56］Vanessa Wei Feng and Graeme Hirst，"Classifying Arguments by Scheme"，in Proceedings of the The 49th Annual Meeting of the Association for Computational Linguistics：Human Language Technologies（ACL-2011），Portland，Oregon. 2011.

［57］Weger，H.Pragma-dialectical theory and interpersonal interaction outcomes：unproductive interpersonal behavior as violations of rules for critical discussion. Argumentation，Vol. 15，No. 3（2001）.

责任编辑：李怡然

封面设计：汪　莹

图书在版编目（CIP）数据

论证型式的类型化研究/杨宁芳 著. —北京：人民出版社，2022.4

ISBN 978－7－01－024249－1

Ⅰ.①论… Ⅱ.①杨… Ⅲ.①证明-研究 Ⅳ.①B812.4

中国版本图书馆 CIP 数据核字（2021）第 262109 号

论证型式的类型化研究

LUNZHENG XINGSHI DE LEIXINGHUA YANJIU

杨宁芳　著

人 民 出 版 社 出版发行

（100706　北京市东城区隆福寺街 99 号）

北京九州迅驰传媒文化有限公司印刷　新华书店经销

2022 年 4 月第 1 版　2022 年 4 月北京第 1 次印刷

开本：710 毫米×1000 毫米 1/16　印张：33

字数：400 千字

ISBN 978－7－01－024249－1　定价：89.00 元

邮购地址 100706　北京市东城区隆福寺街 99 号

人民东方图书销售中心　电话（010）65250042　65289539